驴繁育关键技术

LÜ FANYU GUANJIAN JISHU

孙玉江◎主编

中国农业出版社
北　京

图书在版编目（CIP）数据

驴繁育关键技术 / 孙玉江主编 . —北京：中国农
业出版社，2023.12
ISBN 978-7-109-31611-9

Ⅰ.①驴… Ⅱ.①孙… Ⅲ.①驴—繁育 Ⅳ.
①S822.3

中国国家版本馆 CIP 数据核字（2024）第 013808 号

中国农业出版社出版

地址：北京市朝阳区麦子店街 18 号楼
邮编：100125
责任编辑：李昕昱 文字编辑：耿韶磊
版式设计：李向向 责任校对：张雯婷
印刷：北京印刷集团有限责任公司
版次：2023 年 12 月第 1 版
印次：2023 年 12 月北京第 1 次印刷
发行：新华书店北京发行所
开本：787mm×1092mm 1/16
印张：18
字数：550 千字
定价：98.00 元

编委会

驴是国家《全国草食畜牧业发展规划（2016—2020 年）》中规划发展的特色畜种。1935 年、1990 年我国驴存栏量分别出现 1 215 万头、1 136.6 万头两个历史高点。受役用地位降低，阿胶、驴肉消费增长等因素影响，我国驴存栏量从 1990 年以后开始下降。2020 年，我国驴存栏量仅为 232.43 万头，30 年减少 79.55%。驴资源持续性衰减已经影响到我国驴产业可持续健康发展。

目前，我国驴产业发展面临三大问题：

一是品种单一。2020 年，国家畜禽遗传资源委员会发布《国家畜禽遗传资源品种名录》，德州驴、关中驴、广灵驴、和田青驴、新疆驴、泌阳驴、阳原驴等 24 个地方驴品种上榜。从品种数量看，虽然部分品种已经名存实亡，但该名录也涵盖了我国所有主流驴品种；从表型外貌和生产性能上看，这些品种之间差异不显著。如德州驴、关中驴、广灵驴等大型驴种无论是表型还是性能都比较类同。由于山东驴产业发展的示范、推广效应和德州驴本身的资源特点，主产于山东的德州驴已经遍布我国其他驴主产区，成为当下主导品种。

二是资源短缺。主要表现在品种混杂，性能退化，数量下降严重，其种质资源特别是青藏高原区域的驴品种正濒临灭绝。加之驴自身繁殖生理缺陷，导致德州驴等优良驴种的有效扩群和推广面临技术、经济、管理等诸多问题。改革开放 40 多年，我国引进牛、羊、禽、猪，甚至马良种无数，但驴种引入目前还处于空白。

三是繁育滞后。与传统家畜马、牛、羊等相比，驴的选育程度并不高，且种质退化、同质性严重，创新性育种材料短缺，这也是我国驴种表型外貌、生产性能类同的主要原因。与牛相比，驴的育种效率比较低。从我国草食动物选育水平看，兔、羊、牛、马都要高于驴。马、驴等属单胎马属动物，体型大，繁殖周期长，选育难度大。目前，驴集约化养殖场不同程度地存在"配不上，保不住，养不活"等繁殖生产问题，加之驴肉、驴皮在产业链中一枝独秀，屠宰繁殖母驴现象突出。加快驴优良品种的选育、繁育、推广等技术创新已迫在眉睫。

2014年以来，青岛农业大学、山东东阿阿胶股份有限公司等单位积极推动驴产业技术创新，发起成立了驴产业技术创新战略联盟、中国畜牧业协会驴业分会及其专家委员会，形成了校企联合、产学结合的全国性创新平台，推动了我国驴产业技术创新，取得了丰硕成果，并在乡村振兴中崭露头角。

驴产业是我国民生产业、特色产业和创新型产业。随着社会进步和人们生活水平的提高，驴肉、阿胶、驴奶、驴生物制品等产品消费量持续增长。非屠宰的"活体"开发将成为我国驴产业可持续健康发展的业态，创新、推广、示范驴繁育关键技术势在必行。

由国内知名专家、教授编写的《驴繁育关键技术》即将付梓，特作序致贺。

内蒙古农业大学　教授

驴全身是宝。驴产业是畜牧业的重要组成部分，在我国有悠久的发展历史。发展驴产业对增加农牧民收入、满足畜产品有效供给和多元化市场需求、促进乡村振兴具有重要作用。随着我国社会经济的发展和科技进步，人们对传统中药——阿胶、绿色食品——驴肉的需求与日俱增。驴产业发展也呈现新的趋势，其功能与作用也逐步转变，由役用依次向肉用、药用、乳用、保健及生物制品等"活体经济"转变，具有我国特色的现代驴产业正在形成。

驴产业是民生产业。山东、内蒙古、辽宁、河北等地相继出台政策措施予以支持，形成了聊城"龙头带动"、敖汉"小规模大群体"、法库"市场培育"等生产模式。然而，全国总存栏量的68.14%集中于欠发达地区，在这些地区驴仍是生产力、劳动力，发挥着不可替代的作用，是现代畜牧业重要组成部分。驴产业发展状况事关区域经济，事关区域人民生活质量。

驴产业是特色产业。由于文化与信仰、经济与科技等的差异，非洲、中东、南美洲等主要养驴地区大多处于"役用""娱驴"阶段，只有中国具有相对完善的驴产业发展链条。博茨瓦纳驻华大使George先生参观东阿阿胶博物馆、黑毛驴养殖基地后感慨地说：无法想象，驴可以与牛羊一样进行集约化饲养；无法想象，驴能生产驴乳、驴肉、阿胶等系列产品；无法想象，一张驴皮加工成阿胶，其价值远高于数头驴。阿胶、驴肉、驴乳的生产与消费无不彰显"中国标签"。可以说，驴产业是为数不多的无国际竞争的中国特色产业。

驴产业是新兴产业。驴产业包括以饲养繁育为基础的养殖业，以驴乳、驴肉、驴皮等畜产品加工为主要内容的传统加工业，以孕驴血清、雌性激素等生物制品为主的创新型技术密集产业。近几年，高新技术不断改造、嫁接阿胶等传统产品，加之人们保健意识的提高和东阿阿胶等龙头带动，在我国初步形成了以养殖为基础，阿胶、肉品为主导，驴乳、生物制品、骨胶等开发日趋活跃的产业结构。"富养马，穷养驴"的思想观念逐渐改变。为推动驴产业可持续健康发展，人们开始聚焦驴乳、雌性激素、骨胶、生物制品等以"活体经济"为主的新兴创新产品。

应当看到，与其他畜种相比，与发展现代畜牧业要求相比，与社会"大健康"需求相比，驴产业还存在认识不足、资源匮乏、政府缺位、创新乏力等诸多问题。特别是随着养驴集约化、标准化、产业化的发展，我国驴资源锐减、驴繁殖率低等问题已经成为产业发展瓶颈。为此，在 2019 年山东省乡村振兴重大专项（S190503110001 - lcy）和山东省农业重大应用技术创新项目（SD2019 XM 008）、山东省现代农业产业技术体系驴创新团队建设专项基金、河北省创新能力提升计划项目（225A6601D）、新疆伊犁州科技计划项目（YZ2022A008）等的支持下，我们组织中国驴产业专家委员会部分成员编写了《驴繁育关键技术》。

本书由西北农林科技大学党瑞华副教授编写品种资源、外貌鉴定等内容；塔里木大学周小玲教授编写饲养管理等内容；南京农业大学陆汉希教授编写精液生产等内容；聊城大学王长法教授、刘文强副教授、张瑞涛畜牧师等编写人工授精、驴繁殖障碍性疾病等内容；内蒙古农业大学芒来、杜明教授编写驴驹分娩等内容；扬州大学李建基教授编写流产及其防治等内容；山东畜牧兽医职业学院董建宝教授编写新生驴驹疾病；山东省马业协会王涛兽医师参与胚胎移植等内容编写；青岛农业大学孙玉江教授及董焕声、李华涛、张国梁、刘书琴副教授编写驴产业发展概述、繁殖生理、胚胎移植、难产等内容。陆汉希、李建基、王长法教授还对本书的编写提了许多建设性建议。

全书共 13 章。主要介绍了驴品种资源、选种选配、饲养管理、繁殖生

理、精液生产、人工授精、胚胎移植、驴驹分娩、难产、流产及其防治、繁
殖障碍性疾病、新生驴驹疾病等内容。本书以理论为基础，力求材料新颖，
服务生产，具有较强的实践性和实用性，可作为从事驴繁育与养殖的生产人
员，以及教学、科研人员的参考用书。

　　不足之处，敬请读者批评指正。

编　者

2022 年 9 月

目录

第一章 驴产业发展概述

第一节 养驴历史

驴种包括家驴、骓驴和骞驴3个亚种。其中，家驴在4 000年以前被人类驯化成为家养动物，为人类直接使用；其他亚种目前仍未被人类驯化，处于野生状态。

早在新石器时代，驴的亚属在非洲已经形成。到青铜器时代，驴的驯化在非洲东北部就已经出现，后经迁移和选择，在世界各地形成了各具特色的驴种。埃及石雕考古发现，在5 000多年前驴已经与羊、牛等成为驯养动物，出现驴的驮运壁画。

驴大约在4 000年前由非洲东北部扩散到欧洲、中亚及东亚，渐次传播到中国西北部。商代之前北方游牧民族就将驴视为珍稀动物向中原王朝进献。据此推测，至少在3 500年前，在新疆天山以南和甘肃西部等地就已开始养驴，并利用驴和马杂交获得驮骡。西汉时期，驴同马、骡、苜蓿等进入陕西、甘肃以及中原地带。3—9世纪的拜城克孜尔千佛洞第13窟东壁壁画中，已画有赶驴驮运的《商旅负贩图》，证明驴已经成为古代丝绸之路的重要役畜。《盐铁论》记载："骡驴骆驼，衔尾入塞。"驴开始多分散在甘南和陕西关中地区，以后逐渐向东、向北扩散到华北各地。北魏时期，《齐民要术》中已经有关于养驴技术的记述。唐宋之前，驴已普及至中原各地，成为当时主要役畜之一。明清以后，驴随商贸、战争、民族迁徙等被带到黄淮海平原、松嫩平原，历经长时间的繁育，几乎遍及除东南地区以外的全国各地，成为内陆主要役用家畜，为交通运输、农业生产做出重要贡献。

近几年，国内外学者围绕马、驴、野马、野驴等起源分化进行了大量研究，证明家驴起源于非洲，非洲野驴（努比亚野驴、索马里野驴）为现代家驴的祖先。家驴至今保留了热带野生动物的特征和特性：外形单薄、耳朵长大、颈细、肢长、被毛细短等；适于在温暖和干旱的气候条件下生活，耐热，耐饥，抗脱水能力强；能在干旱炎热的沙漠、荒漠生态条件下生活和使役等。

第二节 资源分布与消长

驴主要分布于亚洲、美洲、非洲和地中海沿岸地区。1961—2015年，世界驴存栏量基本维持在4 000万头左右。据2016年联合国粮食及农业组织（FAO）统计，2015年全世界驴存栏量4 354.49万头。其中，非洲2 061.98万头、亚洲1 591.27万头、美洲666.31万头、欧洲34.93万头。FAO2021年2月统计显示，全世界驴存栏量约为5 058万头，比2011年增加了近1 000万头。从表1-1可以看出，养驴主要集中在发展中国家。2008年以后，非洲超越亚洲成为最大的养驴区域。

表 1-1　2016 年世界主要养驴国驴存栏量（万头）

国家	埃塞俄比亚	中国	巴基斯坦	墨西哥	尼日尔	埃及	伊朗	阿富汗	尼日利亚	布基纳法索	阿尔及利亚
数量	843.92	542.11	508.29	328.23	180.14	166.03	155.77	147.21	129.56	118.22	99.91

注：来源于 FAO 数据库。

我国的驴分布于华北、东北、西北、华东、西南等地区。驴适应性强，能够在高寒区域正常生存。北纬 $33°50'—46°50'$ 的广大区域是我国传统养殖区域。近几年，随着经济、社会的发展，驴等马属动物选育、繁殖、饲养的动力和存栏量受到较大影响，作为我国驴主产区的河北、山东、河南等地区逐渐被"边缘化"。2019 年，内蒙古、辽宁、新疆、甘肃等省份成为驴主产区（表 1-2）。

表 1-2　2019 年我国主要养驴省份驴存栏量（万头）

省份	内蒙古	辽宁	新疆	甘肃	云南	河北	山西	山东
数量	69.31	40.14	36.14	32.52	16.19	16.11	11.37	6.79

第三节　我国驴产业发展特点

一、产业地位与特点

随着我国社会经济发展和科技进步，驴产业发展呈现新的趋势，其功能与作用也逐步转变，由役用依次向肉用、药用、乳用、保健及生物制品等"活体经济"转变，具有我国特色的现代驴产业正在形成。

1. 驴产业是民生产业　驴是草食动物，主要分布于新疆、甘肃、内蒙古、云南、辽宁、河北等省份，1990 年存栏量达到 1 136.6 万头，曾经为农耕生产、交通运输、商品贸易做出重要贡献。目前，全国总存栏量的 68.14% 集中于欠发达地区。在这些地区，驴仍是生产力、劳动力，是重要役畜，发挥着不可替代的作用。驴产业是现代畜牧业重要组成部分。

肉用、药用、保健等民生用途是推动驴产业发展的主要动力。随着我国社会经济发展和生活水平的提高，人们对传统中药——阿胶、绿色食品——驴肉的需求也与日俱增。近年来，驴及其产品价格、需求量持续稳定走高。2005—2016 年，活驴、驴肉价格上涨 3 倍，同期驴皮价格上涨 20 倍，同时促进了活驴交易、驴肉餐饮、专业驴饲料等产业的发展。在民间有"养一头毛驴相当于多种一亩*地""一头驴就是一个小银行"的说法。山东、内蒙古、辽宁、河北等地相继出台政策措施支持驴产业发展，形成了聊城"龙头带动"、敖汉"小规模大群体"、法库"市场培育"等生产模式。

2. 驴产业是特色产业　3 700 年前，驴进入中亚，又从中亚地区翻山越岭几经辗转被张骞作为宠物沿丝绸之路第一次带入中原，当时也曾备受追捧。从生物学特性看，驴耐粗饲，

---

* 亩为非法定计量单位。1 亩≈667m²。——编者注

抗逆性强，吃得少，力气大，要求低，性子稳，是我国的重要役畜。在现代社会中，驴成为产业新宠。驴全身是宝，肉、皮、乳、血等都是重要产品原料，阿胶、驴肉、驴乳、孕驴血清久负盛名。特别是中华瑰宝——阿胶，是我国的中药产品、文化产品、特色产品，连续多年名列我国中药产品产值之首，是名副其实的"中药王"。世界上没有一个国家像我国这样具有丰富的内涵和相对完善的驴产业发展链条。2014年，全国23个省份的67家企业生产含阿胶药品105个，13个省份的81家企业生产含阿胶保健品146个（2016年产品达到200个）。可以说，阿胶、驴肉、驴乳的生产与消费无不彰显"中国标签"，驴产业是为数不多的无国际竞争的中国特色产业。

3. 驴产业是新兴产业 驴产业包括以饲养繁育为基础的养殖业，以驴乳、驴肉、驴皮等畜产品加工为主要内容的传统加工业，以孕马血清促性腺激素、雌性激素等生物制品为主的创新型技术密集产业。近几年，高新技术不断应用于传统驴产品，加之人们保健意识提高和东阿阿胶等龙头企业带动，在我国初步形成了以养殖为基础，阿胶、肉品为主导，驴乳、生物制品、骨胶等产品开发日趋活跃的产业结构。"富养马，穷养驴"的思想观念逐渐改变。为推动驴产业可持续健康发展，人们开始聚焦驴乳、激素、骨胶、生物制品等以"活体经济"为主的新兴产品。驴乳是高端保健乳，其营养成分接近人乳，是母乳的最佳替代品。按照1.5kg/（头·d）计算，驴乳年利用量可以达到225kg。目前，鲜驴乳收购价格为28元/kg（喀什），市场零售价格为80～100元/kg（乌鲁木齐），冻干奶粉4 000～5 000元/kg，仅此一项，单头哺乳母驴就可以为养殖户增加5 000元/年以上效益。据测算，合理采用科学养殖模式、先进技术手段，经过"循环经济"综合开发，一头驴可以产生5万元效益。

但应当看到，驴产业的发展刚刚起步。与其他畜种相比，与发展现代畜牧业要求相比，与社会"大健康"需求相比，驴产业还存在认识不足、资源匮乏、政府缺位、创新乏力等诸多问题。"驴全身是宝"，这个宝藏还远远没有得到有效系统的开发。

二、发展优势与趋势

1. 驴是传统家畜，饲养管理简单 2 000多年来，驴的地位与存栏量消长总是与我国社会经济的发展紧密相连。茶马古道、丝绸之路，昆仑山下、黄土高坡留下了驴瘦小而倔强的身影，曾经是分布较广的家畜。作为传统家畜，驴具有食量小、力气大、性温驯、使役性好、便于饲养管理等生物学特性，易为人所驯服和使役。目前，甘肃、内蒙古、新疆和辽宁是我国养驴主要地区。

2. 驴是草食动物，环境亲和性好 驴是大型非反刍草食动物，具有抗逆性强、消化能力强、耐粗饲、饲料转化率高等特点，青草、干草、秸秆等为驴的主要饲料来源，饲料资源广泛。一头250kg的成年驴每年消耗农作物秸秆等粗饲料2t。与马相比，驴采食量低30%，而消化率高30%。驴的精饲料喂量一般不超过日粮的30%。在非生产季节，甚至可以少喂或者不喂精饲料，是典型的节粮家畜。众所周知，甲烷的温室效应是二氧化碳的20～30倍，对全球气候变暖的影响作用占到了15%～20%。在全球家畜的甲烷排放量中，反刍动物占97%。而驴作为非反刍动物，有"秸秆转化器""环境净化器"之称，通过粗饲料过腹还田，最大限度地实现了经济效益、生态效益和社会效益的有机统一。

3. 驴全身是宝，开发潜力大 驴皮可熬制阿胶，阿胶是传统的中药；驴肉是绿色健康食品，素有"天上龙肉，地下驴肉"的美誉；驴乳具有清肺功能，其成分最接近人乳，对多种疾病有辅助治疗作用，可以作为婴幼儿母乳的替代品；驴肝、驴鞭、驴肺、驴骨、驴胎盘等也具有较高的营养价值和开发价值。随着技术进步，驴乳面膜、胎盘素、雌性激素等更多的驴产品将进入千家万户。按照育肥模式，每头驴10个月饲养周期效益是1 000元；按照繁育模式，一头繁育母驴每年收益4 880元（驴驹净收益），是育肥效益的4.8倍；按照驴乳生产模式，一个生产周期，1头哺乳母驴可以产生5 000元的收益。目前，我国驴产业已经形成以养殖业为基础，以驴肉、驴皮等传统加工业为主体，以休闲娱乐观光旅游为补充，以驴乳、雌性激素等"活体经济"开发为重点的产业格局。初步估算，其产业规模效益可达到500亿元。

4. 驴产业是朝阳产业，增收模式复制性强   2016年，农业部印发《草食畜牧业发展规划（2016—2020）》，将驴纳入草食畜牧业特色产业范畴予以统筹规划。2017年，农业部国家畜禽遗传资源委员会又分设"马驴驼专业委员会"，将"驴"纳入其中，彰显了对驴产业的关注。山东、山西、辽宁、内蒙古等地方政府也出台了相关政策，将驴产业列为特色或者重点发展的优势产业。

为了推动我国驴产业技术创新与发展，2014年，跨区域、全国性驴产业技术创新战略联盟在新疆喀什成立；2015年，中国畜牧业协会成立驴业分会。2017年8月17日，首届国际驴科学交流会在山东聊城举办。我国驴产业技术创新和产业结构调整进入新阶段，人们开始聚焦养殖、肉食品加工（包括餐饮）、药品保健品开发3个环节。但由于肉食品加工、药品保健品生产均以屠宰为前提，造成资源削减和产业发展链条阻断，新旧产能转换不畅。因此，从可持续发展角度来看，强化养殖基础，聚焦活体循环开发，稳定发展食品、药品、保健品生产是产业发展的基本方向；从产业发展重点来看，活体循环开发是技术创新的重点、难点和热点，也是供给侧结构性改革和驴产业可持续健康发展的根本出路。

三、产业瓶颈与措施

现阶段我国驴产业遇到了新的问题和发展瓶颈，主要表现在以下几个方面。

一是产业结构单一。目前，我国驴产业发展仍然处在皮、肉利用为主体，以"屠宰"为利用手段的初级阶段。驴乳、生物制品、保健品的开发力度还很弱，产业内部结构相对单一。2017年，内蒙古、辽宁、河北、山东、新疆等主产区鲜驴皮最高价格曾超过180元/kg，驴肉价格一般为80元/kg左右，皮与肉的价值几乎占了整头驴宰后的全部产值。其中，驴皮的价值曾一度超过全部产值的1/3。然而，由于阿胶消费不振等因素，导致2018年驴皮供需失衡。2019—2020年，驴皮价格一路走低，跌至不足50元/kg，并引发连锁反应，致使养殖户养殖驴的积极性受挫。实践证明，"一张驴皮"难以支撑全产业链发展。驴产业结构单一，产业发展就容易失衡，稍有风吹草动，就会影响产业可持续发展。

二是技术创新乏力。技术创新不足是造成产业结构单一的直接原因。驴全身是宝，开发潜力很大。驴肉、驴皮、驴乳、驴肝、驴鞭、驴肺、驴骨、驴胎盘等都具有较高的开发价值。然而，由于产业技术落后，驴产品开发的深度和广度仍然在低水平徘徊。

三是种质资源紧缺。驴种质资源是产业发展的基础。与其他大型家畜相比，驴具有妊娠期长、繁殖慢、受胎率低等生物学特性，而驴产业资金需求量大，回笼周期长，导致2016年、2017年在高价区间购进驴的养殖户，2018年以后因资金压力、市场不振、价格低迷等原因，举步维艰，赔钱经营。这个时期，养驴户普遍丧失信心、纷纷退出养驴行业，甚至频发母驴抛售事件，又进一步加大了驴价下行压力，而部分屠宰厂却借机压价，不利因素叠加，开始出现大范围"恐慌性屠宰母驴潮"。2017 年，"中国全世界买驴"闹得沸沸扬扬。美国 8 万人签名呼吁禁止中国驴进口贸易，不仅是在宣示动物福利理念，而且也是对我们无序开发利用驴资源的警示。

2019 年，我国驴存栏量为 260.07 万头。据统计，近 5 年驴存栏量下降超过 30％，年均下降 6.8％，比前 30 年平均下降幅度还高出 155 个百分点，下降速度明显加快。目前，全国基础母驴存栏量不足 70 万头，已经严重偏离维持正常产业发展的基础母驴 100 万头以上的警戒线。然而，近年来大规模屠宰母驴的事件，对驴产业影响很大。驴是草食大家畜，妊娠期 360 天，单胎，妊娠时间长，繁殖扩群难，一旦跌破警戒线，将很难恢复，并直接影响阿胶等的生产，也终将使得我国驴产业走入死胡同。尽快扩繁增量不仅是保护和开发我国特有驴种质资源的主题，而且也成为驴产业健康持续发展的迫切需要。

四是支持政策缺失。从现有政策来看，我国支持驴产业发展的政策措施还相对零散，大多是区域性的；从支持力度来看，国家还没有将驴产业发展上升到民生层次，给力的支持政策并不多；从新疆、山东等养殖优势区域来看，虽然驴是优势畜种，但作为畜牧业大省份还没有针对驴专一畜种的政策出台，社会层面特别是政府层面对驴的重视程度远不如对马、牛、羊、猪、禽等。社会、政府需要为驴产业这一民生产业、特色产业和创新产业重新定位，为驴争位，为民谋福，提高认识，制定政策，推动驴产业健康可持续发展。

为此，需要采取得力措施，推动我国驴产业可持续健康发展。

一是提高认识。驴主要分布于我国欠发达地区，驴养殖业发展事关这些区域社会稳定、经济发展。驴产业也是我国特色产业、民生产业和创新产业，是我国唯一在国际上具有独特竞争优势和明显产品优势的产业。要从社会发展、稳定大局方面认识驴及驴产业的社会地位、经济价值和发展优势。

二是涵养资源。驴资源是我国驴产业发展的基础，深化驴遗传资源的保护、开发，从源头控制屠宰能繁母驴，加快种质快速繁育是当务之急。母驴是驴产业振兴的关键和核心，不能等到近乎灭绝了再去保护和发展。打好驴种业翻身仗，就要提前谋划。如通过提升驴繁育效率等措施，保护并合理有序利用我国特有的驴种资源。

三是创新技术。将驴等特色产业纳入国家、各省份现代产业技术体系，以及创新计划、改良计划中，尽快编制《全国驴遗传改良计划（2022—2035）》，切实增加科技投入，探索以驴或马属动物产业为主线，涵盖良种繁育、营养标准、疾病控制、产品加工、技术培训、政策咨询、应急服务等内容的成熟的现代农业技术创新体系和产业发展模式。

四是增加投入。目前，我国驴产业处于役用转多用的初始阶段，通过内部挖潜，在不增加国家财政支出的前提下，争取国家重点研发计划、良种繁育推广、产业体系建设、疫情疫病防控等项目资金适当倾斜，鼓励社会力量投入驴肉、阿胶、驴骨粉，特别是驴乳、生物制品、驴文化等活体产业链的综合开发。

第二章　驴品种资源

第一节　驴的起源分化

按照动物分类学，驴（*Equus asinus*）在动物分类学上属于脊椎动物门（Vertebrata）哺乳纲（Mammalia）奇蹄目（Perissodactyla）马科（Equidae）马属（*Equus*）。由于马属动物之间有共同的起源及亲缘关系，因此相互之间可以交配产生异种间的杂种。最典型的，也是人类利用最多的，是家马和家驴之间的种间杂交。因家马和家驴染色体数目不同，与其他种间杂交动物一样，可以产生种间杂交后代，但种间杂交后代一般没有生育繁殖能力。如公驴配母马或公马配母驴，均可产生种间杂种马骡或驴骡（驮骡），所以，马、驴、骡统称为马属动物。探讨其起源必须从马属动物的起源进行追溯。

在马属动物大家庭里，还有一个在动物分类学地位至今存在争议的成员——斑驴。由于其独特、美丽的表型特征，曾吸引欧洲殖民者来到非洲疯狂猎杀、收藏，并导致其最终灭绝。世界上最后一头斑驴于1883年8月死于阿姆斯特丹的阿蒂斯·马吉斯特拉动物园（图2-1）。

图2-1　斑驴

一、马属动物起源

马、驴等马属动物的起源与进化一直被作为生物进化理论的经典实例。1841年，古生物学家 Richard Owen 发现并命名了马化石——*Hyracotherium*（Stephen Jay Gould，1991），从而拉开了马起源进化研究的序幕。一般认为，马起源于7 500万年前的爬行动物，经历了始祖马、渐新马、中新马、上新马、现代马等5个阶段。

1. 始祖马 距今6 000万年前的始新世，最初在北美洲的潮湿地带出现了一种个体很小的马，体型似现代的小狐狸，前足有4趾，后足有3趾，身体主要重量靠肉垫支撑，冠齿低。

2. 渐新马 距今4 000万年前的渐新世，地球上气候渐渐变凉变干，部分森林开始变为草原，为适应环境变化始祖马逐步进化为渐新马，个体略有增大，前后足都为3趾，中趾较发达。

3. 中新马 距今2 500万年前的中新世，北美洲森林面积变少，草原面积进一步扩大。在北美洲的中西部地区出现了中新马，其个体较大，四肢运动能力增强，侧趾已离开地面。体重靠中趾支撑，牙齿的冠齿高，适于磨草。

4. 上新马 距今200万年前的上新世，出现了现代马的直系祖先上新马。个体更大，接近于现代马，四肢都演变成只有1个较发达的趾，表现出了奔跑于空旷草原，牙齿更为进化，嚼食硬质干草的高度适应。

5. 现代马 从上新世后期到距今100万年的更新世，地球上的森林面积大大缩小，草原和荒漠面积变得更大，上新马发展成为现代马，也称真马。现代马比上新马更加高大，臼齿变得长而坚固，可以采食草原上各种草类。

二、驴的起源

现代马、驴和斑马都是由真马演化而来的。Clutton-Brock（1999）认为，现代马驴和斑马的祖先在400万～450万年前已经分化；Guliberg通过对马、驴和其他哺乳动物 mtRNA 完整序列的研究，认为这两个种分化时间大约在900万年前。在更新世以前，马、驴和斑马在化石结构特征上还无法鉴别。一般认为，三门马是现代马的祖先，山东青州、章丘等地都曾采集到三门马化石。由此可见，三门马分布较为广泛。此外，距今2.5万年前马属动物分别分化出了斑马、野驴和野马等。从三门马起，驴与马外貌形态开始分化并逐渐形成了独立的种，野驴化石已经出现在我国许多地方，并与野马化石伴生。这些野驴化石，杨钟健等称之为骞驴。

关于我国驴种起源，学术界主要有两种观点：一种认为，驴起源于北非，向东传至印度和中国，据日本学者菊地清考证："中国的驴都是汉代由中亚细亚传入的。"另一种则认为，我国家驴品种生存的生态环境类型很多，部分仍保留着亚洲野驴（又称骞驴）的某些毛色、外形特征，而且亚洲野驴分布广，我国养驴历史悠久，因此受其影响较大。以上两种观点主要从考古学、历史学角度分析，缺乏确凿的遗传学依据。Albano Beja-Pereira（2004）对全世界52个国家的家驴以及亚洲野驴和非洲野驴进行了分析研究，证明所有家驴的祖先都是非洲野驴（努比亚野驴、索马里野驴）。陈建兴、雷初朝等（2009）根据分子生物学试验技术的一些研究，进一步支持中国家驴起源于非洲的论断。非洲野驴至今保留了热带野生动物的特征和特性：外形单薄，耳朵长大，颈细，肢长，被毛细短等外貌特征；适于在温暖和干旱的气候条件下生活，耐热，耐饥，抗脱水能力强；能在干旱炎热的沙漠、荒漠生态条件下生活和使役等。至今分布在西北高原和青藏高原的近代野驴是不是化石野驴的遗种，它们与现代家驴的关系等还有待进一步认识（图2-2）。

图 2-2　西藏野驴

三、驴的驯化

驴种分为家驴、骓驴和骞驴 3 个亚种。其中，家驴被人类驯化成为家养动物，为人类社会直接使用，其他亚种目前仍未被人类驯化，处于野生状态，属于野生动物。

马、驴与一般家畜的驯化有所不同。从进化角度看，马、驴原来是森林动物，后来才逐渐进化成草原动物，因而森林与草原的过渡地带就被认为是驯化家马、家驴的最佳场所。草原特殊的自然条件及马、驴的特殊生物学习性决定了马、驴的驯化方式只能是从游猎到游牧。原始的游猎引起野马、野驴的迁移。新环境不仅会使动物出现突变，而且还会使动物有新选择，产生新适应，改变部分基因频率；同时，原始游猎还能分化野马、野驴的种群。部分个体的迁移，使群体变小，不能实现种群内完全的随机交配。经过若干代后，引起基因漂变，即丢失部分基因，而另一部分基因频率增高；原始的游猎也可能使不同野马或不同野驴互相迁移混杂，通过有性繁殖方式，交换基因。因而，我们说游猎可使野马、野驴的基因频率发生改变，原始的选择使之定向。最终野马、野驴被驯化成家马、家驴并采用游牧的方式从事农牧业生产。

驯养以后的家畜，随着人类迁徙和饲养技术的不断改进，分布越来越广，质量也逐渐提高。分布在各地的家畜，由于交通不便形成了地理隔离，迁徙来的小群体，在当地自然环境和社会经济差异影响下，经过一定时间的人工选择、自然选择和基因漂变共同作用，就形成了在体型外貌、生产能力、适应性等方面与外地同种家畜均有差异的群体。人们对不同产地各具特色的家畜群体赋予不同名称，以示区别，这就是原始品种的由来。我国大中型地方优良驴品种大都是这样形成的。如对这些原始家畜品种继续定向选择育种，生产性能更为专一，就会形成经济效益更高的培育品种。例如，皮用、肉用、乳用、观赏用等专用或兼用的不同家畜品种。这正是我们现代驴业所追求的目标。

第二节　驴的类型与生态环境

我国家驴分布在北温带干燥、温暖地域，东起渤海湾、西至塔里木盆地周围，北起辽西、冀北、雁北、河套，南至滇南。我国驴种大致分为大、中、小型 3 个类型。大型驴品种主要分布在黄河中下游流域气候温和、饲料资源丰富的农区，天山南麓和塔里木盆地南缘也有集中产地。小型驴遍及分布区内的南北各地，它们生活在气候干燥、植被稀疏的地区。中型驴多在大型驴与小型驴分布区之间的一些地区，由于生活环境和血统来源的影响，出现了这些体格中等大小的中型驴。共有 24 个驴品种列入 2021 版《国家畜禽遗传资源品种目录》。需要指出的是，有的地方虽为同一个产区，但各地自然条件和培育程度也不完全相同，常出现 2 种或 3 种驴的类型。

按自然分布、生态条件和体尺可将驴分为 3 大类。

一、西部及北部牧区小型驴

在西部及北部牧区长期繁衍着我国最古老的干旱沙漠生态类型新疆驴。其中心产地在新疆南部的塔里木盆地周围地区，特别是喀什、和田地区。由于长期适应干燥炎热气候，驴体质干燥结实，体高 110cm 以下，体重 130～135kg，是农牧民短途运输的主要工具。一般驮重约 50kg，日行 30～40km。至西汉时期已有大批驴沿着"丝绸之路"进入中原，它们在祁连山以北，海拔 1 000～1 500m 的河西走廊落了脚。由于这些驴长期生活在干旱少雨的生态条件下，因而形成了干旱半荒漠生态类型的凉州驴，外形与新疆驴相仿，体高 102～105cm，骨骼较细，头大。由于天气寒冷，耳郭内外着生许多短毛，尻斜肌肉厚实，皮厚毛密。毛色以黑灰为主。西域一带的驴到达六盘山西侧的黄土丘陵沟壑区形成西吉驴。该区海拔 1 600～2 200m，气温低，温差大，年平均气温 5.4℃，最低气温－25℃，最高气温 30.7℃，无霜期 108～120d，年均降水量 434.2mm。其中心产区在宁夏西吉县及其附近地区，属半干旱山地生态类型。西吉驴体高 109～112cm，驮重 60～75kg，日行 35～40km。新疆驴到达陕北之后，在毛乌素沙漠特定的生态环境下生活，形成了高寒草原生态型的滚沙驴；到达内蒙古草原后，迅速遍及全蒙、长城以北地区，形成高寒草原生态型的库伦驴；越过科尔沁草原，进入松辽平原，这里纬度高，海拔低，寒冷期长，形成了平原生态类型的东北驴种。

二、中部平原丘陵农区大中型驴

西域的驴进入中原到了黄河中下游，由于这里海拔较低，地势平坦，气候温和，无霜期长，水源丰富，雨量适中，土壤肥沃，农业开发早，历史上构成了一个气候、水域、土壤和植被互相协调、生态平衡的生存环境。因而，沿着黄河流域分布到今陇东、陕西、山西、河北和河南，一直到山东沿海地区，形成了许多著名的平原生态类型的地方良种。它们的共同特征为：体质结实，体格高大，中躯呈圆筒状，尻斜偏短，四肢坚实，关节强大，蹄大质坚，挽力强。饲养方式多为舍饲。古西域一带的驴进入陕西省的黄土高坡以南，秦岭以北，渭河流域"八百里秦川"的关中平原。这里海拔 330～780m，地势较平坦，年平均气温 13～17℃，最低气温－21℃，无霜期 150～200d，年均降水量 576.6mm。泾渭两大河流流经全境，注入黄河，造成两岸宽广的阶地平原，形成一个三面环山、向东敞开的河谷盆地。由于这里农业开发早，饲料条件特别优越，盛产苜蓿、大麦、黑豆等，在优越的气候、饲料、饲养方式和人工选择的综合影响下，逐渐形成了著名的大型驴品种关中驴。公驴平均体高133cm，母驴127cm，平均体重分别为350kg和300kg。公驴最大挽力246.6kg，母驴155.9kg，一般驮重150kg，日行40～50km。古代的驴沿黄河流域进入晋南盆地，形成了晋南驴，这是关中地区驴自然分布到该地区后形成的类群。其中心产区为夏县、闻喜县，年平均气温13.4℃，无霜期160～220d，年降水量500～650mm。晋南驴平均体高132～135cm。关中平原的驴进入陕北黄土高原丘陵区，客观上对驴的耕挽驮提出更高要求，但气候干旱、耕地贫瘠、粮草不足等因素，又限制了关中驴向大型驴的进一步发展，逐步选育出体高120～126cm，驮挽兼用，善行山路，与关中驴不同的佳米驴。陕西、河南的驴继续沿黄河流域往东，到达下游的鲁北平原和冀东平原。该地区气候温和，年平均气温12.8℃，无霜期200～220d，年均降水量574mm，海拔50m左右，有些海滩草场面积很大。沿海地区常利用驴作为盐粮运输的工具，同时又盛产芦苇、野苜蓿、野豌豆、黑豆等饲料，形成了德州驴。其公驴最高体高达155cm，体重365kg。此外，驴在中国北方大量繁衍，并形成一些中型品种。例如，产于河南省泌阳河两岸，适应北亚热带边缘气候，体高119cm的泌阳驴；产于河南省大沙河、运河两岸，适应暖温带气候，体高123cm的淮阳驴；产于山西省桑干河、壶流河两岸，适应中温带气候，体高125～133cm的广灵驴。

三、西南高原山地小型驴

此类型是由中国西北地区的驴经甘南、陕南进入西南高原而形成的。西南高原海拔高，加上地形复杂，虽地处中亚热带，但相对来说比同纬度沿海地区冷，湿度较小，饲养条件贫瘠，故形成了特殊的高原山地类型的小型驴。属于此类型的有产于川西北和川西南的四川驴，体高91～93cm；产于藏南和藏东南的西藏驴，体高93cm；产于滇西的云南驴，体高92.5～93.6cm。前两种属高原生态类型，后一种属亚热带山地生态类型。其特征为：体质结实，多数偏粗糙，体格矮小，胸部窄，后躯短，尻部斜，骨骼细，四肢坚，蹄质硬，善走崎岖山路。

第三节　我国主要驴种

一、大型驴

大型驴主要分布在黄河中、下游农业地区，这些地区农业发达，拥有丰富的农副产品，这里的农民素有种植苜蓿喂畜的习惯。由于农耕和社会发展的需要，经过人们累代选育和精心饲养，终于使原产于这些地区的驴种成为体格高大、结构匀称、毛色纯正、摆脱了原始品种某些特征的地方良种。大型驴体高130cm以上，少有达到150cm以上者。此外，天山南麓和塔里木盆地也有分布。20世纪，大型驴主要有关中驴、德州驴、晋南驴、广灵驴、长垣驴、和田青驴。1990年，长垣驴通过了全国马匹育种委员会组织鉴定。2009年，原为地域型品种的和田青驴和新疆驴与关中驴杂交后代选育多年的杂种驴吐鲁番驴，被国家遗传资源委员会认定为新品种资源。

（一）关中驴

1. 中心产区及分布 关中驴原产于关中平原。以陕西乾县、礼泉、武功、蒲城、咸阳、兴平等县市驴的品质最佳。扶风关中驴场承担着国家保种任务。经 2007 年调查，关中驴受农业机械化的影响，中心产区已移至关中平原西北部山区和渭北旱塬西部边缘的陇县 6 个乡镇。此外，宝鸡市扶风、凤翔两县及渭南市的合阳县、咸阳市的旬邑县和彬州市也有少量分布。截至 2007 年 4 月底，符合关中驴品种特征的关中驴存栏量约 4 400 头，为历史低位，且仍有下降趋势。

2. 品种形成 早在先秦时代，关中地区就有驴，但较罕见。李斯所著的《谏逐客书》中有"而骏良駃騠不实外厩"，有駃騠就有驴，然而当时仅用于玩乐，自西汉张骞通西域后，开始有大批驴、骡东来，此后陕西农民养驴日益增多，并成为重要役畜。《陕西省志》有北魏"太武帝将北征，发民驴以运粮"的记载；《旧唐书·宪宗纪上》道：在长安以东，"牛皆馈军，民户多以驴耕"。这些史料说明，陕西关中地区养驴已有 2 000 多年的历史，并将驴作为重要役畜。

关中是周、秦、汉、唐等历代王朝的都城所在，作为全国政治、经济和文化中心长达 1 000 多年，国内外交往和物资运输频繁，农耕发达。当时的交通运输全靠马、骡、驴担负，特别是通往西南和丝绸之路的西北路途山高坡陡、道路艰险，长途运输多依赖体力强大、富有持久力和耐劳苦的大骡；加之关中平原土壤黏性大，耕种费力，也需要体大力强的役畜，从而促使关中驴的体躯向大型挽用方向发展。

汉武帝时期，关中已种植苜蓿。关中驴自幼以优质饲草补养，促使其正常发育，加上农民对牲畜饲养管理较精细，做到产前给母驴加料，产后适时补饲富含蛋白质且易消化的优质草料。驴驹生后 1 个月左右，即单独补饲，冬季放于田野，任其自由活动，使役后终年舍饲。这些条件有助于本品种的形成。

陕西养驴业的发展与以下四大因素有关：一是历代封建王朝或禁止民间养马，或对民间马匹强行征用充军，而对养驴则不多加限制。二是关中农民有繁殖骡的传统。到元代，蒙满与汉族交流广泛，于是骡子多于马类。明、清代出现关中大型驴、陕甘大骡。大骡多出于关中西部，这与清初兴平农学家杨屾提倡养畜有直接关系。三是关中农耕需要大型驴、骡。该地有种植苜蓿、豌豆饲喂家畜的习惯，饲料资源丰富，饲喂精细，可保证驴驹的良好生长发育。四是产区农民很重视驴的选种选配，对种公驴选择尤为严格，向来重视其外形和毛色，要求体格高大、结构匀称、睾丸对称且发育良好、四肢端正、毛色黑白界限分明、鸣声洪亮、富有悍威。通过举办赛畜会、"亮桩"（种公畜评比会）等活动促进品种质量不断提高。经过长期选育，形成了关中驴这一良种。

1935—1936 年，西北农学院对关中驴的形成、体尺和外形进行首次调查，提出"关中驴"之名，沿用至今。1956 年，西北畜牧兽医研究所和西北农学院又做了系统调查，初步摸清了品种资源。此后，相继在关中驴产区确定良种繁殖基地县。1963 年，扶风建立了种驴繁殖场，在咸阳、渭南两地区设立良种辅导站，制定《关中驴》企业标准、国家标准和选育方案，并开展群众性选育工作，这对关中驴品质的进一步提高具有重要作用。

3. 体型外貌特征

（1）外貌特征。关中驴属大型驴，体格高大，结构匀称，体质结实。身体略呈长方形。

其特点是头中等大，眼大、明亮有神，鼻孔大，口方，齿齐，两耳竖立，头颈高昂，前胸深广，肋圆而拱张，背腰平直，腹部充实、呈筒状，四肢端正，关节干燥，蹄质坚实，背凹，尻短斜。

关中驴被毛短细，富有光泽，多为粉黑色，少数为栗色、青色。以栗色和粉黑色，且黑（栗）白界限分明者为上选。特别是鬃毛及尾毛为淡白色的栗毛公驴更受欢迎，人们认为它能配出红骡，但 2007 年调查，栗毛驴未曾见到（图 2-3）。

公驴　　　　　　　　　　母驴　　　　　　　　群驴（孙玉江　摄）

图 2-3　关中驴

（引自党瑞华、孙玉江）

（2）体尺和体重。成年关中驴平均体重和体尺见表 2-1。

表 2-1　成年关中驴平均体重和体尺

年份	地点	性别	样本数/头	体高/cm $\overline{X}\pm s$	体长/cm $\overline{X}\pm s$	胸围/cm $\overline{X}\pm s$	管围/cm $\overline{X}\pm s$	体重/kg
1980 年	农村	公	130	133.21±6.64	135.40±7.16	145.01±9.00	17.04±1.54	263.63
		母	413	130.04±5.93	130.31±6.45	143.21±8.11	16.51±1.34	247.46
	保种场	公	3	144.16±1.53	146.10±6.32	155.33±4.04	17.50±0.60	
		母	104	137.45±4.84	138.72±5.37	148.34±5.47	16.08±0.85	
2007 年	农村	公	3	140.50±6.36	137.50±3.53	140.50±0.70	16.00±0.10	
		母	18	127.44±2.45	128.00±4.77	129.94±6.80	15.39±0.98	
	保种场	公	8	138.67±6.64	137.57±5.84	141.00±6.43	17.50±1.38	
		母	32	131.59±4.46	131.30±6.35	140.44±9.40	16.46±1.23	

4. 性能和评价　关中驴有挽、驮多种用途。据测定，公驴最大挽力平均为 246.6kg，约占体重的 93%；母驴平均为 230.9kg，约占体重的 87%。驮运能力强，驮重 150kg 左右，时速 4.4~4.8km。据西北农业大学（1986）对退役关中驴测定，其屠宰率为 39.32%~40.38%。

公驹平均初生重 26kg，断奶重 95kg；母驹平均初生重 23kg，断奶重 85kg。在正常饲养管理条件下，驴驹生长发育较快，1.5 岁时体高即达到成年体高的 93.4%，有性行为。3 岁时各项体尺均达到成年体尺的 98% 以上，公母驴均可配种；公驴 4~12 岁配种能力最强，母驴 3~10 岁时繁殖力最高，1 头母驴终生平均产驹 5~8 头。

关中驴适应性好，遗传性强，对晋南驴、庆阳驴、吐鲁番驴和喀什地区的"疆岳驴"（地方称谓）等我国驴种选育有重要影响。20 世纪，关中驴作为父本改良小型驴，与马杂交繁殖大型骡都取得良好的效果，成年骡体高可达 140cm 以上。关中驴适应干燥、温和的气候，耐寒性较差，高寒地区引入时应注意防寒。关中驴作为我国重要大型种驴曾输出到朝鲜、越南和泰国。目前，关中驴役用性能降低，数量急剧减少。今后，应完善保种方案，注重肉、乳、皮的选育和开发利用。

（二）德州驴

1. 中心产区　德州驴主产于鲁北、冀东平原沿渤海的各县。历史上，当地群众有用驴驮盐到德州贩卖的习惯，使德州成了该驴的集散地，故称德州驴；因以山东的无棣、庆云和河北的盐山等为中心产区，当地又称无棣驴；其分布比较广，山东的无棣、庆阳、沾化、垦利、广饶、寿光，以及河北盐山、南皮、河间、黄骅、青县、沧县等环渤海各县曾都有分布，故在河北称为渤海驴。山东、河北的这些产驴地区，自然、社会、经济条件大体一致，海拔较低，地势平坦，盛产粮棉等经济作物，也有种植苜蓿养畜的习惯，饲草来源丰富，近海处有大面积天然草场可用于放牧。由于农业和盐业对运输动力的需求，经过长时间精心选育，在良好的饲养管理条件下，最终形成了这一优良驴种。

进入 21 世纪，德州驴中心产区萎缩、分布区存栏量减少，质量降低。近几年，因阿胶、驴肉等产品的需求增加，养殖户养殖德州驴的积极性不断提高。

2. 品种形成　山东无棣、沾化、垦利和河北盐山、河间、黄骅等德州驴产区，自然、社会、经济条件大体一致，海拔较低，地势平坦，盛产粮、棉、豆等经济作物，农作物秸秆丰富，也有种植苜蓿、沙打旺等牧草养畜的习惯。沿海区域芦苇、茅草等野生植物丰茂，有大面积天然草场可用于放牧，饲草来源多样。

据北魏《齐民要术》关于养驴技术的记述，山东省养驴至少有 1 500 多年历史。宋代该区曾大量引入驴。山东定陶"商圣"陶朱公说："子欲速富，当畜五牸"。"五牸"指牛、马、猪、羊、驴。这说明，山东养驴历史悠久。曾任山东高阳（今青州）太守的贾思勰对养驴、繁育骡子、驴病治疗等均有描述。可见，山东也是较早利用马驴杂交优势繁育骡子的地区。

在长期的小农经济影响下，农民经济基础薄弱，养驴使役、繁殖、出售，均适宜。早年因农业产量不稳定，在精饲料比较缺乏的情况下，当地农民习惯以苜蓿等牧草喂驴，保证了驴正常发育和繁殖所需的营养物质，且群众长期养驴积累了丰富的选育经验，也重视选育和培育驴驹。这些是德州驴形成的重要因素。

1962—1963 年，山东先后在无棣和庆云建立种驴场，组建育种群，进行系统选育、提纯复壮，建立育种档案，注意选种选配，不断提高德州驴的质量。经过产区广大人民群众的选种选配，选优去劣，逐渐形成了具有挽力大、耐粗饲、抗病力强等特点的大型挽驮兼用品种。2006 年以后，山东加大对德州驴的选育与培育的支持，在无棣、禹城、德州和东阿等地建立了德州驴核心育种场、国家级保种场和种公驴站，群体品质有所提高。

3. 体型外貌特征

（1）外貌特征。德州驴体型方正，外形美观，高大结实，结构匀称，头颈躯干结合良好。公驴前躯宽大，头颈高昂，眼大、嘴齐、耳立，鬐甲偏低，背腰平直，腹部充实，尻稍斜，肋拱圆，四肢坚实，关节明显。依毛色德州驴分为三粉和乌头两种，代表不同的体质类型（图 2-4）。

公驴　　　　　　　　　母驴　　　　　　　　　群驴

图 2-4　德州驴

（引自孙玉江）

三粉驴，即鼻、眼周围和腹下粉白，全身纯黑。该类型驴体质干燥结实，体型偏轻，皮薄毛细。四肢较细，肌腱明显。蹄高而小，步样轻快。

乌头驴，全身乌黑，无白章。该类型驴体质偏疏松，体型厚重，体躯较宽，四肢粗壮，关节圆大，干活有力，属重型驴，公驴和母马交配所产的马骡高大而有力。

（2）体尺和体重。成年德州驴的平均体重和体尺见表 2-2。

表 2-2　成年德州驴的平均体重和体尺

性别	样本数/头	体高/cm	体长/cm	胸围/cm	管围/cm	体重/kg
公	123	136.4	136.4	149.2	16.5	266.0
母	677	130.1	130.8	143.4	16.2	245.0

注：2006 年对公母各 6 头成年德州驴进行了体重和体尺测量，样本太少，缺乏代表性。

4. 性能和评价　德州驴役用性能良好，挽、乘、驮皆宜，持久力好。公驴最大挽力平均 175kg，相当于体重的 81%；母驴平均 170kg，相当于体重的 69%。

在正常饲养条件下，德州驴平均屠宰率为 40%～46%，净肉率 35%～40%。经过育肥后屠宰率可达 50%。

德州驴生长发育快，1 岁时体高达成年驴的 93.2%。12～15 月龄达性成熟，2.5 岁时开始配种。母驴终生可产驹 10 头左右。

德州驴公驴与蒙古马、哈萨克马等地方品种母马相配，所产骡质量甚佳，体高在 140cm以上，有的可达 170cm。

产区群众有吃驴肉的习惯，且山东又是阿胶产业密集区，在山东滨州、聊城等地区，已形成以规模养殖为基础，以驴肉、驴乳、药用、保健品等为主，以文化展示旅游为辅的三产融合的沿黄德州驴产业群，东阿阿胶、福牌阿胶、中棣牌驴肉、广饶肴驴肉等享誉华夏。德州驴开发利用历史悠久，文化深厚，阿胶、驴肉和驴乳等开发已经达到百亿量级。

今后，要在已建立的保种场和保护区的基础上，进行品种选育，品系繁育，向肉用、药用及乳用方向发展，并注意保护和发展"乌头"类型的驴群。

（三）晋南驴

1. 中心产区　晋南驴产于山西运城地区和临汾地区的南部，以夏县、闻喜为中心产区，当地统计存栏量为 1 000 余头（2006 年）。

2. 品种形成　晋南驴产区地处我国古代文化发达的黄河流域，地处黄土高原，有平川、丘陵和山地，农副产品丰富，是我国农业开发较早的地区。由于晋南与陕西关中地区仅一河之隔，故从晋南向关中一带引入驴时，必将通过黄河扩散到这一地区。由于产区有悠久的农牧业发展史，又有著名的运城盐池和许多大小煤矿，农业耕作、粮棉和煤盐的运输，历来靠驴、骡驮运。这种客观的经济需要，促使农民喜爱养驴，重视选种选配和驴驹培育。历史上形成的在庙会上展示养驴户所饲养的种公驴质量，借以争取选配母驴的群选方式，一直持续到 20 世纪初期。产区农民有种植苜蓿、豆类、花生的习惯，草料条件优越，有利用鲜苜蓿与麦秸碾青的饲料调制方法，可使驴等家畜全年都能吃到青饲草。在管理上，做到保持畜圈清洁，每天刷拭驴体，积累了饱不加鞭、饿不急喂、热不急饮、孕不拉磨和三分喂、七分使的管理经验，促进了驴的正常发育和健康，使其体格、结构得到不断提高和改善。1949 年后，夏县建立种驴场，实行人工授精，选用优良种驴进行配种，同时利用集市、庙会展示，评比种驴，扩大优质种驴的利用范围，使晋南驴的体格和结构得到不断的改善。

3. 体型外貌特征

（1）外貌特征。晋南驴体格高大，外貌清秀细致，是有别于其他驴种的主要特点。体质结实，结构匀称，体型近似正方形，性情温驯。头清秀、中等大，颈部宽厚、高昂，鬐甲稍低，背平直，尻略高而稍斜，四肢端正，关节明显。蹄较小而坚实，"附蝉"呈典型口袋状。尾细而长，尾毛长而垂于飞节以下，毛色以黑色带三白（粉鼻、亮眼、白肚皮）为主毛色，约占 90%，少数为灰色、栗色（图 2-5）。

公驴　　　　　　　　　　　　　　　　母驴

图 2-5　晋南驴

（引自明世清）

（2）体尺和体重。1980 年曾对晋南驴进行过调查，2006 年又对夏县瑶峰镇、胡张乡、祁家河乡，闻喜县河底、礼元乡，平陆县张店驴场的成年晋南驴体重和体尺进行了测量，结果见表 2-3。

表 2-3 成年晋南驴的平均体重和体尺

年份	性别	样本数/头	体高/cm $\overline{X}\pm s$	体长/cm $\overline{X}\pm s$	胸围/cm $\overline{X}\pm s$	管围/cm $\overline{X}\pm s$	体重/kg
1980 年	公	142	134.3	132.7	142.5	16.2	249.4
	母	1057	130.7	131.5	143.7	14.9	256.3
2006 年	公	10	139.02±3.73	130.72±3.65	151.10±3.60	16.35±0.44	276.34
	母	50	133.16±3.50	130.15±3.42	151.49±2.53	16.30±0.31	276.56

4. 性能和评价 据测定，8 头公驴最大挽力平均为 238kg，相当于体重的 93.7%；8 头母驴最大挽力平均为 220kg，相当于体重的 88.4%。晋南驴产肉性能良好。1982 年，山西畜牧部门对不同营养体况老龄驴进行屠宰测定，平均宰前活重 239kg，屠宰率 52.7%，净肉率 40.4%。

晋南驴幼驹生长发育快，1 岁驹体高可达成年驴的 90%。8～12 月龄性成熟，母驴适宜的初配年龄为 2.5～3 岁，3～10 岁生育力最强。种公驴 3 岁开始配种，4～8 岁为配种最佳年龄。

晋南驴属大型驴，外形俊美、结构匀称、细致结实、性情温驯，为我国著名的地方良种之一，多年来大量向各地输出。20 世纪 80 年代以来，由于产区社会经济条件迅速转变，晋南驴数量下降，保种场关闭。今后，必须加强保种工作，恢复保种场，加强晋南驴品质选育工作，进一步提高其生产等性能。

（四）广灵驴

1. 中心产区 广灵驴产于山西省东北部的广灵、灵丘两县，分布于周边各县。2006 年末广灵驴存栏量 4 808 头。

2. 品种形成 广灵驴的饲养历史悠久，经长期选择培育不断发展，成为优良驴种。据《广灵县志》记载，早在 200 年以前，驴已列为优良畜种，广为农家饲养。据 1965 年调查，驴占大牲畜存栏量的 42.6%，不少年份占到 50% 以上，驴的养殖量多于牛。可见广灵驴与当地农业生产和农民生活密切相关。

根据当地社会生产发展历史和所处地理条件分析，广灵所养的驴，最早可能是经汾水、太原而来，在雁北的高寒自然环境中长期生活，逐渐形成抗寒的广灵驴品种。

广灵、灵丘两县境内大多为起伏的山岳，小部分为河谷盆地，海拔为 700～2 300m。因地处塞外山区，风大沙多，气候差异大，年均气温 6.2～7.9℃。寒冷多变的气候，锻炼和培养了广灵驴适应性强的特性。产区为塞外的重要杂粮产地，秸秆丰富，豆类充足并有苜蓿栽培。由于生产和生活的需要，当地群众非常重视养驴，长年用谷草、黑豆、豌豆和苜蓿精心喂驴，同时还注意选种选配，且有传统的培育幼驹习惯，使役结合放牧，这些都是形成体格高大、粗壮结实、肌肉丰满、毛色整齐的广灵驴的主要因素。

1963 年，经山西农学院朱先煌教授等调查评价为地方良种后，确定以选育大型良种驴为方向，并成立育种组织，在广灵建立种驴场 1 处、基地队 51 个，实行场队结合，进行选种选配，建立良种登记。广灵种驴场经不断选育，据 1983 年测定，30 头成年母驴平均体高

138cm，比建场时平均提高 12.7cm，并育出一头成年体高 160cm 的种公驴。

3. 体型外貌特征

（1）外貌特征。广灵驴以体格高大粗壮，体质结实，结构匀称，体躯较短为特征。这种驴头较大、额宽、鼻梁直、眼大、两耳竖立而灵活，头颈高昂、颈粗壮，头颈、颈肩结合良好，鬐甲宽厚微隆，背腰宽广平直、结合良好，前胸开阔，胸廓宽深，腹部充实，大小适中，尻宽而短，四肢粗壮结实，前肢端正，后肢多呈刀状肢势，肌腱明显，关节发育良好，管骨较长，蹄较大而圆，质地较硬，步态稳健，尾粗长，尾毛稀疏，全身被毛短而粗密（图 2-6）。

公驴　　　　　　　　　　母驴　　　　　　　　　　群驴

图 2-6　广灵驴

（引自明世清、孙玉江）

毛色以"黑五白"为主，当地又称"黑画眉"，即全身被毛呈黑色，唯眼圈、嘴头、肚皮、裆口和耳内侧的毛为粉白色。全身被毛黑白混生，并具有五白特征的，称"青画眉"。这两种毛色的驴均属上乘，深受当地群众喜爱。还有灰色、乌头黑。据毛色统计，黑画眉占 59%、青画眉占 15%、灰色占 13%、乌头黑占 4%、其他毛色占 9%。

（2）体尺和体重。1980 年，山西曾对广灵驴进行过调查。2008 年 4 月，在广灵县南村镇南土村、作町乡宋窑村、加斗乡西留疃村和新科农牧公司又对成年广灵驴进行了体重和体尺的测量，结果见表 2-4。

表 2-4　成年广灵驴的平均体重和体尺

年份	性别	样本数/头	体高/cm $\overline{X}\pm s$	体长/cm $\overline{X}\pm s$	胸围/cm $\overline{X}\pm s$	管围/cm $\overline{X}\pm s$	体重/kg
1980 年	公	55	138.4	138.5	147.2	17.8	305.3
	母	118	134.1	131.6	146.9	15.7	234.0
2008 年	公	10	141.4±2.5	144.1±2.3	158.5±4.5	18.9±0.7	355.20
	母	40	139.3±3.8	144.4±5.1	157.5±5.7	17.7±0.7	331.67

4. 性能和评价　据测定，广灵驴最大挽力，公驴平均为 258kg，相当于体重的 84.6%；母驴平均为 223kg，相当于体重的 96.2%；骟驴平均为 203kg，相当于体重的 87.5%。平均屠宰率为 45.1%，净肉率为 30.6%。

其繁殖性能与其他品种接近，多在 2—9 月发情，3—5 月为发情旺季。一般母驴终生可产驹 10 头。

广灵驴种用价值良好，以耐寒闻名，对黑龙江省的气候适应良好，曾推广到全国 13 个份。2006 年前，广灵驴繁育体系开始解散，数量下降，产区存栏量 4 500 头左右，约 1/3 符合品种特征特性要求，当时已按国家要求建保种群，但近年数量仍在减少。

对这一耐寒的驴种，应进一步提高肉、皮等品质，提高产肉率，做好保种工作，以满足市场新的需求。

（五）长垣驴

1. 中心产区　长垣驴产于豫北黄河由东西转向南北的大转弯处，中心产区为河南省长垣，周边的封丘、延津、原阳、滑县、林州、濮阳和山东省东明县的部分地区有少量分布。2006 年存栏量为 1 363 头。

2. 品种形成　长垣驴饲养历史悠久，形成在宋代以前，明代时大发展。宋代长垣属开封府辖，"清明上河图"中，有以驴驮物者多处，可见当时养驴业很繁荣。据《长垣县志》记载："富人外出多骑马、驾车；穷人远出多雇驴代步。"由于相对封闭的地理环境，少与外界交流，经历代劳动人民的精心培育，逐渐形成了独具特征的长垣驴地方品种。

1949 年以后，河南长垣非常重视长垣驴的发展，每年举行一次种驴评比大会。1958 年历二月十九"斗宝大会"上，开展种驴评比活动，当时长垣领导牵种驴配种，河南省农牧厅领导专程参加牲畜评比大会。1959 年 10 月，长垣曾选种公驴作为地方良种赴北京参加"建国十周年农业成果展览"，对长垣驴扩大分布范围起了很大作用，很快便输往东北三省、河北、山西、山东和河南北部地区。由于长垣驴种外流严重，为了保持长垣驴的良好性能，1960 年，长垣县政府在恼里乡沙窝村与武占村之间建立了畜牧场，饲养种驴 400 多头。1964 年，又将恼里乡的油坊占村、张占村、郜坡村等 10 个村作为长垣驴选育基地。1974 年，针对外地客户对种驴需求不断增加的实际情况，在县畜牧场组建了种驴分场，集中体高 140cm 以上的种公驴和 133cm 以上的母驴，专门培育优质种驴。到 1980 年，长垣驴存栏量达到 1.4 万头，品种质量得到显著巩固和提高。1990 年，全国马匹育种委员会对长垣驴进行了现场鉴定，命名为"长垣驴"。

3. 体型外貌特征

（1）外貌特征。长垣驴体质结实干燥，结构紧凑，体型接近正方形。头大小适中，眼大，颚凹宽净，口方正，耳大而直立。颈长中等，头颈紧凑。鬐甲低、短，略有隆起。前胸发育良好，胸较宽而深。腹部紧凑，背腰平直，尻宽而稍斜，中躯略短。四肢强健，蹄质坚实。尾根低，尾毛长而浓密。毛色多为黑色，眼缘、鼻嘴及下腹为粉白色，黑白界限分明，部分皂角黑（毛尖略带褐色，占群体数量的 15% 左右）。其他毛色极少。长垣驴产地流传着"大黑驴儿，小黑驴儿，粉鼻子粉眼白肚皮儿"的歌谣（图 2-7）。

（2）体重和体尺。2006 年 4 月，新乡畜牧局、长垣畜牧局、延津畜牧局联合对长垣和延津的成年长垣驴进行了体重和体尺测量，见表 2-5。

表 2-5　成年长垣驴的平均体重和体尺

性别	样本数/头	体高/cm $\overline{X}\pm s$	体长/cm $\overline{X}\pm s$	胸围/cm $\overline{X}\pm s$	管围/cm $\overline{X}\pm s$	体重/kg
公	15	136.0±3.4	133.0±4.2	143.0±3.7	16.0±1.0	251.8
母	150	129.4±4.7	129.2±5.9	140.2±5.5	12.2±1.0	235.1

公驴　　　　　　　　　　　　　　　母驴

图 2-7　长垣驴

（引自刘桂琴）

4. 性能和评价　　1986 年，许庆良、卢守良测定了长垣驴最大挽力，3 头公驴平均为 3 263kg，3 头母驴平均为 218kg。

2006 年，河南对 5 头膘情中等的长垣驴进行屠宰测定，屠宰率 52.7%，净肉率 41.6%。

长垣驴饲养历史悠久，体格较大，体质结实，结构匀称，毛色纯正，行动敏捷，繁殖性能好，耐粗饲，易饲养，役肉兼用。今后应大力加强保种工作，建立品种登记体系，通过本品种选育提高其肉用性能，综合开发药用等其他用途，以适应市场需求，提高经济效益。

（六）和田青驴

1. 中心产区　　和田青驴中心产区在新疆最南端的和田地区皮山县乔达乡，主要分布于皮山县的木吉、木圭拉、藏桂、皮亚勒曼、桑珠和科克铁热克等 6 个乡镇，皮山县周边区域也有少量分布。2008 年末，产区和田青驴存栏量为 3 652 头。

2. 品种形成　　和田青驴原名果洛驴、果拉驴，以其地域、毛色命名。2006 年遗传资源普查时，新疆将其重新作为兼用型地方品种上报。2009 年，国家遗传资源委员会认定其为新驴种。

和田青驴体格大，适应性强，耐粗饲，抗逆性强，遗传性能稳定。据当地反映，青色驴的繁殖性能和产乳性能较好，深得当地维吾尔族百姓的青睐，通过群众长期倾向性选育形成了和田青驴。

3. 体型外貌特征

（1）外貌特征。和田青驴体格高大，结构匀称，反应灵敏。头部紧凑，耳大直立。颈较短，颈部肌肉发育良好，颈肩结合良好。鬐甲大小适中。胸宽、深适中，腹部紧凑、微下垂；背腰平直，斜尻。四肢健壮，关节明显，肌腱分明，系长中等，蹄质坚实。毛色均为青色，包括铁青、红青、菊花青、白青等（图 2-8）。

（2）体重和体尺。2009 年 8—9 月，在乔达乡对成年和田青驴的体重和体尺进行了测量（表 2-6）。

| 公驴 | 母驴 | 群驴 |

图 2-8　和田青驴

（引自周小玲）

表 2-6　成年和田青驴的平均体重和体尺

性别	样本数/头	体高/cm $\overline{X}\pm s$	体长/cm $\overline{X}\pm s$	胸围/cm $\overline{X}\pm s$	管围/cm $\overline{X}\pm s$	体重/kg
公	50	132.0±1.7	135.4±4.7	142.8±5.1	16.6±0.6	255.65
母	50	130.1±3.3	133.9±4.3	141.0±6.9	16.1±0.6	246.49

4. 性能和评价　和田青驴是我国优良的地方驴种，体格高大，耐粗饲、耐干旱，具有一定的抗逆性，抗病力强，在较为恶劣的自然生态条件下，仍能保持良好的役用性能，肉用性能也较好。2007 年测定显示，5 头成年和田青驴平均屠宰率为 51%。今后应建立保种场，加强本品种选育，保护其遗传资源，并做好综合开发利用。

（七）吐鲁番驴

1. 中心产区　吐鲁番驴主产于新疆吐鲁番地区的吐鲁番市，中心产区在吐鲁番市的艾丁湖恰特卡勒、二堡、三堡等乡镇。吐鲁番市毗邻的托克逊县、鄯善县有少量分布，哈密地区也有零星分布。2008 年末，存栏量为 8 599 头。

2. 品种形成　吐鲁番市养驴历史悠久。据《后汉书·耿恭传》记载，"建初元年正月，会柳中击车师，攻交河城，斩首三千八百级，获生口三千余人，驼、驴、马、牛、羊三万七千头，北虏惊走，车师复降"。交河城即现在吐鲁番市国家级文物保护单位"交河故城"。由此可见，吐鲁番市养驴的历史至少可以追溯到东汉时期。

吐鲁番市作为丝绸古道重镇，自古农业、商业发达，不仅养驴、用驴，而且还不断销往内地，阿斯塔那 228 号墓出土的《唐年某往京兆府过所》就载有"贩马、驴往京兆府"。根据《吐鲁番市志》记载的部分年份牲畜存栏数中，1922 年 7 919 头，1941 年 9 431 头，1944 年 13 361 头，1949 年由于战乱吐鲁番市驴的存栏量减少到 6 300 头。史料记载，民国时期"畜力运输是吐鲁番运输的主要方式……吐鲁番的运输大户在民国的最后几年，看透了形势，将运输的大畜基本变卖，故民国 37 年（1948 年），全县只有 250 峰骆驼在运输，运输的驴近 4 000 头，而且都在疆内做短途承运土产货物"。由此可见，驴在 1949 年以前作为吐鲁番市的短途交通运输工具已经具有一定规模。

吐鲁番市原产小型新疆驴。为适应农业役用和商旅驮运需要，1911—1925 年吐鲁番市引进关中驴，以本地新疆驴为母本进行杂交，产出了一批体型较大的杂种驴。1949 年以后进一步扩繁培育，经过十几年自然选择和人工选择，逐步形成这一良种。2009年10月，通过国家遗传资源委员会鉴定。

3. 体型外貌特征

（1）外貌特征。吐鲁番驴属大型驴。体格大，体躯发育良好，体质多干燥、结实，性情温驯，有悍威。头大小适中，额宽，眼大明亮，耳较短，鼻孔大。颈长适中，肌肉结实，颈肩结合良好，鬐甲宽厚。胸深且宽，胸廓发达，腹部充实而紧凑，背腰平直，腰稍长，尻宽长中等、稍斜。四肢干燥，关节发育良好，肌腱明显，肢势端正，蹄质坚实，运步轻快。尾毛短稀，末梢部较密而长。毛色主要以粉黑居多，皂角黑色次之（图2-9）。

公驴　　　　　　　　母驴　　　　　　　　群驴

图2-9　吐鲁番驴

（引自肖海霞）

（2）体重和体尺。2007年在吐鲁番市艾丁湖、恰特卡勒、三堡等乡镇对成年吐鲁番驴进行了体重和体尺测量（表2-7）。

表2-7　吐鲁番驴平均体重和体尺

性别	样本数/头	体高/cm $\overline{X}\pm s$	体长/cm $\overline{X}\pm s$	胸围/cm $\overline{X}\pm s$	管围/cm $\overline{X}\pm s$	体重/kg
公	10	141.2±5.7	144.1±5.4	154.1±2.9	17.8±1.1	316.73
母	52	135.5±4.8	137.9±5.4	153.9±4.5	17.1±0.8	302.46

4. 性能和评价　　吐鲁番驴是在吐鲁番市特定的生态环境条件下，经过长期的自然选择和当地农牧民选育形成的大型驴种，具有体格高大、耐干旱和炎热、耐粗放饲养、适应性强、抗病力强、挽驮与肉用性能好等特点。2008年对5头成年吐鲁番驴进行屠宰测定，屠宰率47.6%～56.1%。因无保种场、育种场，缺乏系统选育和有计划的横交，遗传稳定性差，个体之间的差异大。近年来，由于产区机械化程度提高，吐鲁番驴的役用功能下降，数量减少。今后应结合当地生产生活需要，通过建立种驴场、原种场等，进行系统选育，进一步提高其品质。

二、中型驴

中型驴即体高110～130cm的驴种，分布在陕西、甘肃、华北平原、河南西南一带，多与大型驴混处。过去，这些地区多为杂粮产区，自然、经济条件较大型驴产区稍差。但人们喂驴精细，重视公驴培育，多购大型驴与当地中、小型母驴配种，经过长期选育，最终形成了体高中等、结构良好、毛色比较单纯（多为黑色）的中型驴。其中，以陕西佳米驴、河南泌阳驴、甘肃庆阳驴和河北阳原驴最为有名。

（一）佳米驴（Jiami donkey）

1. 中心产区 佳米驴曾用名绥米驴、葭米驴，产于陕西佳县、米脂、绥德三县，原以佳县乌镇和米脂桃镇所产驴最佳，主要分布于佳县、米脂、绥德三县及周边的榆阳、横山、子洲、清涧、吴堡、神木等县区和山西临县。2007年调查，佳县通镇、店镇，米脂的银州镇、石沟镇，绥德的马家川、吉镇、崔家湾、满堂川等地为佳米驴中心产区。产区符合佳米驴品种特征的约有4 700头。

2. 品种形成 陕西省历史博物馆展出的陕西东汉画像石拓片中已有驴的图像，证明产区养驴历史悠久。隋唐时期，陕西、甘肃地区就设立了繁殖驴、骡的牧场。据康熙二十年（1681年）的《米脂县志》记载："县民种地多用驴，故民间甚伙，其佳者名黑四眉驴。"确证远在清代以前，该品种就已形成。1939年11月，在陕西、甘肃、宁夏边区农业展览会上，佳米驴作为良种进行展览。

陕北地区历史上长期居住着少数民族，多以游牧为主。公元413年，匈奴在今靖边县北兴建了夏国国都——统万城。其后500多年间，这里成为内蒙古西部、甘肃东部，以及宁夏、陕西北部一带的政治经济中心。驴也源源不断地由新疆扩散至宁夏、陕北落户。在当时以牧为主的社会经济条件下，驴不可能有大的变化。东汉至唐代，陕北几经农牧交替，特别自唐代"安史之乱"后，农民被繁重的赋税所逼，以垦辟"荒闲坡泽、山原"为生，使陕北一带农耕地面积迅速扩大，同时原有的生态植被被严重破坏。到宋代时，绥德、米脂、佳县一带已基本过渡到以农耕为主，驴种开始发生变化。

产区位于黄土高原沟壑区，由于产区植被稀疏，水土流失严重，地块零散，道路崎岖狭窄，在这样的自然条件下，驴在人们的生产生活中起着重要的作用。驴在该地区占了大家畜总数的78%。当地的自然条件和经济条件限制了驴向大型化选育，而群众也更喜爱体型中等、结构匀称的个体。

产区群众对驴喂养精细，终年舍饲，合理使役，对孕畜和幼畜的管护更为精心。精饲料以黑豆、高粱、玉米及其糠麸为主，拌以铡短的谷草，搭配少量糜草和麦草。苜蓿、谷草和黑豆是佳米驴形成的重要物质基础。群众对驴有严格的选种选配习惯。要求种公驴具有体质结实、结构匀称、耳门紧、槽口宽、双梁双背、四肢端正、睾丸发育好、毛色为黑燕皮等特点，并从幼龄期开始培育；对母驴要求腰部及后躯发育良好。驴的繁殖，传统上重视个体选配。经过长期培育，逐步选育出体格中等、驮挽兼用、善行山路的佳米驴。

产区一直坚持对佳米驴进行本品种选育。20世纪60—70年代，曾全面开展佳米驴的选育，使佳米驴的种质特征和生产性能得到明显的巩固提高。首先，佳米驴选育一直坚持驮挽兼用方向，坚持开展普查鉴定，对达到《佳米驴》企业标准的个体建档立卡登记。据2001年佳县、米脂县两县对1 464头佳米驴的鉴定，特级占14.64%、一级占18.75%、二级占26.9%、三级占20.42%，其余占19.29%。其次，积极开展了驴的人工授精，对优秀种公驴进行饲草料补贴。1989年以后这项工作停止。最后，建立佳米驴良种繁育基地，先后建立了佳县乌镇、佳芦镇、米脂桃镇、印斗乡和沙加店乡佳米驴基地乡镇。第四，导入关中驴血液，提高佳米驴体格。在20世纪70年代末、80年代初曾有计划地对产区体格较小的佳米驴用关中驴进行改良，取得较好的效果。

3. 体型外貌特征

（1）外貌特征。佳米驴属中型驴。体格中等，体躯略呈方形，有悍威。头大小适中，额宽，眼大、有神，耳薄、竖立，鼻孔大，口方，齿齐，颚凹宽净。颈长而宽厚，韧带坚实有力，适当高举，颈肩结合良好，公驴颈粗壮。鬐甲宽厚，胸部宽深，背腰宽直，腹部充实，尻部长宽而不过斜。母驴腹部稍大，后躯发育良好。四肢端正，关节强大，肌腱明显，蹄质坚实。被毛短而致密，有光泽。

佳米驴的毛色为黑色，常分为以下两种。一种为黑燕皮驴（占90%以上），这种驴的全身被毛似燕子，鼻、眼、腹下白色的范围不大。体格中等，体型呈方形或略长，体质结实，结构匀称，头略长，耳竖立，颈中等宽厚，躯干粗壮，背腰平直，结合良好，四肢端正，关节强大，肌腱明显，蹄质坚实，体质多为干燥结实型或细致紧凑型。另一种为黑四眉驴，这种驴白腹面积向周边扩延较大，甚至超过前后肢内侧、胸前、颌下和耳根；骨骼粗壮结实，体格略小。体质多偏于粗糙结实型（图2-10）。

公驴　　　　　　　　　　　　　　　　母驴

图 2-10　佳米驴

（引自张婧）

（2）体尺和体重。1980年、2007年对成年佳米驴进行了体重和体尺测量（表2-8）。

表 2-8　成年佳米驴的平均体重和体尺

年份	性别	样本数/头	体高/cm $\overline{X}\pm s$	体长/cm $\overline{X}\pm s$	胸围/cm $\overline{X}\pm s$	管围/cm $\overline{X}\pm s$	体重/kg
1980 年	公	31	125.84±4.68	127.23±6.68	136.00±19.72	16.65±0.89	217.89
	母	283	120.95±4.50	122.73±8.16	134.57±10.65	14.84±1.07	205.79
2007 年	公	27	124.82±3.17	124.98±6.23	141.77±9.38	16.35±0.87	232.59
	母	155	123.93±2.52	125.33±4.36	141.15±5.60	15.81±1.02	231.20

4. 性能和评价　佳米驴是在产区千沟万壑这种特定自然生态条件下形成的一个古老品种，既适应荒漠气候，放牧性强，善走山路，又宜于在山区陡坡地与狭窄山路上进行各种劳作，可耐风沙和严寒，是长城沿线风沙区向黄土高原过渡的一个中间驴种，遗传性能稳定。20世纪80年代至今，曾先后引种到山西、内蒙古、宁夏、甘肃、贵州等20多个省份，用于改良小型驴和与马杂交繁殖骡。

佳米驴体质结实，结构匀称，适应性强，抗逆性强，抗病力强，耐粗饲，耐严寒，耐干旱高温，耐劳苦，具有较好的役用性能和肉用性能。据对 90 头驴进行测定，最大挽力，公驴平均为 213.8kg，母驴平均为 173.8kg。2007 年，对 3 头 3～4 岁去势驴进行的屠宰测定，屠宰率平均为 58.99%，净肉率达 50.1%。

佳米驴早熟性好，4 岁达成年体尺，初生公驹体高达成年的 64.1%，1 岁体高达成年的 89.9%，3 岁时体高可达成年的 97.7%。可见，1 岁内驴驹生长发育迅速。

陕西榆林设有佳米驴保种场，但群体规模过小，面对佳米驴数量急剧下降的趋势，今后应根据社会发展的需要，加强保种场建设，向综合利用方向选育。

（二）泌阳驴

1. 中心产区 泌阳驴俗称三白驴，因主产于泌阳县而得名。中心产区位于河南省驻马店市的泌阳县，相邻的唐河、社旗、方城、舞阳、遂平、确山、桐柏等县市也有分布，以泌阳、唐河两县为中心产区。2005 年末，泌阳驴存栏量为 8 958 头。

2. 品种形成 产区历来有养驴的习惯。

境内丘陵起伏，河流交错，海拔 81～983m，四季分明，无霜期 212d。农牧业生产发达，盛产麦类和各种杂粮，当地有种豌豆的习惯。群众常以谷草、豌豆作为驴的主要饲料，也利用较多的草山、草坡、河滩放牧。当地群众对驴能进行精心喂养，并重视选种选配。1949 年以前，就有许多农户专门饲养种公驴，以配种作为主要经济收入来源。群众对种公驴的选种要求严格，如被毛要求缎子黑、"三白"明显。个大匀称，头方，颈高昂，耳大小适中、竖立似竹签，嘶鸣洪亮而富悍威等个体受到欢迎。养种公驴户每逢集市、庙会都会牵驴进行展示，并为养驴户进行配种服务。

20 世纪 50 年代初期，南阳地区畜牧工作站在产区进行了调查，将泌阳县产的驴定名为泌阳驴。1956 年，河南省农业厅在泌阳县建立了泌阳驴场，组成了核心群，并划定了泌阳驴选育区。全县各乡镇都有配种站，经常举行泌阳种公驴比赛会。经过系统选育，使驴群质量得到进一步提高，推动了养驴业发展。

3. 体型外貌特征

（1）外貌特征。泌阳驴公驴富有悍威，母驴性温驯。体型呈方形或高方形。体质结实，结构紧凑，外形美观。头部干燥、清秀，为直头，额微拱起，眼大，口方。耳长大、直立，耳内多有一簇白毛。颈长适中，头颈、颈肩结合良好，肩较直，肋骨开张良好。背长平直，多呈双脊背，腰短而坚。公驴腹部紧凑充实，母驴腹大而不下垂。尻高宽而略斜。四肢端正，关节干燥，肌腱明显，系短有力。蹄大而圆，蹄质结实。被毛细密，尾毛上紧下松，似炊帚样。毛色为黑色，有"三白"特征，黑白界限明显（图 2-11）。

（2）体尺和体重。据泌阳县种驴场对 18 头成年母驴 4 项体尺的测定，体高 132.7cm、体长 134.5cm、胸围 140cm、管围 16.4cm，体高已经达到大型驴体高标准。这些数据在实际工作中，可作为参考。

2006 年，泌阳县畜牧局与郑州牧业工程高等专科学校对成年泌阳驴的体重和体尺进行了测量，结果见表 2-9。

公驴   母驴

图 2-11 泌阳驴

（引自刘桂琴、张婧）

表 2-9 成年泌阳驴的平均体重和体尺

年份	性别	样本数/头	体高/cm $\overline{X} \pm s$	体长/cm $\overline{X} \pm s$	胸围/cm $\overline{X} \pm s$	管围/cm $\overline{X} \pm s$	体重/kg
1980 年	公	31	119.48±8.97	117.96±8.77	129.76±9.26	16.0±1.42	189.6
	母	139	119.20±9.20	119.80±9.40	129.60±10.70	14.30±0.93	188.9
2006 年	公	10	138.7±5.4	140.9±10.5	148.0±6.9	17.12±1.2	285.8
	母	40	131.4±5.5	139.9±7.8	142.5±7.8	16.2±1.2	263.0

注：2006 年所测体尺为泌阳县种驴场种驴，体尺偏高。

4. 性能和评价 泌阳驴 1950 年输出至越南 4 头，1971 年和 1972 年输出至朝鲜 104 头，并先后输往北京、广东、湖南、湖北、云南、贵州、甘肃、青海、内蒙古、河北、吉林、黑龙江、安徽、山西、辽宁、福建等地。至 2005 年，产区共向国内外输出泌阳驴种公驴万余头。经对 5～6 岁两公三母营养中等的泌阳驴进行屠宰测定，屠宰率平均 48.3%，净肉率平均 34.9%。

泌阳驴以其体格较大、结构紧凑、外貌秀丽、性情活泼、役用性能好、耐粗饲、繁殖性能好、抗病力和适应性强等特点而著称，毛色黑白界限明显，在被引入地区能很好地适应当地环境条件。

泌阳驴也面临数量减少、质量下降等问题。近年来，泌阳有私营企业愿承担起泌阳驴选育、肉用开发加工一体化工作，尚处于起步阶段。

（三）庆阳驴

1. 中心产区 庆阳驴中心产区原为甘肃省庆阳市的前塬，全市各县（区）都有分布。现中心产区为庆阳市镇原县的三岔、方山、马渠、殷家城和庆城县的太白良、冰林岔等乡镇。甘肃省平凉、定西、天水等地也有分布。以庆阳董志塬、早胜塬分布相对集中，质量较好。1981 年调查时存栏量为 9 648 头，2007 年调查时符合品种特征的有 5 380 头。

2. 品种形成 甘肃省北部与宁夏、新疆、内蒙古接壤，小型驴较多。过去，庆阳市由于交通不便，驴是主要役畜。

产区位于甘肃省东南部的黄土高原、泾河上游，紧邻陕西省关中平原。这里土地肥沃，气候温和，素有"陇东粮仓"之称。除产小麦、杂粮外，还种植牧草，农副产品丰富，饲料饲草条件良好。由于关中驴的使役性能优于当地的小型驴，因此群众多年来不断引进关中驴与当地的小型驴杂交，这种情况一直持续至今。政府也兴办驴场不断选育，推广优质种驴。经过自群繁育和群众精心饲养管理，长期级进杂交和自群繁殖，当地小型驴的外貌逐渐改变，表现出与关中驴相似而又不同的外形。1980 年，经甘肃省庆阳驴品种鉴定协会鉴定，认为庆阳驴是小型驴和大型驴在血缘上相互混合的产物。

3. 体型外貌特征

（1）外貌特征。庆阳驴体格粗壮结实，体型接近正方形，结构匀称。头中等大小，眼大圆亮，耳不过长，颈肌厚，鬃毛短稀。胸发育良好，肋骨较拱圆，背腰平直，腹部充实，尻稍斜而不尖，肌肉发育良好。四肢肢势端正，骨量中等，关节明显，蹄大小适中，蹄质坚实。群众以"四蹄两行双板颈，罐罐蹄子圆眼睛"形容其体躯结构和体质特点。毛色以黑色为主，还有少量青毛和灰毛。黑毛驴的嘴周围、眼圈和腹下、四肢上部内侧，多为灰白色或浅灰色（图 2-12）。

公驴　　　　　　　　　　　　　　母驴

图 2-12　庆阳驴

（引自孙玉江）

（2）体尺和体重。1980 年、2007 年，西北农林科技大学对成年庆阳驴的体重和体尺进行了测量，结果见表 2-10。

表 2-10　成年庆阳驴平均体重和体尺

年份	性别	样本数/头	体高/cm $\overline{X}\pm s$	体长/cm $\overline{X}\pm s$	胸围/cm $\overline{X}\pm s$	管围/cm $\overline{X}\pm s$	体重/kg
1980 年	公	154	127.5	129.6	134.1	15.5	214.47
	母	431	122.5	121.0	130.1	14.6	189.34
2007 年	公	15	130.00±5.88	135.00±5.37	145.00±4.39	17.00±1.00	273.55
	母	30	125.33±4.92	128.47±5.25	140.33±5.47	15.13±1.13	242.65

4. 性能和评价　庆阳驴是在山区沟壑等复杂的自然环境下经长期选育形成的地方品种，体力强，耐粗饲，抗逆性强，好使役。近年来，随着交通改善和农业机械化的发展，庆阳驴

役用价值降低，数量下降。

（四）阳原驴

1. 中心产区 阳原驴又称桑洋驴，属中型兼用地方品种，主产于河北省西北部的桑干河流域和洋河流域，中心产区为阳原县，分布于阳原、蔚县、宣化、涿鹿、怀安等县。

2. 品种形成 据《阳原县志》记载，明初阳原县为游牧民族的牧马地。清代时，阳原县东城和揣骨町为两大粮食集散地，南山出现煤窑，粮、煤主要靠驮运，故促进了养驴业的迅速发展。当地有种植苜蓿的历史，并种植谷子、高粱等饲料作物。此外，还植饲用黑豆用作精饲料，保证了驴的正常生长发育和繁殖驴、骡的营养需要。

1949年后，党和政府采取有效措施，帮助专业配种户更新种公驴，学习和钻研繁殖技术，建立了驴、骡繁殖场，不断提高阳原驴和驴骡的品质。20世纪60年代，阳原县被定为军骡繁殖基地，并向华北各地输送驴、骡，成为河北省驴、骡繁殖基地。20世纪80年代全面机械化后，驴的繁育工作受到影响。1982年，阳原驴存栏量3.4万头。2006年，阳原驴存栏量1.5万头。

3. 体型外貌特征

（1）外貌特征。阳原驴属中型驴。体质结实，结构匀称，耐劳苦，耐力强。头较大，眼大有神，鼻孔圆大，耳长灵活，额广稍凸。颈长适中，颈部肌肉发育良好，头颈和颈肩背结合良好。前胸略窄，肋长、开张良好，腹部胀圆，背腰平直，尻部宽而斜。四肢紧凑结实，关节发育良好，肢势正常，系短而微斜，管部短，蹄小结实。被毛粗短、有光泽，鬃毛短而少。毛色有黑色、青色、灰色、铜色4种，以黑色为主，有"三白"特征（图2-13）。

公驴　　　　　　　　　　母驴　　　　　　　　　　群驴

图2-13 阳原驴

（引自孙玉江）

（2）体尺和体重。1982年曾对阳原驴进行过调查，2006年10月又在阳原县对成年阳原驴的体重和体尺进行了测量，结果见表2-11。

表2-11 成年阳原驴平均体重和体尺

年份	性别	样本数/头	体高/cm $\overline{X}\pm s$	体长/cm $\overline{X}\pm s$	胸围/cm $\overline{X}\pm s$	管围/cm $\overline{X}\pm s$	体重/kg
1982	公	77	135.81	13 653	148.97	17.42	280.54
	母	368	119.62	120.61	136.81	14.74	209.02
2006	公	10	133.60±5.06	137.50±5.82	153.60±6.14	16.40±0.80	300.37
	母	50	125.33±4.92	128.47±5.25	140.33±5.47	15.13±1.13	228.417 7

4. 性能和评价 阳原驴的适应性较强，具有体质强壮、吃苦耐劳、耐粗饲、易饲养、抗病力强的特性。今后应恢复建立种驴场，加强种驴的选择与培育，进一步提高其品质。根据阳原驴成熟早、耐粗饲，并且有良好的肉用性能的特点以及市场需求，对 1.5～2.5 岁驴育肥，育肥后，屠宰率 56.05%，净肉率 39.05%。应进一步向肉用方向选育。

（五）临县驴

1. 中心产区 临县驴主产于山西省临县，中心产区在西部沿黄河一带的从罗峪、刘家会、小甲头、曲峪、克虎、第八堡、开化、兔板、水槽沟、雷家碛、曹峪坪等乡镇。1979年，临县驴存栏量 4 227 头，2008 年为 1 261 头。

2. 品种形成 临县养驴的历史相当悠久。临县驴从陕北引入，与佳米驴有一定的血缘关系。产区历来有种植苜蓿的习惯。农作物以杂粮为主，谷子、豆类居多。冬春喂谷草、豆料，夏秋时喂苜蓿。这种优越的草料条件，是临县驴形成的根本原因。在中心产区小甲头乡有个正觉寺，历来就有"正觉寺前后有三宝，苜蓿、毛驴、大红枣"的说法。

产区土地瘠薄，群众生活贫苦，无力饲养骡马。临县驴温驯易使，用途广泛，便于饲养，因而得到了发展。过去，多数农家喜养母驴，既可用于自耕自种，又能骑、驮、运输、拉磨，生产、生活都很方便。母驴每年生 1 头幼驹，出售后的经济收入有助于改善生活。大部分村庄都有饲养种公驴的专业户，每年配种季节赶集串村配种。群众十分重视选种，长期选择培育促进了本品种的形成。

当地群众对驴的饲养管理十分精细，不仅喂草料足，质量高，在喂法上也很细致，经过长期选择培育，逐渐形成了适应当地生态条件与社会经济条件的地方品种。

3. 体型外貌特征

（1）外貌特征。临县驴属中型驴。体质强健结实，结构匀称。头中等大小，眼大有神，两耳直立，嘴短而齐，鼻孔大，头颈粗壮、高昂，鬃毛密。鬐甲较高，肩斜，胸宽，背腰平直，腹部充实。四肢结实，关节发育良好，前肢短直，管围较粗，系长短适中，蹄大而圆，蹄质坚实。尾根粗壮，尾毛稀疏。毛色主要为黑色，灰色次之。黑毛中以粉黑毛最多，当地称"黑雁青"，最受欢迎；也有乌头黑，当地称"墨绽黑"（图 2-14）。

公驴　　　　　　　　　　母驴　　　　　　　　　　群驴

图 2-14 临县驴

（引自明世清）

（2）体尺和体重。1979 年、2006 年分别对成年临县驴进行了体重和体尺测量，结果见表 2-12。

表 2 - 12 成年临县驴平均体重和体尺

年份	性别	样本数/头	体高/cm $\overline{X}\pm s$	体长/cm $\overline{X}\pm s$	胸围/cm $\overline{X}\pm s$	管围/cm $\overline{X}\pm s$	体重/kg
1979 年	公	161	117.7.±6.4	119.8±9.8	127.8±8.3	15.1±1.2	181.17
	母	831	117.3±5.0	119.9±6.7	128.0±7.4	14.3±1.1	180.53
2006 年	公	2	124.0	129.5	148.0	17.5	262.65
	母	12	123.6±3.0	128.0±3.9	146.0±7.1	16.0±0.9	252.63

注：2006 年调查，样本少，仅供参考。

4. 性能和评价 临县驴是山西省丘陵山区重要役用品种，耐粗饲、适应性强，善于山区作业。一般多在 20°左右坡度耕地、驮运，有些在 30°以上的坡度也能作业，是适合山区的优良品种。今后应加强本品种保护和选育，恢复并办好种驴场，做好选种选配工作，在保持品种原有优良特性的基础上，进一步提高其体尺和性能。同时，注意改善草料条件，有计划地发展苜蓿和其他牧草，加强饲养管理。

三、小型驴

小型驴俗称毛驴，体高 110cm 以下，数量多，分布广，西南、西北、华北、中原地区以及江苏、安徽、淮河以北海拔 3 000m 以下的山岳、丘陵、沟壑地区都有分布，南疆荒漠以及青藏高原东部边缘的农区、半农半牧区也有分布。产区农业水平低，皆属暖温带大陆性气候区。全年干旱少雨，温差大，冬季严寒，夏季干热。产区植被稀疏，饲料不足，多采用放牧半放牧生产方式，人工选育差，管理粗放。但其对寒冷和粗放的管理适应性强，深得群众喜爱。

小型驴一般生长发育缓慢，体格矮小，耐寒抗暑，抗病耐苦，体质紧凑结实；适于乘驮，负重甚至超过体重。以往农村多用以推磨、拉碾、上山驮肥、下山负稼、妇孺短途骑乘等。毛色以灰毛、灰褐为主，"三白"特征不明显，多有背线、"鹰膀"，四肢偶有"虎斑"。头的比例相对较大，颈较短，水平颈；背腰短狭，尻短，多为尖尻；四肢膝关节较小，全身绒毛较长。

《中国马驴品种志》（1987，上海科学技术出版社）依来源、地理区域和生态环境不同，将我国小型驴种资源分为 3 个系统共 12 个品种。新疆驴系统包括新疆驴、凉州驴、青海毛驴、西吉驴；西南驴系统包括川驴、云南驴、西藏驴；华北驴系统包括太行驴、库伦驴、陕北毛驴、淮北灰驴、苏北毛驴等。

随着我国驴种质资源起源进化、系统分化与生物信息学研究的深入，划分为西南和华北 2 个系统或许更为合理，即青藏高原区域的西南驴系统，包括新疆驴、青海毛驴、川驴、云南驴、西藏驴；华北平原及其延伸的河西走廊区域的华北驴系统包括凉州驴、西吉驴、太行驴、库伦驴、陕北毛驴、淮北灰驴、苏北毛驴等。

（一）新疆驴系统

产区气候干旱，植被稀疏，土壤贫瘠，风沙多，气温低，温差大，生态条件相似。自古以来，驴就从新疆沿河西走廊不断输入甘肃、青海、宁夏，形成新疆驴、凉州驴、青海毛驴、西吉驴等不同驴种。

1. 新疆驴

（1）中心产区。新疆驴主产于新疆南部塔里木周围绿洲区域的和田、喀什和阿克苏地区，全疆都有分布，其中和田、喀什等南疆地区最多，北疆较少，主要分布在农区和半农半牧区。1980年，新疆驴存栏量108.88万头；2007年、2020年新疆驴存栏量分别为77.88万头、29.6万头。

（2）品种形成。根据有关历史文献记载，早在3 500年前，新疆一带已养驴、用驴，并不断输入内地，是我国驴的主要发源地。新疆养驴历史悠久，当地人常说："吃肉靠羊，出门靠驴。"

新疆属大陆性气候，受高山和沙漠的影响，气候温暖而干旱，风沙多，昼夜温差大，无霜期短，降水量少。境内既有大面积的草原牧区，又有农业发达的绿洲。受气候、水源等条件的限制，农业产量一直不高，社会经济滞后，农民全靠养驴农耕、驮运、乘骑，驴和人们的生产生活关系极为密切。自西汉以来，驴自河西走廊输入内地，直接影响到甘肃、青海、宁夏、陕西等小型驴种的发展。

为加大新疆驴体格，使其适应农牧业生产与生活的需要，阿克苏地区库车县曾于1958年和1965年从陕西引进关中驴，与当地驴进行杂交。杂交后代体格增大，但适应性差，饲养条件要求高，因而杂交终止，由农牧民自行进行本品种选育。

（3）体型外貌特征。

①外貌特征。新疆驴体质干燥结实，结构匀称。头大小适中，额宽，鼻短，耳长且厚、耳壳内生有短毛，眼大明亮，鼻孔微张，口小。颈长中等，肌肉充实，鬃毛短而立，颈薄，颈肩结合良好，鬐甲低平。背腰平直，腰短，前胸不够宽广，胸宽深不足，肋扁平。腹部充实而紧凑，尻较短斜。四肢结实，关节明显，后肢多呈外弧或刀状肢势。系短，蹄圆小、质坚。毛色以灰毛为主，黑毛、青毛、栗毛次之，其他毛色较少。黑驴的眼圈、鼻端、腹下及四肢内侧为白色或近似白色（图2-15）。

公驴　　　　　　　　　　母驴　　　　　　　　　　群驴

图2-15　新疆驴
（引自新疆畜牧总站）

②体尺和体重。1981年曾对新疆驴进行过调查，2006年又在喀什地区测量了新疆驴的体尺和体重（表2-13）。

表 2-13　新疆驴的体尺和体重

年份	性别	样本数/头	体高/cm $\overline{X}\pm s$	体长/cm $\overline{X}\pm s$	胸围/cm $\overline{X}\pm s$	管围/cm $\overline{X}\pm s$	体重/kg
1981 年	公	72	102.2	105.5	109.7	13.3	116.0
	母	317	99.8	102.5	108.3	12.8	111.3
2006 年	公	34	111.7±6.6	117.1±5.8	121.6±6.4	14.6±1.4	—
	母	270	108.8±4.5	115.8±6.4	119.5±9.4	13.6±1.2	—

（4）性能和评价。2007 年喀什地区 7 头成年新疆驴（3 头公驴，4 头母驴），平均宰前活重，公驴 141.00kg，母驴为 137.17kg；平均屠宰率，公驴为 49.54%、母驴为 56.38%；平均净肉率，公驴为 37.01%，母驴为 45.53%。

新疆驴具有乘、挽、驮多用特点。个体较小，性情温驯，耐粗饲，适应性强，抗病力好，饲养数量多，分布地域广，是新疆广大农牧区重要的畜力，在农牧民生产和生活中占有一定地位，具有较好的肉乳用性能，是我国较为优良的地方驴种之一，深受群众欢迎。同时，对内地养驴业和驴品种的发展曾起到历史性的作用。今后应建立保种场，开展保种工作，加强本品种选育，积极改善饲养和放牧条件，加强选种选配和幼驹培育，进一步提高品种质量。非主产区可引入大中型驴，进行低代杂交利用，提高经济效益。

2. 凉州驴

（1）中心产区。凉州驴中心产区位于河西走廊的甘肃省武威市凉州区，分布于酒泉、张掖。产区内城区周边养殖较少，且外来血统侵入严重，只有偏远乡村凉州驴养殖数量较多，血统较纯正。2007 年和 2009 年两次调查，符合品种要求的凉州驴存栏量为 2.2 万头。

（2）品种形成。凉州驴是从西域输入的驴经不断繁育和风土驯化形成的。自西汉时期，驴输入甘肃，距今有 2 000 多年的历史。从西域输入的驴首先养在河西一带，这里气候干旱，自然条件与新疆吐鲁番、哈密等地相近，农民生产、生活需要这种适宜于贫瘠地区饲养的驴，社会需求和特殊自然环境对驴的选育起了重要作用。

甘肃河西一带除灌溉农田之外，植被稀疏、饲草缺乏。农民养驴以秸秆为主，少有精饲料，使役多，饲养粗放。在当地这种特定的自然环境和饲养管理条件下经过长期的自然选择和人工选择，形成了凉州驴地方品种。

近年来，产区多引入关中驴、庆阳驴等大、中型驴种与本地母驴杂交，以提高其产肉性能，因此凉州驴受外来品种影响较大。

（3）体型外貌特征。

①外貌特征。头大小适中，眼大有神，鼻孔大，嘴钝而圆，耳略显大、转动灵活，耳壳内外着生短毛。颈薄、中等长，鬃毛少，头颈、颈肩结合良好。鬐甲低而宽、长短适中。母驴胸深，肋张开良好，腹大、略下垂；公驴胸深而窄，腹充实而不下垂。背平直，体躯稍长，背腰结合紧凑。尻稍斜，肌肉厚实。四肢端正有力，骨细，关节明显。蹄小而圆，蹄质坚实。尾础中等，尾短小，尾毛较稀。毛色以灰色、黑色为主。多数有背线、鹰膀、虎斑，个别灰驴尻部腰角处有一条黑线，与背线成"十"字形（图 2-16）。

②体重和体尺。1981 年曾经对凉州驴做过调查。2007 年，甘肃省畜牧技术推广总站和

公驴   母驴   群驴

图 2-16　凉州驴

（引自孙玉江）

武威市畜牧兽医局、凉州区畜牧中心联合在武威市测量了成年凉州驴的体重和体尺，结果见表 2-14。

表 2-14　凉州驴的平均体重和体尺

年份	性别	样本数/头	体高/cm $\overline{X}\pm s$	体长/cm $\overline{X}\pm s$	胸围/cm $\overline{X}\pm s$	管围/cm $\overline{X}\pm s$	体重/kg
1981年	公	15	101.83±6.80	109.53±5.59	112.80±8.59	13.96±0.87	—
	母	345	102.24±4.38	107.95±5.93	117.33±5.40	13.36±0.74	—
2007年	公	10	108.90±6.39	109.2±8.29	123.70±7.06	14.65±0.91	154.72
	母	50	109.93±8.63	105.53±9.20	120.21±10.5	13.94±1.14	141.2

（4）性能和评价。凉州驴是我国甘肃河西地区的优良地方品种，饲养历史悠久，在中国驴的起源进化、国内驴的传播中有重要地位和研究价值。据测定，在以青草为主饲料条件下，成年凉州驴平均屠宰率48.2%，净肉率31.25%。

凉州驴耐粗饲、耐劳苦、体小力大、运步灵活、持久力强、用途广，适应当地生态条件，经长期自然与人工选育形成。近年来，由于产区机械化进程加快，驴的役用功能被逐渐替代，且大量售往外省作肉用及少量役用。当地为提高经济效益多引入大型驴种进行杂交，导致凉州驴存栏量急剧下降。今后，应该建立核心群，开展本品种保护与选育。

3. 青海毛驴

（1）中心产区。青海毛驴俗名尕驴，也有冠以县名的，如共和驴、湟源驴、贵德驴、化隆驴等，属小型兼用地方品种。主要分布在青海省海东地区、海南州、海北州、黄南州，以及西宁市的湟中、大通、湟源三县等的农区和半农半牧区。中心产区为黄河、湟水流域，包括循化、化隆、共和、贵德和湟源、平安、民和等县。海西州和玉树州通天河两岸也有少量分布。

（2）品种形成。20世纪80年代调查，青海毛驴的主要分布区域是汉族、回族等民族人口密集的农区和半农半牧区，以及藏族定居从事农业生产较早的地区。

青海省与甘肃省相邻，古代两省多属统一管辖区，牲畜交易极为平常。青海毛驴的分布与青海省东部农业生产的发展，以及藏族、汉族、回族等民族人民的定居和迁入有密切关系；青海毛驴由甘肃、中原等地引进的可能性较大，引入时间多在明代、清代。经过产区劳动人民长期选育逐渐形成地方良种。

从 1952 年起，青海曾陆续引入关中驴、佳米驴等驴种，与青海湟源地区的毛驴进行杂交。杂种驴体高，公驴平均增加 13.8cm，母驴平均增加 18.7cm，取得了一定的杂交利用效果。但青海毛驴仍以自繁自育为主，没有经过系统选育。

在机械化不发达的时期，因驴的食量小、耐粗饲、易饲养、善走山路，用途广，乘、挽、驮皆宜，性情温驯，老弱妇孺均可使用，深得产区各族群众的喜爱。近年来，驴肉的功能逐步开发，群众对驴的重视程度增加。社会经济条件促进了本品种的进一步发展。

2005 年末，青海毛驴存栏量 7.21 万头，其中海东地区存栏量 4.55 万头，海南州存栏量 6 400 头，海北州存栏量 3 000 头，黄南州存栏量 1.34 万头，西宁市存栏量 3 800 头。基础母驴存栏量 2.45 万头，种用公驴 600 头。青海毛驴尚无濒危危险，但数量、质量下降幅度均较大。

（3）体型外貌。

①外貌特征。青海毛驴外形和体质特点有地区差别，除共和县外，其他地区所产的毛驴体质外形基本一致。体质多为粗糙型，体格较小、体躯方正、较单薄，全身肌肉欠丰满，腱和韧带结实，皮毛粗厚，整体轮廓有弱感，性情温驯，气质迟钝。头稍大、略重，耳长大，耳缘厚，耳内有较多浅色绒毛。额宽，眼中等大小，嘴小、口方。颈薄、稍短，多水平颈，颈础低，头颈、肩颈结合一般。鬐甲低平，短而瘦窄。胸部发育欠佳，宽深不足，肋骨扁平。腹部大小适中。背腰平直而宽厚不足，结合良好。尻宽长，为斜尻，腰尻结合较好。四肢较短，骨细，关节明显，后肢多呈轻微刀状肢势。蹄小质坚。尾础较高，尾毛长达飞节下部，较为稀疏。毛色以灰色最多，黑色、栗色次之，青色较少。

共和县所产毛驴体质多紧凑、干燥、结实，体格较大，气质较活泼，头大小适中，眼大有神，四肢较长，体躯和骨骼结实，关节较强大，肌腱明显，皮肤不显厚，被毛细密（图 2-17）。

公驴　　　　　　　　　　母驴　　　　　　　　　　群驴

图 2-17　青海毛驴

（引自孙玉江）

②体尺和体重。1981 年、2006 年，青海省畜牧总站测量了成年青海毛驴的体重和体尺。2019 年青岛农业大学、青海省畜牧总站又进行测量（表 2-15）。

（4）性能和评价。青海毛驴能适应产区海拔 2 000 m 左右的自然生态条件，耐粗饲，对饲养管理条件要求不高，食量小、耐劳苦、抗严寒，适应高原山地气候。据青海省畜牧总站、青岛农业大学测定（表 2-16），青海毛驴体格小，体重一般为 116.04～140.84 kg。屠宰率，成年公驴平均为 45.17%±1.99%，母驴 43.06%±4.16%；净肉率，公驴为 32.29%±2.11%，母驴为 31.88%±3.27%；与 2006 年屠宰数据相比，公驴平均体重、胴体重、屠宰率均有所降低。

表 2-15 青海毛驴的平均体重和体尺

年份	性别	样本数/头	体高/cm $\overline{X}\pm s$	体长/cm $\overline{X}\pm s$	胸围/cm $\overline{X}\pm s$	管围/cm $\overline{X}\pm s$	体重/kg
1981 年	公	17	104.94±5.67	105.88±6.90	113.71±8.07	13.15±0.99	126.76
	母	225	101.60±4.73	102.55±5.32	112.06±5.29	12.21±0.67	119.24
2006 年	公	10	101.90±9.43	101.70±8.75	114.30±9.26	13.05±0.93	123.02
	母	74	99.76±7.51	99.72±8.77	109.60±9.89	12.03±1.0	110.91
2019 年	公	60	97.88±5.38	100.33±6.47	114.00±7.98	12.86±0.95	—
	母	49	97.77±4.85	102.03±3.78	111.94±7.24	12.24±1.03	—

选取 5 头成年公驴和 3 头成年母驴，选取背最长肌、前腿和后腿 3 个部位进行肉质检测（表 2-17）。3 个部位的肌肉在粗蛋白质、灰分以及水分这 3 个常规化学物质之间的差异都不显著；而肌肉中脂肪含量，母驴要高于公驴，且背最长肌脂肪含量最高，后腿次之，前腿最低。

表 2-16 青海毛驴屠宰测定数据

性别	数量	活重/kg	胴体重/kg	屠宰率/%	净肉重/kg	净肉率/%	骨重/kg	肉骨比
公	5	116.04±11.16	52.51±6.54	45.17±1.99	37.52±4.88	32.29±2.11	13.95±1.86	2.70±0.27
母	5	140.84±13.47	61.05±11.65	43.06±4.16	45.15±8.55	31.88±3.27	15.33±3.27	3.00±0.51

注：来源于青岛农业大学学报。

表 2-17 青海毛驴不同部位驴肉的常规化学物质成分

部位	性别	脂肪/（g/100g）	灰分/（g/100g）	水分/（g/100g）	粗蛋白质/（g/100g）
背	公	1.63±0.65	1.00±010	75.02±1.76	21.76±0.96
	母	2.33±0.26	1.03±0.01	75.12±0.72	20.90±0.85
前腿	公	0.75±0.15	1.00±0.08	75.46±1.00	22.35±1.18
	母	0.89±0.25	1.04±0.10	76.23±1.00	20.48±0.82
后腿	公	0.94±0.35	1.00±0.04	76.00±0.35	21.47±0.41
	母	2.21±0.55	1.06±0.07	75.83±1.16	20.62±0.22

注：来源于青岛农业大学学报。

青海毛驴一般在 2 岁左右性成熟（公驴较母驴晚），母驴初配年龄为 3 岁。母驴发情季节为 4—8 月，旺季为 5—6 月，发情周期 20d 左右，发情持续期 5～6d，妊娠期 330～350d。隔年产驹者约占 90%，一生产驹 5～6 头。公、母驴利用年龄可至 18 岁左右。

青海毛驴能适应产区海拔 2 000m 左右的自然生态条件，耐粗饲，对饲养管理条件要求不高，食量小、耐劳苦、抗严寒，适应高原山地气候，但其个体小，役用、产肉性能不高，近年来数量下降严重。

应建立保护区与保种场，加强本品种保护选育，特别要加强对共和县所产毛驴品种资源的重视，向微型驴或宠物驴方向的选育。

4. 西吉驴

（1）中心产区。西吉驴中心产区位于宁夏西吉县西部山区的苏堡、田坪、马建、新营、红耀等乡镇，宁夏西吉县其他乡镇、原州区、海原县、隆德县及与甘肃省静宁、会宁等接壤地区均有分布。回族、汉族均有饲养。2006年末，西吉驴存栏量4.4万头。

（2）品种形成。西吉县于1942年正式设县。根据海原、固原、隆德等地的县志记载，过去本地是封建诸侯、贵族的牧地，至今新营等地仍有马圈遗迹。大约200年前才"听民开荒"，开始种植五谷，随着迁入人口的增长，农田面积的扩大，驴的饲养量逐渐增加。20世纪20—30年代，当地的牲畜每年向外出售，其中驴出售至甘肃天水、平凉一带，出售大牲畜（驴、牛、骡）已成为当时农民的主要副业收入。西吉县境内山大沟深、交通不便，农业生产必须使用驴来驮粪、驮粮，农民生活也需要驴作为拉磨、骑乘的工具。当地有"一年失了龙（指驴），十年不如人"的说法，说明人与驴关系密切，群众对驴的饲养管理、畜舍建筑、饲喂等均较精细。当地草山广阔，有良好的放牧条件，群众素有种植苜蓿、青燕麦、草谷子等牧草的习惯。除喂给驴专门种植的燕麦外，还喂以豌豆、麸皮等。当地地多人少，在正常年景下，粮食及饲草料丰富，给驴的生长发育提供了极为有利的物质条件。

20世纪50年代中期，有专门从事选育饲养种公驴的配种户，当地俗称"放公子户"。也有些富裕农家选养种公驴，除给自养母驴配种外，也为其他农民饲养的母驴提供配种服务，收取报酬。为了选优扶壮，种公驴从幼年即开始培育，一般多采用"一岁选、二岁定"的方法，体型较大、质优的公驴深受欢迎。如此长期严格选育，促进了本品种的形成。

1960年，白崖上圈建成了种驴场，收购良种驴40头。1964年，收购驴32头（公驴2头，母驴30头），迁址刘家山头。1967年，种驴场撤销，115头驴全部出售给甘肃省镇原县。1964年，该种驴场曾引进关中驴与西吉本地母驴杂交。2009年，国家畜禽遗传资源委员会审定为西吉驴。

（3）体型外貌。

①外貌特征。西吉驴体型较方正，体质干燥、结实，结构匀称。头稍大、略重，为直头。眼中等大。耳大翼厚。嘴较方。颈部肌肉发育良好，头颈结合良好，鬐甲较短。胸宽深适中，背腰平直，腹部充实。尻略斜。前肢肢势端正，后肢多呈轻微刀状肢势，运步轻快，系为正系。尾础较高，尾毛长而浓密。全身被毛短密。

毛色主要为黑色、灰色、青色，黑色约占85.83%，灰色8.34%，青色5.83%。多有"三白"特征（图2-18）。

公驴　　　　　　　　　　　　　　　　母驴

图2-18 西吉驴

（引自周小玲）

②体重和体尺。1982 年曾经对西吉驴做过调查。2006 年，西吉驴遗传资源调查组在西吉驴中心产区的 5 个乡镇测量了成年西吉驴的体重和体尺，结果显著高于 1982 年数据，已达到中型驴高度（表 2 - 18）。

据推测，这可能与引入外血、进行杂交有关。

表 2 - 18　成年西吉驴的平均体重和体尺

年份	性别	样本数/头	体高/cm $\overline{X}\pm s$	体长/cm $\overline{X}\pm s$	胸围/cm $\overline{X}\pm s$	管围/cm $\overline{X}\pm s$	体重/kg
1982 年	公	17	110.76	109.52	121.35	15.02	149.33
	母	132	109.48	110.00	120.35	14.13	147.52
2006 年	公	11	124.30±4.60	125.50±8.40	135.00±8.50	15.50±1.10	211.78
	母	50	123.30±6.10	123.20±7.90	137.50±6.40	14.50±1.10	215.67

（4）性能和评价。2006 年对平均年龄 8.4 岁 5 头成年去势驴进行屠宰测定，宰前活重为 210.8kg，屠宰率为 48.50%，净肉率为 37.65%。

西吉驴适应性强，能够适应山大沟深、交通不便、气温较低且自然灾害发生较为频繁等恶劣的自然条件。其食量小，耐粗饲、耐劳役，用途广，骑、耕、挽、驮、磨皆能胜任，役用性能强；行动敏捷，善于攀登山路，体质强健，性情温驯；但生长发育较为缓慢，体成熟晚，繁殖率较低，后肢发育较差。

对西吉驴作为品种人们一直存有质疑：一是缺乏育种场有效系统选育，基本是一个含外血程度较高的杂种群，不具有稳定的遗传性；二是 2006 年西吉驴总存栏量 4.4 万头，进行体尺测量时在 5 个乡镇才测到 11 头公驴 50 头母驴，体尺统计达到中型驴，显然没有代表性。纯种的西吉驴资源是否灭绝值得关注。

（二）西南驴系统

西南驴分布在云南、四川、西藏，主要在川北、川西的阿坝、甘孜、凉山和滇西，以及西藏的日喀则、山南等地。这些地区多为高原山地和丘陵地区，海拔较高，河流多，气候差别大，干湿季节明显。产区农业发达，主要作物是水稻、麦类、蚕豆、红薯和油菜，作物秸秆和野草是当地养驴的主要饲草。但总体看来，多山的环境，贫瘠的土壤和稀疏的植被，导致驴的饲养比较粗放，白天放牧，夜间舍饲补以秸秆，只有妊娠时补饲少量精饲料，形成了矮小的驴种。

西南驴有 3 个独立驴种。2005 年统计，川驴存栏量 7.35 万头，云南驴存栏量 23.2 万头，西藏驴存栏量 8.58 万头。西南驴是国内最为矮小的驴种，当地人称之为"狗驴"。头较粗重，额宽且隆，耳大而长，鬐甲低，胸窄浅，背腰短直，尻短斜，腹稍大，前肢端正，后肢多外向，蹄小而坚。被毛厚密，毛色以灰色为主，并有鹰膀、背线、虎斑 3 个别征，其他毛色还有红褐色和粉黑色。

西南驴性成熟较早，2～2.5 岁即能配种繁殖，一般 3 年 2 胎。屠宰率为 45%～50%，净肉率为 30%～34%。西南驴多用于驮，乘、挽较少。1.5 周岁调教使役，成年驴驮重 50～70kg，日行 25～30km。西南驴体小精悍，除役用、肉用外，也可用于儿童游乐。

1. 川驴

（1）中心产区。川驴主产于四川省甘孜的巴塘县，阿坝州的阿坝县和凉山州的会理市。甘孜州的乡城、得荣等县，凉山州的会东、盐源等县，广元市的部分县及产区周边县市也有分布。2005 年末，川驴存栏量 7.35 万头。

（2）品种形成。产区养驴历史悠久。当地群众十分重视种公驴的选育，常在优秀种公驴的后代中选择初生体重较大、生长发育快、体质健壮、结构匀称、生殖器官发育正常的公驴作为后备种驴，并精心饲养管理。对母驹的选择不太严格，成年后基本均留作繁殖用。

川驴与产区群众日常生产、生活密切相关，经过长期的选育和饲养，在特定的自然条件和经济条件下形成。1978—1983 年，第一次全国畜禽品种资源调查时命名，根据产地不同有阿坝驴、会理驴等名称，属役肉小型兼用型地方品种。

（3）体型外貌。

①外貌特征。川驴属小型驴。体质粗糙结实。头长、额宽，略显粗重。颈长中等，颈肩结合良好。鬐甲稍低，胸窄、较深，腹部稍大，背腰平直，多斜尻。四肢强健干燥，关节明显。蹄较小，蹄质坚实。被毛厚密。毛色以灰色为主，黑色、栗色次之，其他毛色较少。一般灰驴均具背线、鹰膀、虎斑，黑驴多有粉鼻、粉眼、白肚皮等特征（图 2-19）。

公驴　　　　　　　　　　母驴　　　　　　　　　　群驴

图 2-19　川驴

（引自党瑞华）

②体尺和体重。1980 年曾对川驴进行过调查。2006 年，又分别测量了巴塘、会理、盐源和阿坝牧户饲养的成年川驴的体重和体尺。2019 年，在实施青藏高原区域马属动物遗传资源调查时，又进行了测定（表 2-19）。

表 2-19　成年川驴的平均体重和体尺

年份	性别	样本数/头	体高/cm $\bar{X}\pm s$	体长/cm $\bar{X}\pm s$	胸围/cm $\bar{X}\pm s$	管围/cm $\bar{X}\pm s$	体重/kg
1981 年	公	208	89.50±0.29	92.50±0.34	98.20±0.34	11.80±0.05	82.59
	母	273	94.40±0.36	97.30±0.33	105.00±0.41	12.00±0.06	99.33
2006 年	公	30	98.73±5.32	103.57±5.62	114.07±6.75	13.33±0.64	124.78
	母	153	95.44±4.28	97.60±5.73	107.59±6.8	12.51±0.8	104.61
2019 年	公	7	92.23±0.55	97.92±1.03	102.36±0.77	11.85±0.13	39.6±0.24
	母	53	91.29±1.74	91.43±2.07	96±1.13	11.43±0.2	39±0.38

（4）性能和评价。川驴体小精悍，体质粗糙结实，结构良好，性情温驯，耐粗饲，易管

理，役用性能好，遗传性能稳定，繁殖力、抗病力强，具有良好的适应性和多种用途，是山地重要役畜，群众多喜饲养。今后应加强本品种选育，在注意对优良种公驴选择和培育的基础上，做好繁殖母驴的选育，不断提高本品种质量。在做好品种资源保护的前提下，可在非中心产区适当引入大、中型驴进行杂交，提高川驴的生产性能。

2. 云南驴

（1）中心产区。云南驴主产于云南省西部大理州的祥云、宾州、弥渡、巍山、鹤庆、洱源，楚雄州的牟定、元谋、大姚，丽江市的永胜，以及云南省南部的红河州的石屏、建水等县市。在云南省许多干热地区均有分布。2005 年，云南驴存栏量 23.2 万头，2020 年 16.45 万头。

（2）品种形成。驴传入云南的最早年代及路线已难以考证，但据史料记载，楚雄州元谋县在 1 700 多年前已"户养驴骡"。红河州的石屏县关于驴的文字记载也已有 1 250 多年。据《永胜县志》记载："元代时内地居民携牛马驴骡竞相入境。"清康熙年间《广西府志·弥勒州物产志》也有"兽之属：牛、马、驴、骡、羊……"的记载。云南驴的体型、外貌和性能与现今新疆的小型驴极为相似，或许云南驴由西北和内地传入有一定的根据。从遗传标记聚类较远来看，云南驴参与西南茶马古道、丝绸之路运输，与东南亚、南亚驴种有血液上的交流。历史上，驴在红河州除作为役畜外，也是财富的象征，俗话说"彝族有钱一群驴"，多余的驴作为商品出售以换回必需的生活用品。产区山高坡陡、偏僻、交通不便，生产、生活资料等都靠驴、骡等进行驮运，是茶马古道上主要役畜之一。

云南驴与产区各族群众生产、生活息息相关，是重要的农业生产和交通运输工具，是在当地自然环境和社会经济条件下，经过劳动人民长期选育形成的一个地方小型驴种。产区部分县市曾于 20 世纪 50—60 年代引进佳米驴、关中驴等公驴进行杂交，或生产骡子。

（3）体型外貌特征。

①外貌特征。云南驴属小型驴。体质干燥结实，结构紧凑。头较粗重，额宽且隆，眼大，耳长且大。颈较短而粗，头颈结合良好。鬐甲低而短，附着肌肉欠丰满。胸部较窄，背腰短直、结合良好，腹部充实而紧凑，尻短斜、肌肉欠丰满。四肢细长，前肢端正，后肢多外向，关节发育良好，蹄小、质坚。尾毛较稀，尾础较高。被毛厚密。毛色以灰色为主，黑色次之。多数驴具有背线、鹰膀、虎斑及粉鼻、亮眼、白肚等特征（图 2 - 20）。

公驴 　　　　　　　　　　母驴 　　　　　　　　　　群驴

图 2 - 20　云南驴

（引自孙玉江）

②体尺和体重。1980 年、2006 年云南省大理州、楚雄州和红河州等主管部门曾在祥云县、牟定县和石屏县测量成年云南驴的体重和体尺。2020 年，青岛农业大学、云南省畜牧

总站在实施农业农村部"青藏高原区域马属动物遗传资源调查"时又进行了现场鉴定（表2-20）。

表 2-20 成年云南驴的平均体重和体尺

年份	性别	样本数/头	体高/cm $\overline{X}\pm s$	体长/cm $\overline{X}\pm s$	胸围/cm $\overline{X}\pm s$	管围/cm $\overline{X}\pm s$	体重/kg
1980 年	公	36	93.61±4.18	92.19±4.48	104.31±4.86	12.22±0.68	92.88
	母	76	92.41±4.02	93.68±3.79	107.79±6.14	11.98±0.78	100.78
2006 年	公	34	102.30±5.72	104.86±4.96	114.49±5.62	13.61±0.75	127.3±18.4
	母	221	98.89±4.42	102.68±3.95	112.06±4.30	12.84±0.50	119.4±15.5
2020 年	公	12	85.82±7.65	88.61±11.61	99.96±13.32	11.27±1.35	—
	母	27	103.00±11.31	104.17±12.02	115.33±13.11	12.28±1.38	—

注：根据《中国畜禽遗传资源志·马驴驼志》和"青藏高原区域马属动物遗传资源调查"整理汇总。

（4）性能和评价。云南驴体小精悍，体质粗糙结实，具有适应性强、不挑食、耐粗饲、持久力好、吃苦耐劳、性情温驯、易于调教管理、善走山路、繁殖性能好、遗传性能稳定等特点，在山区炎热干燥、贫瘠的环境中有特殊的役用价值。云南驴以驮用、挽用为主，持久力强。成年体重，公驴91.38 kg，母驴84.5 kg左右。据调查，成年驴一般驮重50~70kg，可日行30~40km。一驴驾挽小胶轮车，在一般农村普通土路载重量达300~500kg，日行30~40km。使役年限达20年左右。

云南驴性成熟年龄，公驴18~24月龄，母驴18~20月龄；初配年龄，公、母驴都在30~36月龄。母驴发情多在2—7月，4~5月为母驴配种旺季，发情周期20~30d，发情持续期3~8d；妊娠期355~390d，一般3年产2胎；年平均受胎率90%，年产驹率92%；在一般饲养管理条件下，母驴可以繁殖至18~20岁，个别可达30岁，母驴终生可产驹10~15头。

云南驴饲料转化率高，肉质鲜美、细嫩，驴皮还可制"阿胶"。但其前胸较窄，需要通过选育逐步克服。云南驴是我国特有的山地小型驴种，也是我国体型较小的驴种之一，有的个体体高仅65cm。

今后应加强本品种保护和选育工作，特别要注意公驴的选择和培育，防止无序交配和近亲交配，不断提高质量；有计划地对该遗传资源进行利用。一是建立核心群，逐步向体格小、结构好的矮驴品种发展，以开拓供观赏和儿童骑乘新的利用途径；二是在有条件的地区引入大中型公驴进行经济杂交，提高其产肉性能，满足市场的需求。

3. 西藏驴

（1）中心产区。西藏驴也称藏驴、白朗驴。主产于西藏的粮食主产区，如日喀则地区的白朗、定日等县，山南地区的贡嘎、乃东、桑日等县，昌都地区怒江、金沙江流域的八宿、芒康等县，周边地区也有散在分布。中心产区为白朗、贡嘎、乃东三县。2006年末，西藏驴存栏量8.58万头，2020年3.35万头。1998年，西南地区部分省份畜禽遗传资源补充调查时命名为西藏驴。

（2）品种形成。现有野驴有亚洲野驴和非洲野驴，亚洲野驴还有几种地方类型。西藏野驴又称康驴，是这几种地方类型之一，目前群体数量比较大。有人认为，西藏驴的起源有二：一是由非洲野驴的亚种驯化家养，经中亚、黄河流域逐渐播迁至西藏广大地区；二是由亚洲野驴亚种之一骞驴直接驯化而来。捕获的西藏野驴与西藏驴有较相似的外形特征，同时藏族人民仍有捕幼小野驴驯化家养的习惯。因此，西藏驴仍可能是以上两种来源的混合类型，经过长期自然选择和人工选育形成的地方品种。但这一认识尚需分子遗传学研究的支持。

西藏驴和农业生产关系非常密切，其驯化与青稞的起源处于一个时期，至少已有4 000年历史。据考证，畜牧业起源于农业之前，西藏驴的历史比青稞种植起源早若干世纪。

根据《敦煌古藏文》记载：公元6世纪初，在日喀则的东部，山南地区琼结县一带，当地群众利用马和驴、牦牛和黄牛杂交，繁殖骡和犏牛，夏秋季节储备牲畜的冬春饲草。由此可见，1 400多年前，西藏驴主产区已具备一定的舍饲条件和繁殖、饲养、利用驴的技术。

（3）体型外貌。

①外貌特征。西藏驴体格小而精悍，体质结实干燥，结构紧凑，性情温驯。头大小适中，耳长中等。头颈结合良好，鬐甲平而厚实。肋骨拱圆，背腰平直，腹较圆，尻短、稍斜。四肢端正，部分后肢呈刀状姿势，关节明显，蹄质坚实。

毛色主要为灰色、黑色，另有少量栗色。黑色中粉黑色较多。灰色毛驴多具有背线、鹰膀、虎斑等特征。灰色是西藏驴的正色，被当地群众誉为"一等"（图2-21）。

公驴

母驴

群驴

图2-21　西藏驴

（引自旦增欧珠、孙玉江）

"江嘎"和"加乌"是藏语对西藏驴中特别优秀者的称呼。"江嘎"藏语有野驴之意，毛色为黄褐色，有背线和鹰膀。"加乌"基础毛色是黑色或灰黑色，有粉鼻、粉眼、白肚皮等特征。这部分驴体格高大、体质结实、役力强。20世纪80年代中期存栏量较多，并大量出口印度和尼泊尔，90年代中期后存栏量降低。

②体尺和体重。1998年曾对西藏驴进行过调查。2008年7月，西藏自治区畜牧总站对日喀则地区白朗县的西藏驴进行调查，2020年又联合青岛农业大学、塔里木大学对日喀则、昌都地区的西藏驴进行了调查（表2-21）。

表2-21　成年西藏驴的平均体重和体尺

年份	性别	样本数/头	体高/cm $\overline{X}\pm s$	体长/cm $\overline{X}\pm s$	胸围/cm $\overline{X}\pm s$	管围/cm $\overline{X}\pm s$	体重/kg
1998年	公	21	106.13±8.57	103.43±8.06	115.82±7.80	13.86±1.05	128.47
	母	102	120.86±4.51	103.37±6.33	115.86±6.97	13.46±1.58	128.48

（续）

年份	性别	样本数/头	体高/cm $\overline{X}\pm s$	体长/cm $\overline{X}\pm s$	胸围/cm $\overline{X}\pm s$	管围/cm $\overline{X}\pm s$	体重/kg
2008 年	公	10	102.86±4.50	103.30±6.30	115.86±6.90	13.46±1.50	128.39
	母	50	106.13±8.50	103.43±8.00	115.82.±7.7	13.86±1.00	128.47
2020 年	公	26	91.06±3.86	97.18±6.33	106.17±6.28	12.55± 0.97	—
	母	34	88.61±4.77	95.75±7.51	105.51±6.33	11.66±1.00	—

注：根据《中国畜禽遗传资源志·马驴驼志》和"青藏高原区域马属动物遗传资源调查"资料整理汇总。

4. 性能和评价　西藏驴与产区自然及农牧业生态环境高度协调，对高海拔、低氧、干燥、贫瘠的环境适应良好，耐粗饲、性情温驯、易管理、役力强，作为西藏农区与半农半牧区特定地理条件下短途运输工具，有较好的利用价值。今后，应加强本品种选育，选择质量较高的公驴留作种用，防止近亲交配。改变重公驹轻母驹的饲养繁殖方式，提高基础母驴的品质。在本品种选育中，注意保护并发展"江嘎"和"加乌"类型，可建立保种场。同时，应拓宽品种利用途径，开发驴皮药用或生物激素生产功能。

（三）华北驴系统

华北驴是指产于黄土高原以东，长城内外至黄淮平原，并分布到东北三省的小型驴，境内有高原、平原、山区、丘陵，产区为我国北方农业区。驴的存栏量仅次于牛，在数量上居第二。除黄河中下游的富庶农业区多产大、中型驴外，大部分山区、高原、农区、半农半牧区和条件较差的农区，因原作物单产低，饲养条件差，而多养小型驴。为了适应生产的需要，一些农业条件较差而畜牧条件较好的地区，如沂蒙山区、太行山区、燕山山区、陕北榆林地区、张家口地区、通辽市和淮北等地，发挥地方优势，大批繁殖商品驴向全国各地出售。过去，这些驴总称为华北驴，但都有它的地方名称，如陕北滚沙驴、内蒙古库伦驴、河北太行驴、淮北灰驴和山东小毛驴等，曾经是我国分布最广的驴种。目前，华北驴已分解为6个独立驴种。其中，山东小毛驴未列入《国家畜禽遗传资源品种名录（2022 年版）》。

华北驴产区的自然条件、社会条件各不相同，因而各地驴的外貌也各有其特点，但总体可以描述为，体型比新疆驴、西南驴都大。华北驴体质干燥结实，结构良好，体粗短小。头大而长，胸稍窄，背腰平，腹稍大。四肢粗壮有力，蹄小而圆。毛色以青、灰、黑色居多。

华北驴体高在 110cm 以下，平原的略大，山区的较小。华北驴在山区、丘陵地区多用于驮运，平原多用于挽车。在皖北实测华北驴成年驴最大挽力，公驴为 133kg，母驴为 123kg，相当于体重的 77%～89%。山区驮运 75kg，日行 35～45km。平均体重 115.6kg，六成膘的小驴，屠宰率为 41.7%，净肉率为 33.3%。

华北驴繁殖性能与大、中型驴相近，生长发育比新疆驴快。由于长期与大型驴种混生共存，华北驴与大、中型驴混杂严重。

1. 太行驴

（1）中心产区。主产于河北省太行山山区、燕山山区及毗邻地区。以华北平原西部的易县、阜平、井陉、临城、邢台、武安、涉县等县分布最为集中。河北省的围场、隆化、赤城、沽源等县和山西省的五台、盂县、平定、黎城等县也是重要分布区。河南省境内也有少量分布。2006年末,河北省太行驴存栏量3.4万头。

(2)品种形成。据记载,我国养驴最早的是西北边疆的少数民族,到西汉时首先传到甘肃、宁夏一带,而后经过内蒙古、山西迁至河北。由于驴的食量小、耐粗饲、易管理、易驾驭,适于多种用途,对于小农经济和山区条件具有无比的优势,一经传入便得到了迅速发展。根据《汉书·地理志》的记载,并州之地包括滹沱河、涞水和易水流域在内,"畜宜五扰,谷宜五种"。五扰指马、牛、羊、犬、豕,不包括驴。上述地区恰好是太行山区,当时还没有养驴,该地区养驴最早是在西汉之后。

关于太行驴的起源尚无确切资料。据《井陉县志》记载:由于井陉地瘠民贫,养马者甚少,有少量饲养,也多贩自外地。当地养驴和骡很多,骡多马骡,非本地产,主要贩自山西等地。养驴多用于拉磨驮负,当地虽有繁殖,但为数不多,主要贩自外地。可以认为,河北省太行山区的驴来源于山西。

当地饲料资源缺乏,且饲草品质差。另外,因山路崎岖,所以驮运以小型驴为好,促使选育向小型驴方向发展,逐渐形成现在的地方品种。

(3)体型外貌。

①外貌特征。太行驴属小型驴。体型小,多为高方形,体质结实。头大,大多为直头。耳长,额宽而凸。眼大。多为直颈,肌肉发达,头颈结合和颈肩结合良好。鬐甲低、厚、窄。胸宽而窄,前躯发育良好,腹部大小适中,背腰平直。大多斜尻。四肢粗壮,关节结实,蹄小而圆,质地结实。尾毛长。毛色以灰色居多,粉黑色次之,其他毛色较少(图2-22)。

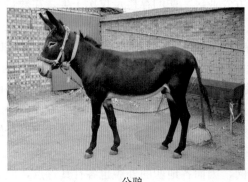 

公驴　　　　　　　　　　　　　母驴

图2-22　太行驴

(引自张秀江、刘桂芹)

②体尺和体重。1982年曾对太行驴进行过调查。2006年10月,又在易县对成年太行驴进行了体重和体尺测量(表2-22)。

表2-22　成年太行驴的平均体重和体尺

年份	性别	样本数/头	体高/cm $\overline{X}\pm s$	体长/cm $\overline{X}\pm s$	胸围/cm $\overline{X}\pm s$	管围/cm $\overline{X}\pm s$	体重/kg
1982年	公	40	102.36±5.21	101.66±6.55	115.882±4.92	13.86±1.00	126.40
	母	103	102.47±5.12	101.06±7.02	113.73±7.84	13.70±0.81	121.03
2006年	公	10	114.70±8.64	106.20±8.80	124.60±5.24	17.40±1.85	152.66
	母	50	104.22±7.26	106.10±9.59	119.16±7.92	14.82±1.60	139.49

注:引自《中国畜禽遗传资源志·马驴驼志》。

（4）性能和评价。太行驴具有体型小、体质结实、肢体矫健、食量少、耐粗饲、抗病力强、性温驯等特点，易管理，适于驮挽，非常适应山区的地理环境、贫瘠的饲料条件以及粗放的管理方式。近年来，受社会发展、生态变化的影响，品种数量急剧下降。今后应以本品种选育为主，在此基础上向早熟和适当增大体尺的方向选育。

2. 库伦驴

（1）中心产区。库伦驴产于内蒙古通辽市库伦旗和奈曼旗的沟谷地区，其中库伦旗西北部的六家子旗、哈日稿苏木、三道洼乡是库伦驴的中心产区。2005年末，库伦驴存栏量18 236头。

（2）品种形成。有关库伦驴形成的历史资料很少。早在300多年以前，库伦旗境内地势平缓、人烟稀少、鸟兽遍野，被划为猎场和牧场，并引进一些驴种，供骑乘及观赏。随着农牧业生产的发展，为适应当地的小农经济和山区特点，通过农牧民碾拽、拉磨、骑乘、驮运货物、拉车、耕地等使役，选留具有一定体型、抗病力强、耐粗饲、役用性能好的留作种用，在本品种内不断进行选育提高，逐渐形成了适应山地自然条件和粗放饲养管理的地方良种。1949年后，库伦驴曾多次出口到日本和朝鲜，供旅游骑乘用。

库伦驴是在原有地方良种的基础上，以纯繁为主，通过提纯复壮，进行长期选育提高形成的兼用型地方品种。

（3）体型外貌。

①外貌特征。库伦驴属小型驴。结构匀称，体躯近正方形，体质紧凑结实，性情温驯，易于调教。头略大，眼大有神，耳长、宽厚。腹大而充实。公驴前躯发达，母驴后躯及乳房发育良好。四肢干燥、强壮有力，蹄质结实。全身被毛短，尾毛稀少。毛色有黑色、灰色。黑色驴毛梢多有红褐色；大多数灰驴有一条较细的背线，以及鹰膀和虎斑。基本都有"三白"特征（图2-23）。

公驴　　　　　　　　　　　　　　　母驴

图2-23　库伦驴

（引自陈建兴）

②体尺和体重。1985年曾对库伦驴进行过调查。2006年8月，内蒙古家畜改良工作站、通辽市家畜繁育指导站、库伦旗家畜改良工作站，在库伦旗六家子镇对成年库伦驴体重和体

尺进行调查（表 2-23）。

表 2-23 成年库伦驴的平均体重和体尺

年份	性别	样本数/头	体高/cm $\overline{X}\pm s$	体长/cm $\overline{X}\pm s$	胸围/cm $\overline{X}\pm s$	管围/cm $\overline{X}\pm s$	体重/kg
1985 年	公		120.00	118.60	130.55	16.75	187.16
	母		110.42	111.16	125.07	14.89	161.00
2006 年	公	10	121.20±1.93	117.44±1.76	130.29±2.33	16.33±0.55	152.66
	母	50	110.12±2.36	109.11±2.29	122.07±2.95	14.92±0.31	139.49

（4）性能和评价。库伦驴具有善走山路、食量小、耐粗饲、乘挽驮兼用的特点，是适合丘陵山区多种需要的一个地方品种。但近年来由于缺乏系统的管理和选育，优良种公驴外流，公、母驴比例失调，繁殖率下降，优良特性退化，体质逐年下降。为保持和提高库伦驴的优良特性，一要进行本品种的选育提高工作；二要改进饲养管理方法和生产模式，提高库伦驴的质量、数量。

3. 陕北毛驴

（1）中心产区。陕北毛驴是分布在延安、榆林两地小型驴的总称。在风沙区人们因其善走沙路而称为"滚沙驴"，为沙地型；在丘陵沟壑区多称小毛驴，为山地型。陕北毛驴主要分布在陕西省榆林市北部长城沿线风沙区和延安市北部丘陵沟壑区。1981 年，中心产区在榆林市的榆林（现为榆阳区）、神木、定边、府谷、横山、靖边等 6 个县，延安市的吴旗、志丹、安塞、子长、延长、延安（现为宝塔区）、延川等 7 个县。2006 年，榆林市中心产区为定边、靖边、横山、子洲等 4 个县，延安市中心产区为吴起（原吴旗）、志丹、甘泉等 3 个县。榆阳、横山、神木、府谷、子长、宜川、安塞、延川等县区也有少量分布。据 2007 年统计，延安和榆林两市符合品种特征的陕北毛驴仅有 8 000 头左右。

（2）品种形成。陕北毛驴是陕北地区的古老品种。据史书记载，大约从西汉张骞出使西域之后，大批驴、骡便由西域而来。由此，新疆的小型驴，源源不断地扩散到甘肃、宁夏、陕北一带。隋唐时期，陕北还设有专门繁殖驴骡的牧场。据此推断，陕北毛驴的远祖可能是新疆驴。

陕北在秦汉以前曾是深林密布、水草丰美的地方。由于西汉推行"募民徙塞下"的移民戍边政策和唐代后期鼓励农民垦辟荒地的做法，使耕地迅速扩展，人口激增，陕北由游牧逐步转向农耕，林草被毁，土地沙化，水土流失日益严重，致使牧草生长不良，农作物产量低而不稳。受自然条件和草料条件的影响，以及长期混群放牧配种，未进行有计划的系统选育，最终逐步形成体格小、抗逆性好的小型驴种。

近年实行禁牧舍饲以后，大多数农户牵母驴去养种公驴的农户配种，也有少数农户有意识地选用佳米驴进行杂交以增大其体尺。

（3）体型外貌特征。

①外貌特征。陕北毛驴体格小，沙地型体格结实、偏粗糙，山地型体质结实、较紧凑。结构匀称，体型呈方形。头稍大，眼较小，耳长中等，颈低平。前胸窄，背腰平直或稍凹，尻短斜，腹大小适中，但母驴和老龄驴多为草腹。四肢干燥结实，关节明显，蹄质坚实。被毛长而密、缺乏光泽，皮厚骨粗。尾毛浓密，尾础低，尾长不过飞节。

毛色以黑色为主，其次为灰毛，另有部分其他毛色。眼圈、嘴头、腹下多为白色，部分仅眼圈、嘴头为白色，也有少量四肢内侧为白色。浅色者均有黑色背线和鹰膀。黑色毛色者冬春体侧被毛为红褐色、无光泽，夏秋脱换后恢复为黑色、有光泽（图2-24）。

公驴　　　　　　　　　　　母驴　　　　　　　　　　　　群驴

图2-24　陕北毛驴

（引自孙玉江）

②体尺和体重。1981年曾对陕北毛驴进行过调查。2007年4月，延安市畜牧技术推广站在吴起、志丹县对成年陕北毛驴的体重和体尺进行了测量（表2-24）。

表2-24　成年陕北毛驴的平均体重和体尺

（引自《中国畜禽遗传资源志·马驴驼志》）

年份	性别	样本数/头	体高/cm $\overline{X}\pm s$	体长/cm $\overline{X}\pm s$	胸围/cm $\overline{X}\pm s$	管围/cm $\overline{X}\pm s$	体重/kg
1981年	公	89	106.56±8.1	107.53±9.3	116.66±8.5	13.48±1.2	135.57
	母	905	106.72±6.5	109.07±7.2	117.96±8.5	13.34±0.5	140.48
2007年	公	15	107.59±0.6	110.43±1.4	119.39±5.5	13.81±0.5	145.75
	母	88	106.92±1.2	108.96±2.5	117.82±3.6	13.54±0.4	140.05

（4）性能和评价。陕北毛驴是产区特定生态条件下形成的一个古老品种，既适应荒漠气候，放牧性强，善走沙路，又宜于山区陡坡地与狭窄山路上各种劳作。该品种食量小，耐粗饲，上膘快，保膘好，易管理。可耐风沙和严寒，抗病力强，－30℃仍能正常活动，是一种适应性很强的小型家驴品种，很有保种价值。

陕北毛驴存在野交乱配和饲养管理粗放的现象，质量参差不齐。近年来，由于山地大量退耕，生产力提高，对陕北毛驴的利用减少。有些地区引入佳米驴等大中型驴种与陕北毛驴杂交，对陕北毛驴的性能影响较大。

今后应增加后备种驴数量，改善饲养管理条件，有计划地开展本品种选育，提高肉用性能，使其向肉役兼用方向发展，以适应市场需要。

4. 苏北毛驴

（1）中心产区。中心产区在江苏省连云港市、徐州市、宿迁市，主要分布于淮北平原，即苏北灌溉总渠以北的地区。2005年末，苏北毛驴存栏量23 487头。

（2）品种形成。苏北毛驴在产区养殖历史悠久，江苏地区的驴主要由西北一带扩散而来，最早进入的时期已难以查考，最迟应在宋代。另据明代《隆庆海州志》记载，苏北地区的东海县等地当时已养驴、用驴。在苏北一些地形起伏的丘陵地区，交通相对不便，农耕、运输、拉磨、骑乘，小型驴更为适用。群众对种公驴要求比较严格，所留公驴质量较好，基本用于配种，其余公驴大多在性成熟之前就被淘汰。通过产区群众长期的繁育、选择，形成了本品种。

近年来，受市场需求影响，东海县等地引进关中驴等大中型驴种与苏北毛驴杂交，对苏北毛驴品种纯正性产生一定影响。

（3）体型外貌。

①外貌特征。苏北毛驴体质较结实，结构匀称、紧凑，性情温驯。头较清秀，面部平直，额宽、稍凸，眼中等大，耳大、宽厚。颈部发育较差，薄而多呈水平，头颈、颈肩结合一般。鬐甲较高，胸多宽深不足，腹部紧凑、充实，背腰多平直、较窄。尻高、短而斜。肩短而立，四肢端正、细致干燥，关节明显，后肢股部肌肉欠发达，多呈外弧肢势，系短而立。蹄质坚实。尾础较高，尾毛长度中等。

毛色主要为灰色、黑色，约占 85.5%，其他还有青色、白色、栗色等。灰毛大多有背线和鹰膀，兼有粉鼻、亮眼、白肚等特征。另据新沂市对 58 头苏北毛驴进行调查，黑色占 47.5%，青色、灰色占 32.1%，栗色占 20.3%（图 2-25）。

公驴　　　　　　　　　　母驴　　　　　　　　　　群驴

图 2-25　苏北毛驴

（引自刘桂琴）

②体重和体尺。1980 年、2005 年对产区成年苏北毛驴进行了体重和体尺测量，结果见表 2-25。

表 2-25　成年苏北毛驴的平均体重和体尺

（引自《中国畜禽遗传资源志·马驴驼志》）

年份	性别	样本数/头	体高/cm $\overline{X}\pm s$	体长/cm $\overline{X}\pm s$	胸围/cm $\overline{X}\pm s$	管围/cm $\overline{X}\pm s$	体重/kg
1980 年	公	60	106.45±9.3	109.00±10.3	116.66±8.5	13.63±1.1	153，79
	母	51	105.80±8.2	109.07±7.2	108.01±8.7	12.36±1.4	196.98
2005 年	公	51	122.6±7.1	115.7±8.4	135.6±9.1	15.8±1.7	196.98
	母	164	118.4±6.0	109.5±10.1	134.8±8.2	14.8±1.4	184.23

（4）性能和评价。据丰县畜牧水产局调查，苏北毛驴宰前活重为 173kg，屠宰率为 43%，净肉率为 34%。

苏北毛驴体格较小、性情温驯、易管理、耐粗饲、抗病力强、适应性广、运步灵活，具有一定的役用性能，是经长期自然选择与人工选择形成的适应于江苏省北部地区环境条件的地方良种。近年来，苏北毛驴的使役功能已逐渐被农机和其他机械所替代，但在地形复杂、道路较为崎岖的丘陵地区仍发挥着一定的短途运输作用,尤其是中老年群众认为使用毛驴要比使用农机更安全、方便、简单。随着其向肉用方向开发,苏北毛驴受外来大中型驴种杂交的影响很大,种驴缺乏,品种数量下降严重。今后应加强品种保护,可在中心产区建立保种场,进行本品种选育,尤其应重视种公驴的选择,同时改进繁殖技术,扩大优秀种驴的利用范围。在非中心产区可引入大型良种公驴进行经济杂交,建立肉用型与皮用型新品系,满足周边市场需求。

5. 淮北灰驴

(1)中心产区。淮北灰驴中心产区在安徽省淮北市,主要分布于安徽省淮北以北,包括宿州市、亳州市和阜阳市等地区。2006年,淮北灰驴存栏量2 363头。

(2)品种形成。淮北灰驴的形成已有1 000多年的历史。在漫长的历史时期中,淮北灰驴的发展和品种形成与产区的自然条件和社会政治经济因素密切相关。产区气候温暖、干燥,农业发达,农副产品比较丰富,环境条件很适宜淮北灰驴的生存发展。

(3)体型外貌特征。

①外貌特征。淮北灰驴属小型驴。体质紧凑,皮薄毛细,轮廓明显,体长略大于体高,尻高略高于体高。头较清秀,面部平直,额宽稍凸。颈薄、呈水平状,鬐甲窄、低,胸宽深不足,肋拱圆。背腰结合良好、平直。尻高、短而斜,肌肉欠丰满。四肢细而干燥,关节坚实、明显,肩短而立,前肢直立、较长,后肢多呈刀状肢势,系短立,蹄小圆、质坚。尾毛稀疏而短。毛色以灰色为主,具有背线和鹰膀(图2-26)。

公驴   母驴

图2-26 淮北灰驴

(引自谢艳霞)

②体尺和体重。2007年4月,安徽省淮北市畜牧兽医水产局、亳州市畜牧局在安徽省淮北市五沟镇、四铺乡、南坪镇和亳州市魏岗镇对6头成年公驴和23头成年母驴的体重和体尺进行了调查、测量(表2-26)。

表2-26 成年淮北灰驴的平均体重和体尺

性别	样本数/头	体高/cm $\overline{X}\pm s$	体长/cm $\overline{X}\pm s$	胸围/cm $\overline{X}\pm s$	管围/cm $\overline{X}\pm s$	体重/kg
公	6	116.12±3.45	120.17±5.60	124.67±5.32	13.05±0.48	172.94
母	23	109.30±4.89	115.39±2.98	118.04±3.15	12.73±0.41	148.87

（4）性能和评价。2009 年，亳州市对 5 公 5 母 2 岁淮北灰驴进行屠宰试验，宰前活重，公驴为 162.5kg，母驴为 143.3kg；屠宰率，公驴为 48.6%，母驴为 39.6%；净肉率，公驴为 40.1%，母驴为 32.1%。

淮北灰驴是安徽省一个历史悠久、分布较广的优良小型驴种，具有耐粗饲、适应性好、抗病力强和易管理等特点。该品种放牧和舍饲均可，适合农区饲养，但随着农业机械化程度的提高，饲养量大幅下降，已处于濒危状态，亟待加强保护。今后，应积极引导农户改变选育方向，使之由役用逐步向肉役兼用或肉用方向转变。

第四节　国外驴种

据家畜遗传多样性信息系统（DAD-IS）统计，世界现有驴的遗传资源共 194 个，主要分布在欧洲、亚洲、非洲和美洲。至今，我国尚未从国外成规模引入驴种开展纯种繁育。

一、国外重要驴种

从国际驴种发展情况来看，经过多年专门人工培育的品种不多，现仅对知名度较高或在其他品种培育中起过重要作用的品种进行介绍。

（一）普瓦图驴

普瓦图驴主产于法国夏朗德省的普瓦图地区，以具有独特的长而浓密的被毛而知名。普瓦图驴是大型驴，曾主要用于产骡（图 2-27）。

图 2-27　普瓦图驴

（引自侯文通，2019. 驴学）

1. 品种形成　普瓦图驴是一个古老的品种，约起源于 10 世纪的法国普瓦图地区，该地区属于富饶的农业区。普瓦图驴可能最早是由罗马人引入的。在中世纪，拥有一头普瓦图驴一度成为当地法国贵族地位的象征。普瓦图驴形成过程中受到西班牙萨莫拉诺-里昂驴的影响最大，在 18 世纪上半叶的西班牙国王菲利普 5 世时期，萨莫拉诺-里昂驴就出口到法国参与普瓦图驴的培育。此外，西班牙加泰罗尼亚驴等品种也对普瓦图驴育成有影响。普瓦图驴的现代类型约形成 1717 年，法国国王路易斯 15 世的一位顾问曾经记载："在普瓦图北部，有一些驴能够达到大型骡的体高。这种驴浑身覆盖半英尺*长的毛，四肢和关节与挽车马一

---

　* 英尺（ft）为非法定计量单位。1ft＝0.304 8m。——编者注

样粗壮。"为了繁育大型骡，早期育种者选择体格大的驴，以头、耳和四肢关节更大为主要选育目标。

在 19 世纪和 20 世纪早期，普瓦图驴主要用于与体格大的挽马品种普瓦图马配种生产优秀的役骡。在欧洲 200 多年间一直都认为普瓦图骡品质最为出色，经常出口至欧洲多个国家，并价格不菲，普瓦图地区最多可年产骡 30 000 头。19 世纪中期，普瓦图驴每年销售 15 000～18 000 头。1867 年，在 Deux Sevres 部门就有 94 个育种场，饲养 465 头公驴、294 头母驴，5 万匹普瓦图母马。自 1884 年开始，建立普瓦图驴登记册。同时，普瓦图驴也用于培育其他驴种，包括美国大型驴。

然而，第二次世界大战前后，役骡迅速被机械取替，普瓦图驴的需求大量减少。到 1950 年时，普瓦图地区仅剩 50 家普瓦图驴繁育场，饲养 300 头普瓦图公驴和 6 000 匹母马。1972 年，该品种几乎灭绝。1977 年的品种普查显示，全世界仅剩 44 头纯种普瓦图驴（20 头公驴、24 头母驴）。

针对普瓦图驴数量锐减的形势，一些公共和私人组织开始关注保护工作。1979 年，法国国家种马场和育种者、玛莱-普瓦图地区国家公园共同鼓励保护并积极繁育普瓦图驴，研发新的繁殖技术、收集关于本品种的历史知识与文化，并制定了相关保护方案。1981 年，从葡萄牙引进了 18 头普瓦图驴用于法国本土普瓦图驴的扩群。1988 年，成立了普瓦图驴协会，为品种发展谋取市场并筹集保护资金。至 2001 年，普瓦图驴登记册中登记了 71 头公驴和 152 头母驴。2004 年统计，共有驴 425 头，其中公驴 81 头，母驴 344 头。2011 年，总数又降至 400 头以下。普瓦图驴现分布于欧洲 8 个国家，但种群数量仍然很少。尽管处于濒危状态，但该品种数量已经在法国、英国、澳大利亚、北美等地有了少量增长。

2. 体型外貌　体格较大，体质结实。头大而长，耳长且宽，颈部强壮。直肩，胸骨凸出，肋骨拱圆，背部长且平直，尻短。四肢有力、关节明显，蹄宽大。性情温驯，亲和性强。

毛色为黑色，有时在口鼻和眼睛周围呈淡黄色、银灰色并带有淡红色晕圈，腹部及大腿内侧颜色也较浅。全身被覆长毛，是本品种最突出的特点，源自曾经流行于普瓦图育骡者中的一种时尚：从公驴出生时开始，被毛完全保留，公驴不劳作，终生都像囚犯似的饲养，可避免被毛褪换，结果造成被毛积累全部缠结成团，直到几乎垂至地面。如今，许多养普瓦图驴的人士也给驴剪毛，以保持驴体的清洁卫生。

公驴体高 135～156cm，体重 350～420kg。体格高大，在欧洲仅有安达卢西亚驴可以达到相似体高。

3. 品种性能　普瓦图驴具有被毛长的典型特征。2014 年，Romain Legrand 等对 35 头成年普瓦图驴的长被毛性状进行了研究，结果发现，长被毛性状的主要原因可能是 *FGF5*（成纤维细胞生长因子 5）基因上有 2 处隐性突变。

4. 利用情况　历史上，普瓦图驴被大量用于产骡，并被出口到多个国家。近年来，又开始从事农作、运输和骑乘。

（二）大黑莓驴

大黑莓驴主产于法国中部，中心产区原为贝里省（后分为谢尔和安德尔省）。在法国中北部地区也有分布，是优秀的挽用品种（图 2-28）。

1. 品种形成　大黑莓驴的起源难以查证。主产区曾为农业区，农业和葡萄园工作促进

图 2-28 大黑莓驴
(引自侯文通，2019. 驴学)

了体大力强的挽用驴选育。19 世纪中期，产区从事农业的驴开始替代人力，用于挽拉贝里运河以及布里亚尔运河及其支流上的船只。有文献记载，在 1850 年前后，当地从阿尔及利亚引入的驴种影响了大黑莓驴的形成，也有可能受到迁徙至当地的罗马尼亚人带来的西班牙加泰罗尼亚驴的影响，但缺乏官方记录证明。从 20 世纪早期开始，大量照片记录了大黑莓驴用于农业、挽车和挽曳驳船。

随着机械化的普及，大黑莓驴数量迅速减少。1986 年，保护贝里传统协会首次在年度博览会上展示了新组建的大黑莓驴种群，引起了社会关注。此后，每年在利涅尔均会举办 Whit Monday 驴骡展览会，会上参加展示的大黑莓驴数量逐年增加，1990 年有 100 头，1993 年有 220 头。1993 年由饲养者和爱好者共同发起成立了法国大黑莓驴品种协会，以促进大黑莓驴的育种和利用。协会制定了品种标准，标准是根据参加展览会的驴、当地老者的回忆和旧资料如老明信片上的图像来制定的。协会还建立了品种登记册，1993 年确认了公母共 80 头驴符合品种标准，并予以登记。1994 年，对 6 头公驴进行了种用登记，授权配种。1994 年，法国农业部和国家种畜场官方认可大黑莓驴为独立品种。2004 年统计，大黑莓驴共有 155 头，其中公驴 25 头，母驴 130 头，处于濒危状态。

2. 体型外貌　体型匀称、结实，体格高大。眼大有神，耳长而宽。颈部强壮，胸宽，背腰平直，尻圆而斜。四肢端正，关节强大，蹄质坚实，能走崎岖山地。毛色为黑色。无背线、鹰膀和斑马纹。腹下包括乳房两侧、鼠蹊部和大腿内侧呈浅灰色或白色。口、眼眶周围也呈浅灰色或白色，有时边缘有红色晕圈。成年公驴体高 135～145cm，成年母驴体高最低 130cm。

3. 品种性能与利用情况　大黑莓驴原用于农场的小型劳作，特别是葡萄园内的运输；19 世纪中期以后，主要用于挽拉运河上的驳船；如今，大黑莓驴用于远途旅行或休闲挽驾，公驴用于产骡。

（三）阿米阿塔驴

阿米阿塔驴主产于意大利中部的托斯卡纳区，以格罗塞托省的阿米阿塔山区为中心产区，雷焦·艾米利亚省、利古里亚区和坎帕尼亚区也有分布。阿米阿塔驴是意大利进行驴乳生产的重要品种（图 2-29）。

图 2-29 阿米阿塔驴

1. 品种形成 阿米阿塔驴在 20 世纪初期群体规模大，在第二次世界大战前，格罗塞托省和佩鲁贾市共存栏阿米阿塔驴超过 8 000 头，主要用于农田和矿山的驮用运输。第二次世界大战后，数量急剧减少，濒临灭绝。从 1956 年开始，格罗塞托省比萨市的马属动物增殖研究所开展阿米阿塔驴的保种和选育工作。1993 年成立育种者协会，开展品种登记。1995 年育种者协会统计该驴存栏量达 89 头，被意大利农林部认可为独立品种。1997 年育种者协会开始对公驴采用封闭式登记，仅对母驴放开登记。2006 年，登记总数达 1 082 头，其中约 60% 在托斯卡纳区，形成了多个品系。2007 年，联合国粮食及农业组织（FAO）认定阿米阿塔驴处于濒危状态。

2. 体型外貌 阿米阿塔驴体格较大，体质结实、健壮。毛色均为灰色，有背线、鹰膀，大部分有斑马纹，耳内有深色斑。腹下、口和眼眶四周呈浅色。成年公驴（30 月龄）体高 130～140 cm，体重 200 kg；成年母驴（30 月龄）体高 125～135 cm，体重 150 kg。

2009 年，Clara Sargentini 等在托斯卡纳区对 8 头成年公驴和 48 头成年母驴的体尺进行了测定（表 2-27）。

表 2-27 成年阿米阿塔驴体尺

性别	头数	体高/cm	体长/cm	胸围/cm	管围/cm
公	8	129.8±4.7	138.3±13.1	145.6±7.8	18.3±0.8
母	48	125.8±5.6	136.5±8.2	145.0±7.8	16.9±1.5

3. 品种性能 阿米阿塔驴适应性好，耐粗饲，能在艰苦条件下生存，持久力和抗病力强，灵活轻快，适于山区作业。

2014 年，M. Martini 等对（9±2）岁的 31 头成年经产母驴进行了 300 d 泌乳期产乳性能测定，结果见表 2-28。

表 2-28 不同泌乳期阿米阿塔驴泌乳量和乳成分含量

类别	泌乳期									
	30d	60d	90d	120d	150d	180d	210d	240d	270d	300d
早晨泌乳量/mL	306.75	379.08	375.36	319.52	349.75	285.63	259.78	256.54	278.55	261.92

类别	泌乳期									
	30d	60d	90d	120d	150d	180d	210d	240d	270d	300d
干物质/%	9.76	9.25	9.36	9.45	9.41	9.64	9.67	9.51	10.06	10.01
脂肪/%	0.42	0.35	0.34	0.42	0.43	0.41	0.44	0.46	0.44	0.35
蛋白质/%	1.77	1.61	1.57	1.58	1.56	1.53	1.53	1.54	1.50	1.51
酪蛋白/%	0.56	0.65	0.75	0.79	0.78	0.82	0.75	0.77	0.73	0.78
乳糖/%	6.85	7.09	7.25	7.20	7.20	7.29	7.18	7.22	7.20	7.21
灰分/%	0.48	0.40	0.35	0.36	0.35	0.34	0.33	0.37	0.35	0.36
钙/%	0.13	0.13	0.15	0.10	0.11	0.091	0.12	0.09	0.11	0.10
磷/%	0.10	0.06	0.08	0.07	0.07	0.06	0.07	0.07	0.06	0.07

注：早晨测定泌乳量时，其母驴和幼驹隔离时间不确定。

4. 利用情况　多用于驮运，也用于挽曳、乳用和休闲骑乘以及患者骑乘康复治疗。

（四）马丁纳·弗兰卡驴

马丁纳·弗兰卡驴主产于意大利东南部的普利亚区，是意大利体格最大的驴种。因中心产区位于马丁纳·弗兰卡镇而得名，此外产地还包括巴里、布林迪西和塔兰托等省，在阿布鲁佐区、拉齐奥区、伦巴第区和翁布里亚区也有分布。本品种以耐劳和强壮而闻名，是繁育产骡的重要父本。

1. 品种形成　马丁纳·弗兰卡驴的起源并不完全清楚，可能在西班牙人统治普利亚区期间，受到引入的西班牙加泰罗尼亚驴的影响。1943 年，建立品种登记册。1948 年成立品种协会。第二次世界大战后，由于对军骡的需求量大减，马丁纳·弗兰卡驴的需求量随之减少，种群品质下降，规模逐年萎缩。20 世纪 90 年代，随着社会对驴肉和驴乳的需求开始增加，马丁纳·弗兰卡驴的规模减小趋势得以遏制。1990 年，为了更有效地保护和发展本品种，新成立了位于卢梭里的马丁纳·弗兰卡驴保护协会。当年，马丁纳·弗兰卡驴登记册被官方认可，现已被意大利农林部认定为一个独立品种。据 2005 年统计，本品种共有 327 头，其中成年公驴 24 头，成年母驴 206 头。2007 年，联合国粮食及农业组织（FAO）将马丁纳·弗兰卡驴认定为处于濒危状态。

2. 体型外貌　体格高大，粗壮结实，结构匀称。头大，但不过重，下颌发育良好，耳长而直。颈部粗壮、肌肉丰满，颈肩结合良好，尻部大而长、肌肉丰满，四肢结实，关节强壮而干燥，蹄质坚实。毛色为黑色，口、腹下和后肢内侧呈灰色或灰白色，眼的周围和口局部有红斑。品种登记早期，体表有三处烙号，分别在面颊、颈部和股部（图 2-30）。成年公驴平均体高 135 cm，成年母驴平均体高 127 cm。高者可达 145～150cm。

3. 品种性能　普利亚山区冬天寒冷、积雪，夏季炎热，使得马丁纳·弗兰卡驴能够忍受极端气温，且能产下结实健壮的后代。

产区有食用驴肉的传统。2008 年，P. Polidori 等对 15 头 15 月龄的马丁纳·弗兰卡公驴进行产肉性能测定，屠宰后 1h 测定屠宰率为 54.5%，屠宰后 24h 测定屠宰率为 53.3%。背最长肌的营养成分测定结果见表 2-29。

图 2-30　马丁纳·弗兰卡驴

（引自侯文通，2019. 驴学）

表 2-29　马丁纳·弗兰卡驴背最长肌的营养成分（$n=15$）

项目	平均值	标准差	最小值	最大值
水分/%	73.7	3.26	70.1	77.8
脂肪/ %	2.02	0.61	1.18	2.81
蛋白质/ %	22.8	2.63	20.3	23.7
灰分/ %	1.01	0.22	0.89	1.23
糖原/ %	0.46	0.08	0.66	0.38
能量值/（kcal * / 100g）	116	10.2	96.5	125.3
胆固醇/（mg/ 100g）	68.7	3.44	64.2	72.8

　　2009 年，P. Polidori 等对 12 头 14 月龄的马丁纳·弗兰卡驴公驴进行肉品质测定，多不饱和脂肪酸含量在背最长肌和股二头肌中分别为 25.16g/100g 和 24.97g/100g。油酸和棕榈酸是驴肉中含量最丰富的脂肪酸，在背最长肌和股二头肌中的比例分别为 52.88% 和 52.16%。

　　4. 利用情况　马丁纳·弗兰卡驴传统上用于挽拉和驮运，但主要用于产骡，特别是与穆尔杰斯马交配生产著名的马丁纳·弗兰卡骡。这种骡性能优越，在意大利深受欢迎，并出口至法国、德国、北美和南斯拉夫等多个国家与地区，尤其在第一次世界大战期间得到广泛使用。1925 年，意大利的骡中有 70% 产于普利亚区。从 1926 年起，政府采取措施逐步限制马丁纳·弗兰卡驴出口。驴肉是当地的传统食品，可以用来制作香肠和发酵肉制品。近年来，加大了对马丁纳·弗兰卡驴的乳用开发力度，多在母驴泌乳期挤奶 6～8 个月。

　　（五）加泰罗尼亚驴

　　加泰罗尼亚驴是大型驴（图 2-31）。

---

　　* 卡（cal）为非法定计量单位。1cal=4.185 851J。——编者注

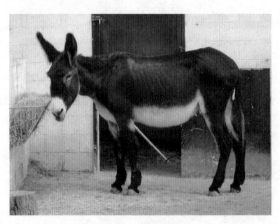

图 2-31　加泰罗尼亚驴
（引自侯文通，2019. 驴学）

1. 品种形成　加泰罗尼亚驴起源于塞格雷、泰尔和卡多纳河流域，是一个较为古老的品种，来源已难以考证，有说法认为加泰罗尼亚驴的形成与马略卡驴和萨莫拉诺-里昂驴有关。公元 9 世纪的文献中就报道了加泰罗尼亚驴具有高大的体格和优越的性能，该品种公驴因其优秀的产骡价值已闻名几个世纪。当四轮马车在 17 世纪的西班牙开始应用时，该国并未试图去培育马车马，而是用加泰罗尼亚公驴和安达卢西亚母马杂交繁育骡子挽车。在加泰罗尼亚，高峰时期加泰罗尼亚驴存栏量约 5 万头。

1880 年，建立了加泰罗尼亚驴的品种登记册。20 世纪 30 年代后期的西班牙内战导致加泰罗尼亚驴种群规模下降，随后 10 年又逐步恢复。但是随着 20 世纪 50 年代农业机械化发展，至 70 年代时，加泰罗尼亚驴的数量一直在逐年减少，1976 年仅存栏 3 702 头。1978 年，在巴诺拉斯举办了一场马驴展览会，鼓励育种者带着加泰罗尼亚驴参展。同年，对加泰罗尼亚驴开始实施保护，成立了加泰罗尼亚驴保护协会，出台了保护方案，重新开放了品种登记册，并鼓励育种者保护并改良该种。每年 11 月的第 3 个周日都会在巴诺拉斯举办一届马驴展览会。对加泰罗尼亚驴的保护主要得益于贝尔格达的琼·加索·萨尔万斯的努力。1990 年，加泰罗尼亚驴存栏量降至 415 头。1994 年，加泰罗尼亚自治区政府农牧渔业部与加泰罗尼亚驴保护协会、巴塞罗那兽医学院合作，启动了加泰罗尼亚驴遗传资源保护项目。1996 年，加泰罗尼亚驴共存栏 100 多头。西班牙粮农渔业部将加泰罗尼亚驴定为处于濒危状态。2003 年统计，共存栏 206 头，其中成年公驴 49 头、母驴 118 头。其中有近一半生活在琼·加索·萨尔万斯家族在奥尔万的牧场。至 2013 年末，在西班牙的登记种群数量已达851 头。

2. 体型外貌　体格高大，体型高长，骨量充分，外貌优雅，性情温驯。头重，额宽，眼大而宽。耳长而直立，转动灵活。颈长，胸宽而深。背部相对长，腰部结实。有时有凹背。毛色多呈黑色，鬃毛短而泛红。口、眼眶周围、下腹以及四肢内侧多呈银白色。公驴体高 145～160cm，母驴体高 135～148cm。体重 350～450kg。

3. 品种性能　加泰罗尼亚驴生长发育快，寿命长，繁殖性能好。1997 年，Pilar Folch 等对健康的 45 头 3～17 岁母驴、26 头 3～13 岁公驴和 27 头 3 岁以下幼驹的血液生化指标进行了测定，结果见表 2-30。

表 2-30　加泰罗尼亚驴血液生化指标

项目	类型	平均值	范围
红细胞/（10^{12}个/L）	成年驴	6.77±1.17	4.07~10.16
	幼驹	7.14±1.34	4.46~10.44
血红蛋白/（g/L）	成年驴	124.5±25.1	13.6~169
	幼驹	118.4±14.1	93.0~149
红细胞比容/L	成年驴	0.36±0.05	0.13~0.48
	幼驹	0.34±0.03	0.26~0.41
红细胞的平均体积/fL	成年驴	54.1±7.6	20.4~68.8
	幼驹	48.6±5.7	36.4~62.8
平均红细胞血红蛋白量/pg	成年驴	19.1±2.1	12.3~23.6
	幼驹	16.9±1.9	12.5~21.5
平均红细胞血红蛋白浓度/（g/L）	成年驴	346.9±13.4	282~384
	幼驹	347.1±11.2	321~366
白细胞/（10^9个/L）	成年驴	9.6±1.8	6.4~15.4
	幼驹	13.9±3.0	7.5~21.0
淋巴细胞/（10^9个/L）	成年驴	4.2±1.2	1.8~7.8
	幼驹	8.0±2.7	3.2~13.6
单核细胞/（10^9个/L）	成年驴	0.21±0.16	0.00~0.77
	幼驹	0.27±0.26	0.00~1.05
杆状中性粒细胞/（10^9个/L）	成年驴	0.08±0.10	0.00~0.56
	幼驹	0.09±0.14	0.00~0.60
中性分叶核粒细胞/（10^9个/L）	成年驴	4.3±1.2	2.2~9.4
	幼驹	5.0±1.3	2.3~7.6
嗜酸性粒细胞/（10^9个/L）	成年驴	0.63±0.46	0.00~1.98
	幼驹	0.81±0.71	0.00~3.15
嗜碱性粒细胞/（10^9个/L）	成年驴	0.02±0.06	0.00~0.26
	幼驹	0.02±0.05	0.00~0.20
血小板/（10^9个/L）	成年驴	236.1±82.1	77.0~510.0
	幼驹	228.9±86.5	94.0~431.0

　　加泰罗尼亚驴作为美国大型驴形成的重要奠基品种之一，以持久力强而著称，研究显示，加泰罗尼亚驴能够行进 3d 不用饮水，足够强壮者很容易驮 100 kg 重的物品远途行进。

　　4. 利用情况　加泰罗尼亚驴曾经输出到许多国家以培育更大的驴种，对欧洲和北美多个驴种的形成和改良做了重要贡献。

　　18—19 世纪，加泰罗尼亚驴就已出口到法国、英格兰、印度、澳大利亚、意大利、巴尔干国家和美洲、非洲，用于改良当地驴种和杂交产骡。加泰罗尼亚驴用于法国普瓦图驴增大体尺和改进繁殖能力；对意大利的潘特拉里亚驴、马丁纳·弗兰卡驴、西西里驴、拉古萨拉驴的形成起重要作用；对地中海地区的马耳他驴和塞浦路斯驴形成也有影响。

在北美，加泰罗尼亚驴对美国大型驴品种的形成起了重要和决定性的作用。19世纪末期，加泰罗尼亚驴有超过400头公驴和200头母驴出口到北美。20世纪50年代，北美军队选择300头加泰罗尼亚驴，用船运到美国，其后代被称为肯塔基加泰罗尼亚驴或大型驴。加泰罗尼亚驴在美国的肯塔基州、田纳西州、密苏里州、堪萨斯州和东部地区深受产骡者的欢迎。

（六）安达卢西亚驴

安达卢西亚驴也被称为科尔多瓦驴，是西班牙南部安达卢西亚自治区科尔多瓦省的一个地方驴种，因起源于科尔多瓦省的卢塞纳镇，又称为卢塞纳驴。主产于西班牙瓜达基维尔的肥沃河谷，用于农业生产和产骡。广泛分布于从科尔多瓦省到伊比利亚半岛的南部和中部地区。安达卢西亚驴是大型驴（图2-32）。

图2-32　安达卢西亚驴

（引自侯文通，2019. 驴学）

1. 品种形成　安达卢西亚驴被认为是欧洲驴种中最古老的一个品种，可能起源于一种如今已经灭绝的埃及大型驴种法老驴，约3 000年前引入西班牙。

1930—1960年的一项农业统计显示，安达卢西亚驴存栏量达90万～120万头。但随着机械化发展，种群数量迅速下降，在1980年底几乎灭绝。

位于科尔多瓦省的安达卢西亚协会和位于卢塞纳的霍斯特曼基金会，推动地方政府采取措施保护已面临灭绝危险的安达卢西亚驴，建立登记制度。2001年成立了品种保护组织西班牙安达卢西亚驴育种协会，以进一步保护该濒危品种。2006年统计，纯种数量为120头左右，一部分由私人饲养，另一部分由品种协会保护。2013年，据称纯种数量已上升至749头，绝大部分饲养在安达卢西亚自治区。保护计划包括在农田和森林中使役，以及用于偏远旅游活动。

2. 体型外貌　体格高大，体质结实。头中等大，略呈兔头状，颈部肌肉发达。鬐甲棘突高，肌肉附着不足，腰长。毛色为青色，自2001年起西班牙粮农渔业部认定安达卢西亚驴的标准毛色为斑点青和白青色。公驴体高145～158cm，母驴135～150cm。体重320～460kg。

3. 品种性能　安达卢西亚驴抗病力强、耐热、耐粗饲。繁殖力强，精力充沛，性格安静平和，性情温驯，运步优雅顺畅。

4. 利用情况 安达卢西亚驴以挽拉能力强而知名，适于产骡。早在19世纪就出口到北美，第1头出口至美国的安达卢西亚驴名为"华盛顿的皇家礼物"，是育成美国大型驴的重要品种。安达卢西亚驴对巴西驴的形成起了关键基础作用。

（七）美国大型驴

美国大型驴，由多个国家引入的驴种在美国杂交育成，以肯塔基州为中心产区。在加拿大和澳大利亚也有分布（图2-33）。

图 2-33 美国大型驴
（引自侯文通，2019. 驴学）

1. 品种形成 美国大型驴主要由引入的欧洲大型驴种（以西班牙驴种为主）和美国当地驴种以及墨西哥驴种通过杂交育成。美国大型驴的形成与使用大型种公驴繁育大型骡以满足农业和交通运输业的需要密切相关。

驴引入美国可追溯到殖民时期。1785年，西班牙国王赠送给乔治·华盛顿将军一份礼物，西班牙安达卢西亚驴种公驴1头和母驴2头，是美国大型驴的初期培育基础。华盛顿将军用公驴提供种用服务，以生产强壮的役骡，这项工作一直持续到1788年，使得当时美国在产骡事业上掀起一股热潮。

亨利·克莱曾于1800年前后引进过一些非常优秀的大型西班牙公驴到肯塔基州。1819年，1头体高超过160cm、骨量充实的、名为"进口大型驴的加泰罗尼亚驴种公驴到达南加利福尼亚州的查尔斯顿，随后在肯塔基州、田纳西州和密苏里州等地广泛使用9年，这是美国大型驴培育时期最优秀的奠基公驴。在1830—1890年，美国骡繁育者从西班牙、法国、巴利阿里群岛和马耳他群岛等地进口了几千头大型驴种，主要有安达卢西亚驴、马耳他驴、加泰罗尼亚驴、马略卡驴和普瓦图驴，这些大型驴种对美国大型驴的形成均有影响。

肯塔基州在产骡方面负有盛名，也是美国大型驴培育的核心地区。在美国机械化普及之前，农场的工作主要靠牛、马和骡来完成，骡是当时美国社会一种重要的挽用动物。在战争年代，军队也需要重型骡挽拉重型火炮，使用高大而骨量充实的公驴繁育体大强壮的骡，是美国大型驴形成的重要社会条件。

1888年，美国育驴者协会成立。之后，第2家登记会美国标准公母驴登记会成立。1923年，两家登记会宣布合并为美国标准公母驴登记会。1988年，该组织又更名为美国大型驴登记会，持续至今。

美国大型驴可以通过两种方式在美国大型驴登记会进行登记，即系谱和体尺测量。系谱登记时需要双亲均在登记会已注册登记；体尺测量法登记要求：公驴体高不得低于147.32cm，胸围至少154.94cm，管围至少20.32cm；母驴和去势驴体高不得低于142.24cm，胸围至少154.94cm，管围至少19.05cm；申请登记时，提交3张照片，清晰展示驴的整体，包括前、后和侧面。登记时需要进行DNA鉴定以证明亲子关系。有背线和鹰膀的驴不能在美国大型驴登记会登记。

美国驴和骡协会也接受美国大型驴在该协会登记。该协会对驴的体高限制与美国大型驴登记会的稍有差异，并且有背线和鹰膀的驴可以在美国驴和骡协会登记。

美国大型驴有不同类型，主要源自其不同的血统来源，有马略卡驴类型、安达卢西亚驴类型以及其他几个类型。

美国大型驴主要分布在美国，少量分布于加拿大和澳大利亚。根据美国家畜品种保护组织统计，现有3 000~4 000头，然而仅有百余头原始类型的黑色大型驴，对其的保护成为美国家畜品种保护组织首要考虑的问题。

2. 体型外貌　体格高大，体型匀称，体质结实。头大小中等，眼大有神，两耳直立，颈部长短适中，背腰平直、强壮，四肢干燥、有力。

毛色比较复杂，有传统的黑色，如今栗毛也逐渐开始流行。腹下包括乳房两侧、鼠蹊部和大腿内侧呈浅灰色或白色。口、眼周围也呈浅灰色或白色。

成年大型驴体高在不同的登记会中有不同的标准，美国大型驴登记会：母驴和去势驴142.24cm及以上；公驴147.32cm及以上；美国驴和骡协会：母驴137.414cm及以上；公驴和去势驴142.494cm及以上。

3. 品种性能和利用情况　美国大型驴公驴多用于繁殖产骡，体格大，役力强，至今仍在美国育骡业中广泛使用。

（八）微型地中海驴

微型地中海驴主产于意大利东南和东部沿岸地中海上的西西里岛及撒丁岛。在北美有规模种群，也称为微型驴。在英国、澳大利亚和欧洲部分地区也有分布（图2-34）。

图2-34　微型地中海驴
（引自侯文通，2019. 驴学）

1. 品种形成 微型地中海驴起源于意大利东南和东部沿岸地中海上西西里岛和撒丁岛上的工作驴。如今该品种在原产地意大利已濒危，但在美国深受欢迎，种群规模逐渐扩大。

1929 年，纽约证券商罗伯特·格林在欧洲旅行途中购买了微型地中海驴 6 头母驴和 1 头公驴，这是微型地中海驴首次引入美国大陆。1 年后，因受到犬群袭击，其中 3 头母驴丧生，剩下的 3 头母驴和 1 头公驴组成了美国微型驴的首个育种群。随后，格林又从地中海地区进口了更多的微型驴，至 1935 年群体规模达到 52 头。亨利·T. 摩尔根等人也在格林之后从地中海引进了微型地中海驴更多的血系。

20 世纪 50 年代初期，美国内布拉斯加州丹比牧场的丹尼尔和比·朗菲尔德（世界级设特兰矮马的育种者）为他们患有脑卒中的女儿购买了 1 头微型地中海驴。随后他们成了拥有 225 头微型地中海驴的主要育种者。比·朗菲尔德用杂志广告等方式大力推广微型驴。1958 年，比·朗菲尔德建立了美国微型驴登记会，开展正式品种登记，1987 年并入位于得克萨斯州丹顿市的美国驴和骡协会。2014 年，在美国微型驴登记册上登记数已超过 6.55 万头，其中一部分可追溯至 500 头有记录的祖先并能追溯至引入美国的首批种驴，还有为数不少未参加登记。1992 年，另成立了国际微型驴登记会。登记的驴分为 2 类，A 类是体高不超过 91.44cm，B 类是体高为 91.69～96.52cm，并且该登记会根据每头驴的体型结构评定为 2 星、3 星、4 星共 3 个等级。

2. 体型外貌 体格矮小，体型匀称，体质结实紧凑，四肢强健。毛色多样，以灰毛为多，斑毛、白毛、栗毛、黑毛较少，但更加珍贵。绝大多数都有背线、鹰膀、部分有斑马纹。耳朵、尾尖和蹄部色深。育种时倾向于选择鼻端、腹下和四肢内侧浅色的个体，若鼻端或者腹下色深，会在登记时专门注明。

本品种的认定由体高决定。国际微型驴登记会要求的登记标准为体高不超过 96.52cm。美国微型驴登记会要求体高不超过 91.44cm，才能被美国驴和骡协会登记成为微型驴。

一般成年微型驴的体高为 66.04～91.44cm，平均体高为 83.82～86.36cm。体高越低，市场价格越高。体型美观是微型驴另一重要的价值要求。平均体重为 113.40～204.12kg。

育种方向更倾向于成年体高为 81.28～86.36cm，推荐成年最低体高为 76.2cm。体高过低的微型驴有时会携带侏儒基因且造成产驹困难，因此育种时应注意避免大头短颈、体躯沉重、四肢过短。

3. 品种性能 微型驴寿命可达 30～35 岁。饲养成本低。聪颖，性情温驯，与人亲近。运步灵活，易于训练。能够供儿童骑乘，可挽载乘坐 1 名成人或 2 名儿童的马车，也是良好的伴侣动物。

4. 利用情况 本品种引入美国形成广受欢迎的微型驴。在美国，经过登记的优质微型驴市场良好，其中三粉驴更为突出。比如，2007 年北美微型驴销售会，68 头驴平均每头售价超过 1 600 美元，1 头公驴售价 8 000 美元，14 头母驴平均售价 3 000 余美元。但未经登记的去势驴和公驴价格仅为每头 100～200 美元。

二、国外其他驴种简介

以下仅对欧洲环地中海国家，经过国家或国际组织认可和要求保护的驴种做简要介绍。

(一) 比利牛斯驴

产于法国西南部,毛色有纯黑、近黑和栗色,内有加斯科型(矮壮型)和加泰罗尼亚型(高瘦型)两型。加斯科型体高,公驴125～135cm,母驴120～130cm。1997年,比利牛斯驴才被法国农业部正式认可(图2-35)。

图2-35 比利牛斯驴

(二) 普罗旺斯驴

产于法国东南部普罗旺斯,毛色为浅灰、灰色或深灰色,略带桃色斑点,鼻口和眼周为白色,额前和耳朵通常带有黄褐色,且有深色背线、鹰膀,腿部有斑马纹。普罗旺斯驴耳朵背部和胸部毛发柔软。公驴体高120～135cm,母驴体高117～130cm。2002年12月,普罗旺斯驴得到法国农业部的正式认可。目前,该种群的数目增长到1 500头(图2-36)。

图2-36 普罗旺斯驴

(三) 波旁驴

产于法国波旁省。毛色为巧克力棕色、栗色或深栗色,有深色的背线和鹰膀,腿部有斑马纹。鼻、口和肚子为灰白色。公驴体高120～135cm,母驴体高118～128cm。2002年,波旁驴被法国农业部认可,种群登记簿由育种者协会保存且登记有200头波旁驴(图2-37)。

图 2-37 波旁驴

（四）科廷丁驴

产于法国西北部科唐坦半岛。毛色为灰色，有黑色背线和鹰膀，腿部有斑马纹。口唇下部为灰白色，腹部也是灰白色。公驴体高为 120～135cm，母驴为 115～130cm。用于农业工作，在奶牛挤乳时运送牛乳。如今它可以用于徒步旅行或轻驾、残疾人治疗，以及作为伴侣动物或宠物等。驴乳也可制作冷加工皂。1997 年，法国农业部认可科廷丁驴（图 2-38）。

图 2-38 科廷丁驴

（五）诺曼驴

诺曼驴起源于法国下诺曼底，产于卡尔瓦多斯省。毛色为黑色，具有较深的背线和鹰膀，腿部有斑马纹。眼睛的周围和口唇的下部是灰白色的，腹部也为灰白色。诺曼驴公驴体高 110～125cm。1997 年 8 月 20 日被法国农业部认可，现在总数为 1 450 头（图 2-39）。

（六）科西嘉驴

科西嘉驴是法国本地驴种，毛色通常为灰色，分布于地中海科西嘉岛。近年来，西班牙的加泰罗尼亚驴等，与法国大陆的驴进行杂交，产生了一种体型较大的黑驴，体高 120～130cm。2008 年被 SAVE 基金会列为"极危"驴种，被 A Runcata 和 Isul'âne 两个协会列为

图 2-39 诺曼驴

"保护"驴种。目前,科西嘉驴数量约为 1 000 头(图 2-40)。

图 2-40 科西嘉驴

(七)巴利阿里驴

西班牙本地驴种,分布于西班牙地中海东海岸的巴利阿里群岛。原用于生产骡子。毛色为黑色或近乎黑色,腹部、唇口和眼睛周围毛色较浅。公驴体高 145cm 左右,体重约 360kg;母驴体高约 135cm,体重约 330kg。1997 年起,巴利阿里驴被西班牙农业部列为"受特殊保护,有灭绝危险"驴种,2007 年被联合国粮食及农业组织列为"极危"驴种。2013 年底,登记在册的巴利阿里驴为 464 头(图 2-41)。

图 2-41 巴利阿里驴

（八）萨莫拉诺-利昂驴

西班牙西北部萨莫拉和莱昂省的驴品种。毛长而粗，为黑色，肚皮、唇口和眼睛周围都是浅色的。驴平均体高145cm，体重370kg。过去主要用于农业工作和生产大型骡子。1980年起，该品种被西班牙农业部列为"特别保护"品种。1997年，被列为"有灭绝的危险"品种。2007年，被联合国粮食及农业组织列为"濒危"品种。2013年底，登记种群数目为1 292头，其中约90%在卡斯蒂利亚莱昂（图2-42）。

图2-42　萨莫拉诺-利昂驴

（九）阿西纳拉驴

意大利本地驴品种，分布于意大利中部，特别是锡耶纳和塞托省，在托斯卡纳、利古里亚和坎帕尼亚也有分布，是意大利农林部认可的8个本地驴品种之一。毛色为鼠灰色，具备背线、鹰膀、虎斑。体高不超过140cm。2006年，登记的总数为1 082头，其中约60%在托斯卡纳。在2007年被联合国粮食及农业组织列为"濒危品种"（图2-43）。

图2-43　阿西纳拉驴

此外，意大利拉古萨驴、罗马涅洛驴、撒丁驴、维特贝塞驴都被意大利农林部认可为本地驴品种。

（十）米兰达驴

葡萄牙米兰达的本地驴品种。米兰达驴出生时为黑色毛，之后变成棕色毛。耳朵多毛，蹄大，眼周和唇口毛色浅淡，前额宽阔，腿大而坚实，脖子粗重，背部和胸部肌肉强大。性情温驯。体高为120～135cm。2001年，米兰达驴被葡萄牙农业部正式认可，是葡萄牙第1个加入欧盟保护的驴品种。现在驴的作用是徒步旅行工具，也可以协助理疗师治疗残疾儿童。此外，驴乳营养成分最接近人乳，不耐受牛乳的儿童可食用（图2-44）。

图2-44 米兰达驴

此外，还有塞浦路斯驴（2002年存栏量2 200～2 700头）；塞尔维亚的其驴乳用于制作世界上最昂贵的奶酪的巴尔干驴和仅剩50头的马耳他驴等。

驴在亚洲、美洲、大洋洲、非洲都有分布，亚洲有阿富汗驴、吉尔吉斯斯坦驴；美洲有美国标准驴、斑点驴；大洋洲有新西兰波努伊驴、澳大利亚驴；非洲有埃及驴、埃塞俄比亚驴、阿尔及利亚驴、摩洛哥驴等。

第三章 驴选种选配

第一节 外貌鉴定

外貌是选种、选配的第一环节。《三农记》中相驴法："宜面纯耳劲，目大鼻空，颈厚胸宽，肋密胶狭，足紧蹄圆。走起轻快，臀满尾垂者可致远；声大而长，连鸣九声者善走。不合其相者，非良物也。"由此可见，古人对驴的鉴定，不仅重视外貌各部位的结构形态，而且注意了它的体重和气质。这些都可以作为我们今后选择种驴的借鉴。

驴的外形、年龄、毛色和驴的使役及经济价值有着密切的关系。从外形可了解到其健康状况、结构、用途和生产能力；年龄关系着利用价值，而毛色既属品种特征，又与人们的爱好息息相关。根据用途，采取正确的选驴方法，可以对其量材而用。

一、驴的外形部位名称及其骨骼基础

从总体看，驴体可分为头颈、躯干和四肢 3 大部分。每个部分又可分为若干小的部位。驴体靠骨骼支撑，各部位也是以骨骼为基础。驴的骨骼如图 3-1 所示。

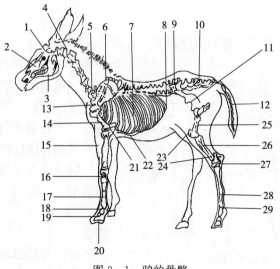

图 3-1 驴的骨骼

1. 额骨 2. 上颌骨 3. 下颌骨 4. 第 1 颈椎 5. 第 7 颈椎 6. 肩胛软骨 7. 第 8 肋骨 8. 第 18 肋骨 9. 第 6 腰椎 10. 第 5 荐椎 11. 髋骨 12. 尾椎 13. 肩胛骨 14. 肱骨（臂骨） 15. 桡骨 16. 腕骨 17. 管骨 18. 系骨 19. 冠骨 20. 蹄骨 21. 尺骨 22. 胸骨 23. 膝骨 24. 胫骨 25. 股骨 26. 腓骨 27. 跗骨 28. 跖骨 29. 籽骨

（注：本图由青岛农业大学刘书琴绘）

（一）头颈部

头部以头骨为基础，头骨由额骨、上颌骨和下颌骨组成。大脑、耳、鼻、眼、口等重要器官均位于头部。颈部以7块颈椎为基础。头骨的枕骨嵴和第1颈椎以关节相连接，该连接耳后称项部，侧面称头础。

（二）躯干部

除头颈、四肢及尾部外，都属于躯干部。包括以下部位：

1. 鬐甲 位于颈后背前的突起处，以第2到10或12胸椎的棘状突起为基础，其两侧为肩胛软骨、肌肉和韧带所包围。由于驴的第3～5胸椎棘突的高度不够突出，故外观上不如马的鬐甲明显。

2. 背部 其骨骼基础为第10或12胸椎至第18胸椎（最后肋骨处），外观范围为鬐甲后至腰部前。

3. 腰部 腰部的骨骼以第5～6个腰椎为基础，外观部位为最后肋骨至髋骨外角之间。

4. 尻部 尻部以髋骨、耻骨、坐骨、荐椎以及第1～2个尾椎为基础，即两腰角和两臀端的四点间上部。

5. 尾部 尾部以第16～18个尾椎为基础。

6. 胸廓 胸廓即胸腔。构成胸腔的上壁是胸椎，侧面为肋骨，下面为胸骨及剑状软骨，胸腔的后壁为横膈膜，心脏、肺都在其中。

7. 腹部 腹部位于胸廓后缘到骨盆腔的前缘，上部为腰椎，前面以横膈膜为界与胸腔分开，下壁与侧壁由腹肌、腱层及肌膜构成腹壁所包围。胃、肠及生殖器官都在腹腔之内。

（三）四肢部

驴的前肢部位及其相应的骨骼组成如下：肩部（肩胛骨）、上膊部（肱骨）、前膊部（桡骨和尺骨）（尺骨上端突起部称肘突）。前膝（腕骨）、管部（掌骨）、系部（系骨）、蹄冠部（冠骨），在掌骨下端附有籽骨、上籽骨两枚，构成驴的球节。蹄骨外两侧有蹄软骨，外边形成帽状蹄匣。

后肢分为股部（股骨）、胫部（胫骨和腓骨）、后膝（膝盖骨）、飞节（跗骨）、后管部（跖骨）。其以下部位同前肢。

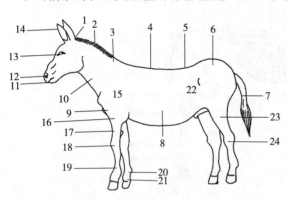

图 3-2 驴的外形部位

1. 项部 2. 鬃毛 3. 鬐甲 4. 背部 5. 腰部 6. 尻部
7. 尾 8. 腹部 9. 肩端 10. 颈部 11. 口 12. 鼻 13. 眼
14. 耳 15. 肩部 16. 上膊 17. 前膊 18. 前膝 19. 管部
20. 球节 21. 系部 22. 胁部 23. 后膝 24. 飞节

（注：本图由东营职业学院吴春涛、葛鑫鑫绘）

驴的外貌部位（图3-2）都和骨骼结构有关。"相马须相骨"，这是我国古人的经验之谈，相驴当然也如此，这就说明骨骼在驴体外貌鉴定上的重要作用。

二、驴的外貌结构特点及鉴定技术

(一)驴体质外貌的基本要求

1. 一般要求 驴的全身结构要求紧凑匀称,各部位互相结合良好,体躯宽深,体质干燥结实,肌肉、筋腱、关节轮廓明显,骨质致密,皮肤有弹性。行走轻快、确实。公驴鸣声大而长。

2. 头颈部 头形方正,大小适中,干燥。额宽,眼大有神,耳竖立,鼻孔大,口方,齿齐,颚凹宽净。颈长而宽厚,韧带坚实有力,方向适当高举,与头、肩结合良好。

3. 躯干部 前胸宽,胸廓深广。鬐甲宽厚,肩长而斜。背腰宽直,肋骨圆拱,腹部充实,尻部长宽而平,肌肉丰满,不过斜。

4. 四肢部 肢势端正,不要靠膝(X状)或交突。筋腱粗而明显,关节大而干燥。飞节角度适中,为 $140°\sim145°$。系部长短及斜度合适。蹄圆大,端正,角质坚实。

5. 生殖器官 公驴阴囊毛细皮薄,两睾丸发育良好,附睾明显;阴茎勃起有力,龟头膨大,性欲旺盛。母驴乳房发育良好,皮薄毛细,富有弹性,乳头及阴门正常。

(二)驴的外貌鉴定技术

1. 头颈部 头是驴体的重要部位,眼、耳、鼻、口和大脑中枢神经,均集中在头部,它是调节机体的中心。头在驴运动时可看作是杠杆上的重点,可调整重点和支点的关系,保持力量平衡,以便充分发挥使役性能。另外,头的结构与驴的气质也密切相关,它直接关系着驴的种用价值。

(1)头。驴的头形一般都为直头,凹头及凸头均较少见,以直头为好。驴、骡头均比马头稍长。中型和小型驴的头长一般为体高的 42% 左右,而大型驴的一般为体高的 40% 左右。驴头一般都较重,且往往不灵活。这对役用驴尚可,但对大、中型种公驴来说,则要求头短而清秀,皮薄毛细,皮下血管和头骨棱角要明显。头向应与地面成 $45°$ 角,头与颈成 $90°$ 角。对种公驴更应严格选择(图 3-3)。

a   b   c

图 3-3 驴的头形

a. 凹头 b. 凸头 c. 直头

(注:本图由青岛农业大学刘书琴绘)

(2)眼。驴眼要求大而明亮,富有光彩。但驴眼比马小,瞎眼极少。驴、骡眼瞎后表现为眼珠混浊,且不经常闭眼,运步时高举前肢,并经常转动两耳,也就是人们常说的"瞎眼耳动""聋驴耳静"。

（3）耳。耳长而灵活，耳壳薄，皮下血管明显。耳距要短，耳根硬而有力。垂耳，耳根松弛，厚长而被毛浓密都属于不良，不宜作种用。

（4）鼻。鼻孔是呼吸道的门户，应大而通畅，鼻大则肺活量大，代谢旺盛。驴的鼻孔一般较小，但鼻翼灵活。鼻孔内黏膜应呈粉红色，如有充血、溃烂、脓性鼻漏和呼吸有恶臭者，均为不健康的象征。

（5）口裂。驴的口裂较小。对种公驴要求口裂大些。口大则叫声长，为优良种驴的特征。口大利于采食。

（6）颚凹。颚凹俗称槽口，要宽而凹，表示口腔大，采食好。下颌所附嚼肌发达，表示咀嚼和消化力强。大型驴颚凹宽度为 6~8cm，小型驴为 4~6cm。颚凹过窄者，外头形不佳，采食、消化能力差。

（7）颈。颈连接头与躯干，起传递力量、平衡驴体重心的作用。颈部是驴发育较差的部位，与马相比，短而薄，多为水平颈。颈长与头长基本相等，为体高的 40%~42%。由于颈部肌肉发育不够丰满，因而与躯干的连接多呈楔状，颈肩结合往往不良。颈与躯干连接的地方称颈础。驴多呈水平颈，故颈础都较低。颈形多为直颈，颈脊上的鬃毛稀疏而短。选择、鉴定时，应特别选留那些颈部肌肉丰满及头颈高昂（正颈）的个体（图 3-4）。

图 3-4　驴的正颈和水平颈
a. 正颈　b. 水平颈
（注：本图由青岛农业大学刘书琴绘）

2. 躯干部　驴的躯干部包括鬐甲、背、腰、尻、胸廓、腹等部位。其内部器官虽然不能看到，但从外部观察，可以推断其发育情况。鉴定中通常将驴体躯干分为 3 段：肩端至肩胛后缘切线称前躯，肩胛后缘至髋结节段为中躯，髋结节至臀端为后躯。马匹的前、中、后三躯比例基本上各占 1/3。重型马中躯稍长，一般也只占体长的 35%~40%。而驴的前、中、后三躯之比为 （20~25）∶（45~50）∶30。中躯长是驴躯干部位的重要特点。

（1）鬐甲。驴的鬐甲因第 3~5 胸椎棘突较短，加之颈肩部肌肉和韧带发育不丰满，所以外形上显然不如马的明显。鬐甲是躯体头颈、四肢及背腰肌肉、韧带的支点，它的优劣与生产性能关系极为密切。由于驴的鬐甲发育不佳，其头部的灵活程度、前肢的运动速率及背腰力的传递，也明显低于马。在外形鉴定中应重视鬐甲发育的情况，要特别注意选择鬐甲明显的个体。对种公驴的鬐甲部尤应慎重选择，鬐甲低弱者，应予以淘汰。

（2）背部。背腰窄而长是驴的重要特征，这种外观上的直觉，并非由于驴的胸椎和腰椎发育过长，而是由于驴的肩胛短立和尻部过斜，肋平欠拱所致。从类型上看，小型驴的背腰较长，其体长率为 103% 左右，中型驴为 101%，而大型驴为 98%～100%，鉴定时要特别注意其背腰发育状况，凹背、软背、长腰的个体驴，应弃之不选。

（3）尻部。驴的盆腔窄小，而荐骨高长，位置靠上，故驴尻部尖、斜而窄。加之臀部肌肉发育欠佳，尻形多为尖尻，尻向一般在 30°角以上为斜尻或垂尻（髋结节至臀端连线与水平线之夹角）。驴尻部较短，只占体长的 30%。因此，鉴定中对于尻部肌肉发育丰满、尻宽而大、尻向趋于正尻者，都属美格，应注意选留（图 3-5）。

图 3-5　驴的背腰及尻部

（注：本图由青岛农业大学刘书琴绘）

（4）胸廓。驴肋骨短细而呈平肋，胸浅而窄，故驴的胸廓发育远不如马。马的胸深率一般为 50% 左右，胸宽率为 25%～27%，而驴的胸深率为 41%～45%，胸宽率仅为 22%～23%。从类型上看，小型驴的胸深率多为 45% 左右，大型驴的为 40% 左右。各类型驴在胸宽率方面无明显差别。

（5）腹部。驴的腹部一般发育良好，表现充实而不下垂，草腹者较少见。胁部（即腰部两侧下方凹陷处）极明显，这是因腰椎较长之故，大型驴（特别是种公驴）的胁部要短而平。

3. 四肢　四肢的作用是支持躯体和运动。前肢负重，又是运动的前导，后肢负责推进，相当于躯体的发动机。因此，要求四肢发育结实，关节干燥，肌腱发达，肢势端正。

（1）肩部。由于驴的肩胛骨短而立，肌肉发育浅薄，故多呈立肩。肩胛中线与地面夹角约为 70°角（马为 55°～60°）。马的肩长而斜，故胸部较深；驴肩胛短而立，胸也浅。由于肩短而肌肉发育也差，故驴的前肢运步步幅小，弹性较差。

（2）前肢。驴前肢的上膊、肘、前膊、前膝、管部、球节、系及蹄等部位，一般发育正常。弯膝、凹膝、内弧、外弧等失格均少见。驴蹄质坚实，多为高蹄，裂蹄、广蹄甚少，鉴定时应特别注意检查有无管骨瘤。

判断前肢正肢势标准是：前望，从肩端中点做垂线，应能平分前膊、膝、管及球节、系及蹄。侧望，从肩胛骨上 1/3 处的下端做垂线，通过前膊、腕、管、球节而落在蹄的稍后方。

由于驴的前躯发育较差，不少个体前肢都伴有轻微的狭踏、X 形（外弧）、外向及后踏等不正肢势，在小型驴中更为明显（图 3-6）。

（3）后肢。驴后肢各部一般发育较好。鉴定时应着重检查有无常见的飞节损征，如飞节软肿、内肿、外肿。驴的盆腔发育狭窄，特别是耻骨狭窄，驴的后肢几乎全部伴有不正肢势（图 3-7）。

判别后肢正肢势的标准是：侧望，由臀端引一垂线，能及飞端，沿后管缘而落在蹄的后

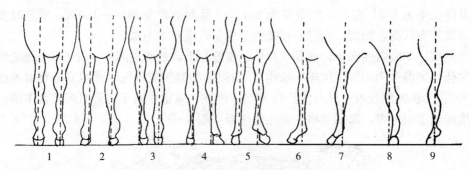

图 3-6　前肢的正肢势和不正肢势

1.前望正肢势　2.广踏　3.狭踏　4.X形　5.外向　6.侧望正肢势　7.前踏　8.后踏　9.弯膝

（注：本图由青岛农业大学刘书琴绘）

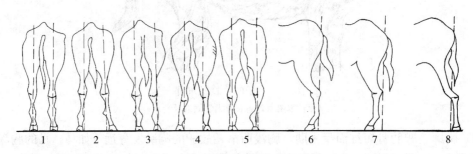

图 3-7　后肢正肢势和不正肢势

1.后望正肢势　2.广踏　3.狭踏　4.X形　5.O形　6.侧望正肢势　7.前踏　8.后踏

（注：本图由青岛农业大学刘书琴绘）

面。后望，从臀端引一垂线，通过胫而平分飞端、后管、球节、系及蹄。

　　驴后肢不正肢势主要为外向或内弧，并伴有前踏、后踏等肢势。对飞节、肘部有软肿，管骨有骨瘤者，不应选留作种用。

　　鉴定中对于驴后肢不正肢势，不应苛求，因为不正肢势的形成，多由于结构所致，一般不是因利用和发育不良所引起，故应特别注意选留后肢结构良好、表现正肢势的优秀个体作种用。对于驴的四肢损征应准确掌握（图 3-8）。

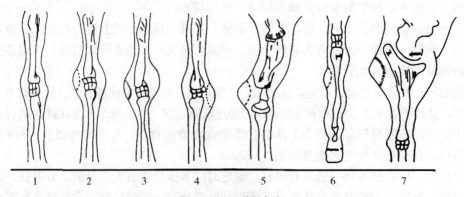

图 3-8　四肢的损征

1.正常　2.软肿　3.外肿　4.内肿　5.侧视　6.管骨瘤　7.肘部囊肿

（注：本图由青岛农业大学刘书琴绘）

三、驴的毛色与别征

识别驴的重要依据之一是毛色与别征。毛色与别征也是品种的特征之一。驴的体毛分被毛和保护毛两种。被毛是覆盖全身的短毛，每年春末开始更换1次。保护毛是指那些长而粗的毛，主要是鬃毛（颈上沿）、尾毛、距毛及触毛等。与马相比，驴的保护毛显得稀疏而短。

（一）驴的毛色分类

1. 黑色　全身被毛和长毛基本为黑色，但以其特点又分为下列几种：

（1）粉黑。也称三粉色或黑燕皮。全身被毛和长毛为黑色，且富有光泽。唯口、眼周围及腹下是粉白色，黑白之间界限分明，简称粉鼻、亮眼、白肚皮。这种毛色为大、中型驴的主要毛色。粉白色的程度往往是不同的。一般在幼龄时多呈灰白色，到成年时，逐渐显黑。有的驴腹下粉白色面积较大，甚至扩延到四肢内侧、胸前、颚凹及耳根处，在陕西北部一带，也称作四眉驴。

（2）乌头黑。全身被毛和长毛均呈黑色，也富有光泽，但不是粉鼻、亮眼、白肚皮，这称为乌头黑，或称一锭黑。山东德州大驴多为此毛色，占群体数量的12%左右。关中驴偶尔也有此毛色。

（3）皂角黑。其毛色基本与粉黑相同，唯毛尖略带褐色，如同皂角之色，故称皂角黑。

2. 灰色　被毛为鼠灰色，长毛为黑色或接近黑色。眼圈、鼻端、腹下及四肢内侧色泽较淡，多具有背线、鹰膀和虎斑等特点。一般小型驴多此毛色。

3. 青色　全身被毛是黑白色毛相混杂，腹下和两胁间有时是白色，但界限不明显。往往随年龄的增长而白毛增多，老龄时几乎全为白色，称白青毛。还有的基本毛色为青色，而毛尖略带红色，称红青毛。

4. 栗色　全身被毛基本为红色，口、眼周围，腹下及四肢内侧色较淡，或近粉白色，或接近白色。关中驴和泌阳驴有此色，数量极少。偶尔被毛为红色或栗色，但长毛接近黑色或灰黑色者，由于被毛色泽的浓淡程度不同，可分别称为红色、铜色或驼色。

（二）驴的别征

驴的别征主要指暗章，白章绝少。

1. 白章　分布于头部及四肢下端的白斑，称为白章。驴的白章极少，不像马那样普遍。在小型驴中偶见额部有小星，四肢有白章者很少。

2. 暗章　驴的背上、肩部和四肢常见的暗色条纹，统称为暗章，又分别称为背线、鹰膀和虎斑。此外，中小型灰驴耳朵周缘，常有一黑色耳轮，耳根基部有黑斑分布，称为耳斑。这些都是小型驴的重要特征之一。驴的各种暗章，并非同时出现于同一驴体。一般驴的背线及鹰膀明显，而虎斑则色淡或隐没不现。

3. 苍头　在驴的额部，白毛与有色毛均匀混生，呈霜样，称为苍头。多见于苍色及青色驴。

4. 火烧脸　此系粉色驴常见的别征之一，即表现为粉色驴头部被毛毛梢呈棕红色，在眼圈及嘴头处尤为明显，称火烧脸。此别征多见于关中驴及其他大型驴。

四、驴的年龄鉴定

选购驴或进行良种登记时，首先要鉴定其年龄，因为驴的生产性能和种用价值与年龄密切相关。使役、饲养、治疗时，更应视年龄不同而区别对待。所以，必须掌握年龄的鉴定技术。

鉴定驴的年龄有两种方法：一是依据外貌；二是依据牙齿。前者只能区分年龄相差较大的个体，而不能区分年龄接近的个体。后者鉴定年龄较为准确，但鉴定者要有一定的实践经验。

(一) 依据外貌鉴定年龄

1. 幼龄驴　皮肤紧而有弹性，被毛光泽明亮，肌肉丰满，四肢长，体短，胸浅。在1岁以内，额部、背部、尻部往往生有长毛，毛长可达5~8cm，蹄匣上宽下窄，且直立。

2. 老龄驴　皮肤少弹性，由于皮下脂肪少，故显松弛，额及颜面部有散生白毛，眼盂凹陷，眼角出现皱纹，眼皮松弛下垂，精神沉郁，对外界刺激反应迟钝。背部明显下凹或弓起。因老龄齿根变浅，显得下颌变薄。四肢的腕关节、跗关节角度变小，多呈弯膝。老龄使役驴则更明显。

根据以上外形特点，老龄驴及幼龄驴易于区分。特别是2岁以内的幼驹，体型呈明显幼稚型——肢长而体躯短。

(二) 依据牙齿鉴定年龄

依据牙齿鉴别定的年龄，基本按马年龄鉴别的方法进行，主要是依据驴切齿的发生、脱换及磨灭的规律进行鉴定，此法对于10岁以内的驴有较高的准确性。

1. 驴切齿数及名称　驴的牙齿一般由切齿、犬齿、狼齿及前后臼齿组成。公驴44颗、母驴40颗。其中，切齿共12枚，上、下各6枚，按其排列分门齿、中间齿和隔齿（图3-9）。臼齿上、下颌每侧各12枚，又分为前臼齿和后臼齿。切齿和前臼齿初生时为乳齿，以后脱换为永久切齿。驴牙齿数及名称通常以"齿式"表示：

驴的齿式

| 上颌 | 左后臼齿 | 前臼齿 | 狼齿 | 犬齿 | 切齿 | 犬齿 | 狼齿 | 前臼齿 | 右后臼齿 |
| 下颌 | 左后臼齿 | 前臼齿 | 狼齿 | 犬齿 | 切齿 | 犬齿 | 狼齿 | 前臼齿 | 右后臼齿 |

$$公驴\frac{3}{3}\ \frac{3}{3}\ \frac{1}{1}\ \frac{1}{1}\ \frac{6}{6}\ \frac{1}{1}\ \frac{1}{1}\ \frac{3}{3}\ \frac{3}{3}=44$$

$$母驴\frac{3}{3}\ \frac{3}{3}\ \frac{1}{1}\ \frac{0}{0}\ \frac{6}{6}\ \frac{0}{0}\ \frac{1}{1}\ \frac{3}{3}\ \frac{3}{3}=40$$

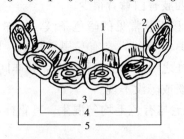

图3-9　驴切齿排列及名称

1. 齿坎痕　2. 齿星　3. 门齿　4. 中间齿　5. 隔齿

2. 乳切齿与永久切齿的区别（表 3－1）

表 3－1　乳切齿与永久切齿的区别

乳切齿	永久切齿
齿小而白	齿大，呈乳黄色
齿冠短，呈方形或三角形，齿颈细，齿冠与齿颈界线明显	齿冠长，齿冠与齿颈界线不明显
牙齿表面光滑，唇面无纵沟	唇面有 1～2 条纵沟
牙齿磨面多呈椭圆形	磨面随年龄增长发生由椭圆齿到圆形齿到三角形齿的变化

3. 驴牙的构造　驴牙的解剖结构基本与马的相同。驴牙也由垩质、釉质、齿质 3 种物质构成（图 3－10），包被在最外面的是垩质，用以填覆釉质的不平处和齿坎的凹处以及固定齿根，为齿槽骨膜形成的骨样物，含 65％无机盐，多呈污黄色。再向内是洁白质硬的釉质，含 96％无机盐，最为坚硬耐磨，是牙齿的保护层，可防止酸碱对齿质的腐蚀，是牙齿造型的基础。再向内侧是牙齿的主质部分——齿质，含 72％无机盐，呈浅黄色，是牙齿的基础。齿中心部有齿腔，腔内含富有血管神经的齿髓，齿髓能制造齿质。随年龄的增加，齿髓先端被新生的齿质填充（在磨损面上呈黄褐色，称齿星），齿腔也随之逐渐缩小。驴的切齿质地细腻坚硬，加之采食量少，故比马磨损慢。

　　牙齿露出齿龈表面的部分称齿冠，埋在齿槽的部分为齿根，二者之间称齿颈。齿冠顶端由釉质形成的一个漏斗状凹陷，称齿坎。齿坎空腔中的垩质，因食物残渣酸败腐蚀而发黑，称齿坎窝（黑窝）。齿坎窝被磨失后，磨损面上所见釉质轮称齿坎痕。

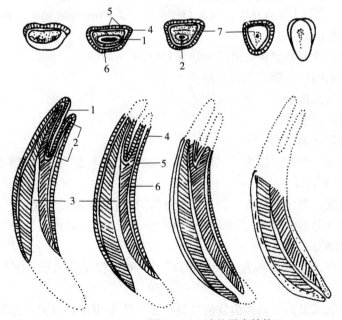

图 3－10　驴的牙齿结构

1. 齿坎窝　2. 齿坎痕　3. 内齿腔（齿髓腔）　4. 垩质　5. 釉质　6. 齿质　7. 齿星

驴的牙齿构造与马相比所不同的是驴的牙齿小，永久齿生长稍慢，齿坎窝深。驴下颌切齿齿坎窝深约 13mm（马的约为 6mm）；上颌切齿齿坎窝深约 22mm（马的约为 12mm）；而齿坎的全部深度（即齿坎窝加齿坎痕深）则与马相同，即下颌切齿齿坎全部深度约 20mm，上颌切齿齿坎全部深度约 30mm。故驴牙齿的发生、脱换及齿坎窝磨灭消失时间与马稍有差异。

大多数驴的隅齿前缘宽厚，后缘因倾斜过低，咀嚼面是新月形或贝壳形，所以多不见齿坎窝。驴上颌切齿齿坎窝较深。齿坎窝不易消失，不到 20 岁的驴，上切齿都有齿坎窝，消失者极少。

4. 切齿变化与年龄的关系　驴切齿的发生、脱换及齿面磨灭等，一般不像马那样有规律，个体间的差异大。切齿齿坎窝比马约深 1 倍。每年约磨灭 2mm。下切齿齿坎窝磨平约需 6.5 年，上切齿齿坎窝磨平约需 10 年或超过 10 年。驴从 2.5 岁开始换牙，3～3.5 岁咀嚼面开始磨合，故下门齿齿坎窝 9～10 岁消失，下中间齿齿坎窝 11～12 岁消失；下门齿齿坎痕 13～14 岁消失，下中间齿齿坎痕 15～16 岁消失。因为大多数驴下隅齿多看不到齿坎窝，上切齿齿坎窝较深，不易消失，故在鉴别年龄时，一般不把下隅齿及上切齿齿坎窝作为判别年龄的依据，或仅作参考。

驴的下门齿咀嚼面，一般在 10～11 岁前多呈横椭圆形；12～13 岁向三角形变化；13～15 岁多呈三角形；15～16 岁由三角形向纵二等边三角形变化；16～17 岁，逐渐过渡成纵椭圆形。公驴 4 岁半时出犬齿。在生产实践中，对老龄驴的年龄鉴定，并不要求十分精确，牙齿的磨灭受若干因素影响。即使年龄相同的老龄驴，其牙齿的变化往往也相差很大。要做到鉴定十分准确，确有困难，而老龄驴由于生产及育种价值的下降，要求鉴定基本正确即可。为了便于记忆，我们将驴齿的综合鉴定标准分述如下：

初生：初生驹无乳齿。乳门齿的发生，在生后 1～7d；乳中间齿的发生，在生后 14～43d；乳隅齿的发生，在生后 8～11 个月。

6 个半月：乳中间齿后缘开始磨损，乳隅齿还未长出。

1 岁：乳隅齿前缘开始磨损，第 4 臼齿出现。

1.5 岁：下乳门齿齿坎窝消失。

2 岁：下乳中间齿齿坎窝消失。

2.5 岁：下乳隅齿齿坎窝消失。

3 岁：恒齿下门齿出现。养驴户称为"三岁一对牙""一千天扎牙"。恒齿第 1 臼齿和第 2 臼齿出现。

4 岁：恒齿中间齿出现。养驴户称为"四岁四个牙"，恒齿第 3 臼齿出现。

5 岁：恒齿隅齿出现（但前缘很薄）。养驴户称为"五岁扎边牙"，此时公驴开始出现犬齿；第 6 臼齿也在此时出现。

6 岁：隅齿上下已长齐，养驴户称为"六岁齐口"，但隅齿仅呈新月形；下门齿开始出现细丝状齿星。

7 岁：中间齿出现丝状齿星；下门齿齿坎窝呈扁圆形，棱角明显，养驴户称为"七方八圆"，意即齿坎窝在 7 岁时为方形，8 岁时为圆形。

9 岁：下门齿齿坎窝变小如绿豆，齿星呈长矩形；中间齿齿星为马蹄形；隅齿后缘开始形成。

10~11 岁：下门齿齿坎窝更小，门齿齿星变为矩形。

12~13 岁：下门齿齿坎窝深度更浅，只余 1mm，养驴户有中"咬倒中渠十二三岁"的说法。此时上门齿出现 1 对根花（即齿根外露部分，黄色石灰质增多，称一根黄）。

14~15 岁：门齿，中间齿齿坎窝消失，隅齿已长圆。养驴户称"边牙圆十五年"，颇为准确。

16 岁：齿星与下门齿咀嚼面均变为圆形。

17~19 岁：咀嚼面向纵椭圆形发展，齿星为正圆形。

20~22 岁：齿星位于中央如栗粒状；咀嚼面为纵椭圆形；齿色黄，齿龈苍白。

鉴定驴的年龄还有些辅助方法，如参考齿面的形状和上下颌齿弓的咬合角度。8 岁前切齿咀嚼面呈横椭圆形，以后逐渐呈梯形到圆形。民谚称"边牙圆 15 年"，至 16 岁各门齿齿面均呈圆形。17~18 岁，各门齿齿面从圆形向纵椭圆形发展。壮龄驴上下切齿咬合角度大，越老则角度越小。十驴九个"天包地"，也有少数"地包天"，表现为上下颌切齿咬合不正，还有齿数异常等个体，其切齿磨灭不规律。因此，对那些切齿咬合不齐或齿数异常的个体，应参考其外形等方面慎重评定。

第二节　性能测定

在实际生产中，针对某一品种主要用途进行生产性能测定，结合体质外貌评价，制定驴的品种标准、评分标准等，以服务于品种选育与群体繁殖。

一、体质外貌评价

外貌鉴定与评价是个体选择的重要环节。在生产实践中，需要根据驴的体质外貌和结构来进行本品种种用、役用、肉用价值鉴定与评价。外貌鉴定除对头颈、躯干和四肢等进行鉴定外，还需要对整体结构、体质和品种特征进行鉴定、评级、评价。

（一）评价内容

对个体、群体的评价主要包括身体结构、体质类型、部位特征、体尺体重等。其个体的体型外貌评价内容参照本章第一节（表 3-2）；如果需要，可以汇总本品种群体的驴体型外貌群体特征（表 3-3）。

表 3-2　驴体型外貌个体登记表

地点：_____ 省（自治区、直辖市）_____ 市（州、盟）_____ 县（区、市、旗）_____ 乡（镇）_____ 村

场名：_____ 联系人：_____ 联系方式：_____

品种（类群）名称：_____ 性别：公□　　母□

个体（序）号		月龄	
毛色	粉黑（三粉或黑燕皮）□　乌头黑□　灰色□ 栗色（红色、铜色、驼色）□　青色□　白色□		
别征	头部	白斑□　耳斑□	
	身体	背线（骡线）□　鹰膀□　虎斑□	
	其他	旋毛□　伤痕□　烙印□　唇印（刺青）□	

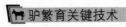

（续）

个体（序）号				月龄		
体质	粗糙型□　细致型□　干燥型□　湿润型□　结实型□					
头	大小：大□　中□　小□ 形状：直头□　兔头□　半兔头□　凹头□　羊头□　楔头□　条形头□ 额：宽□　中□　窄□ 耳：长□　中□　短□　垂□　立□　灵活□ 眼：大□　中□　小□ 颚凹：宽□　中□　窄□					
颈	长短：长□　中□　短□ 方向：斜颈□　水平颈□　立颈□ 形状：直颈□　鹤颈□　脂颈□　鹿颈□ 颈础：高□　低□　中等□					
躯干	肩部	斜肩□　立肩□				
	鬐甲	高□　中等□　低□　锐□				
	胸	宽胸□　窄胸□　平胸□　凸胸□　凹胸□　深胸□　浅胸□				
	背	直背□　凹背□　凸背□				
	腰	直腰□　短腰□　长腰□　中等腰□　凸腰□　凹腰□				
	肷	大□　中□　小□				
	腹	良腹□　草腹□　垂腹□　卷腹□				
	尾	尾毛：浓□　稀□ 尾础：高□　低□				
	尻	正尻□　水平尻□　斜尻□　圆尻□　复尻□　尖尻□				
四肢	前肢肢势	前望：正常□　外弧□　内弧□　广踏□　狭踏□ 侧望：后踏□　前踏□				
	后肢肢势	后望：正常□　外弧□　内弧□ 侧望：正常□　刀状□　后踏□　前踏□				
	前膝	凹膝□　弯膝□　正常□				
	系	正系□　卧系□　立系□　突球□　熊脚□				
	蹄	内向蹄□　外向蹄□　立蹄□　滚蹄□				
其他典型 外貌特征						

填表人（签字）：_____　电话：_____　日期：___年___月___日

表 3-3　驴体型外貌群体特征表

地点：_____省（自治区、直辖市）_____市（州、盟）_____县（区、市、旗）_____乡（镇）_____村

场名：_____　联系人：_____　联系方式：_____

品种（类群）名称：_____　调查群体数：_____　公：_____　母：_____

毛色描述	
别征描述	
体质描述	
体型外貌特征描述	

填表人（签字）：_____电话：_____日期：_____年_____月_____日

在个体外貌鉴定、评价的基础上，还需要对群体的驴体型外貌群体特征进行评价。主要包括以下内容：

毛色描述，该品种毛色类型及占比。如某品种毛色以灰色为主，灰色毛约占65%，黑色、栗色次之，其他毛色较少。

别征、体质。一般而言，灰驴均具有背线、鹰膀、虎斑，黑驴多有粉鼻、粉眼、白肚皮等特征。

体型外貌特征内容包括但不限于头、颈、躯干、四肢、尾等。

（二）体质外貌量化评价

在生产中，经常会遇到个体评价与选择。为便于比较个体间差异、优劣，以关中驴为例，制定《关中驴体质外貌评分标准》，以对所选择的公驴、母驴进行量化计分、登记，实施系统评价、定级（表3-4、表3-5）。

表3-4　关中驴体质外貌评分标准

项目	满分标准	公驴	母驴
		满分评分	满分评分
头和颈	头大小适中，形好，公驴有雄性特征，母驴清秀，眼大明亮，鼻孔大，口方，齿齐，耳竖立，颚凹宽净。颈较长而宽厚，颈肌、韧带发达。头颈高扬，颈肩结合良好	1.8	1.8

(续)

项目	满分标准	公驴 满分评分	母驴 满分评分
前躯	胸宽深，肩长斜，肌肉发育良好。鬐甲宽厚，长度适中	1.7	1.5
中躯	背腰长短适中，宽而平直，肌肉强大，结合良好。肋小，肋开张而圆。腹部公驴充实呈筒状；母驴腹大而不下垂	1.5	1.5
后躯	尻宽长，肌肉发达。股臀肌肉丰满充实。公驴睾丸对称，发育良好，附睾明显，阴囊皮薄、毛细、有弹性。母驴乳房发育良好，乳头正常匀称	1.5	1.7
四肢	四肢、肢势端正，肌腱明显，关节强大。系长短、角度适中。蹄圆大，形正，质坚实。运步轻快，稳健有力	2.0	2.0
整体结构	体质结实干燥，姿势优美，结构匀称、紧凑。肌肉发育良好，肌腱、韧带强实。公驴有悍威，鸣声洪亮；母驴温驯，母性好	1.5	1.5

在量化评价中，个体外貌上凡是具有严重狭胸、靠膝（X 状）、交突、跛行、凹背、凹腰、凸背、凸腰、卧系及切齿咬合不齐等缺点者，要适当降低标准。公驴要降低标准，只能评 7 分以下（不含 7 分）。关中驴的体质外貌定级见表 3 - 5。

表 3 - 5　关中驴的体质外貌定级表

等级	公驴	母驴	等级	公驴	母驴
特级	8.0	7.0	二级	6.0	5.0
一级	7.0	6.0	三级	5.0	4.0

(三) 体尺测量与体尺鉴定

1. 驴的体尺测量　体尺是说明整体或部位大小长短的具体数据，也是计算生长发育、估计体重和鉴定外形的重要依据。它有助于精确地了解各部位的具体指标，这就要求鉴定者、测量者必须准确掌握各部位体尺的测量位置和测量方法。驴主要的 4 项体尺是体高、体长、胸围和管围。为鉴定和科学研究的需要，也可对其他部位进行测定。

体高：由鬐甲最高点到地面的垂直距离。

体长：即体斜长，由肱骨隆凸的最前端起，至坐骨结节最后内隆凸的直线距离。

胸围：由肩胛骨后端做一垂线，量其胸的周长。

管围：于前肢左侧掌骨上 1/3 处，量其周长。

尻高：尻部至地面的最大距离。如髋结节高于尻部最高点，则测量髋结节到地面的垂直高度。它反映后躯的高度。

尻长：髋结节至坐骨结节的直长。

尻宽：即十字部宽，是髋结节外角间的直长。

胸深：沿肩胛骨后角做一垂线，测鬐甲到胸骨间的直线距离。

胸宽：两肩肱关节外角间（即肩端）的宽度。

头长：由头顶至切齿前端的直线距离。

颈长：由耳根至肩胛骨颈缘的直线距离。

背高：背部最低点到地面的垂直距离。

测量体尺的工具主要有：杆尺（测杖、量驴体尺），用于测量体高、背高、尻高、体长和胸深；圆形量角规（卡尺）用于测量胸宽、尻长、尻宽等；卷尺用于测量胸围、管围、头长、颈长；蹄角仪（测蹄器）测蹄的角度；角度仪用于测量各关节角度；称量体重用地秤。

2. 体尺指数计算　以体高为基数，计算其他体尺与体重的比例关系，称为体尺指数，常用的体尺指数有以下几种：

$$体长率＝体长/体高×100\%$$
$$胸围率＝胸围/体高×100\%$$
$$管围率＝管围/体高×100\%$$

3. 体尺鉴定　体尺鉴定主要是根据体高、体长、胸围和管围等4项体尺数，对照各品种体尺评分标准，按最低一级评定等级。仅管围一项与标准相差0.5 cm以下者，可不予降级。现以关中驴的体尺评分方法为例加以说明（表3-6、表3-7）。关中驴体尺结构定级标准与体质外貌定级标准相同。

表3-6　成年关中驴体尺评分（cm）

评分	公驴				评分	母驴			
	体高	体长	胸围	管围		体高	体长	胸围	管围
8	.140	142	155	17.2	7	134	136	149	16.5
7	135	137	150	16.6	6	129	131	143	15.5
6	130	132	144	16.0	5	124	126	138	14.9
5	125	127	139	15.4	4	119	120	132	14.3

表3-7　未满5周岁的关中驴体尺数（cm）

年龄	体高	体长	胸围	管围
4	—	—	2.0	—
3	1.0	1.0	8.0	0.2
2.5	3.5	5.0	12.0	0.3
2	5.0	9.0	18.0	0.4
1.5	9.0	18.0	22.0	1.0

二、生产性能测定

驴的性能一般指其生产或繁殖性能，因其主要用途而定。对于肉用驴，主要根据其产肉能力大小评定；役用驴可根据使役人员在使役过程中的反应进行评定，如有条件，经调教可测定驴的综合能力；对于繁殖母驴，主要根据其产驹数、幼驹初生重评定；种公驴则依其精液品质而定。

（一）生长性能

驴生长性能主要通过测定驴驹的初生、3 月龄、6 月龄、12 月龄体重和 24 月龄体重获得。群体的每个阶段测定的公驴、母驴数量应不少于 30 头。从本品种年度或者数年的养殖场、养殖户等的群体的生长性能记录获得。

（二）屠宰性能

屠宰性能是驴肉用性能高低的主要指标，包括屠宰率、净肉率等。对于屠宰的个体要注明来源、饲养方式、饲料组成及营养水平等。指标描述、要求：

宰前活重：禁食 24h、禁水 12h 后待宰前的活重。

胴体重：经宰杀放血后，除去皮、头、蹄、尾、内脏（保留肾及肾周脂肪）及生殖器（母驴去除乳房）后的躯体重量。

净肉重：胴体剔除骨骼、韧带后的全部肉重。

骨重：剔除胴体肌肉后即时称取的骨骼总重。

骨肉比：骨重与净肉重之比。

腹脂重：屠宰后，剥离腹部脂肪后即时称取的重量。

脏器重：宰后掏出内脏，即时分别称取心（留冠状动脉称重）、肝、肺（气管<2cm）、脾、胃（剪断食管和肠管）、肾及肠（清除内容物并清洗）的总重量。

皮重：将驴皮剥下并沥干水分后称取的重量。

屠宰率：胴体重占宰前活重的百分比。

肋骨对数：驴屠宰后剔除肌肉，计算肋骨对数。

脊椎数：颈椎、胸椎、腰椎的总数。

（三）泌乳性能

新疆驴、德州驴、阳原驴等驴种的乳用性能相对较好。驴乳测定方法如下：

测定日期：填写日产奶量测定时间。

泌乳期：从分娩后开始泌乳之日起到停止泌乳之间的一段时间。

日产奶量：日产奶量（kg/d）＝两次挤奶量之和（kg）×24h/两次挤奶间隔时间之和。

泌乳期总产奶量：一个泌乳期内的产奶总量。

乳成分：包括乳脂率、乳蛋白率、干物质、乳糖率，产驹后 50～80d 内，连续测定 3 次以上，计算其平均数。

（四）繁殖性能

驴的繁殖性能主要包括性成熟月龄、初配月龄、发情周期、妊娠期、射精量、精子密度等。配种方式为本交的，需要测定公母比例；配种方式为人工授精的，需要测定采精量、精子密度、精子活力和畸形率等（表 3-8）。

表3-8 驴繁殖性能表

地点：_____省（自治区、直辖市）_____市（州、盟）_____县（区、市、旗）_____乡（镇）

_____村

场名：_____ 联系人：_____ 联系方式：_____

品种（类群）名称：_____ 调查数量：_____公：_____ 母：_____

母驴	性成熟月龄		
	初配月龄		
	发情季节		
	发情周期（d）		
	妊娠期（d）		
公驴	性成熟月龄		
	初配月龄		
	配种方式	本交□	公母比例	
		人工授精□	采精量/mL	
			精子密度/（亿个/mL）	
			精子活力/%	
			畸形率/%	
	利用年限（年）		

填表人（签字）：_____ 电话：_____ 日期：_____年_____月_____日

（五）遗传资源影像材料

驴遗传资源影像资料的拍摄是资源管理、生产管理的重要内容。一般要求：

（1）照片用数码相机拍摄，图像的精度在 800 万像素以上，不低于 1.2MB。

（2）以 .jpg 格式保存，不对照片进行编辑。

（3）标注每张照片的品种名称、年龄、性别、拍摄日期、拍摄者姓名、饲养者姓名及拍摄地点等。

（4）每个品种要有成年公驴、成年母驴左侧、右侧、前方、后方标准照片，并提供原生态群体照片 2 张，对特殊外貌表型部位，可以增加特写照片。

（5）拍摄能反映品种特征的公驴、母驴个体照片，能反映所处生态环境的群体照片。

（6）视频资料要能反映品种所处的自然生态环境、群体概貌、品种特征、饲养方式，拍摄时以散射光为佳等。

如果拍摄视频资料，每个视频时长不超过 5min，尽量在 3min 以内（大小不超过 80M）。视频格式应为 MP4 格式。

第三节 选种选配

进入 21 世纪，我国驴产业发展明显加速，品种选育、繁育进入快车道。驴育种工作目前存在的主要问题是：育种体系不健全，现有品种驴的质量明显下降；优良种驴不足；技术力量薄弱；我国主要产驴区由于经济发展相对落后，驴育种费用严重不足。当前，驴育种工作的主要任务是：

提高现有驴品种的质量，加速育成正在培育的新品种群，使其达到良种要求。

有计划地引入目前急需的产品用驴，丰富驴的基因库，培育我国的产品循环开发用驴。

对地方品种驴进行本品种选育，保留其原有的耐粗饲、耐寒、抗病力强、适应性好等优良性状；同时积极采取措施保存净化珍贵的特小型矮驴等种质资源。

对于目标相同的项目，进行技术协作，加速育种工作进程。

一、品种分类

我国驴种类别单一，都属于地方驴种，只是大、中型驴由于饲养条件、生态环境较好，群选群育和育种场系统选育相结合，经过长期坚持，最终培育成为优秀的地方良种。相对应的小型驴则为一般的地方驴种。随着社会经济发展，驴的役用价值逐渐降低，其肉用、皮用、乳用、观赏等经济价值逐渐凸显。如根据驴的经济价值，今后可以将驴向兼用型驴、宠物驴方向选育。

针对目前我们一些地方畜牧工作者经常随意将杂种称为品种，错误地认为杂交是一条捷径，只要把表型类同的聚成一群，即可成为品种，从而忽视了家畜品种所要求的遗传基础和基本条件。这里仅从群体遗传学和遗传资源学的角度，简单介绍一下关于家畜品种的一些要求和相关知识。

（一）品种概念

品种是在家畜种内，具有更接近的亲缘关系，更一致并能稳定遗传的形态、生理特征，因而具有更相似的经济性能，并有一定数量的群体。就群体遗传学而言，家畜品种就是具有特定基因组合体系，若干基因座的基因频率在特定范围内的群体。

（二）品种性质

（1）内部的遗传相似性，个体特性、特征品种内变异小于品种间，这些表型与其他品种有别。

（2）适应相同的生态条件，承受相同的人类选种和自然选择压力。

（3）适应相同的社会文化需求。

（4）数量规模足以保证自群繁殖而不导致近交衰退。

（三）品种的类别

1. 按地理分布区分　联合国粮食及农业组织（FAO）（2007）把家畜品种分为 3 类。

（1）地方品种。即只分布在一个国家的品种。

（2）区域性跨境品种。即分布在 2 个或 2 个以上国家，但是在 FAO 划分的同一区域里的品种（区域分 7 个，非洲、亚洲、欧洲及高加索地区、拉丁美洲及加勒比地区、"中近东"地区、北美及西南太平洋地区）。

（3）国际性跨境品种。存在于上述不同区域 2 个或以上国家里的品种。

这一品种划分方法对应了遗传多样性客观需要，但比较粗糙，尤其是"地方品种"，常因国家大小、自然及经济条件不一，与我们常说的与特定生态条件相依的、承受人工选择压力较小的地域群俗称"土种"非常不同。

2. 按经济类型分 可分为专门化品种、兼用品种。

3. 按选育程度分 即按种群历史上承受人工选择压力水平来分。

（1）原生态品种。人类羁控程度很低，种群基因库基本上保持着长期自然选择、自然进化的结果，个体适应野生时期原有的生态环境。对地域环境高度适应。如林芝藏猪等。

（2）地域品种。即习称的"地方品种"，现称地域品种，以与 FAO（2007）所称"地方品种"相区别。地域品种是在特定区域的自然生态环境、社会经济文化背景下，经过长时间无计划选择所形成的品种。一般都经历漫长的群众性育种历史。我国多数固有家畜品种都属于这种地方品种，如人工选择介入较多的优秀地方良种关中驴、德州驴等；人工选择虽然漫长但介入相对不足，饲养管理条件也相对较差的新疆驴、云南驴等。

（3）培育品种。即我们习称的"过渡品种"，它是在比较周密的饲养管理条件控制下，在若干世代的短时期对育种畜禽特定性状进行有目标、有计划的选择，由此繁衍起来的品种。因育种初期群体规模较小，所以大多数个体有较近的亲缘关系，品种内遗传多样性相对贫乏，品种的遗传性相对不够稳定。如关中马等。

（4）高度培育品种。即习称的"育成品种"。它是在严格控制的饲养管理与长期闭锁繁殖条件下，对少数特定性状进行持续多代高强度的选择所形成的。作为品种特性基因座纯化水平很高，这类品种几乎只能生存在人为控制的特定环境中。如纯血马等。

二、综合评定

所谓种驴的综合评定，就是按照综合评定的原则，对合乎种驴要求的个体，按血统来源、体质外貌、体尺结构、生产性能和后裔品质等指标，进行综合评定。目的在于对某头驴进行全面评价，或者是期望通过育种工作，迅速提高驴群或品种的质量。

根据综合评定结果，划定个体的鉴定等级。鉴定等级分特级、一级、二级、三级、四级等。因此，鉴定等级能全面准确地反映个体的质量，按等级选优去劣和进行选种选配，可加速驴的育种进程。综合评定的实施主要内容有以下几方面：

（一）评定的时间和项目

综合评定是在以上各单项鉴定的基础上，进行全面评定。驴的综合评定一生可进行 3 次，鉴定的时间和项目分别为：

1.5 岁：鉴定血统来源和品种特征、体质外貌和体尺结构。

3 岁：鉴定血统来源和品种特征、体质外貌、体尺结构和生产性能。

5 岁以上：除前 4 项外，加后裔测定，共 5 项。

（二）驴的血统来源和品种特征

对被鉴定的每头驴，首先，看其是否具有本品种的特征。其次，看其血统来源。如关中驴要求体格高大，头颈高扬。体质结实干燥，结构匀称，体型略呈长方形。全身被毛短而细致，有光泽，以黑色为主兼有栗色。嘴头、眼圈、腹下应为白色。不符合品种特征者，不予鉴定。

血统鉴定又称系谱鉴定或祖先鉴定。根据遗传学原理，驴亲代的品质可以直接影响其后代，一般以父、母双亲的影响最大。按血统来源选种时，要选留在其祖先中优秀个体较多，其本身对亲代特点和品种类型表现较明显的个体。血统鉴定就是根据驴个体系谱记录，分析个体来源及其祖先的品质，从而判断其优劣。

（三）驴的血统鉴定

即根据驴的体质外貌和结构进行本身种用、役用或肉用价值鉴定。在实际工作中，对每一驴种都制定了评分标准。关中驴血统鉴定定级见表3-9。

表3-9 关中驴血统鉴定定级

母代	父代			
	特级	一级	二级	三级
特级	特级	一级	一级	二级
一级	特级	一级	二级	二级
二级	一级	一级	二级	三级
三级	二级	二级	二级	三级
等外	三级	三级	等外	等外

关中驴中青毛、灰毛和乌头黑者不能作种用。如全身被毛粉黑，但颚凹处有白色毛显露，腹部白毛外展，四肢上部外侧显白毛者，公驴不能评为特级。

（四）驴的性能评定

驴的性能一般指其生产或繁殖性能，因其主要用途而定。对于肉用驴，主要根据其产肉能力大小评定；役用驴可根据使役人员在使役过程中驴的反应进行评定，如有条件，经调教可测定驴的综合能力；对于繁殖母驴，主要根据其产驹数、幼驹初生重评定；种公驴则依其精液品质而定。具体内容已经参见本章第二节。

（五）驴的后裔测定

后裔测定又称后裔鉴定，是根据后代品质、特征来鉴定种公驴的种用价值，也就是鉴定种公驴的遗传性好坏。后裔测定要求在饲养管理条件相同、相配母驴属同一品种的条件下，根据其产后代的质量或等级判定该项鉴定等级。种公驴的后裔测定应尽早进行，一般在2～3岁时，给其选配一定数量（10～12匹）、等级接近、饲养管理条件相同的母驴，待所产后代断奶时，按表3-10标准评定。

表3-10 种公驴后裔测定评级标准

等级	评级标准
特级	后代中75%在二级（含二级）以上，不出现等外者
一级	后代中50%在二级（含二级）以上，不出现等外者
二级	后代全部在三级（含三级）以上者
三级	后代大部分在三级（含三级）以上，个别为等外者等级

后裔测定对评价和比较种公驴的种用价值、提高驴群质量有明显作用，故在条件具备时

应认真抓好这项工作。

当然，个体综合评定的等级，是以单项鉴定等级规定进行评定，不能以任何最优或最劣的单项成绩代替。如果缺乏某些单项成绩，无法综合评定时，可舍去综合等级，只记载单项成绩。驴在1.5岁时的初评参照表3-11标准进行评定。3岁后的评定，当其他两项即生产性能和后裔测定均低于初评时的一个等级时，维持初评的等级不变；若有一项（或两项）低于初评两个等级时，则应将初评降一级。

表3-11 评定驴的综合等级标准

单项等级		总评等级		单项等级		总评等级	
特级	特级	特级	特级	一级	一级	一级	一级
特级	特级	一级	特级	一级	一级	二级	一级
特级	特级	二级	一级	一级	一级	三级	二级
特级	特级	三级	二级	一级	二级	二级	二级
特级	一级	一级	一级	一级	二级	三级	二级
特级	一级	二级	一级	二级	二级	二级	二级
特级	一级	三级	二级	二级	二级	三级	二级
特级	二级	二级	二级	二级	三级	三级	三级
特级	二级	三级	二级	三级	三级	三级	三级
特级	三级	三级	三级				

三、选种选配

在进行了外貌鉴定、性能测定和后裔测定等综合评定以后，就要开展选种选配。选种可以使驴群中品质较差的个体被淘汰，选出优异个体作种用，使其优异性状遗传给后代，达到提高生产能力的目的。选种的结果使群体的遗传结构发生了定向变化，有利基因纯合个体的比例逐代增加。选种同时具有很大的创造性作用，可在原有群体的基础上创造出新的类型。

驴选择的关键在于选。选择是物种进化和品种发展的动力，主要包括自然选择和人工选择两类。自然选择是通过气候和地理环境起主要作用对驴群进行选择，对原始品种的影响较大，也形成了适应不同地区自然环境的地方品种；而人工选择也称选种，是按照人为制定的标准或者各种需要，对驴群个体进行择优去劣，使驴的生产性能及品种品质向人们所期盼的方向发展。

（一）选种方式

质量性状选择主要以表型分类，也可以采用生化遗传和分子遗传技术检测质量性状基因。

数量性状选择方法很多，都是尽可能充分利用现有的和有亲属关系的生产性能记录或信息，力争最准确地选择种畜。出生前选择只能利用祖先和亲属资料；出生后自己有了记录，则以个体为主，结合亲属资料进行选种；当个体有了后代，后代记录应作为重要信息来源，必要时可参考个体和亲属资料。畜禽选种的理论方法都在不断进步，现将一些方法进行简要介绍。性状选择分为单一性状选择和多性状选择。

1. 单一性状选择   主要有 4 种方法。

（1）个体选择。准确性取决于遗传力大小。

（2）家系选择。根据家系均值大小决定个体去留。

（3）家系内选择。只根据个体表型值与家系均值偏差来选择。

（4）合并选择。根据性状遗传力和家系内表型相关，分别给予 2 种信息以不同加权，合并为一个指数。

2. 多性状选择   分为 3 种。

（1）顺序选择法（单一性状选择法）。指把各类相关性状排出先后顺序选择所要改良的性状，即当第 1 个目标性状达到标准后，再选择第 2 个目标性状，依顺序递进选择。而这个方法的成效取决于所选性状间的遗传力相关性，如果所选性状间有较高的正相关，在改良一个性状的同时，另一被选择相关性状也得到改进；反之，相关性状得不到较好的改良。所以，要在所选性状间存在相关性的情况下采用此法。

（2）独立淘汰法。当同时选择 2 个或 2 个以上性状，分别规定出各性状所应达到的最低标准，全部达到标准者被选留，只要有一个性状未达到标准就应淘汰，即使其他方面很突出。此法简单易行，但往往可能会淘汰由于个别性状未达到标准的优秀个体。此法的缺点是所选的个体总的表现可能很平常，导致后代的遗传改进效果不明显。

（3）综合选择指数法。当同时选择几个不相关性状时，对其中每个性状都按其遗传力和经济重要性分别给予不同的加权系数，组成一个便于个体间相互比较的综合选择指数，然后根据相关指数大小进行选种。

驴的育种工作进展迟缓，上述方法多未采用。目前驴的个体选种以个体综合鉴定方法为主。

（二）驴的选配

1. 选配的意义   选配是在选种基础上进行的，根据育种目标，有目的、有计划地组织种公、母驴进行交配，使其产生优良后代。通过选配可使亲本的优良性状、生产性能等优异条件结合并遗传给后代。选配是选种的继续，目的是巩固和发展选种的效果，加强和创造人们所希望的性状，消除或减弱其弱点，所产生优良后代为下阶段选种提供丰富的素材。

2. 选配的要求   选配是根据驴的等级、血统来源、体质外貌和后裔品质等情况，并注意选配公、母驴的年龄来进行。在不同育种阶段，选配必须与选种侧重解决的性状问题相结合。

（1）等级选配。应注意公、母驴等级，公驴要高于母驴，高等级的公驴可以与高等级的母驴交配，但是不能用低等级的公驴与高等级的母驴交配。

（2）品质选配。具有相同缺陷性状或者同一性状的相反缺陷的公、母驴不能交配。

（3）血统来源选配。需要了解不同血缘来源驴的特点和它们的亲和力。在一般情况下，不使用近交。为了稳定遗传性，在品系（族）的繁育初期可采用亲缘选配。

（4）后裔品质选配。为最常用及最可靠的方法，对已取得优良后代的亲本结合，要加以重视及利用，发挥其最好的遗传性能。在这过程中也要注意选配公、母驴的年龄，尽量使用壮年驴参加选配，同时避免使用青年驴、老年驴，以保证驴的遗传性能够较好地遗传给后代。

3. 选配的方式 在驴的个体选配中，选配可以分为品质选配和亲缘选配两大类。

品质选配。品质选配即是根据公母驴本身的性状和品质进行选配。品质选配可以指一般品质，如体型、体质、生物学特性、生产性能、产品质量等；也可以指遗传品质，如估计育种值的高低等。按交配双方品质可分为同质选配和异质选配。

①同质选配。就是选择优点相同、性能表现一致或育种值相似的公母驴交配，目的在于巩固和发展双亲的优良品质。如体质结实的公、母驴交配；体重都大的公、母驴进行交配。

②异质交配。有两种情况：一是选择具有不同优良性状的公、母驴相配，以获得兼有双亲不同优点的后代，如选择体重大与产奶量高的公、母驴进行交配，以获得肉乳兼用的后裔；二是选同一性状优劣程度不同的公、母驴交配，以期改进不良性状，如选择尻部长宽平直的公驴与尻部短斜的母驴进行交配，以期获得性状改良后的母驴后代。

4. 驴的亲缘选配 亲缘选配是根据交配双方亲缘关系的远近而进行的选配。因此，亲缘选配按交配双方亲缘的远近可分为近亲选配和非近亲选配（远交）。

（1）近亲选配。交配双方到共同祖先的代数之和在 6 代以内的交配，称为近交。近交往往在固定优良性状、揭露有害基因、保持优良血统和提高全群同质性方面起着很大作用。但为了防止繁殖性能、生理机能以及适应性等有关性状近交衰退现象的出现，需要有明确的近交目的、计划，实行严格的淘汰制度，同时控制好近交的速度和时间，加强饲养管理和血液更新，一旦由于近交而发生了问题，则需要很长时间才能得到纠正，因此对驴实行近交要慎之又慎。

（2）非近亲选配（远交）。相应的交配双方到共同祖先代数之和大于 14，则称之为远交。远交包括系间、品种间、种间、属间的交配。

（三）本品种选育

驴的品种较多，都属于地方品种，役用、肉用、乳用均可，为生产能力低下的兼用类型。专门化品种是指以某种生产性能为主要生产用途的品种，它是经过人类长期选育，使品种的某些特征显著发展或某些组织器官产生了突出变化与某种生产性能相适应，这正是我们所追求的目标。目前，我们没有专门化驴种，正在规划将传统意义兼用驴向专门化肉用、乳用、皮用驴转化。

本品种选育也称为广义上的纯种繁育，是在本品种内通过选种选配、品系繁育、改善培育条件等措施，保持和发展本品种的优良特性，增加优良个体的比例，提高驴产品生产性能的一种方法。它可以在需要的情况下进行导入杂交，以拓宽血统、转变方向、纠正某些不易克服的缺点。实行本品种选育，必须根据计划有目的地进行育种工作，基本措施在于正确地选种选配和加强幼驹的培育。主要任务是提高体尺和性能，改进体质外貌。对于引入品种，在选育中要使其进一步适应当地自然环境条件，提高其活力及品质。

（四）选育方法

为了防止驴种退化及提高选育效果，让驴品种的专门化品种得以保持和发展，可采用不同的选育方法。

1. 亲缘繁育 亲缘繁育是指让具有不同程度血缘关系的公、母驴进行交配。此法可以使驴专门化本品种的优良性状得以巩固，一些控制优良性状的纯合基因型比例逐渐增加，同时使本品种驴的专门化更加突出，如我国关中驴、德州驴等优良地方驴种，将来为了培育肉用驴品种建立育种核心群，巩固其优良性状，即可在选育时的某一阶段采用亲缘繁育。此法不能长期使用，否则会减弱驴群的生活力和性能。

2. 血液更新 血液更新的目的在于提高驴的生活力，改进驴群品质和防止亲缘交配所发生的危害。在一些育种场中，由于选配不合理没有正确使用种驴、长时间选留本场或本群公驴作种用，使驴群个体间的遗传差异逐渐缩小，生活力容易减弱，可能出现一些近交衰退现象，这些育种场就应考虑采用此种方法定期更新血液。即引用在另外一种条件下培育的、与本地母驴无亲缘关系、同品种优秀公驴作种驴，使本场驴生活力得到提高。这是改进驴群质量，防止亲缘交配产生的近交衰退所必需的。血液更新的同时，引入公驴要加强饲养管理和合理运动，才能使血液更新获得良好的效果。

3. 导入杂交 导入杂交就是引入杂交或称冲血。这种杂交从形式上看是杂交，就其本质来说，应看作是本品种选育的一项措施。本品种选育的驴，一般都具有较稳定的遗传性，不容易获得明显的变异，这是本品种选育的主要特点。有时，某一品种总体来说是令人满意的，但在个别性状上还存在缺点。为了迅速纠正其缺点和增加新的基因，而不改变本品种的原有特点，可以采取导入杂交的方法。另外，品种内驴数量少，本品种选育无法摆脱亲缘交配时，也可以采取导入杂交的方法。

导入杂交只是为了改进个别缺点或摆脱亲缘交配，而不改变原品种的类型和特征，不破坏原品种的遗传结构。因此，选择导入杂交用的公驴，不仅其类型和特征应与被导入杂交的品种相似，而且要具备能改进被导入杂交品种某一缺点的特点。用这样的公驴来与被导入杂交品种的优秀母驴交配，然后从一代或二代杂种中选出符合要求的公驴，与被导入杂交品种母驴回交；一代或二代杂种母驴也可与被导入杂交品种的优秀公驴回交。回交后外血含量在$1/8 \sim 1/4$，杂种可自群繁殖。

在进行导入杂交时应注意：①慎重选择引入品种。不能盲目引种，要按一定改良要求进行，引入品种的生产方向应与原有品种基本相同，但又具有针对原品种缺点的显著优点，以纠正其缺点。②引入公驴必须经过严格选择，最好经过后裔测定。③在引种前应进行小规模杂交试验，以确保引入品种对原有品种的改良作用。④加强对原有品种、杂种的选择和培育，在导入杂交时原有品种优良母畜的选育和杂交一代的选育十分关键，要加强两者的选育工作及饲养管理。

4. 品系（族）繁育 驴的品系是指来源于同一批祖先，性状表现大致相同的群体。品系繁育是本品种选育更完善、更高级的选育方法。由于品种内个体性状多且差别各异，性状提升的空间也较大。育种中应该有意识地在品种内保持一定的异质性而建立相应的品系，把有益性状巩固和发展起来，这样有利于品种的不断提升，保持品种充沛的活力。品系繁育是选择遗传稳定，优点突出的公驴作系祖，选择具备品系特点的母驴，采用品质选配的方法进行繁育，使优秀个体变为群体。品系繁育必须有明确的目的，能够形成品系的独特品质；同时要进行有目的的选配，创造适宜的培育条件，促进获得专门的驴群。

品系繁育，在品种内可以建立若干个品系，每个品系除了需要具有本品种的特征特性外，不同系祖的种公驴要具有不同优异性状，通过品系间的杂交能使本品种得到多方面提高。同时，也可以加强品种内专门化品系的选育，如专门化肉用驴、专门化乳用驴品种，这样可使有益性状得到巩固和发展，驴种质量得到不断改进，免受近交危害。品系繁育是保持下一代较强生活力的一种重要方法。

在进行品系选育时应注意以下几点：首先，初期要闭锁繁育，亲缘选配以中亲为好，要严格淘汰不符合品系特点的驴，经 2～4 代即可建立品系。其次，建系时要注意多选留一些不同来源的公驴，以免后代被迫近交。最后，品系建立后，长期的同质繁育，会使驴的适应性、生活力减弱，这可通过品系间杂交得以改善。

品族是指来源于同一优秀种母驴的后代形成的畜群，它们具有与同族祖先相类似的特征和特性，遗传性稳定。在品种的形成和改良中，不仅取决于优秀的种公驴，而且也决定于优异的种母驴。虽然种公驴对品种后代的影响比种母驴大，但是种母驴对后代特征、特性的影响比种公驴大，如种母驴能够直接影响胎儿及幼期驴驹的生长发育性能。品族繁育的原则和方法，与品系繁育基本一致，但一般在进行品系繁育时，不进行品族繁育。品族繁育是在进行专门化驴群培育中有优秀种母驴而缺少优秀种公驴，或种公驴少、血统窄，不宜建立品系时才采用。

第四章 饲养管理

第一节 驴常用饲料的种类及营养成分

一、饲料营养成分概述

饲料是指能为动物提供所必需的某种或多种营养物质的天然或人工合成的可食用物质。饲料中能被动物用以维持生命和生产产品的物质称为营养物质，或称为养分或营养素。根据概略养分分析方案，饲料中的营养物质分为水分、粗灰分、粗蛋白质、粗脂肪、粗纤维和无氮浸出物六大类。

各种饲料均含有水分，不同饲料或同一种饲料的不同成熟阶段中水分含量变化较大。

粗灰分（CA）主要为矿物质氧化物和盐类等无机物质，有时还含有少量泥沙。

粗蛋白质（CP）指饲料中所有含氮物质的总和，包括真蛋白和非蛋白氮，后者包括游离氨基酸、硝酸盐、胺、核酸等。蛋白质是由氨基酸以肽键连接而成的生物大分子物质。蛋白质是驴机体的重要组成部分，是其生命及生理代谢活动的物质基础，是驴体内各种细胞、酶、激素及产生免疫功能的基础原料，种类很多，功能各异。在驴生长发育及产品形成过程中，必须从饲料中不断摄取蛋白质，以满足组织器官的生长和更新，并沉积于皮、肉、乳等畜产品中。在机体能量供应不足时，蛋白质可分解供能，维持机体的代谢活动。驴摄入蛋白质过多或氨基酸不平衡时，多余蛋白质或氨基酸转化成糖、脂肪或分解供能。蛋白质缺乏的主要症状有消瘦、食欲不振、采食量下降、厌食，继而导致能量摄入不足，伴随能量缺乏，其他缺乏症状还有被毛无光泽、氮沉积量下降、激素和酶合成受影响、产奶量下降、贫血、脂肪肝、不育、初生重下降、初生死亡率高等。蛋白质缺乏若伴随某种特定氨基酸的明显失衡，则可能产生该氨基酸缺乏的特异性缺乏症，但在驴上尚未有关于蛋白质或特定氨基酸缺乏典型症状的报道。蛋白质缺乏最可能在生长快速的幼龄驴驹和高产泌乳母驴中发生。由蛋白质过多导致的病症一般不容易发生。但过量的氨基酸发生脱氨，可增加肝和肾的负担，引起机体热增耗增加；而特定氨基酸过量，可产生特定中毒症状，但在驴中未见相关典型病症的报道。

粗脂肪（EE）是饲料中脂溶性物质的总称，又称为醚浸提物，在营养学范畴内，除甘油三酯（真脂肪、中性脂肪或三酰甘油）和类脂（包括磷脂、糖脂、脂蛋白）外，还含有叶绿素、胡萝卜素、有机酸、脂溶性维生素、蜡类、甾类和萜类等。脂类是驴体内重要的能源物质，生理条件下脂类所含能值是蛋白质和糖类的 2.25 倍，是驴维持机体正常功能和生产畜产品的重要能量来源之一。脂肪的热增耗最低，能量利用率比蛋白质和糖类高 5％～10％。脂类还是驴体内的主要能量储备物质，尤其是对初生驴驹及饲养于寒冷低温条件下的驴来说极其重要，也是驴体内参与重要生理活动的物质，如细胞膜合成、促进脂溶性营养物质吸收、激素合成的前体物等。

饲粮的糖类由粗纤维（CF）和无氮浸出物组成，是驴能量物质的主要来源。粗纤维主要为植物细胞壁，包括纤维素、半纤维素、木质素及角质等成分。为了更好地评定饲草中的纤维类物质，van Soest 提出了洗涤纤维分析法，将饲料中的纤维组分分为中性洗涤纤维（NDF）、酸性洗涤纤维（ADF）、酸性洗涤木质素（ADL）。粗纤维是驴不可缺少的营养物质来源，为驴提供大量能源，刺激唾液分泌，还能维持肠胃正常蠕动并刺激胃肠道发育，维持驴的乳脂率等。但过高的日粮纤维比例，会导致日粮营养物质浓度降低，增加消化道内源蛋白质损失。无氮浸出物（NFE）不能直接测定，是通过计算求得的，无氮浸出物＝100%－（水分%＋粗灰分%＋粗脂肪%＋粗蛋白质%＋粗纤维%）。NEF 主要包括单糖、二糖、低聚糖或寡糖、淀粉、果胶等，主要功能为供能、储能、构成机体组分、调控生理代谢等。

饲料中的有机物（OM）是指饲料中除水分及矿物质外的营养物质，主要包括蛋白、脂肪、核酸及糖类等。饲料的能值是饲料中蛋白、脂肪、核酸及糖类等有机物中含有的化学能，可转变为热能和机械能，也可蓄积在动物体内，或形成动物产品，通过测定饲料氧化燃烧后所产生的热值来确定。单位重量饲料完全氧化燃烧所释放的热量称为总能（GE），主要为糖类、粗蛋白质和粗脂肪中所含能量的总和。

饲料的总能减去粪中未利用的能量（粪能）后，得到饲料的消化能（DE），这一能值为表观数值，即表观消化能（ADE）。饲料的表观消化能减去尿能和排出气体的能量后所剩余的能量，称为代谢能（ME）。净能（NE）是指代谢能减去动物热增耗后的剩余值，是饲料中用于动物维持生命和生产产品的能量。驴的性别、年龄、饲养水平及环境条件等都会影响饲料的能量利用率，而驴的能量需求量也因增重、产奶、产肉等用途的不同而不同。

粗灰分中包括必需的常量和微量元素，前者有钙、磷、镁、钾、钠、氯、硫，后者有铁、铜、钴、锌、锰、碘、硒、钼、氟等；粗灰分中可能还含有非必需矿物元素及有毒元素，如银、铝、汞、铅等。

钙和磷在驴体内发挥重要的生物学功能，也是骨骼和牙齿的主要成分。钙控制神经递质的释放、触发肌肉收缩运动、激活多种酶的活性、促进多种激素分泌。磷参与能量代谢，保证生物膜的完整，是生命遗传物质和酶的结构成分。钙和磷还是肉、乳产品的重要组成成分。草食动物最易出现钙缺乏和钙磷比例失调。钙缺乏时，驴的一般表现是：食欲减退、异食癖、生长减慢、骨骼发育异常，典型症状是佝偻病、骨质疏松症和产后瘫痪。钙过多可影响其他元素，如磷、镁、铁、碘、锌等元素缺乏而出现缺乏症，高磷与高钙类似，使血钙降低。驴对钙、磷有一定的耐受力，通常情况下由于钙、磷过量摄入直接造成中毒的现象少见。驴对饲粮中钙和磷的耐受量分别为 2.0% 和 1.0%。豆科籽实及牧草含钙量高于禾本科牧草。谷实类及其副产品中含钙量较低，含磷丰富。若饲草和精饲料不能满足驴的钙、磷需要时，可额外添加矿物质饲料，如石粉、贝壳粉、碳酸氢钙、磷酸氢钙等补充。

镁参与驴骨骼与牙齿的组成，是酶的活化因子，参与 DNA、RNA 和蛋白质合成，调节肌肉和神经的兴奋性。驴对镁的需求量低，约占饲粮的 0.05%，通常饲料中镁的含量均可满足镁的需要。缺镁时，驴表现为厌食、生长受阻、过度兴奋、痉挛和肌肉抽搐，严重时可造成昏迷、死亡。饲料中镁过高时会使驴的采食量降低，嗜睡，运动失调，并引起腹泻。干草中镁的吸收率高于青草，植物性饲料中含镁较丰富，一般不必额外补加。缺镁时，可在饲料中补加硫酸镁、氧化镁和碳酸镁等矿物质添加剂。

钾、钠、氯的主要作用在于作为电解质维持渗透压、调节酸碱平衡、控制水分代谢、传导神经冲动和促进营养物质吸收等。各种饲料中钠都较缺乏,其次是氯,钾一般不缺。钾、钠、氯缺乏时,驴常表现为异食癖、厌食、被毛粗糙、产奶量下降等。在驴日粮中应补充食盐,以占饲粮比例 0.5% 为宜。驴饲粮中食盐的耐受量为 3%,水中食盐耐受量为 0.6%。食盐过量也会导致驴中毒,症状为:腹泻、极度口渴、产生类似于脑膜炎样的神经症状。钾一般不需额外补充,钾过量时会降低镁的吸收量。其他必需元素,如硫、铁、铜、钴、锌、锰、碘、硒、钼、氟等,一般从饲粮中便可满足需求,很少出现缺乏症。在日常饲喂时,可通过在饲粮中添加微量元素预混料来满足驴对这些必需矿物元素的需求。

维生素包括水溶性维生素和脂溶性维生素两类,前者包括 B 族维生素和维生素 C,后者包括维生素 A、维生素 D、维生素 E 和维生素 K,它们是维持驴健康、促进生长发育、调节正常生理功能和代谢所必需的营养物质。驴中尚没有关于不同种类维生素维持需求量的直接科学数据。高质量牧草中含有充足的维生素 A 原,豆科植物和胡萝卜中富含 β-胡萝卜素,在驴的肠壁及肝中维生素 A 原转化为维生素 A,以满足肌体需要。驴有充足的阳光照射时可在皮肤中合成维生素 D_3。因此,充足的阳光照射是保证驴获得充足维生素 D 的方法之一。维生素 E 主要存在于植物油中,尤其是胚芽油、大豆油、玉米油和葵花籽油中含量丰富。维生素 E 广泛存在于驴的饲料中,一般不需在饲粮中额外补充。维生素 K 在绿色饲草中含量丰富,驴后肠微生物还可合成部分维生素 K,通常不需额外补充。B 族维生素也可由驴后肠合成,另外可从饲草、谷物副产品、饼粕中摄取,一般不需额外补充。在高强度生产条件下,如高强度使役、产奶等情况下可能出现合成量不能满足需求量的情况,需额外补充人工合成的复合 B 族维生素制剂。因此,处于高强度生产情况下的驴需要注意饲喂高质量牧草,保证饲粮种类多样性。维生素 C 可在驴体内部分合成,绿色饲草也是维生素 C 的重要来源,发生缺乏症的情况较少。驴对各类维生素的耐受性很强,一般可耐受其需要量数十倍至上百倍的剂量,目前未见相关中毒症报道。

二、驴常用饲料种类

根据国际饲料分类法,可把驴的常用饲料分为粗饲料、青绿饲料、青贮饲料、能量饲料、蛋白质饲料、矿物质饲料、维生素饲料、非营养性饲料添加剂八大类。

(一)粗饲料

粗饲料是驴饲粮的重要组成部分,对驴维持正常生理和代谢活动必不可少。粗饲料主要包括干草类、秸秆类、秕壳类和树叶类。

1. 干草类 干草是天然或栽培牧草或饲料作物植株的地上部分在适宜期刈割下来,经良好干燥措施制成的优质粗饲料。常见的干草类饲料有豆科干草类、禾本科干草类及其他杂类干草等,其营养成分见表 4-1。豆科干草以紫花苜蓿应用最多,优质的紫花苜蓿干草粗蛋白质含量近 20%,富含钙和维生素,营养价值高,一般应用于泌乳母驴及种公驴。但是,由于苜蓿含皂苷等抗营养因子,易导致胃肠臌胀,且价格较高,喂量宜 1~2kg/d。禾本科牧草种类繁多,但我国专门栽培的面积较小。驴饲粮中常用的禾本科干草大多为天然草地或路边闲隙地禾本科野草刈割晾晒后制成的干草,粗蛋白质含量 7%~10%,较苜蓿低,但通常不存在抗营养因子，适口性较好，是驴的优良粗饲料，喂量可不受限。但禾本科干草的价格较高，国内驴养殖中应用不多，如有条件可补喂羊草、燕麦草等，可替代部分精饲料。

表 4-1 我国驴饲料中常用干草的营养成分（%）

种类	干物质	粗蛋白质	粗纤维	酸性洗涤纤维	中性洗涤纤维	粗脂肪	粗灰分	钙	磷
苜蓿干草，初花期	90	19	28	35	45	2.5	8	1.41	0.26
苜蓿干草，中花期	89	17	30	36	47	2.3	9	1.40	0.24
苜蓿干草，盛花期	88	16	34	40	52	2.0	8	1.20	0.23
苜蓿干草，成熟期	88	13	38	45	59	1.3	8	1.18	0.19
草地干草	90	7	33	44	70	2.5	9	0.61	0.18
羊草	91	7	34	47	67	2.0	8	0.40	0.15
燕麦干草	90	10	31	39	63	2.3	8	0.40	0.27

注：资料来源于《中国饲料成分及营养价值表（第30版）》；表中数据为饲喂状态时的含量，下同。

2. 秸秆类 秸秆类粗饲料主要有玉米秸、麦秸、稻草等，粗纤维含量常达35%以上，蛋白质和脂肪含量低，能值较低，营养价值普遍较低（表 4-2）。采收籽实后的干玉米秸秆不易消化，叶片饲喂价值较高，但受潮易发生霉变，喂前需检查。当玉米秸秆青绿时，胡萝卜素含量较多，达 3～7mg/kg，营养价值远高于干玉米秸秆，可及时青饲或采收后制作青贮饲料。小麦秸秆在我国分布广、数量大、易获取、易保存，是驴应用较多的一种纤维饲料，尤其在新疆地区，养殖户普遍应用小麦秸秆。燕麦秸粗脂肪含量较小麦秸秆、玉米秸秆等高，质地柔软，饲用价值高于大麦秸秆和小麦秸秆。稻草粗蛋白质含量 4%，粗纤维40%，略优于小麦，但粗灰分含量高达 12%，驴不喜食，但也可作为一种纤维素补充来源。谷草为粟的秸秆，质地柔软，适口性较好，在各类禾本科秸秆中，以谷草的品质最好，是一种较优良的粗饲料。其余的优质秸秆类粗饲料还包括花生秸、豌豆秸、红薯秧等，可因地制宜选用。

表 4-2 我国常见秸秆类饲料的营养成分（%）

种类	干物质	粗蛋白质	粗纤维	酸性洗涤纤维	中性洗涤纤维	粗脂肪	粗灰分	钙	磷
大豆秸秆	88	5	44	54	70	1.4	6	1.59	0.06
带穗玉米秸秆	80	9	25	29	48	2.4	7	0.5	0.25
玉米秸秆，成熟期	80	5	35	44	70	1.3	7	0.35	0.19
玉米芯	90	3	36	39	88	0.5	2	0.12	0.04
稻草	91	4	40	55	72	1.4	12	0.25	0.08
大麦秸秆	90	4	42	52	78	1.9	7	0.33	0.05
小麦秸秆	91	3	43	58	81	1.8	8	0.16	0.05
燕麦秸秆	91	4	41	48	73	2.3	8	0.24	0.07
甘薯秧	20	19.5	14.5	18	—	2.5	22	—	—
豌豆秸	85	8.9	39.5	49	—	1.8	6.8	1	0.11
花生秸，晒干	91	10.8	33.2	41	—	3.4	8.6	1.23	0.15

（续）

种类	干物质	粗蛋白质	粗纤维	酸性洗涤纤维	中性洗涤纤维	粗脂肪	粗灰分	钙	磷
豇豆秧，晒干	90	19.4	26.7	34	—	3.1	11.3	1.4	0.35
高粱秸，脱水	88	5.2	33.5	41	—	1.7	11	0.52	0.13

3. 秕壳类和树叶类 秕壳类饲料是指种子脱粒或清理时的副产品，包括种子的外壳或颖、外皮，以及混入的一些成熟程度不等的瘪谷和籽实。常见的有豆科植物的果荚、小麦壳、稻壳、大麦壳、荞麦壳和高粱壳等，其营养成分见表4-3。除大豆壳外，其他秕壳类营养价值不高，尤其稻壳营养价值低，易产生结症，不宜喂驴。

树叶类包括杨、槐、榆、桑、胡枝子等的树叶，树叶的营养价值高于秸秆和秕壳类。如白杨树叶的干物质为85%，粗蛋白质高达17%，粗脂肪为5.4%，粗纤维为24.5%。值得提及的是，目前在国内推广栽培的饲料桑，也称为蛋白桑。年产桑叶干物质500～600kg/亩，粗蛋白质含量为15%～30%，粗纤维8%～12%，粗脂肪4%～10%，粗灰分8%～12%，无氮浸出物30%～35%。氨基酸种类齐全，赖氨酸、蛋氨酸、苏氨酸含量高，赖氨酸含量为0.45%～1.02%、蛋氨酸为0.09%～0.25%、苏氨酸为0.46%～1.70%。维生素和矿物元素的含量也十分丰富，是一种良好的青粗饲料。桑叶还含有多种活性成分，主要包括黄酮类（桑酮、桑酮醇）、甾类、生物碱和香豆素，还含有多种多糖、有机酸、氨基酸、维生素、挥发油等。具有降血压、降血糖、抗病毒、抗癌、抗菌、抗炎和镇痛等药理活性。然而，桑叶中存在丹宁、植物凝集素、α-葡萄糖苷酶抑制剂等抗营养因子，在驴中的适宜喂量需进一步研究。

表4-3 秕壳类饲料营养成分（%）

种类	大豆壳	向日葵壳	花生壳	棉籽壳	燕麦壳
干物质	90	90	91	90	93
粗蛋白质	13	4	7	5	4
粗纤维	38	52	63	48	32
酸性洗涤纤维	46	63	65	68	40
中性洗涤纤维	62	73	74	87	75
粗脂肪	2.6	2.2	1.5	1.9	1.5
粗灰分	5	3	5	3	7
钙	0.55	0	0.2	0.15	0.16
磷	0.17	0.11	0.07	0.08	0.15

（二）青绿饲料

青绿饲料主要包括天然牧草、人工栽培牧草、青饲作物、叶菜类、非淀粉质根茎、瓜类、水生植物等。这类饲料种类丰富、来源广、产量高、营养均衡，对促进驴生长发育、改善驴肉和驴乳产品品质，提高日粮的适口性和饲料利用率等具有重要作用。青绿饲料的主要特点是含水量高、能值较低，水分含量高达60%～90%。尽管青绿饲料中粗蛋白质含量低，但质量优，含有各种必需氨基酸，尤其赖氨酸和色氨酸含量较高，蛋白质生物学效价可达70％以上。粗纤维含量低，尤其是在开花或抽穗前，因此掌握好收获期适时收割很重要。

青绿饲料矿物质含量丰富，钙磷比适宜，特别是豆科牧草中钙的含量较高，但钠和氯不足，饲喂时需补充食盐。青绿饲料维生素含量丰富，是维生素 A、维生素 E、B 族维生素和维生素 C 的主要来源，但不含维生素 D。青绿饲料适口性好，消化率高，但体积较大，易产生饱腹感，采食量受到限制。驴常见的青绿饲料种类可分为豆科牧草、禾本科牧草和其他科牧草及加工副产品。

1. 豆科牧草 豆科牧草的特点是粗蛋白质含量高，粗纤维含量低，柔嫩多汁，消化利用率高。常见栽培种类包括紫花苜蓿、三叶草、草木樨、红豆草等。紫花苜蓿是多年生草本植物，管理良好时可利用 5～8 年，适宜刈割时期为现蕾至初花期，此时粗蛋白质含量较高，可达到 18％～22％，必需氨基酸平衡，产奶净能达 5.4～6.3MJ/kg，钙含量 1.35％，是饲喂泌乳母驴的优良饲料，提高产奶量作用明显。一般亩产鲜草 2 500～4 000kg，折合干草 600～1 000kg/亩。

三叶草属植物的常见种类有白三叶和红三叶，为短期多年生牧草，粗蛋白质含量可达20％～25％，亩产鲜草可达 3 000kg，干草产量 500～600kg/亩，主要作为农田轮作、倒茬或放牧地栽培利用。草木樨是二年生植物，粗蛋白质含量 19％～20％，与苜蓿营养价值相当，但草木樨含有香豆素，具不良气味，适口性稍差，主要种植于荒地、退化草地和倒茬农地。上述 3 种豆科牧草都含有皂苷，大量采食后易引起臌胀病，若鲜草喂量不超过饲料总量的 15％～20％，不易引起异常反应。

在豆科牧草中，值得提及的是红豆草，又名驴食豆或驴喜豆，属驴食草属多年生草本，栽培后第 2～4 年，干草产量达 800～1 000kg/亩，鲜草产量可达 3 500～4 000kg/亩，粗蛋白质含量在初花期可达 15％～20％，消化率高。驴食草属不同于豆科其他属牧草的最大特点是青饲时不引起膨胀病，尤其宜作为泌乳母驴的青绿饲料大量饲喂，可节省精饲料。

2. 禾本科牧草 禾本科牧草粗蛋白质量含 8％～10％，粗脂肪 2％～4％，无氮浸出物40％～55％，粗纤维 30％～40％，粗灰分 6％～7％，几乎不含有抗营养因子，适口好，易加工储存，是驴的优良饲料。适宜驴饲喂的常用栽培种类有：青刈玉米、燕麦、苏丹草、皇竹草等。玉米是一年生粮食和饲料兼用作物，植株高大，鲜株产量达 4 000～6 000kg/亩，青刈玉米味甜多汁、适口性好、消化率高，可作为泌乳母驴、生长驴驹和种公驴的基础饲料。如为籽粒型或青贮型玉米品种，宜在乳熟期收割利用；如为茎叶利用型的墨西哥玉米，宜在株高 90～100cm 至抽雄前刈割。燕麦的茎叶和籽实是驴的优良饲料，鲜草产量为1 500～2 000kg/亩，叶量多、适口性好、消化率高，常制成青干草供冬季补饲。燕麦籽粒粗蛋白质含量 10％～14％，粗脂肪超过 4.5％，粗纤维含量高，富含 β-葡聚糖，营养全面且不易出现消化障碍。苏丹草也称为野高粱，是一年生草本植物，株高茎细，再生性强，可多次刈割，以株高达 100cm 时刈割为宜，鲜草产量达 3 000～5 000kg/亩。此期的苏丹草粗蛋白质含量 5％左右，粗脂肪约 2％，无氮浸出物较高，达 40％～45％，含有丰富的胡萝卜素。皇竹草是多年生草本植物，种植一次可连续利用 6～10 年，株高 1～1.2m 时刈割，亩产鲜草量可达 15～25t。在新疆地区引种的皇竹草粗蛋白质含量达 10％左右，叶片粗蛋白质含量达 14％以上，粗脂肪 2％～3％，粗纤维 30％左右。但皇竹草植株随生育时期推迟，茎秆易发生木质化，宜在种植后 40～60d 刈割，留茬 15～20cm。近年来，由高粱和苏丹草杂交培育的高丹草，兼具高粱株体高大和叶宽、苏丹草分蘖再生能力强的优点，不同时期干草的粗蛋白质含量为 6.22%～12.64%，粗纤维 25.61%～34.65%，粗脂肪 0.96%～2.01%，粗灰分 8.71%～11.62%，一年可以刈割 3～4 次，亩产鲜草 10t 左右，是一种具有重要栽培前景的牧草。

3. 其他科牧草及加工副产品　适宜于栽培利用的其他科青绿饲料作物包括聚合草、串叶松香草、籽粒苋、苦荬菜、酸模等，可作为驴的优质青绿饲料来源。聚合草的粗蛋白质含量高达 20%，粗纤维含量为 14%，粗灰分含量高，超过 18%，但干物质含量较低，为13%。串叶松香草在抽薹至孕蕾期的粗蛋白质含量可达 15%～17%，粗纤维含量 17%。此外，瓜类及食品加工副产品也是驴良好的青绿饲料来源，如瓜类、啤酒糟、番茄渣，其营养成分见表 4-4。瓜类维生素含量丰富，但干物质常低于 10%。糟渣类饲料粗蛋白质含量高于 20%，粗纤维常低于 15%，尤其是啤酒糟富含多种促生长因子，是一种营养价值极高的饲料。

表 4-4　部分瓜类及加工副产品营养成分（%）

种类	干物质	粗蛋白质	粗纤维	酸性洗涤纤维	粗脂肪	粗灰分	钙	磷	钾	镁
瓜类	4.1	11.5	23	29	3.3	6.6	—	—	—	—
干啤酒糟	93	27.9	11.7	—	7.4	4.8	0.3	0.66	—	—
干啤酒糟，25%CP	92	25.4	14.9	24	6.5	4.8	0.33	0.55	0.09	0.16
湿啤酒糟	21	25.4	14.9	23	6.5	4.8	0.33	0.55	0.09	0.16
番茄渣，脱水	92	23.5	26.4	50	10.3	7.5	0.43	0.6	3.63	0.2

（三）青贮饲料

青贮饲料是用豆科、禾本科牧草或饲料作物发酵而生产的，青贮饲料水分含量为65%～75%，半干青贮饲料水分含量为 40%～50%。常见的种类有苜蓿、玉米、甘薯藤等，尤其是苜蓿和玉米青贮最为常用，其营养成分见表 4-5。青贮可保存饲料 80% 以上的营养物质，可作为驴常年的饲料来源。用于制作青贮玉米的玉米常在乳熟期收获，切割成 2～3cm 长，经压实后，封闭发酵 40～50d，即可开封饲喂。开窖取料后要注意封闭窖口，清除霉烂部分，防止二次发酵。驴初次饲喂青贮玉米时，采食量较少，一般经过 5～7d 的适应后，采食量增加，日饲喂量可超过 2kg，最高可达 15kg，且种公驴、能繁母驴和育肥驴均可饲喂，推荐喂量（干重）不超过饲粮的 1/3。青贮玉米的 pH 常低于 4，饲喂时宜添加碳酸氢钠以中和酸度，提高采食量及减缓可能导致的消化道不适，如后肠道发酵异常和疝痛。青贮饲料含水量高，驴采食后大便更加疏松。霉变的青贮饲料应坚决舍弃，否则大量采食会造成毒素中毒。半干青贮饲料由于含水量低、pH 为 4.4～4.6，更宜于喂驴，但也更易受霉菌污染。

表 4-5　我国常见青贮饲料的营养成分（%）

种类	苜蓿青贮	牧草青贮	玉米青贮，乳熟期	玉米青贮，成熟期	甜玉米青贮
干物质	30	30	26	34	24

（续）

种类	苜蓿青贮	牧草青贮	玉米青贮，乳熟期	玉米青贮，成熟期	甜玉米青贮
粗蛋白质	18	11	8	8	11
粗纤维	28	32	26	21	20
酸性洗涤纤维	37	39	32	27	32
中性洗涤纤维	49	60	54	46	57
粗脂肪	3	3.4	2.8	3.1	5
粗灰分	9	8	6	5	5
钙	1.4	0.7	0.4	0.28	0.24
磷	0.29	0.24	0.27	0.23	0.26

（四）能量饲料

能量饲料主要包括谷实类、糠麸类、块根块茎类、动植物油脂、谷物加工副产品等。其中，消化能大于12.55kJ/kg的饲料属于高能饲料，如谷物、块根块茎类、动植物油脂等；其他属于低能饲料，如糠麸类、谷物加工副产品等。能量饲料中无氮浸出物含量高，占干物质的70%～90%，主要成分为淀粉。粗纤维一般在6%以下，粗蛋白质平均为10%，但氨基酸不平衡，蛋白质生物学效价较低。B族维生素丰富，但缺乏维生素A和维生素D，适口性好，易消化。

谷实类饲料指禾本科作物的籽实，常见的谷实类饲料包括玉米、小麦、稻谷、高粱、大麦等，其营养成分见表4-6。糠麸类包括小麦麸、次粉、米糠、米糠饼、米糠粕等。块根块茎类能量饲料包括利用价值较大的胡萝卜、甜菜、红薯、木薯、饲用南瓜、马铃薯等。动植物油脂包括鱼油、牛脂、猪油、玉米油、菜籽油、大豆油、棕榈油、棉籽油、葵花油等。

表4-6 我国常见谷实类饲料的营养成分（%）

种类	玉米，高蛋白	玉米，高赖氨酸	玉米，1级	玉米，2级	高粱，1级	小麦，2级	大麦（裸），2级	大麦（皮），1级	稻谷，2级
干物质	88.0	86.0	86.0	86.0	88.0	88.0	87.0	87.0	86.0
粗蛋白质	9.0	8.5	8.7	8.0	8.7	13.4	13.0	11.0	7.8
粗脂肪	3.5	5.3	3.6	3.6	3.4	1.7	2.1	1.7	1.6
粗纤维	2.8	2.6	1.6	2.3	1.4	1.9	2.0	4.8	8.2
无氮浸出物	71.5	68.3	70.7	71.8	70.7	69.1	67.7	67.1	63.8
粗灰分	1.2	1.3	1.4	1.2	1.8	1.9	2.2	2.4	4.6
中性洗涤纤维	9.1	9.4	9.3	9.9	17.4	13.3	10.0	18.4	27.4
酸性洗涤纤维	3.3	3.5	2.7	3.1	8.0	3.9	2.2	6.8	13.7
淀粉	61.7	59.0	65.4	63.5	68.0	54.6	50.2	52.2	63.0
钙	0.01	0.16	0.02	0.02	0.13	0.17	0.04	0.09	0.03
总磷	0.31	0.25	0.27	0.27	0.36	0.41	0.39	0.33	0.36
非植酸磷	0.09	0.05	0.05	0.05	0.09	0.21	0.12	0.10	0.15

（续）

种类	玉米，高蛋白	玉米，高赖氨酸	玉米，1级	玉米，2级	高粱，1级	小麦，2级	大麦（裸），2级	大麦（皮），1级	稻谷，2级
精氨酸	0.38	0.50	0.39	0.37	0.33	0.62	0.64	0.65	0.57
组氨酸	0.23	0.29	0.21	0.23	0.20	0.30	0.16	0.24	0.15
异亮氨酸	0.26	0.27	0.25	0.27	0.34	0.46	0.43	0.52	0.32
亮氨酸	1.03	0.74	0.93	0.96	1.08	0.89	0.87	0.91	0.58
赖氨酸	0.26	0.36	0.24	0.24	0.21	0.35	0.44	0.42	0.29
蛋氨酸	0.19	0.15	0.18	0.17	0.15	0.21	0.14	0.18	0.19
胱氨酸	0.22	0.18	0.20	0.17	0.15	0.30	0.25	0.18	0.16
苯丙氨酸	0.43	0.37	0.41	0.37	0.41	0.61	0.68	0.59	0.40
酪氨酸	0.34	0.28	0.33	0.31	—	0.37	0.40	0.35	0.37
苏氨酸	0.31	0.32	0.30	0.29	0.28	0.38	0.43	0.41	0.25
色氨酸	0.08	0.08	0.07	0.06	0.09	0.15	0.16	0.12	0.10
缬氨酸	0.40	0.46	0.38	0.35	0.42	0.56	0.63	0.64	0.47

1. 玉米　玉米是驴养殖生产中应用最广的一种饲料，无氮浸出物含量一般在70%～72%，主要为易消化的直链淀粉，粗纤维约1.6%，粗脂肪3.6%左右，其中多为不饱和脂肪酸，有效能值在谷实类饲料中最高。玉米的粗蛋白质含量为7%～9%，主要由醇溶蛋白与谷蛋白组成。必需氨基酸赖氨酸0.24%、蛋氨酸0.17%～0.18%、色氨酸0.06%～0.07%，上述3种氨基酸的含量较低，尤其色氨酸比小麦低50%。玉米中钙少（0.02%）磷多（0.27%），磷大部分是植酸磷，对驴等单胃动物的有效性低。黄玉米的维生素A原含量丰富，还含有叶黄素和玉米黄素等。我国玉米分为三级，还培育出高蛋白玉米、高油玉米、高赖氨酸玉米等品种。在驴养殖过程中，常以普通黄玉米为主要能量饲料来源，需破碎或粉碎后使用，并注意补充赖氨酸。

2. 小麦及其副产品　小麦在我国华北、东北和西北地区广泛栽培，小麦直接用作驴饲料的情况较少，通常饲喂小麦副产品，如麦麸、次粉等。小麦粗蛋白质含量在13%左右，粗蛋白质含量远高于玉米，但赖氨酸含量为0.35%，仅略高于玉米；无氮浸出物约70%，与玉米相当；粗脂肪为1.7%，低于玉米。但小麦的非植酸磷含量占总磷的50%，是有效磷的丰富来源。我国小麦副产品主要有次粉和麦麸，其营养成分见表4-7。麦麸主要由种皮、糊粉层和少量胚及胚乳组成，次粉是磨制精粉中除去麦麸、胚及合格面粉以外的部分，是介于小麦麸与精粉之间的产品，主要由小麦的糊粉层、胚乳及少量细麸组成。小麦精制过程中可得到23%～25%的麦麸、3%～5%的次粉和0.7%～1%的胚。麦麸分为三级，一级麦麸：粗蛋白质≥15.0%，粗纤维<9.0%，粗灰分<6.0%。二级麦麸：粗蛋白质≥13.0%，粗纤维<10.0%，粗灰分<6.0%。三级麦麸：粗蛋白质≥11.0%，粗纤维<11.0%，粗灰分<6.0%。麦麸是驴的优良能量饲料，具有轻泻作用，可减少驴结症的发生率。次粉也分为三级，无氮浸出物含量常在65%～68%，高于麦麸（55%～58%），而粗纤维含量低于麦麸，能值高于麦麸。次粉和麦麸的赖氨酸含量为0.5%～0.6%，与玉米搭配饲喂，可部分弥补玉米蛋白质和赖氨酸不足的情况。

表4-7　小麦加工副产品的营养成分（%）

种类	次粉，Ⅰ级	次粉，Ⅱ级	小麦麸，Ⅰ级	小麦麸，Ⅱ级
干物质	88.0	87.0	87.0	87.0
粗蛋白质	15.4	13.6	15.7	14.3
粗脂肪	2.2	2.1	3.9	4.0
粗纤维	1.5	2.8	6.5	6.8
无氮浸出物	67.1	66.7	56.0	57.1
粗灰分	1.5	1.8	4.9	4.8
中性洗涤纤维	18.7	31.9	37.0	41.3
酸性洗涤纤维	4.3	10.5	13.0	11.9
淀粉	37.8	36.7	22.6	19.8
钙	0.08	0.08	0.11	0.10
总磷	0.48	0.48	0.92	0.93
非植酸磷	0.17	0.17	0.32	0.33
精氨酸	0.86	0.85	1.00	0.88
组氨酸	0.41	0.33	0.41	0.37
异亮氨酸	0.55	0.48	0.51	0.46
亮氨酸	1.06	0.98	0.96	0.88
赖氨酸	0.59	0.52	0.63	0.56
蛋氨酸	0.23	0.16	0.23	0.22
胱氨酸	0.37	0.33	0.32	0.31
苯丙氨酸	0.66	0.63	0.62	0.57
酪氨酸	0.46	0.45	0.43	0.34
苏氨酸	0.50	0.50	0.50	0.45
色氨酸	0.21	0.18	0.25	0.18
缬氨酸	0.72	0.68	0.71	0.65

　　3. 稻谷及其副产品　我国稻谷产区主要在长江中下游、淮河流域、华南地区、东北地区及西北的平原或绿洲地区，稻谷的粗纤维含量较高，达8%以上，且一半为不能消化的木质素，粗脂肪1.6%，无氮浸出物在64%左右，有效能值为玉米的80%。稻谷加工除去外壳后，称为糙米。糙米粗纤维降低至2.0%，无氮浸出物增加至74%，有效能值与玉米相当。大米在加工时被碾碎的部分，称为碎米，碎米与大米在成分上没有区别，粗蛋白质高于10%，淀粉高于50%，有效能值高。

　　稻谷的加工副产品称为稻糠。稻糠又分为砻糠、米糠和统糠。砻糠是破碎的稻壳，实为秕壳，营养价值低。米糠是糙米（去壳稻米）加工成白米过程中产生的副产品。统糠是由米糠与砻糠按一定比例混合而成（常见有"二八"或"三七"统糠）的。米糠分为全脂米糠和脱脂米糠，通常所说的米糠是指全脂米糠，而提取出脂肪即米糠油后的米糠称为脱脂米糠。脱脂米糠因加工工艺的不同分为米糠粕和米糠饼。各类稻谷加工副产品的营养成分见表4-8。新鲜米糠的适口性好，但由于米糠油的脂肪酸主要为油酸、亚油酸等不饱和脂肪酸，容易氧化酸败和水解酸败，不耐储存。脱油后可以减少米糠的腐败，延长储存期。米糠中不饱和脂肪酸含量约80%，赖氨酸含量高，且B族维生素和维生素E含量丰富，缺乏胡萝卜素和维生素A、维生素D、维生素C。

表4-8 稻谷加工副产品的营养成分（%）

种类	糙米	碎米	米糠，Ⅱ级	米糠饼，Ⅰ级	米糠粕，Ⅰ级
干物质	87.0	88.0	90.0	90.0	87.0
粗蛋白质	8.8	10.4	14.5	15.0	15.1
粗脂肪	2.0	2.2	15.5	9.2	2.0
粗纤维	0.7	1.1	6.8	7.6	7.5
无氮浸出物	74.2	72.7	45.6	49.3	53.6
粗灰分	1.3	1.6	7.6	8.9	8.8
中性洗涤纤维	1.6	0.8	20.3	28.3	23.3
酸性洗涤纤维	0.8	0.6	11.6	11.9	10.9
淀粉	47.8	51.6	27.4	30.9	25.0
钙	0.03	0.06	0.05	0.14	0.15
总磷	0.35	0.35	2.37	1.73	1.82
非植酸磷	0.13	0.12	0.35	0.25	0.25
精氨酸	0.65	0.78	1.20	1.19	1.28
组氨酸	0.17	0.27	0.44	0.43	0.46
异亮氨酸	0.30	0.39	0.71	0.72	0.78
亮氨酸	0.61	0.74	1.13	1.06	1.30
赖氨酸	0.32	0.42	0.84	0.66	0.72
蛋氨酸	0.20	0.22	0.28	0.26	0.28
胱氨酸	0.14	0.17	0.21	0.30	0.32
苯丙氨酸	0.35	0.49	0.71	0.76	0.82
酪氨酸	0.31	0.39	0.56	0.51	0.55
苏氨酸	0.28	0.38	0.54	0.53	0.57
色氨酸	0.12	0.16	0.16	0.15	0.17
缬氨酸	0.49	0.57	0.91	0.99	1.07

4. 块根块茎类 驴养殖过程中常用块根块茎类饲料包括胡萝卜、甜菜、马铃薯等，其

营养成分见表 4-9。甜菜，又名饲料萝卜、糖萝卜等，主要在我国北方种植，为二年生草本植物。饲用甜菜的茎和叶是泌乳母驴、育肥驴的良好多汁饲料，代谢能 11.5～13.5MJ/kg，消化率达 80% 以上，有提高产奶量和乳脂率的作用。驴不喜酸味，但嗜甜味，饲喂甜菜可增进食欲。甜菜加工后的副产品，如糖蜜、甜菜渣也是驴的良好饲料。糖蜜添加到精饲料中可改善饲料的黏合度，但糖蜜中的 CP 几乎全是 NPN，添加量不宜超过 5%。糖蜜加水稀释后可与秸秆混拌饲喂或黄贮后饲喂，可改善秸秆适口性。此外，用甜菜渣替代 10%～15% 谷物，可减少因谷物过多导致发生蹄叶炎的风险。

胡萝卜是驴养殖中应用非常多的饲料，是维生素 A 的主要来源。胡萝卜茎叶粗蛋白质含量 13%，粗脂肪 3.8%，可直接饲喂或制成干粉后饲喂。马铃薯茎、叶、花和皮中存在大量龙葵素，不能用来喂家畜，用于饲喂动物的马铃薯块茎常为长芽或皮色发青的次级品，也含有大量龙葵素，同样不能用来喂家畜。在马属动物中，生马铃薯的回肠前消化率低于10%。因此，用马铃薯喂驴时需剔除发芽部分，蒸煮熟化后更具有饲喂价值。马铃薯渣是在马铃薯淀粉生产过程中产生的一种副产品，主要成分为水、细胞碎片和残余淀粉颗粒。马铃薯渣含粗蛋白质 7.82%、粗纤维 25.35%、总能 20.67MJ/kg、赖氨酸 0.57%、蛋氨酸 0.04%、胱氨酸 0.04%，可替代 15% 的玉米饲喂泌乳畜。

表 4-9 常用块根块茎类饲料营养成分（%）

种类	干物质	粗蛋白质	粗纤维	酸性洗涤纤维	粗脂肪	粗灰分	钙	磷	钾	镁
糖用甜菜根	18	16.8	10.4	22	1.8	19	—	—	—	—
糖用甜菜茎叶	17	15.1	11.2	14	1.1	22.9	1.01	0.22	5.79	1.12
普通甜菜	13	12.3	6.9	9	0.8	11.5	0.23	0.31	2.15	0.15
饲用甜菜	13.8	11.3	7.5	9	0.6	9.7	0.22	0.22	1.98	0.19
饲用甜菜茎叶	12.6	17	11.4	14	4.2	19.2	—	—	—	—
甜菜渣，脱水	91	9.7	19.8	33	0.6	4.4	0.69	0.1	0.2	0.27
甜菜糖蜜	78	8.5	0	0	0.2	11.3	0.17	0.03	6.07	0.29
胡萝卜茎叶	16	13.1	18.1	23	3.8	15	1.94	0.19	1.88	—
胡萝卜	12	9.9	9.1	11	1.4	8.2	0.4	0.35	2.8	0.2
鲜马铃薯	23	9.5	2.4	3	0.4	4.8	0.04	0.24	2.17	0.14

5. 动植物油脂类 常用的动植物油脂饲料包括牛脂、猪油、家禽脂肪、鱼油等动物脂肪，及菜籽油、椰子油、玉米油、棉籽油、棕榈油、花生油、芝麻油、大豆油、葵花油等植物性油类。不推荐给驴饲喂动物脂肪，但在驴饲料中少量添加高质量的植物油可提高饲粮的整体能量浓度，尤其对高产母驴具有缓解饲粮能量不足的积极作用。植物油的粗脂肪含量通常超过 98%，无氮浸出物约 0.5%，维生素 E 超过 50mg/kg，是驴的重要维生素来源，不含蛋白质，总能值超过 9Mcal/kg，为各类饲料中最高。饲喂的植物油必须为有质量保证的食用级植物油，杜绝添加廉价的地沟油。地沟油的脂肪酸通常已发生酸败、氧化和分解等一系列有负面作用的化学变化，食用后会导致维生素 E 缺乏，且引起消化紊乱。推荐使用大豆油、玉米油等植物油，添加上限为每千克体重每天喂量不超过 0.7g，且饲粮总的粗脂肪

含量不超过 6%～8%。与大豆油、玉米油、菜籽油等食用油相比，棕榈油价格较低，目前在反刍动物饲料、水产动物饲料和猪禽饲料上应用较多。根据熔点可将其分为：超低熔点、24℃、28℃、33℃、44℃、53℃和58℃棕榈油。前 2 种在常温下呈液体，称为液体棕榈油，中间 2 种为半固体棕榈油，后 3 种为固体棕榈油。在反刍动物饲料中应用较多的是棕榈硬脂，在水产动物饲料中采用的是液体棕榈油。根据驴的生理特性，推荐在泌乳母驴、生长驴驹及育肥驴饲料中添加 3%～5%的 24℃棕榈油。

（五）蛋白质饲料

1. 植物性蛋白质饲料　养驴中常用的植物性蛋白质饲料为豆类籽实、油料作物籽实加工后的饼粕，以及食品工业副产品糟渣等，如大豆、黑豆、豌豆、蚕豆、大豆饼粕、花生饼粕、菜籽饼粕、棉籽饼粕、芝麻饼粕、向日葵仁饼粕等。常见植物性蛋白质饲料的营养成分见表 4-10，其氨基酸含量见表 4-11。

表 4-10　常见植物性蛋白质饲料的营养成分（%）

种类	干物质	粗蛋白质	粗脂肪	粗纤维	无氮浸出物	粗灰分	中性洗涤纤维	酸性洗涤纤维	淀粉	钙	总磷	非植酸磷
黄色大豆，2 级	87.0	35.5	17.3	4.3	25.7	4.2	7.9	7.3	2.6	0.27	0.48	0.12
大豆饼，2 级	89.0	41.8	5.8	4.8	30.7	5.9	18.1	15.5	3.6	0.31	0.50	0.13
大豆粕，2 级	89.0	44.2	1.9	5.9	28.3	6.1	13.6	9.6	3.5	0.33	0.62	0.16
棉籽饼，2 级	88.0	36.3	7.4	12.5	26.1	5.7	32.1	22.9	3.0	0.21	0.83	0.21
棉籽粕，1 级	90.0	47.0	0.5	10.2	26.3	6.0	22.5	15.3	1.5	0.25	1.10	0.28
棉籽粕，2 级	90.0	43.5	0.5	10.5	28.9	6.6	28.4	19.4	1.8	0.28	1.04	0.26
棉籽蛋白，脱酚	92.0	51.1	1.0	6.9	27.3	5.7	20.0	13.7	0.9	0.29	0.89	0.22
菜籽饼，2 级	88.0	35.7	7.4	11.4	26.3	7.2	33.3	26.0	3.8	0.59	0.96	0.20
菜籽粕，2 级	88.0	38.6	1.4	11.8	28.9	7.3	20.7	16.8	6.1	0.65	1.02	0.25
花生仁饼，2 级	88.0	44.7	7.2	5.9	25.1	5.1	14.0	8.7	6.6	0.25	0.53	0.16
花生仁粕，2 级	88.0	47.8	1.4	6.2	27.2	5.4	15.5	11.7	6.7	0.27	0.56	0.17
向日葵仁饼，3 级，壳仁比 35∶65	88.0	29.0	2.9	20.4	31.0	4.7	41.4	29.6	2.0	0.24	0.87	0.22
向日葵仁粕，2 级，壳仁比 16∶84	88.0	36.5	1.0	10.5	34.4	5.6	14.9	13.6	6.2	0.27	1.13	0.29
向日葵仁粕，2 级，壳仁比 24∶76	88.0	33.6	1.0	14.8	38.8	5.3	32.8	23.5	4.4	0.26	1.03	0.26
亚麻仁饼，2 级	88.0	32.2	7.8	7.8	34.0	6.2	29.7	27.1	11.4	0.39	0.88	0.22
亚麻仁粕，2 级	88.0	34.8	1.8	8.2	36.6	6.6	21.6	14.4	13.0	0.42	0.95	0.24
芝麻饼，CP40%	92.0	39.2	10.3	7.2	24.9	10.4	18.0	13.2	1.8	2.24	1.19	0.31
玉米蛋白粉，CP40%	89.9	44.3	6.0	1.6	37.1	0.9	29.1	8.2	20.6	0.12	0.50	0.31

表 4 - 11 常见植物性蛋白质饲料的氨基酸含量（％）

种类	精氨酸	组氨酸	异亮氨酸	亮氨酸	赖氨酸	蛋氨酸	胱氨酸	苯丙氨酸	酪氨酸	苏氨酸	色氨酸	缬氨酸
黄色大豆，2级	2.57	0.59	1.28	2.72	2.20	0.56	0.70	1.42	0.64	1.41	0.45	1.50
大豆饼，2级	2.53	1.10	1.57	2.75	2.43	0.60	0.62	1.79	1.53	1.44	0.64	1.70
大豆粕，2级	3.38	1.17	1.99	3.35	2.68	0.59	0.65	2.21	1.47	1.71	0.57	2.09
棉籽饼，2级	3.94	0.90	1.16	2.07	1.40	0.41	0.70	1.88	0.95	1.14	0.39	1.51
棉籽粕，1级	5.44	1.28	1.41	2.60	2.13	0.65	0.75	2.47	1.46	1.43	0.57	1.98
棉籽粕，2级	4.65	1.19	1.29	2.47	1.97	0.58	0.68	2.28	1.05	1.25	0.51	1.91
棉籽蛋白，脱酚	6.08	1.58	1.72	3.13	2.26	0.86	1.04	2.94	1.42	1.60	2.48	—
菜籽饼，2级	1.82	0.83	1.24	2.26	1.33	0.59	0.82	1.35	0.92	1.40	0.42	1.62
菜籽粕，2级	1.83	0.86	1.29	2.34	1.30	0.63	0.87	1.45	0.97	1.49	0.43	1.74
花生仁饼，2级	4.60	0.83	1.18	2.36	1.32	0.39	0.38	1.81	1.31	1.05	0.42	1.28
花生仁粕，2级	4.88	0.88	1.25	2.50	1.40	0.41	0.40	1.92	1.39	1.11	0.45	1.36
向日葵仁饼，3级，壳仁比 35∶65	2.44	0.62	1.19	1.76	0.96	0.59	0.43	1.21	0.77	0.98	0.28	1.35
向日葵仁粕，2级，壳仁比 16∶84	3.17	0.81	1.51	2.25	1.22	0.72	0.62	1.56	0.99	1.25	0.47	1.72
向日葵仁粕，2级，壳仁比 24∶76	2.89	0.74	1.39	2.07	1.13	0.69	0.50	1.43	0.91	1.14	0.37	1.58
亚麻仁饼，2级	2.35	0.51	1.15	1.62	0.73	0.46	0.48	1.32	0.50	1.00	0.48	1.44
亚麻仁粕，2级	3.59	0.64	1.33	1.85	1.16	0.55	0.55	1.51	0.93	1.10	0.70	1.51
芝麻饼，CP40％	2.38	0.81	1.42	2.52	0.82	0.82	0.75	1.51	1.02	1.29	0.49	1.84
玉米蛋白粉，CP40％	1.31	0.78	1.63	7.08	0.71	1.04	0.65	2.61	2.03	1.38	—	1.84

　　大豆及其饼粕是一种理想的蛋白质饲料源，必需氨基酸含量高，尤其赖氨酸含量丰富，占 2.4％～2.8％。马属动物中苏氨酸常为第二限制性氨基酸，大豆中苏氨酸含量也较高，是驴的优质蛋白质来源。大豆含胰蛋白酶抑制剂、大豆凝集素、脲酶、致甲状腺肿因子和脂氧合酶等抗营养因子。大豆饼粕加工过程中的热处理工艺将这些抗营养因子破坏，因此加热后的大豆及大豆饼粕对驴无碍，可长期饲喂。

　　棉籽饼粕中赖氨酸和苏氨酸含量仅次于大豆饼粕，尤其在棉籽蛋白中赖氨酸和苏氨酸含量分别达 2.2％和 1.6％，粗蛋白质含量达 44％～47％，也是驴的优良蛋白质饲料。棉籽饼粕中游离棉酚对驴的繁殖性能有毒害作用，可在育肥驴中使用。在驴驹和繁殖母驴中可饲喂脱毒或低毒棉粕，添加量可占饲粮比例的 10％左右，或用普通棉籽饼粕与大豆饼粕按 1∶1 的比例混合饲喂。种用公驴应禁用未经脱毒的棉籽饼粕。棉籽饼粕属便秘性饲料，可与花生仁饼粕、芝麻饼粕、胡萝卜、麦麸等软便性饲料配合饲喂。

　　菜籽饼粕的苏氨酸含量与大豆饼粕相同，高于 1.4％，但赖氨酸含量仅为大豆饼粕的一半，粗蛋白质含量也较低，为 35％～39％，且含有异硫氰酸酯、芥酸等抗营养因子，降低了适口性，并对甲状腺有毒性。在驴饲料中宜与大豆粕按1：（1～2）的比例掺和饲喂，喂量不超过饲粮比例的6%～8%。花生仁饼粕的蛋白质含量最高，达45%～48%，但赖氨酸、苏氨酸含量低，赖氨酸含量与菜籽饼粕接近，但苏氨酸含量低于菜籽饼粕。花生仁饼粕有通便作用，采食过多易导致软便。花生仁饼粕主产区为山东省，也是我国驴养殖和驴产业大省，可充分利用这一资源，在驴饲料中与大豆粕按1：（1～2）的量掺和饲喂。另外，花生仁饼粕极易感染黄曲霉，引起黄曲霉毒素中毒，需把好原料关。

向日葵仁饼粕质量与壳仁比有很大关系，壳仁比16：84时，其蛋白质、赖氨酸和苏氨酸含量与2级菜籽饼粕近似。随壳仁比增加，木质素增加，饲喂价值降低。但向日葵仁饼粕除绿原酸外，可与含蛋氨酸高的玉米蛋白粉混合且添加赖氨酸后饲喂，或与大豆粕、棉籽蛋白掺和饲喂。亚麻仁饼粕、芝麻饼粕和玉米蛋白粉的共同特点是，苏氨酸含量较高，但赖氨酸含量为大豆饼粕的1/3～1/2。亚麻仁饼粕中的抗营养因子包括生氰糖苷、亚麻籽胶、抗维生素B_6。生氰糖苷在酶作用下会释放产生氢氰酸，有剧毒作用，可通过高温蒸煮除去。亚麻籽胶有润滑作用，可调节粪便软硬，且有时可治疗便秘。蒸煮过的亚麻仁饼粕可提高驴的被毛状况。芝麻饼粕中的抗营养因子主要为植酸和草酸，二者影响磷和钙的消化吸收，但芝麻饼粕可增加动物被毛光泽度，饲喂芝麻饼粕时宜添加植酸酶制剂及提高饲粮中钙比例。亚麻仁饼粕和芝麻饼粕在驴饲粮中的用量不宜超过5%～6%。玉米蛋白粉不存在抗营养因子，饲喂时需注意补充赖氨酸。

2. 单细胞生物和动物性蛋白饲料　目前应用较多的是单细胞生物蛋白，是将农副产品的下脚料或工业废弃物用酿酒酵母、假丝酵母等酵母菌发酵制成的蛋白质饲料，含有45%～50%的蛋白质，必需氨基酸和维生素充足，尤其是B族维生素的含量极其丰富，消化率高，作为蛋白饲料添加到幼驹和高产母驴饲料中具有促进生长发育和提高产奶性能的作用。

动物性蛋白饲料包括羽毛粉、血粉、肉粉、乳清粉、全脂或脱脂奶粉、鱼粉、昆虫蛋白粉等。关于驴饲料中添加各类动物性蛋白的饲喂效果，尚未有研究数据，但有研究表明，马对水解羽毛粉的消化率低，饲喂价值不高。我国规定禁止在反刍动物饲料中使用动物源性饲料产品（乳及乳制品除外），在驴等马属动物中没有明确规定，但驴也为草食动物，建议驴养殖过程中应避免使用羽毛粉、血粉、肉骨粉等畜禽蛋白饲料。鱼粉或昆虫粉不宜添加到泌乳驴和育肥驴饲料中，可能会影响乳脂或肉品风味。驴养殖过程中，动物性蛋白饲料应用较多的是乳清粉、全脂或脱脂奶粉，主要作为代乳料的成分用于少奶或无奶驴驹饲喂中。

（六）矿物质饲料

矿物质饲料主要包括钙源饲料、磷源饲料及电解质补充饲料。钙源饲料大部分是以碳酸钙为主的矿物质，包括石粉、贝壳粉、石膏，含钙量分别为36%～39%、34%～38%及23%。磷源饲料常用的有磷酸氢钙、磷酸二氢钙、磷酸钙等，也含有钙，因此也称为钙磷源饲料，含磷量分别为18%～22%、24%和20%，含钙量分别为23%～29%、16%和38%，且规定氟含量不能超过0.2%。电解质补充饲料主要是氯化钠和碳酸氢钠。尽管驴对氯化钠的耐受性高，但NRC（2007）建议马对钠的需求量为0.02g/kgBW。据此标准，换算为氯化钠，推荐维持状态下按体重的0.05%来补充，在驴饲粮中添加量为每千克干物质加4～5g

食盐。对于生长期驴驹、种公驴、泌乳驴，每千克饲粮干物质中可增加至 6～8g。由于驴对各类微量元素需求量未知，且种类较多，一般不建议单独添加。补充微量元素可以直接购置复合微量元素预混料，据产品说明书按比例与精饲料混匀后饲喂。

（七）维生素饲料

豆科植物和胡萝卜是 β-胡萝卜素极其丰富的来源，新鲜的绿色草料、谷物及饼粕中含有丰富的维生素 E，有充足室外活动的驴可自身合成充足的维生素 D，青绿饲料中含有丰富的 B 族维生素和维生素 C，因此注意饲料来源多样化且质量可靠，驴较少出现维生素缺乏症。但是驴对维生素的耐受范围大，补充维生素可通过在精饲料中按比例添加商品化的复合维生素添加剂。

（八）非营养性饲料添加剂

非营养性饲料添加剂种类多、作用各异，包括饲料保护剂（保护饲料中的营养物质，防止氧化或被微生物破坏）、助消化剂（如酶制剂、益生素、酸化剂、缓冲剂、离子交换化合物、离子载体、异位酸等）、代谢调节剂（如激素、营养重分配剂）、生长促进剂（如抗生素、化学合成药）、动物保健剂（如药物、免疫调节剂、环境改良剂）等。常用的有酶制剂、微生态制剂、中草药制剂等。

驴是单胃草食动物，植物中的植酸磷不易有效利用。驴肠道内淀粉酶活性较低，饲粮中纤维素含量较高，在饲粮中添加淀粉酶、植酸酶、半纤维素酶（如木聚糖酶、甘露聚糖酶）和纤维素酶制剂，可促进淀粉和磷消化吸收，促进纤维素物质发酵利用，提高饲料消化率。当饲喂小麦较多时选用木聚糖酶，喂大麦或燕麦时选用 β-葡聚糖酶，喂豆粕或大豆时应选用甘露聚糖酶。我国常用的微生态制剂有芽孢杆菌、乳酸杆菌、酵母菌、粪链球菌、黑曲霉和米曲霉。饲用活性干酵母是以糖蜜、淀粉为主要原料，经液态发酵通风培养酿酒酵母，并从发酵醪中分离酵母活菌体，经脱水干燥后制得的可直接添加于饲料中的活菌产品，具有调节动物肠道微生物平衡、预防疾病、促进生长及提高饲料利用率的作用，但在驴中的添加剂量及应用效果尚待研究。

第二节　驴的消化生理特点

驴是草食家畜，属于单胃动物，消化生理和营养需要与草食性反刍家畜不同。在唐代，驴、骡业取得了很大发展，并出现了我国最古老、最原始的"饲养标准"。这些饲养方法大多是由历史实践经验总结而来。随着现代营养科学的发展，及近年来驴产业的蓬勃壮大，加之对驴的消化生理及营养需要特性的深入研究，及各种饲料特点的认知，可依各地气候条件和饲料种类对驴进行更加科学合理的饲养管理。

一、驴的消化道特点及其生理

（一）消化道构造

驴的消化器官构造与消化机能的特点与马的基本相同。驴通过嘴唇、舌头和牙齿的配合来摄取食物。驴的采食量较大，但每口采食的饲料量较少，食团需要经过细致咀嚼后才吞咽。在饲养时，应给驴留有足够的采食时间。

驴的胃容积较小，由 4 个主要区域，即贲门、胃囊、胃底和幽门区域组成。一般占消化系统总容积的 10%，仅相当于相同体型牛胃的 1/8～1/7。驴的采食量（以干物质为基础，本书中关于饲料采食量或饲喂量的数据如无特殊说明，均指干物质基础）占体重的 1.5%～2.5%，与饲料种类有关。饲喂麦秸等劣质粗饲料时采食量仅为 1%，饲喂优质禾草干草时采食量最高。饲料在胃中停留的时间较短，7～9min 就开始向肠道转移。在 2h 以内，60% 的食物就转移到肠中，4h 基本上可全部转移出胃。

针对驴胃容积小、食糜由胃转移到肠道速率快的特点，选择饲料时要求疏松、易消化、便于转移、不致在胃内黏结的饲料。国内部分地区养驴者认为燕麦、麦麸或其他精饲料与饲草分别饲喂，有利于消化，也适合驴胃肠道的生理特点。传统观点认为，饲喂顺序应为先粗后精、先干后湿，但是关于应该先喂谷物还是干草，干法或湿法饲喂，仍未有定论。然而，值得注意的是，据国外养殖经验，驴饲粮粗蛋白质水平不宜过高，否则容易发生皮疹。

驴需要夜间补喂，特别是对于饲养水平低、粗饲料多精饲料少的驴就更有必要。对精饲料饲喂量大的种驴，可以在夜间仅投给适量的干草或粗饲料，任其自由采食，使剩草量不高于 10%。夜间饲喂不会影响驴的休息和睡眠。驴睡眠的时间较其他动物短，1d6～7h 就足够，且分散在 1d 的多次休息中，夜间的深度睡眠只需 2～3h。

驴的肠道容积较大，小肠占消化道的 28% 左右，小肠分为 3 个部分：十二指肠、空肠和回肠。驴的大肠包括盲肠、大结肠和小结肠，约占整个消化道容积的 62%，位于消化道后端。大结肠由左、右腹结肠组成，小结肠的长度与大结肠的长度大致相同。食物在肠道滞留的时间很长，饲料的消化、吸收主要在肠道进行。

（二）消化生理特点

驴消化道前部的消化过程与单胃动物相似。在胃中，饲料与胃蛋白酶和盐酸混合，有助于分解固体颗粒。小肠为重要的消化吸收部位，消化过程（蛋白质、脂肪、淀粉和糖的酶促分解）与其他单胃动物类似，分泌包括 α-淀粉酶、β-葡萄糖苷酶、氨肽酶和羧肽酶等在内的酶类，主要进行以酶消化为主的化学消化过程。α-葡萄糖苷酶的活性与许多其他驯养的哺乳动物相当，但食糜中某些酶（尤其是 α-淀粉酶）的活性低于其他单胃动物。食糜在其间的转运也相当快，部分食糜在进食 45min 内可到达盲肠。小肠中几乎有 30%～60% 的糖类被消化吸收，几乎所有氨基酸都在小肠中吸收。脂溶性维生素 A、维生素 D、维生素 E 和维生素 K 以及一些矿物质（如钙和某些磷）也在小肠中被吸收。通过微粉化等方法改变饲料中糖类的结构，可将小肠中的谷物消化率提高到 90% 左右。这将减轻大肠的负担，并可以降低消化道超负荷的风险，以及绞痛、蹄叶炎和酸中毒的发生率。驴没有胆囊，但肝持续排出胆汁，通过胆汁盐的作用来促进脂肪乳化，增加油-水表面积，以致脂酶更容易将中性脂肪水解为脂肪酸和甘油，便于消化吸收。

驴的盲肠和结肠功能与反刍动物瘤胃的相似，对粗饲料起着重要的消化作用。后肠的消化主要是靠微生物而不是酶来推动的。盲肠中有大量微生物，有效地分解植物纤维和未消化的淀粉，形成更简单的称为挥发性脂肪酸（VFA）的化合物，并通过肠壁吸收。食物在大肠中滞留 18～24h，占食物在消化道滞留时间的 1/3 以上。其中，在盲肠中停留约 7h，从而使细菌有充分的时间通过发酵分解纤维素，并产生维生素 K、复合维生素 B、微生物蛋白质和脂肪酸。维生素和脂肪酸能被吸收，但是微生物蛋白质几乎不被吸收利用。

在大结肠内微生物消化（发酵）继续进行，通过微生物消化产生的大部分营养物质，以及细菌产生的 B 族维生素、一些微量矿物质和磷被吸收。小结肠的主要功能是重新吸收多余的水分到体内，并形成粪球。这些粪球进入直肠，通过肛门排出。

驴肠道粗细不均，如盲肠的胃状膨大部和大结肠内径很粗，可达 30cm；但小肠和小结肠内径却很小，仅 5～6cm。尤其是一些肠道的入口部，如盲结口、回盲口、结肠起始部等，均很狭小。因此，粪便容易在这些较细的部位形成堵塞，即所谓便秘症（结症）。驴的多发病主要是消化系统疾病，其中肠道疾病占较大比例。饲养时必须注意饲喂方法、饲料种类和管理，预防结症发生。

然而，以放牧为主的驴很少发生便秘。舍饲和半舍饲驴发生便秘的主要原因：一是采食粗饲料量大，肠道负担过重。二是饲喂的饲草质量不佳，含沙石多。三是饲料的加工、调制不当，秸秆饲草应粉碎或铡短。四是饮水不足，特别在缺水或脱水时，易造成肠道消化液减少，以致秘结。五是突然变换饲草，如由青绿饲料突然换喂青干草，或由喂青干草突然变换喂青贮饲料，都容易造成肠道疾病。变换饲草时，应有 5～7d 的过渡期，使驴逐渐适应新的饲料。

大肠中合成的微生物蛋白不能被充分利用，因而对蛋白质有较高需求的动物（驹和哺乳期母驴）必须饲喂高质量的蛋白质，这些蛋白质可以分解并主要在小肠中吸收。实际上，我们可以通过提高蛋白质质量而非增加饲料中的粗蛋白质含量来做到，尤其是确保必需氨基酸水平配比平衡（如赖氨酸、蛋氨酸和苏氨酸）以满足营养需求。

成年驴的消化道在一天中能分泌大量消化液，分泌量为 70～80L。其中，唾液约 40L，胃液 30L，胆汁 6L。唾液中含有的碳酸氢盐，可缓冲和维持胃肠酸碱平衡，进而保护胃中高酸性的氨基酸。唾液还含有少量淀粉酶，有助于糖类的消化。消化液的分泌量与饲料种类、饮水和饲料含水量有直接关系。因此，驴需要充足的饮水。驴通常不饮陈水，最好每天提供新鲜洁净的饮用水，成年驴饮水量为 10～25L/d，一次给水量最好不超过 2～3d 的饮用量。

二、驴对各种饲料的消化利用

驴为单胃草食动物，后肠发达，这一生理特点决定其消化特性与复胃草食动物和单胃动物都有所不同。驴与马的消化系统在结构和功能上相近，但驴与马对各种营养物质的利用也略有不同之处。

（一）驴对糖类的消化利用

驴对糖类中无氮浸出物的消化吸收主要在消化道前段（口腔到回肠末端）进行，而对纤维物质的消化主要在消化道后段（回肠末端以后）。驴对无氮浸出物消化过程与猪相似，在胃肠淀粉酶及二糖酶作用下，水解为单糖，在小肠吸收，尤其是十二指肠和空肠。驴胰液中 α-淀粉酶的含量只有猪中的 5%～6%，而 α-葡萄糖苷酶相当。在高谷物比例条件下，饲粮中添加淀粉酶有助于提高谷物的消化率。纤维类物质在盲肠和结肠中经微生物发酵产生挥发性脂肪酸，如乙酸、丙酸和丁酸，其比例通常为 65：20：10，乙酸比例最高。乙酸和丁酸是重要的乳脂合成前体物，与驴乳脂率高低密切相关。

马属动物对饲料中粗纤维的利用率介于反刍动物和杂食动物之间。一般情况下，马对饲料中纤维素的消化率不超过 30%，而反刍动物可达 60%～70%。驴对纤维素的消化能力高于马及其他马属动物，与反刍动物更为接近。就低质粗饲料（如麦秸）来说，驴对纤维素的表观消化率与牛、羊相同，当饲喂苜蓿干草等优质干草时，表观消化率则不如牛、羊。所以麦秸类可用于喂驴，而不适宜喂马，但仅以秸秆为单一饲料来源不能满足驴的基本能量维持需要。目前，尚未有关于驴营养需要和饲养标准的系统数据，通常驴的能量需求量可基于相同体重饲喂马能量需要量的 0.75 倍来计算。

（二）驴对蛋白质的消化利用

与单胃动物相似，驴体内蛋白质的消化主要发生在胃和小肠中，吸收主要在小肠前 2/3 的部位进行。在驴大肠存在大量微生物的发酵作用，含氮物质的消化产物包括氨基酸、硫化氢、二氧化硫、氨气、粪臭素和微生物蛋白。后肠氨基酸对驴整体氨基酸的贡献较小，后肠中产生的微生物蛋白中只有少部分氨基酸可被利用。据测定，血液氨基酸中可能有 1%～12% 源于后肠。在饲喂含有劣质蛋白的饲粮时，驴的主要限制性必需氨基酸为赖氨酸和苏氨酸。驴采食麦秸等低蛋白饲粮时，75% 的尿素可再循环进入体内。肾尿滤过率降低，重吸收比例增加，导致含氮无机物滞留增加，使得氮再循环进入肠道中。因此，总体而言，驴对蛋白质的需求量少于马，在缺少饲养标准的情况下，通常按照马需求量的 0.75～0.85 倍来计算。

非蛋白氮（NPN），如尿素、铵盐等，对驴的营养价值有限。利用 NPN 的微生物位于盲肠内，受作用部位所限，尿素等 NPN 很难直接到达后肠（盲肠或结肠），通常在小肠就被降解成 NH_3 而吸收入血，在肝重新转化为尿素，少数经血液循环到达盲肠或结肠，被细菌转化为氨后重新用来合成微生物蛋白，而大部分则随尿排出体外。如果氨产生量极大地超过细菌的利用能力和肝的清除能力时，就会产生氨中毒。在低蛋白营养水平下，添加少量无机氮对维持驴后肠微生物正常数量及后肠纤维消化有益，但添加量过多，则产生毒性，通常添加量为饲粮的 1.5%～3%，不超过 5%。

（三）驴对脂肪的消化利用

驴不同于反刍动物之处，在于其体脂组成主要受饲粮脂肪组成影响。驴缺少胆囊，肝不停地分泌胆汁进入肠腔，且十二指肠中胃酸的存在也会刺激胆汁分泌。小肠是饲粮脂肪和长链脂肪酸的主要吸收位点，从肝持续排出的胆汁通过胆汁盐的作用，促进脂肪乳化而有助于脂肪消化过程。乳化作用增加油-水表面积，使脂酶更容易将中性脂肪水解为脂肪酸和甘油。脂肪酸和甘油更易被吸收，大量饲粮脂肪以微细的中性脂肪（三酰甘油，TAG）乳化颗粒的形式被吸收进淋巴系统后，作为乳糜微粒中的脂蛋白来转运。中链 TAG（碳链长 6～12）更易被吸收，之后被门静脉系统转运进入肝，在此被代谢为酮类。

尽管传统观念认为驴对脂肪的消化能力差，仅相当于反刍动物的 60%，但有研究表明，驴对脂肪的消化相当有效。在驴饲粮中添加适量的植物油或油籽具有多种益处，尤其是那些需要高强度使役的驴、泌乳初期处于能量负平衡的母驴或处于热应激的驴。驴肉脂肪中不饱和脂肪酸比例占 55%～61%，多不饱和脂肪酸含量为 13.9%，高于牛、羊、猪、鸡等畜禽肉中的不饱和脂肪酸含量。驴乳乳脂中不饱和脂肪酸占比通常为 40%～60%。因此，驴对不饱和脂肪酸有额外需求，富含不饱和脂肪酸的饼粕是这类脂肪的良好饲料来源。尽管驴肉和驴乳中不饱和脂肪酸在脂肪中占比非常高，但脂肪在机体和驴乳中的含量较低，因而决定其对脂肪的需求量总体较少。饲粮含油量较高，可能会降低其他营养物质的消化率。

（四）驴对水分和矿物质的吸收

驴体内水分和电解质（钠、钾、氯和磷酸盐）的关键性吸收部位在大肠。通过回盲结点的水分在盲肠腔吸收的量最多，其次是在结肠。钙和镁大多在小肠吸收，而磷酸盐也能有效地在小肠和大肠被吸收。这一消化吸收的特点也说明了为什么饲粮钙不能抑制磷的吸收，但是过多的磷会抑制钙吸收。镁的吸收部位主要在小肠，少量经大肠吸收。钠、氯、钾的主要吸收部位是十二指肠，其次是胃、小肠后段和结肠，约 95% 的钠通过大肠重新吸收。硫、铁、铜、钴、锌、锰、碘、硒、钼、氟等的主要吸收部位都在小肠。

三、饲喂原则

根据驴的消化道构造和消化生理特点，喂养时要掌握以下饲养管理原则。

（一）饲养原则

（1）依用途、性别、老幼、个体大小、生产性能以及性情，分槽定位饲养，以免争食。临产母驴或当年幼驹要用单槽。哺乳母驴的槽位要宽些，便于幼驹吃乳和休息。

（2）饲喂时间和数量相对固定，做到定时定量，使驴建立规律的生理活动反射。可采取日喂 2～3 次的方法，加强夜饲（以干草为主）。驴每天总的采食时间不应少于 9～10h。喂驴的草要铡短，喂前要筛去尘土，挑出长草，拣出杂物，料粒不宜过大。如喂拌草，拌草的水量不宜过多，使草粘住料即可。

（3）饲料要多样化，做到营养全面。饲料来源要因地制宜，充分利用本地饲料资源，尽量充分利用粗饲料和青绿饲料，精饲料也要尽量搭配，做到营养全价，以提高利用率，降低成本；饲料加工调制得当，增强适口性，提高驴的食欲。

（4）改变饲料时要逐渐进行，以防因短期内不习惯而造成消化功能紊乱，如疝痛、便秘等。

（5）根据生理阶段、用途、年龄等制订饲养管理程序，要区别对待，不能随意改变，进入不同生理阶段时应缓慢过渡，使其适应。

（6）饮水充足、清洁、新鲜。在寒冷的冬季最好不让驴饮过冷的水，保证水温在 8～10℃。应做到自由饮水，切忌使役后马上饮冷水，可稍休息后再饮；避免暴饮和急饮，以免发生腹痛。每次吃完干草后也可饮些水，但饲喂中间或吃饱之后，不宜大量饮水，以免冲乱胃内分层消化饲料的状态，影响胃的消化。待吃饱后过一段时间或至下槽干活前，再让其饮足。一般每天饮水 4 次，天热时可增加到 5 次。

（7）观察驴的采食量、适口性、粪便软硬程度，及时调整日粮，尤其要调整能量和蛋白质饲料。使驴的日粮既能满足其营养要求，又能使其吃饱。

（二）日常的管理

在当前养殖模式下，大多采用舍饲或半放牧半舍饲方式饲养。驴多半时间在圈舍内度过，圈舍的通风、保暖和卫生状况，对驴的生长发育和健康有至关重要的影响。

1. 卫生管理 应保持厩舍地面平坦、干燥。驴不喜潮湿环境，适宜相对湿度为 50%～70%，粪、尿、垫草分解产生的氨气和硫化氢，会影响驴的健康，应保持圈舍良好通风。厩舍内最适宜温度为 20～25℃，因此要注意冬季防寒和夏季防暑的问题。即使在冬季，厩舍温度也应在 8～12℃，保暖措施要得当。此外，厩舍的采光与厩舍的干燥相关，厩舍要有良好的采光性，要及时打扫卫生，更换垫草。

2. 刷拭驴体 小规模养殖户，可用扫帚、鬃刷和铁刷刷拭；大型养殖户可安装自动刷拭装置。刷拭驴体可清除皮垢、灰尘和外寄生虫，促进皮肤的血液循环、呼吸代谢，保持发汗排泄机能的畅通，增进驴的健康。刷拭还可以及时发现外伤。刷拭应按由前往后，由上到下的顺序进行。

3. 蹄的护理 要求厩床干燥，及时清除粪便。运动场无坑、凹沟槽及石块等。要正确修蹄，每 1.5～2 个月可修削 1 次。役用驴还需要钉掌。良好的蹄形可提高驴的工作性能和延长使用年限。通过蹄的护理，可以发现蹄病，及时找兽医治疗或护理。

4. 运动 运动可促进代谢，增强驴体体质，尤其是种公驴，适当的运动可提高精液品质；也可使母驴顺产和避免产前不吃、妊娠浮肿等。运动的量以驴体微微出汗为宜。驴驹拴系过早，不利于其生长发育，应让其自由活动为好。

种公驴主要功能在于配种繁殖，母驴用于扩大驴群，生产肉、乳。而各龄驴驹正处于生长发育的重要时期，决定后备驴群的质量。它们各有不同的生理特点，对饲养管理也有不同的要求。

第三节 种公驴的饲养管理

饲养种公驴的目的是配种繁殖。饲养管理方法和利用情况直接影响种公驴的休况、性欲、精液品质，直接关系到配种数量、利用年限、母驴的受胎率，关系到驴群的数量和质量。合理而均衡的饲养，精细的管理，结合营养的科学配合，适当的运动和役使，是养好种公驴的重要条件。

种公驴应单间单槽饲养，不拴系，让其自由活动和休息，圈舍宽敞、光照适宜、通风良好，并做好圈内外卫生清洁和防疫消毒工作。驴舍面积一般为（2.5～3.0）m×（1.8～2.0）m，运动场面积不少于 15～20m²，以便种公驴自由运动。运动或适当役使，防止过肥，是提高种公驴精液品质的重要管理技术。饲养人员要固定，并与种公驴建立好感情，不可粗暴对待。对种公驴粗暴管理会造成其性抑制，使精液品质下降。根据生理阶段，种公驴的饲养管理可分为非配种期饲养管理、配种准备期饲养管理和配种期饲养管理，分别采用差异化的饲养标准和管理方法。

一、非配种期饲养管理

此期种公驴处于配种间歇期，主要任务是恢复身体机能，保持中等休况，对营养物质需求较配种期少。但日粮中应有均衡的能量及丰富的蛋白质、矿物质和维生素，这是为种公驴在配种期保持旺盛的代谢功能和产生优良品质精液的重要准备。日粮中粗蛋白质水平宜在 6.5％～7％，消化能宜 6.5～8.0MJ/kg。粗饲料占 75％，精饲料占 25％，典型的饲料配方见附表 2。在管理方面，注意每天保持适当运动，不低于 2h，可正常使役。根据使役轻重，相应增加精饲料比例。

二、配种准备期饲养管理

种公驴在配种开始前 1～2 个月就要积极为配种做好准备，要给予充足的营养，保证日粮能够满足种公驴的营养需要。此期的饲养管理重点就是恢复并保持种公驴的强健体况，要全面进行健康检查，对个别瘦弱的应精心饲养，尽快增膘复壮，为完成配种任务做准备。

饲养上要减少日粮中饲草比例，逐渐增加精饲料喂量，使精饲料在日粮中占总量的 35％，饲粮粗蛋白质水平应提高到 8％～9％。增加蛋白质和维生素的供给，以提高种公驴的精液品质。一般大型种公驴（体重大于 300kg）在非配种期，每天喂粗饲料 4～5kg（以 DM 为基础，下同），精饲料 1.5～2.2kg；中型种公驴（体重 200～250kg）喂干草 3～4kg，精饲料 1.4～1.7kg。每天给食盐 10～15g（在饲粮中用量约为 5g/kg），碳酸钙 20～30g。每天可额外补充 0.5～1kg 的胡萝卜、大麦芽、饲料酵母等富含维生素的饲料。

管理方面要注意每天适量运动 1.5～2h，以免因营养增加和运动量不足使身体过肥而降低配种能力。

三、配种期饲养管理

配种期间，一般年轻种公驴以每天交配 1 次为宜，壮龄种公驴每天可交配 2 次（间隔 8～10h），每周应休息 1d。每次交配后应由专业人员牵遛 20 min 左右，然后让种公驴安静休息。饮水和饲喂后，不宜立即进行交配。配种期间一直处于性活动的紧张状态，体力消耗很大，必须保持饲养管理工作的稳定，不要随意改变日粮、运动量和饲养程序，以保持种用体况、旺盛的性欲和优良的精液品质。

此期饲料和日粮的组成要多样化。配种期种公驴每天饲喂占体重 0.8％～1.2％的精饲料，干草 1％，青草 0.5％（以鲜重计）。配种旺季每天还要补喂鸡蛋 2～3 个。粗饲料最好选用优质的禾本科和豆科（应占 1/3）混合干草，青草期可用青鲜饲草（苜蓿最好）代替 1/3干草，不但可提高适口性，而且可补充维生素和蛋白质，有利于精子形成和保持性欲。但粗饲料喂量不可过多，以防止腹部过大，有碍配种。精饲料以玉米、燕麦、大麦、麦麸为主，配合豆饼或其他饼粕类，种类要尽量多样化，以维持营养均衡和增进食欲。对隔日采精配种的种公驴，精饲料喂量可减少 0.5kg/d，要注意观察采食和消化情况，以便进行调整。配种旺盛期，蛋白质含量可提高到 10％～12％，也可在日粮中添加鱼粉、乳清粉等作为高质量蛋白质的补充；加入碳酸钙和磷酸二氢钙等作为矿物质的补充；加入胡萝卜、饲料酵母等作为维生素的补充。日粮中可补充食盐每头每天 10～15 g。

每天饲喂结束后，应尽量使种公驴自由活动或在户外拴系，进行日光浴。夏季要防止日晒中暑。最好进行适当而有规律的运动。运动是增强种公驴体质、提高代谢水平和精液品质的重要因素。配种期应保持运动的平衡，不能忽轻忽重。运动时间应每天不少于 1.5～2h，但配种或采精前后 1h，应避免剧烈运动。最好设有专门的运动场供种公驴运动，运动方式采用使役或骑乘锻炼均可，也可在转盘式运动架上驱赶运动，时间 1.5～2h。日粮、运动和采精（或配种）三者要密切配合，严格遵守饲养管理制度、采精制度和作息安排。如配种初期，运动量要稍大些；配种旺季，应改进日粮的品质，运动量要稍减轻。如有特殊情况不能运动时，必须减少精饲料喂量 1/3 以上，加强刷拭。天热时要在早晚运动。老龄种公驴要减小运动量，可进行放牧或自由运动。在配种期每天刷拭 2 次，非配种期至少每天 1 次。结合刷拭用冷水擦拭睾丸部位，对促进精子产生和增强精子活力有良好的作用。

第四节　繁殖母驴的饲养管理

母驴的性成熟在 1～1.5 岁，但还未达到体成熟。一般在 2～2.5 岁达到体成熟时才配种，从母驴初次繁殖起，随胎次和年龄的增长，繁殖力逐年升高，至壮龄（5～12 岁）时生育力最强。当营养好时，可繁殖到 20 岁以上。营养差时，到 15～16 岁便失去繁殖力。繁殖母驴均要经过系统选择，达到繁殖性能好、身体健壮、营养状况中上等。为此，对繁殖用的适龄母驴，必须按饲养标准饲喂（表 4 - 12），供给品质良好的饲草、全价混合精饲料、适量食盐（表 4 - 13）和充足的饮水。

表 4 - 12　不同生长和生理阶段的驴营养标准

驴别	生长和生理阶段	体重/kg	采食量/kg[a]	消化能（DE）/（MJ/kg）[b]	粗蛋白质（CP）/（g/kg）[b]	赖氨酸（Lys）/（g/kg）[b]	钙（Ca）/（g/kg）[b]	磷（P）/（g/kg）[b]
种公驴	非配种期	200	4.5	6.9	63.4	2.7	1.8	1.2
	配种准备期	200	4.5	7.5	88.0	3.0	2.6	1.6
	配种期	200	4.5	8.2	105.6	3.0	2.6	1.6
妊娠母驴	1～4 个月	200	4.5	6.3	55.4	2.4	1.8	1.2
	5～6 个月	200	4.5	6.1	61.2	2.6	1.8	1.2
	7～8 个月	200	4.5	6.9	65.5	2.8	2.5	1.8
	9～10 个月	200	4.5	7.4	72.1	3.1	3.2	2.3
	11 个月	200		8.1	78.5		3.2	2.3
泌乳母驴	1～3 个月	200	4.5	11.8	133.0	7.3	5.1	3.3
	4～6 个月	200	4.5	10.7	117.1	6.3	3.5	2.2
驴驹	4～5 月龄	67	1.5	14.9	176.0	7.6	10.2	5.7
	6～12 月龄	86	2.0	13.6	138.1	5.9	7.9	4.4
	13～18 月龄	128	2.9	11.0	116.2	5.0	5.2	2.9
	19～24 月龄	155	3.5	9.4	90.8	3.9	4.2	2.3
	25～36 月龄	172	3.9	7.8	78.8	3.4	3.8	2.1

注：a 按饲料干物质含量为 88%，及动物体重的 2% 计。
　　b 按饲料干物质含量为 88% 计。

表4-13 不同生长和生理阶段的驴的典型饲料配方及营养成分含量

原料	种公驴 非配种期 (200kg)	种公驴 配种准备期	种公驴 配种期	妊娠母驴 1~4个月 (200kg)	妊娠母驴 5~6个月	妊娠母驴 7~8个月	妊娠母驴 9~10个月	妊娠母驴 11个月	泌乳母驴 1~3个月	泌乳母驴 4~6个月 (200kg)	驴驹 4~5月龄 (60~70kg)	驴驹 6~12月龄 (80~120kg)	生长期驴 13~18月龄 (130~150kg)	生长期驴 19~24月龄 (155~175kg)	生长期驴 25~36月龄 (175~200kg)
玉米/%	10	13	15	5	7	8	10	15	42	35	52	45	34	20	10
豆粕/%	5	9	12	3	4	5	6	6	10	8	17	8	6	5	5
麦麸/%	10	13	13	7	7	7	9	10	13	12	16	17	15	10	10
干苜蓿/%	10	10	15	15	15	15	15	15	20	20	10	15	15	15	15
麦秸/%	65	55	45	70	67	65	60	54	15	25	5	15	30	50	60
合计/%	100	100	100	100	100	100	100	100	100	100	100	100	100	100	100
营养成分 DE/(MJ/kg)	7.38	8.04	8.49	6.80	7.02	7.16	7.49	7.93	11.87	11.05	14.69	13.47	11.50	9.81	7.95
CP/%	6.52	8.59	10.47	5.71	6.21	6.65	7.39	7.80	13.32	11.87	17.80	13.91	11.27	9.14	7.58
Lys	0.27	0.39	0.50	0.22	0.25	0.28	0.32	0.33	0.61	0.53	0.86	0.61	0.48	0.38	0.32
NDF	76.75	69.61	63.87	82.36	79.86	78.20	74.77	70.02	37.26	44.65	23.68	32.88	47.12	60.98	71.97
钙和钠补充 钙/(g/d)	8	12	12	8	8	11.2	11.2	14.4	23.6	16	15.6	15	14.8	14.7	14.7
钠/(g/d)	5	5	5	4	4	4.4	4.4	4.4	5	4.6	1.7	2	2.8	3.2	3.5

建立繁殖母驴养殖档案。详细登记驴乳的生产情况，繁育后代生长情况，这是防止近交的主要依据。通过对比逐步淘汰生产性能力的驴，从中选配品种特性强的公驴、日产奶量高的母驴留作种用，通过自繁自养逐年繁育，选育产奶性能高的后代，提高生产效益，使其成为发展乳驴养殖业的支柱。另外，应严格按照动物检疫申报制度进行调运，杜绝疫病的传播。

一、空怀干奶期的饲养管理

驴饲养和健康状况良好的标志是膘情中等、能按时发情、发情规律正常、配种容易受胎。空怀干奶期的母驴应以粗饲料为主，根据体况补充少量精饲料，如有条件，尽可能放牧饲养。配种前 1～2 个月应增加精饲料喂量，每头喂精饲料 1.0～1.5kg/d，分 2～3 次饲喂（饲养标准参照表 4-12 和表 4-13 中妊娠 1～4 个月母驴），自由饮水。对过肥的母驴，应减少精饲料，增喂优质干草和多汁饲料，加强运动，使母驴保持中等膘情；粗饲料自由采食。

对空怀母驴进行及时检查，及时治疗不发情母驴。淘汰因患生殖道疾病而难以治愈的不发情母驴，对于产奶量低、肢蹄疾病、肠道等健康问题影响妊娠或繁殖能力的母驴，也应从适繁母驴中剔除。调整后备母驴群结构，保持旺盛生育期母驴的比例达到 60%～70%。

二、发情期的饲养管理

在繁殖季节，对繁殖母驴要加强饲养，适当减轻使役强度，保证达到七成膘，提高母驴受配率是这一时期的重点。饲草料充足，种类多样，日粮营养均衡，尤其是注意蛋白质和维生素饲料的补充，减轻使役量，增喂青绿多汁饲料。这一时期饲料不需特别增补，饲养标准参照表 4-12 和表 4-13 中妊娠 1～4 个月母驴。需加强发情观察，建立报情制度。饲养人员要熟悉每头母驴的发情规律和个体特点，注意观察母驴的发情表现，一旦发现，及时牵到人工授精站进行发情鉴定。也可根据上次发情日期，进行发情预报，防止漏配。

三、妊娠初期的饲养管理

母驴妊娠期一般为 365d，随母驴年龄、胎儿性别和母驴膘情好坏，妊娠期可前后相差 10d 左右。妊娠初期指母驴受胎后 1～2 个月，尤其是最初 1 个月内，胚胎在子宫内还处于游离状态，遇到不良刺激很容易造成流产。所以，此期管理上要特别注意保胎防流产，避免使役、管理和饲料应激。

母驴早期流产多发生于使役繁重的季节，后期流产多发生在寒冷的冬、春两季。流产的原因主要是饲养管理和使役不当。营养不良是流产最基本的原因。如饲料中蛋白质、维生素和矿物质不足，或者是日粮中各种营养比例长时间失调，可造成营养性流产（饲养标准参照表 4-12 和表 4-13 中妊娠 1～4 个月母驴）。日常管理不当，粗暴对待，受惊，狂跑，跳沟坎，踢咬，撞挤或滑倒，暴饮暴食，吃发霉或有毒的饲料，长期使役过重，劳逸不均，在使役时急剧运动，驾辕，急转弯等，都可能引起流产。受胎后最好停止使役，待妊娠 1 个月后再轻度使役。此外，受寒冷刺激，便秘、腹泻，严重外伤等也可造成流产。但每天都应有适量轻度运动，有利于保持母驴正常生理代谢。母驴发情经自然或人工配种后，妊娠母驴和公驴不能混养，要避免胚胎在子宫内生长发育期间因母驴相互撕咬、碰撞、外伤等意外情况造成妊娠终止或流产。

在妊娠初期，胚胎尚小，母驴体重增长不大，但胚胎分化生长非常迅速，饲料应考虑营养全价、平衡。总之，抓好饲养、管理和使役，就能防止流产。胎儿定植（受胎1个月）后，可使役，以避免母驴过肥，影响胎儿健康及正常分娩。

四、妊娠中期的饲养管理

妊娠3~7个月时，胎儿已经定植，流产风险较小，可轻、中度使役，每天保持1.5~2h轻量运动。此期胎儿增重缓慢，对营养物质数量和质量要求不多，饲粮粗蛋白质水平6%~6.5%为宜，饲养标准及典型配方可参照表4-12和表4-13中妊娠1~4个月及5~6个月母驴。有条件的地区可以放牧，既可加强运动，又可摄取各种所需营养物质，每天补饲精饲料0.8~1.0kg。

五、妊娠后期的饲养管理

妊娠期的最后1/3时期为胚胎快速发育期，胎儿体重的80%是在最后3个月内完成的，必须保证饲粮的数量和品质能满足母体和胎儿的需要，尤其是母驴对矿物质、蛋白质和维生素的需要。加强母驴在妊娠后期的饲养管理，应特别注意避免使役、管理和饲料应激。妊娠后期要加强营养，增加蛋白质饲料的喂量，饲粮粗蛋白质水平为7%~8%，并选喂优质粗饲料，以保证胎儿发育和母驴的营养需要。此期减少使役，除刷拭等多在厩外自由运动。妊娠期后3个月每头喂精饲料1.8~2.5kg/d，宜补饲适量优质青绿饲料。若饲草品种单一，精饲料少，缺乏青绿饲料，不运动，往往引起内脏机能失调，出现高血脂或脂肪肝，产生有毒的代谢物质，引起妊娠毒血症。因此，在妊娠后期，饲料要多样化，加强运动，要及早补喂青绿饲料和多汁饲料。在母驴分娩前1个月，要逐渐减少精饲料中豆类和玉米的用量，而喂给易消化、有轻泻性、质地柔软的饲料；产前1个月停止使役，每天运动应不少于3~4h。母驴后期流产多发生在寒冷的冬季，注意圈舍保暖。

六、围产期的饲养管理

母驴分娩前2~3周，减少粗饲料，精饲料喂麦麸、燕麦、大麦等。产前15d，移入产房，专人守候，单独喂养。临产前几天，草料总量应减少1/3，多饮温水，喂给质地疏松的饲料，每天适量运动，预防母驴产后便秘。

母驴出现乳头胀大、外阴潮红以及肿大，并且还会流出少量黏液、转圈、不吃食物的情况，此时养殖人员需要准备接产。

1. 母驴分娩前的准备　北方早春气候寒冷，因此要有产房。产房要温暖、干燥、无贼风、光线要充足。产前1周，将产房扫干净，地面用石灰消毒，铺上垫草。待产母驴移入产房待产，加强护理，注意观察母驴的临产表现。提前准备好接产用具和药品。如剪刀、热水、药棉、毛巾、消毒药品等。如无接产条件，可请兽医接产。

2. 母驴的接产与护理　母驴多在半夜时产驹。在正常情况下，母驴产驹不需助产。母驴大多躺卧产驹，但也有站立产驹的。因此，要注意保护幼驹，以免摔伤。需要助产的，要及时请兽医处理。胎儿头部露出后，要用毛巾把胎儿鼻内的黏液擦干净，以免黏液吸入肺内。胎儿产出后，若脐带未断，接产人员可用手握住脐带在靠近腹部5~6cm的位置向胎儿方向捋，使脐带内血液流向胎儿。然后，在胎儿腹壁 2～3 指处用手掐断脐带，立即用浓碘酒棉球充分消毒。断脐结扎后，应及时将幼驹移近母驴头部，让母驴舔幼驹，以增强母仔感情，促进母驴泌乳和排出胎衣。产后 1h，胎衣可以完全排出，应立即将胎衣、污染的垫草清除、深埋。若 5～6h 胎衣仍未排出，应请兽医诊治。

对出生时假死的幼驹，要及时进行抢救。首先，迅速把幼驹口、鼻中的黏液或羊水清除掉，使其仰卧在前低后高的地方，手握幼驹的前肢，反复前后屈伸，用手拍打其胸部内侧，促使幼驹呼吸。也可向幼驹鼻腔吹气，用草棍间断刺激鼻孔，使假死幼驹复苏。

3. 产后护理 产驹后，用无味消毒水，如 0.5% 的高锰酸钾溶液，彻底洗净并擦干母驴乳房，让幼驹吃乳。用 2% 来苏儿消毒，洗净并擦干母驴外阴部、尾根、后腿等被污染的部位。

产后母驴身体较虚弱。产后 5～6d 内，应少喂给蛋白质水平高的饲料，多喂些品质好、易消化的饲料。如果喂给含蛋白质、脂肪多的饲料，容易引起幼驹消化不良或营养性腹泻，甚至导致幼驹死亡。母驴分娩后一般都发生口渴现象，因此在产后要准备好新鲜清洁的温水，以便在母驴产后及时给补水。饮水中最好加入少量食盐和麦麸，以使母驴增强体质，有利于恢复健康。过几小时再喂给少量优质干草，拌入少量麦麸、胡萝卜。

产后加快子宫复旧，促使哺乳母驴配种。母驴分娩后子宫复旧和产后再次发情的时间，是判定母驴生殖机能的主要标志。驴在产后 10d 左右（第 1 个情期）可以"血配"，此期应当注意观察母驴的发情，以便及时配种。如能及时配种，就可以提高整个畜群的受胎率。

第五节　泌乳母驴的饲养管理

幼驹的营养主要靠母乳，约 10L 母乳可使幼驹增加 1kg 体重。因此，要使幼驹长得快，就必须做好哺乳母驴的饲养管理工作。随着驴乳的开发，越来越多的养殖户将销售驴乳作为主要经营目标。因此，要提高泌乳母驴的生产性能和经营效益，必须重视日常饲养管理工作，包括日粮的组成和配制、饲料加工、饲喂方法、挤奶等。规模化泌乳母驴养殖场不仅应有全年的科学计划和生产安排，而且要注重运用新技术、新方法，以提高生产效率及产品品质。

一、驴的泌乳生理

驴的乳房位于躯体后部，即位于腹股沟部耻骨下，介于两股之间。与奶牛整个乳房分为前、后、左、右 4 个乳区不同，驴分为左、右 2 个乳区，呈三角锥形，附着紧实，两侧基本对称。每个乳区仅有 1 个乳头，乳头呈圆锥状。乳用型牛经过近百年的世代选育，形成了乳用品种。牛具有乳池容积大、可储存大量乳汁、产奶量高的特点，而驴在世界范围内都未经专门选育，尚未形成专门的乳用型品种，乳房小，且驴的乳池容积较小，所产的乳多为反射乳，而乳池乳占比很小（图 4-1）。

自母驴产驹分泌初乳时计，泌乳期为 150～180d，整个泌乳期内产奶 300～350kg，通常在产后 40～60d 达到泌乳高峰。部分高产个体的泌乳期可达 8～10 月，泌乳量可超过 1 000kg（肖国亮等，2015）。泌乳量通常为 3～5kg/d，部分驴可达 6～8kg/d。由于驴所排出的乳多数来自反射乳，幼驹吮乳可刺激母驴泌乳，断奶后母驴很快干奶，因此目前不能采

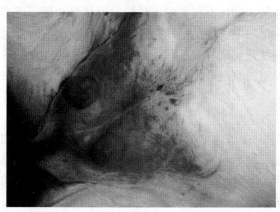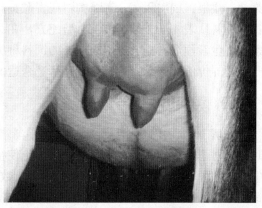

图 4-1 泌乳母驴乳房和乳头形态

用早期断奶技术。

泌乳初期母驴泌乳量少，为保证幼驹正常发育，通常在产后 30d 开始采乳。采乳期间，需保证幼驹每天吮乳时间不少于 8h。通常泌乳母驴采乳时间约为 5 个月，这与驴泌乳能力及饲养管理有关。

驴乳的营养成分与其他乳类似，主要含有水分、乳脂肪、乳糖和乳蛋白。驴乳中水分含量为 88%~90%，乳脂变化较大，为 0.1%~1.4%，pH 为 7.02~7.06，弱碱性，乳糖为 5.6%~7.3%，乳蛋白为 1.2%~2.2%，灰分为 0.35%~0.50%。

二、泌乳母驴的饲料组成

在哺乳期，饲料中应有充足的蛋白质、维生素和矿物质。泌乳母驴的营养物质转化快，需要提供易消化的饲料，且饲料种类应多样化，这样才能满足其对各种营养物质的需求。在泌乳前 3 个月，泌乳母驴饲粮的消化能应为 12~13MJ/kg，粗蛋白质含量为 13%~14%；在泌乳第 4~6 个月，饲粮的消化能约为 11MJ/kg，粗蛋白质含量为 12% 左右。泌乳母驴需要充足的粗纤维来保证正常的后肠发酵，在泌乳第 1~3 个月期间推荐饲粮的中性洗涤纤维为 35%~40%，在泌乳第 4~6 个月期间中性洗涤纤维保持在 45% 左右。粗饲料应由 1/2 青绿饲料和 1/2 秸秆组成，精饲料占比根据粗饲料质量而定。在泌乳期应确保均衡地供给优质青绿饲料、青干草和秸秆。

泌乳母驴的粗饲料种类最好有 3 种以上，切忌长时间饲喂单一的品质低劣的粗饲料（如麦秸秆）。全株玉米青贮是一种良好的廉价粗饲料，其比例可占饲粮干物质 30%~35%。新鲜苜蓿或优质苜蓿干草是保证驴乳质量和产量的重要饲料组分，通常喂量为 1~1.5kg/d。秸秆，如麦秸、豆秸、谷秸等，可因地制宜选用。

饲喂精饲料尤忌单一或含糖高的精饲料，玉米是一种不可替代的能量饲料；麦麸质优价廉、富含蛋白，具有促进胃肠道蠕动和轻泻作用；豆粕赖氨酸含量高，是其他饼粕类饲料不具备的，但豆粕价高，可与当地廉价饼粕资源（如棉籽饼粕、菜籽饼粕、葵花仁饼粕、花生饼粕等）搭配饲喂，比例以 1:（1~2）为宜。精饲料中豆饼应占 20%~30%，麸类占 15%~20%，其他为玉米、高粱等谷实类饲料，哺乳前期（1~4 个月）每头喂精饲料 2~3kg/d；哺乳后期（5 个月后）每头喂精饲料 1.5~2.0kg/d，饲养标准及参考饲粮配方见表 4-12 和表 4-13。为了提高母驴泌乳能力，应当多补喂青绿多汁饲料，如胡萝卜、菜叶、菜秧、块根、饲用甜菜、青绿饲料或青贮饲料等。如果有放青的条件一定要尽量利用，可节省精饲料。表4-13中给出了典型配方，在此基础上添加适量钙粉、食盐及商品化的微量元素和维生素预混料。由于不同地区的饲料种类及营养成分含量存在差异，因此需要在评估各原料营养价值的基础上，因地制宜筛选合适的原料及设计配方。

三、饲料的调制与饲喂

产后1~2周内要控制草料喂量，逐渐增加，10d左右恢复正常，并逐渐增加舍外活动时间。对于使役母驴，产后1个月内停止使役，之后可恢复正常。对于经营驴乳的专业化小中型养殖场，养殖数量通常为10~50头，数量少，圈舍数量不限，常不分群，采用传统的精粗饲料分开饲喂或精粗饲料混拌饲喂的方法。粗饲料要做到长草短喂，常切成3~5cm长或更短，或用揉搓机混合揉搓。精料中的颗粒物宜粉碎后饲喂。

对于规模化养殖场，宜采用全混合日粮（TMR）法。将粗饲料切短为3~5cm或揉碎，玉米等粉碎后，将粗饲料、精饲料、矿物质、食盐和预混料等在搅拌混合机中充分混匀后，由配料车定量分发到各圈舍。按照母驴泌乳量进行分群管理，分为高产群（挤奶量高于3kg/d）、中产群（挤奶量1.5~3kg/d）和低产群（挤奶量1~1.5kg/d）。高产群的饲粮消化能及粗蛋白质可上浮8%~10%，消化能达14MJ/kg，粗蛋白质为14%~15%；对于低产群，相应地饲粮消化能及粗蛋白质可下调8%~10%，消化能达11~12MJ/kg，粗蛋白质为12%~13%。如挤奶量低于1kg/d时，则需调出生产群，作为保育母驴。

为了提高产奶量，对泌乳母驴晚上再进行一次补饲。以补饲粗饲料为佳，补饲量0.5~1kg。夜间补饲可使泌乳母驴日均产奶量提高0.3~0.5kg，但每次饲喂的时间和数量都要基本固定。

四、饮水、运动和保健

母驴由于产奶的生理特点，每天需要大量饮水，夏季要防止太阳直晒，冬季水温不宜低于10℃。每天更换新鲜饮水，要做到饮水新鲜、清洁和卫生，饮水槽的设置要便于自由饮用。运动场应干燥利于排水，保证每头母驴活动面积不少于8~10m²。运动场通常与圈舍紧邻，并有宽敞出口方便随时进出。每天观察母驴健康状况，做到预防为主；如有疾病或外伤，应及时治疗。另可在运动场设置刷拭装置，可维持母驴皮肤干净卫生、促进新陈代谢，对保证乳品卫生有重要作用。

五、挤奶管理

目前，驴乳采集方式主要有3种：人工挤奶、手推车式挤奶和挤奶厅式机器挤奶。人工挤奶和手推车式挤奶是个体养殖户或小规模繁殖母驴养殖场的挤奶方式；规模化繁殖母驴养殖场多采用挤奶厅式机器挤奶。与人工挤奶相比，机器挤奶时间短，可以在几分钟内完成，提高挤奶效率，并且减少乳腺炎的发病率和传播。无论采用哪种方式，只有掌握正确的挤奶方式，符合泌乳的生理，才能取得最佳的泌乳效果。

挤奶前，挤奶人员、场所、挤奶用具都要保持卫生清洁。人工挤奶时，第一，准备好清洗乳房用的温水，清除驴体粘的粪便，备齐挤奶用具：奶桶、盛奶罐、过滤纱布、洗乳房水桶、毛巾等。挤奶员穿好工作服，洗净双手。第二，清洗乳房，保证乳房的清洁，加速乳房的血液循环，加快乳汁分泌与排乳过程，以提高产奶量。方法是用 40～45℃的温水，将毛巾沾湿，先洗乳头孔及乳头，然后洗乳房右侧和左侧乳区，最后洗涤乳房后面，并将乳房擦干。清洗乳房用的毛巾应清洁、柔软，最好单头专用。第三，检查乳房有无异常、肿块、外伤等。第四，挤弃前 3 把奶，观察是否有凝块等异常情况，如有异常，应停止挤奶，如无异常，可正常挤奶。

人工挤奶时，视乳头大小而定，可采用握拳压榨法或下滑挤压法。挤奶时，用力要轻柔、均匀、动作要熟练，尽可能在最短时间内挤完，应尽量挤尽，减少乳池中残留乳，以利于乳房健康。机器挤奶时，将挤奶杯套在乳头上，检查漏气、杯组脱落的情况，如有漏气、杯组脱落，则应及时调整或重新上杯。根据挤奶流速对奶杯组进行手动脱杯，不要留乳或过度挤奶。挤奶后用药浴液对乳头进行药浴，药浴覆盖整个乳头 2/3 以上。将采集的乳及时低温保存，及时清洁挤奶器具，并消毒干燥，备下次使用。

第六节　驴驹的饲养管理

驴驹的培育是提高驴繁殖成活率的重要生产环节，也是驴种改良、提高质量和效益的重要技术手段。若驴驹发育不良，不仅影响驴的种用价值，而且也直接影响肉用驴的生产效益。所以，科学合理地培育驴驹是一项十分重要的工作。

一、胚胎期的生长

胎儿的营养经由母体获得，因此必须加强妊娠母驴的饲养。妊娠初期注意饲料质量，妊娠最后 2～3 个月饲料质量与数量并重。胚胎发育良好，才能为出生后的快速生长奠定基础。由于母驴产后泌乳能力的高低，与妊娠期间母体是否能积累一定数量的营养物质有直接关系，所以养好妊娠母驴对胎儿及生后驴驹的良好发育具有双重意义。

二、哺乳期的培育

检查母驴乳房和驴驹饲料是否卫生，垫草是否干燥、温暖。注意圈舍保暖，防止贼风侵袭驴驹，特别是天气骤变时，更应注意。驴驹刚出生时，行动不灵活，易发生意外，要细心照料。出生当天，应注意胎粪是否排出。胎粪不下时，可用温水或生理盐水 1 000mL，加甘油 10～20mL 或 0.1%～0.2%的肥皂液进行灌肠；或请兽医治疗。如果腹泻（排灰白色或绿色粪便），应暂停哺乳，予以治疗。经常查看驴驹尾根或墙壁是否有粪便污染、看脐带是否发炎、驴驹精神状况、母驴的乳房肿胀情况等，做到早发现疾病，早治疗。

母畜产后 3d 以内分泌的乳汁称为初乳。初乳浓稠，颜色较黄，蛋白质含量比常乳（产后 3d 以后的乳）高 5～6 倍，抗体、脂肪、维生素、矿物质含量多，具有增强驴驹体质、抗病力和促进排便的特殊作用，有利于胎粪排出。驴驹生后 30min 即可站立，接产人员应尽早引导驴驹吃上初乳。产后 2h 仍不能站立的驴驹，就应挤出初乳，用奶瓶饲喂，每隔 2h 1 次，每次 300mL。出生 1 周至 1 月龄的驴驹，每隔 30～60min 喂乳 1 次，每次 1～2min，以后可适当减少吮乳次数。

尽早开始补饲，对促进驴驹的发育，特别是消化道的发育有好处。出生后 15d，就应开始训练驴驹吃草料，若有条件最好随母驴一起放牧。补喂的草采用优质的禾本科干草和苜蓿干草，任其自由采食。1~2月龄时，应开始喂精饲料。精饲料有压扁的燕麦及麦麸、豆饼、高粱、玉米、小米等。精饲料要磨碎或浸泡，以利于消化。驴驹补饲时间要与母驴饲喂时间一致，应单设小槽，与母驴分开饲喂。补料量要根据母驴泌乳量、驴驹的营养状况、食欲、消化状况而灵活掌握。喂量由少到多，可由初始的50~100g增加到250g，2~3月龄时每天喂500~800g，5~6月龄断奶时达到0.75~1kg。一般是3月龄前每天补料1次，3月龄后每天补料2次（营养标准及参考配方见表4-12及表4-13），每天要加喂食盐8~10g，碳酸钙20~30g，并注意经常饮水。

6月龄以内，驴驹生长发育最快。应在每个泌乳月（哺乳月）的第1天给驴驹称重，记录驴驹生长发育情况，这在前3个泌乳月尤为重要。如果幼龄时因营养跟不上，发育受阻，则会成为四肢长、身躯短、胸部狭窄的幼稚体型。营养不良而发育受阻的驴驹不仅表现出大头、细颈、窄胸、扁肋、弓腰、尖尻等不良结构，而且内部器官和组织的发育也不均衡，无法补救。发育比较早的驴驹的体尺首先是体高，其次是体长和管围，最后是胸围。最好能依体重的增长，补料的量也予以增加。

马和驴生的骡驹，千万不能吃初乳，否则会得骡驹溶血病。新生骡驹溶血病发病率常达30%以上，发病迅速，病情严重，死亡率可达100%。马与驴交配受胎后，母驴或母马产生一种抗体，主要存在于初乳中，骡驹吃后会使红细胞溶解、破坏。所以，骡驹出生后要先进行人工哺乳，喂鲜牛乳250g或奶粉20g，要将鲜乳煮沸，加糖，再加1/3开水，晾温后喂给，每隔2h喂250mL。或与驴驹交换哺乳，或找其他母驴代养。一般经3~9d后，这种抗体消失，再吃自己母亲的乳就不会发病了。

三、无乳驴驹的护理

驴驹生下后母驴死亡或母驴无乳时，要做好人工哺乳工作。最好选择产期相近、泌乳多的母驴代养。日常管理时应尽可能收集和冷冻初乳。初乳可以在−20~−15℃下冷冻。理想情况下，以250mL的规格存储，并在热水中缓慢解冻，直至乳温达到38℃。若没有条件，可用脱脂奶粉或牛乳、驴乳进行人工哺育。由于牛乳、羊乳较驴乳乳蛋白和乳脂含量高，而乳糖含量低，故在饲喂时要除去上层的脂肪并按2:1的比例加水稀释（1L牛奶加500mL水），脱脂奶粉稀释8~10倍。加食用糖（1L液体加糖25~30g）和0.5%石灰（1L液体中加5g石灰），温度保持在37~38℃。每天喂量按每千克体重100mL掌握，出生第1~2天，每2h喂1次，每次100~120mL（占体重的10%~15%），每天喂10~12次。出生第3~7天，每2~3h喂1次，喂量增加到150~200mL（占体重的25%），夜间每3~4h喂1次，每次250~300mL，每天喂8次。第2~3周，每次喂300~350mL，每天减少喂食次数至6次，约每4h喂1次。出生4周后，每天喂4~5次，每次1L。1~3月龄，每天喂3次，每次1L，并诱导尽早开始补饲。3月龄后，每天喂乳1~2L，并适时断奶。

四、断奶驴驹的培育

一般情况下，哺乳母驴多在产后第1情期时再次配种妊娠。驴驹长到4~5月龄时，已能独立采食，5~6月龄时可以断奶。须根据母驴的健康状况和驴驹的发育情况灵活掌握断奶时间，一般情况下在6月龄断奶。如断奶过早，驴驹吃乳不足，会影响其发育；断奶过晚，又会影响妊娠母驴的膘情和腹内胎儿的正常生长发育，最迟不可晚于8月龄。

断奶方法：选择晴好的天气，把母驴和驴驹牵到事先准备好的断奶驴驹舍内饲喂，到傍晚时将母驴牵走，驴驹留在原处。为了安抚驴驹，防止逃跑或跳跃围栏，必须让母驴远离驴驹，以免闻到气味和听到叫声。为减少驴驹思恋母亲而烦躁不安，可选择性情温驯、母性好的老母驴陪伴驴驹。驴驹关在舍内 2～3d 后，逐渐安静下来，每天可放入运动场内自由活动 1～2h，以后可延长活动时间。这样经过 6～7d 后，就可进行正常饲养管理。

断奶是驴驹从哺乳过渡到独立生活的阶段。断奶以及断奶后很快进入寒冬，第 1 个越冬期是驴驹生理上的一个难关。此阶段要特别加强护理，精心饲养，使驴驹尽量抓好秋膘，以便越冬。饲料要多样化，粗饲料要用品质优良的青贮饲料或优质干草。若饲养管理跟不上，会使驴驹营养不良，生长发育迟缓或造成死亡。驴驹断奶后第 1 个早春季节，天气多变，驴驹容易患感冒、消化不良等疾病，要做到喂饱、饮足、运动适量，防止发病。开春至晚秋，各进行 1 次驱虫和修蹄。要尽量补喂青草，并适当补给些精饲料。

对于断奶后的驴驹，每天 4 次给予优质草料配合的日粮。其中，精饲料应占 1/3～2/3，每天不少于 1.5kg，干草 0.5～1kg（营养标准及参考配方见表 4-12 及表 4-13），自由采食。随着年龄增长，相应提高粗饲料比例。1.5～2 岁性成熟时，精饲料的喂量接近成年驴。公驹要额外增加 15%～20% 的精饲料。有条件的可以放牧或在田间放留茬地，驴驹的运动有利于健康。驴驹的饮水要干净、充足。驴驹满 1 周岁后，要公、母驹分开饲养，防止偷配。不作种用的公驹要及时去势。开春和晚秋各进行 1 次防疫、检疫和驱虫工作。

五、生长期驴驹的培育

驴驹出生后的第 1 年生长最快，1 岁时驴驹的体高、管围都达到成年时的 80% 以上。1 岁后，体高继续生长的同时，体长生长进入优势，体宽和体深逐渐增大。至 1.5 岁时，体高、体长、体宽和体深可达成年尺寸的 90%，要特别注意饲养管理，加强培育。2 岁以后，即达到性成熟，随着第二性征开始出现，胸围生长增快。不同性别的驴驹，在生后 1 年内，公母驹发育相差不多，但培育条件好时，公驹比母驹发育快；饲养条件差时，母驹发育优于公驹。因此，公驹对饲养管理条件要求较高，日粮中精饲料要多些。2.5～3 岁达到完全性成熟，体高生长缓慢，主要是变粗加深。1～3 岁母驴的营养标准及参考配方见表 4-12 及表 4-13。4 岁时，基本形成成年驴的体貌形态，品种特性也趋明显，营养标准及配方参考表 4-12 及表 4-13 中成年种公驴及母驴相应标准。不同的饲养管理条件对驴驹生长发育有着重要影响。在群牧条件下，驴驹往往冬季发育停滞，夏季生长很快，全舍饲条件下，驴驹生长发育较均衡。

第七节　规模化和智能化驴饲养管理

我国驴养殖业目前面临以小规模养殖户为主、养殖成本高、竞争力不足、资源利用不充分、增值空间受到制约、现代化水平有待提高等一系列问题。如何推动驴养殖业跃上新的台阶，如何推进畜牧业供给侧结构性改革，提高驴养殖水平，提升品质，是我国驴产业科技人员及从业者需要努力和思索的问题。在基于新一轮畜牧业规模化和智能化发展的背景下，要推动规模化饲养管理技术应用，聚焦于以物联网、云计算、大数据及人工智能为核心技术的新一轮信息技术革命带来的智能畜牧业，推动粗放式的传统养殖向知识型、技术型、现代化的智慧养殖转变，才能为包括驴产业在内的畜牧业发展找到新的发展动力。基于此，本节主要介绍规模化全混合日粮（TMR）饲喂技术，及具有潜在应用前景的智能化管理技术。

一、TMR 饲喂技术

全混合日粮是一种将粗饲料、精饲料、矿物质、维生素和其他添加剂分别配制后进行充分混合，能够提供全价的足够的营养以满足草食动物需要的饲养技术。按照家畜不同生理阶段的营养需要，把切成（揉搓）适当长度的粗饲料、精饲料和各种营养添加剂按照一定的配比进行充分搅拌混合而得到的一种营养相对均衡的日粮。

TMR 饲喂技术的优点在于便于控制日粮营养水平，保证各项营养指标和精粗料干物质之比，提高干物质采食量；便于大规模工厂化生产，提高规模饲养效益及劳动生产率；避免挑食，减少饲料、饲草的浪费，提高饲料利用率，有效防止消化系统机能紊乱；有利于优先采用最先进的饲养和管理技术，提高动物福利及养殖效益等。目前，这一技术在国内规模化驴养殖区已经采用。

TMR 饲喂技术的核心器件是 TMR 制备机，分为立式和卧式两种，也可分为自走式、牵引式和固定式 3 种。TMR 制备机的作用是精准称料，及混合、切割、搅拌各类饲料，在TMR 制备过程中，称重系统是配方执行的核心，日粮加工的精准度很大程度上取决于称重系统的精度。切割搅拌系统是卧式和立式 TMR 制备机的主要工作部分，主要由料箱、绞龙等组成，饲料的切割搅拌均在料箱内进行，饲料切割混合都是利用绞龙上的螺旋叶片转动来完成的。

TMR 饲喂技术的要点在于：①合理设计 TMR 日粮。TMR 日粮由配方师依据各阶段及不同生产性能驴群的营养需要，搭配合适的原料。②TMR 日粮的原料来源。原料应优质、营养丰富、无霉变腐败，多样化，充分利用当地饲料资源，有计划地外购和储备原料。③填料顺序。先粗后精，先干后湿，先长后短，先轻后重。参考顺序为：干草（秸秆等）-谷物-蛋白质饲料-矿物质饲料-青贮饲料-其他饲料-加水。加入每种成分后，要缓慢搅拌 3～4min，待最后一种饲料装完后再继续充分搅拌 3～8min。④配方调整。密切观察驴的采食、剩料、排便及生产性能情况，及时调整原料组成及配比。

TMR 的评价标准在于精粗饲料混合均匀，松散不分离，色泽均匀，新鲜不发热、无异味、不结块。TMR 的水分应保持在 40%～50%，粗料（长>1.9cm）占 10%～15%；中料（0.8cm<长<1.9cm）占 30%～50%；细料（长<0.8cm）占 40%～60%。

然而，TMR 饲喂技术存在资金投入大、对饲养规模有要求等缺点。为了满足广大小规模养殖户对 TMR 的需求，解决购置设备费用高、运转不经济的难题，可采用裹包 TMR。对搅拌好的 TMR，第 1 步，采用打捆机或打包机进行压缩打包；第 2 步，采用裹包机附上3 层双向拉伸聚乙烯薄膜，再配送到各个养殖点进行饲喂。TMR 的保存时间不宜超过 15d，初次饲喂时应有 7～10d 的过渡期。

TMR 投料可采用自走式 TMR 饲料搅拌撒料车、三轮式撒料车或农用车转运至圈舍喂料。TMR 可日投料 2～3 次，可按照日饲喂量的 50% 分早晚进行投喂，也可按照早 60% 晚40% 的比例进行投喂，或 4：3：3 的比例每天 3 次投喂。剩料量为给料量的 3%～5% 为宜，每周应至少称剩料 1 次，确保给料充足。发热发霉的剩料应及时清理。

二、智能化管理技术

(一) 畜牧物联网技术概述

物联网 (internet of things, 简称 IoT) 是指通过各种信息传感器、射频识别技术、全球定位系统、红外感应器、激光扫描器等各种装置与技术, 实时采集任何需要监控、连接、互动的物体或过程, 采集其声、光、热、电、力学、化学、生物、位置等各种需要的信息, 通过各类可能的网络接入, 实现物与物、物与人的泛在连接, 实现对物品和过程的智能化感知、识别和管理。物联网体系结构分为 3 层, 即感知层、网络层和应用层。感知层主要完成信息的采集、转换和收集; 网络层主要完成信息传递和处理; 应用层主要完成数据的管理和处理, 并将这些数据与行业应用相结合。

畜牧业物联网是由大量传感器节点构成的监控网络, 通过信息传感设备实时采集畜禽个体生长状况、养殖环境等信息, 利用无线传感网络/局域网和广域网实现数据异构、实时在线数据传送, 为智慧畜牧业提供基础数据, 为开展智能化分析奠定基础。云计算为畜牧大数据处理提供了技术支撑, 核心技术包括基于多模态特征的知识表示和建模、面向领域的深度知识发现与预测、特定领域特征普适机理凝练的知识融合等。人工智能包含机器视觉、语音识别、虚拟现实和可穿戴设备等多项核心技术, 可以多方位融入和应用到畜牧生产与管理过程中, 改造传统饲养管理方式, 提高生产管理效率, 降低人力成本。

2019 年 4 月 2 日, 在北京召开了中国畜牧业协会智能畜牧分会成立大会, 标志着我国智能畜牧业进入一个新的历史发展阶段, 将为智能畜牧业营造一个数据动态、数据即时、数据真实、数据共享、网络安全、平台开放、共享共生的生态环境。通过互联网、大数据、人工智能、区块链等技术优化传统畜牧业的生产效率是畜牧业重要的发展趋势与方向。畜牧业的智能化革命正从理论上的可能逐步走向实践的必然, 在动物个体识别、母畜管理、饲喂管理、生长曲线、疫病防控、环境控制、转群管理等方面得到广泛应用。

(二) 物联网饲养管理技术

1. 身份标识技术 个体及小群体身份标识与编码是实现个性化育种、行为监测、精准饲喂及疫病防控、生产全程跟踪和食品溯源的前提。在传统畜牧业养殖模式中, 常见的畜禽标识技术手段包括喷号、剪耳、耳标和项圈等。随着人工智能技术的发展, 面部识别、虹膜识别、姿态识别等生物识别技术已经开始向畜牧业延伸, 使得生物个体健康档案的建立和生命状态的跟踪预警变得更加智能。其中, 电子标识技术中应用广泛的是射频识别 (radio frequency identification, RFID) 技术, 可封装成注射植入式、耳挂式和环扣式等多种形式。标识的技术还可采用 RFID、条形码及可读数字相结合的复合标识技术, 弥补了由于标识遗漏、损坏等造成的识别困难, 实现全生命周期管理。RFID 编码和读取标准包括 ISO 11784/11785 和 ISO 14223 3 个标准, 驴的个体标识也应与国际标准接轨, 便于资料整理及交流 (图 4 - 2)。

驴保种场、繁育场等标识与登记可以参考团体标准《驴标识与登记技术规范》(T/CAAA 101—2022)。

2. 个性化的精准饲喂技术 精准饲喂系统主要包括饲喂站、自动称重、自动分群和饲

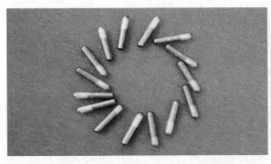

图4-2 植入式电子标签（左）和耳挂式电子标签（右）
（引自上海生物电子标识股份有限公司）

料余量监测等设施仪器。智能化精确饲喂技术将营养知识与养殖技术相结合，通过科学运算方法根据牲畜个体生理信息准确计算饲料需求量，通过指令调动饲喂器来进行饲料投喂，从而实现了根据个体体况进行个性化定时定量精准饲喂，动态满足家畜不同阶段营养需求。该类技术是基于家畜的个体识别、多维数据分析、智能化控制的集成应用，虽然饲养设备的投入成本相对较高，但经济效益显著，具有广阔的应用前景。目前主要有两类：传送带式和主动触发式饲喂系统。

精准饲喂系统模式之一：传送带式精准饲喂系统，该系统包括模块化填料装置、饲料搅拌装置、饲喂传送带料线、饲喂管理系统。模块化填料装置配有自动称量装置，可为添加的每一种饲料原料自动称重，主要用于为饲料搅拌装置提供大宗饲料，如青贮饲料、干草等，封闭式进料、切碎、搅拌，减少了外部病原及饲料污染。根据畜场的大小，配置不同大小的搅拌装置，所有饲料原料都在搅拌单元里切碎搅拌，充分均匀混合，切碎到适合不同类型家畜消化的尺寸。饲料传送带配有特殊的传感器，可以测量传送带上输送饲料的重量，传送带上滑动犁装置的运动速度和方向受饲喂管理系统控制，可在传送带上指定的位置完成饲料推撒，撒料的位置可以精确到10cm以内。

饲喂管理控制系统可以按照不同群组家畜（如驴）的实际需求来制订饲喂计划，制订不同的饲料配方，以饲喂多个群组，还可以根据驴的不同状况和自身需要把水作为饲料原料的成分之一加入系统内。通过电脑控制每天撒料的次数，实现多次饲喂的需求。系统工作时，首先用铲车将青贮饲料放入填料装置，精饲料放入料塔，饲喂管理系统控制填料装置和料塔的工作状态，并对进入搅拌装置的饲料量进行实时监控。同时，搅拌装置进行饲料原料的搅拌。搅拌好的饲料由提升传送带经由运输传送带送至饲喂传送带位置，在滑动犁的推力作用下，饲料被均匀撒在饲喂面上，驴便可以自由采食。这一系统可采用多次均匀撒料，实现了"少喂、勤添"的喂料要求，保证每次投喂新鲜的饲料，提高饲料转化率，减少消化道类疾病。养殖场内实行全封闭式管理，减少外源疫病的影响，也可针对不同日龄或种类的驴进行分组饲喂，设置不同的饲料配方和饲喂时间，实现分群管理（图4-3）。

精准饲喂系统模式之二：主动触发式精准饲喂控制系统，家畜通过学习自动触发下料、下水的一体化控制系统，满足家畜所需饲料的饲喂，达到精准饲喂的目的。系统通过无线传输，能将喂食数据无线传输到云端，养殖场管理员能通过精准系统采集的大数据进行监控及校准。目前，这一系统正处于试运行阶段。这一系统适用于液体饲料，草料需另外投喂。

3. 智能养殖环境及行为监控系统　环境及行为监控系统主要由圈舍环境信息采集系统、

图 4-3　搅拌填料（左）和传送带式投料（右）

传输系统、中心平台管理系统及自动控制应用系统组成。环境信息采集系统由视频监控系统及环境传感器组成，监测因子可涵盖空气温度、湿度、光照度、大气压力、硫化氢、氨气、二氧化碳、粉尘、噪声等，及由高清视频摄像机采集的动物行为学信息；传输系统通过GPRS/4G/3G 等网络实现数据无线传输，将采集系统前端设备的各项数据上传至中心平台管理系统。

技术核心是中心平台管理系统，由手机 App 及电脑软件组成。当监测到的任一个现场环境参数达到预警条件时，会及时向相关人员发送报警。自动控制应用系统的自动控制因子包括通风控制、温度控制、光照控制、湿度控制等，可实现对养殖现场的环境数据（如温度、湿度、气体浓度）等参数进行实时在线监测。根据目标参数与实际参数的偏差以及室内环境的变化进行计算，可以实现自动控制风机、灯光、水帘等设备，从而实现通风、补光、降温，以保证驴生长所需的适宜环境。

视频监控技术，可直观反映驴的生长环境和行为学动态，通过观察视频画面可以在线监控驴的身体状态，便于处理突发情况。可通过电脑或手机等信息终端，远程实时查看养殖舍内的环境参数，通过应用平台实现自动控制功能、各类报警功能，准确高效地监测驴的个体行为，分析其生理、健康和福利状况，是实现自动化健康养殖和肉品溯源的基础。

目前，基于窄带物联网（NB-IoT 网络）技术，中国电信与银川奥特信息技术股份公司联合开发出小牧童发情监测服务平台，发情监测基于内嵌 SIM 卡的智能项圈，将 24h 不间断收集到的母驴活动量数据发送到云平台，通过母驴的运动模型来判断是否发情。母驴活动量采集器的使用寿命为 5 年。该平台采用大数据和可视化分析，养殖及其他相关人员安装发情监测系统 App 就能及时收到发情监测提醒，以及母畜个体编号、上一次发情时间和其他相关情况等信息，实现个体定位、档案管理和溯源。

4. 远程智能诊疗系统　为了实现群发普通病监测标准化、诊疗智能化、预防控制系统化，最初开发的是专家远程诊疗系统。这一系统是基于电脑远程诊疗，由软件和硬件组成，存在设备移动不便、难以取得现场第一手资料的问题。随着智能手机的飞速发展及 4G/5G 网络的不断普及，掌上远程诊疗系统已经具备可行性，且在许多地区已经采用，最简单的形式，如建立微信、QQ 服务群，安装在线视频软件，通过现场图片、视频等，专家可为各地养殖场的驴进行诊疗，指导治疗或防治操作，减少养殖成本，提高养殖质量。然而，这种诊疗仅具有专家和养殖户两端，后期系统可将专家（兽医、营养专业人员）、兽药企业、饲料企业、物流企业和养殖户共同连接起来，经远程智能诊疗系统将看病开药、制作配方、原料采购融为一体。后期进一步借助人工智能系统开发掌上自动诊断系统，解决养殖过程中的常见问题。

5. 未来研发方向　为进一步提升智能化畜牧业标准，未来将在提升养殖场智能感知控制系统、畜禽健康监测系统、养殖机器人、畜产品加工机器人、自动化粪污处理系统等高端智能装备方面加大研发。此外，在制定智慧畜牧行业标准及规范行业健康发展方面也需开展配套工作，智能畜牧业必将成为畜牧业发展的新方向和新动能。

第五章　驴繁殖生理

第一节　驴生殖器官构造和生理功能

一、公驴生殖器官及机能

公驴生殖器官包括睾丸、附睾、输精管、副性腺（精囊腺、前列腺、尿道球腺）、尿生殖道、阴囊、外生殖器（阴茎、包皮）等。其中，睾丸是公驴性腺；附睾、输精管和尿生殖道是输精管道；精囊腺、前列腺和尿道球腺是副性腺（图 5 - 1）。

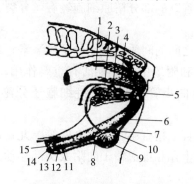

图 5 - 1　公驴的生殖器官

1. 直肠　2. 输精管壶腹　3. 精囊腺　4. 前列腺　5. 尿道球腺　6. 阴茎　7. 输精管　8. 附睾头
9. 睾丸　10. 附睾尾　11. 阴茎游离端　12. 内包皮鞘　13. 外包皮鞘　14. 龟头　15. 尿道突起
（引自王元兴、朗介金，1997. 动物繁殖学）

（一）睾丸

1. 形态与结构

（1）形态和位置。睾丸为公驴的生殖腺，重量与直径和高度相关。正常公驴睾丸成对位于腹壁外阴囊的两个腔内，为长卵圆形，两个睾丸重为 240～300g。睾丸长轴与地面平行，附睾附着于睾丸的背外缘，两个睾丸分居于阴囊的两个腔内。

（2）组织构造。睾丸外被浆膜，即固有鞘膜，其下为致密结缔组织构成的白膜，白膜的结缔组织伸入睾丸实质，构成睾丸纵隔，纵隔结缔组织的放射状分支伸向白膜，称为中隔。中隔将睾丸实质分成许多锥体状的小叶。每个小叶内有 1 条或数条盘绕曲折的精曲小管。精曲小管在各小叶的尖端先各自汇合成精直小管，进入纵隔结缔组织内的导管网，即睾丸网，最后由睾丸网分出 10～30 条睾丸输出管，汇入附睾头的附睾管（图 5 - 2）。

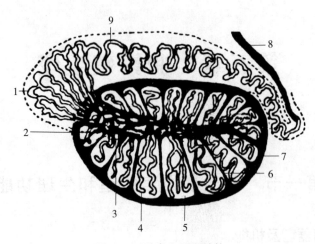

图 5-2　驴睾丸组织结构

1. 输出小管　2. 睾丸纵隔　3. 睾丸网　4. 精曲小管　5. 睾丸小叶　6. 睾丸小隔　7. 白膜　8. 输精管　9. 附睾管

2. 睾丸的功能

（1）生成精子。精曲小管管壁的部分精原细胞经有丝分裂、减数分裂和变形后最终形成精子，并储存于附睾中。

（2）分泌激素。精曲小管之间的间质细胞能分泌雄激素，雄激素可刺激附睾、阴茎及副性腺的发育，对维持精子发生和附睾中精子存活有重要作用；同时激发公畜的性欲及性行为，刺激第二性征。此外，精曲小管管壁的支持细胞还分泌抑制素、激活素等蛋白质类激素。

（3）产生睾丸液。精曲小管、精直小管、睾丸网等睾丸管道系统的管壁细胞，能产生大量睾丸液，有助于维持精子的生存和推送精子向附睾头部移动。

（二）附睾

1. 附睾的形态　附睾附着于睾丸的附着缘，其位置与睾丸位置相关。附睾分为头、体、尾 3 个部分。其中，头、尾两端粗大，体部较细。附睾头主要由睾丸网发出的睾丸输出小管汇合而成，呈螺旋状，借结缔组织联结成若干附睾小叶，再由附睾小叶联结成扁平而略呈杯状的附睾头，贴附于睾丸的前端或上缘。各附睾小叶小管汇成一条弯曲的附睾管。附睾管盘曲形成附睾体。在睾丸的远端，附睾体变为附睾尾，其中附睾管弯曲减少，逐渐过渡为输精管，经腹股沟管进入腹腔。

2. 附睾的组织构造　附睾管壁由环形肌纤维、假复层柱状纤毛上皮构成，从组织学上可将附睾管壁分为 3 个部分，各自具有不同的形态功能。起始部管壁细胞呈高柱状，靠近管腔面具有长而直的纤毛，管腔狭窄，管内精子数很少；中部柱状细胞的纤毛较长，且管腔变宽，管内有较多精子存在；末段柱状细胞变矮，同时靠近管腔面纤毛较短，管腔宽大，管腔内充满精子。附睾管壁纤毛的构造与精子尾部相似，其运动有助于精子的运送。

3. 附睾的功能

（1）吸收和分泌作用。附睾头和附睾体的上皮细胞吸收来自睾丸的水分和电解质，使附睾尾中的精子浓度大大升高。附睾管可分泌甘油磷酰胆碱、三甲基羟基丁酰甜菜碱、精子表面的附着蛋白等物质。这些物质与维持渗透压、保护精子及促进精子成熟相关。

（2）促精子成熟。精子在附睾管中移行的过程中，逐渐获得运动能力和受精能力。睾丸精曲小管生成的精子刚进入附睾头时，精子颈部常有原生质小滴，运动能力微弱，几乎无受精能力。在精子通过附睾的过程中，原生质小滴向尾部移行并最终脱落，精子逐渐成熟，并获得向前直线运动的能力、受精能力以及使受精卵正常发育的能力。

精子的成熟与附睾的理化特性有关。精子通过附睾管时，附睾管分泌的磷脂质和蛋白质包被在精子表面，形成脂蛋白膜。该膜能保护精子，防止精子膨胀，抵抗外界环境的不良影响。精子通过附睾管时，可获得负电荷，防止精子凝集。

（3）储存作用。精子主要储存在附睾尾部。精子能在附睾内储存较长时间。原因主要有：附睾管上皮的分泌作用能供给精子发育所需要的养分；附睾内 pH 为弱酸性，可抑制精子的活动；附睾管内的渗透压高，使精子发生脱水现象，导致精子缺乏活动所需要的最低限度的水分，故不能运动；附睾的温度较低，精子在其中处于休眠状态。但精子储存时间太久，精子活力会降低，畸形精子、死精子数量增加。

（4）运输作用。附睾主要通过管壁平滑肌的收缩，以及柱状上皮细胞管腔面上纤毛的摆动，将精子悬浮液从附睾头运送至附睾尾。精子通过附睾头和附睾体的时间是恒定的，不受射精频率的影响，但通过附睾尾的时间则与射精频率相关，射精或采精频率增加时，精子通过附睾尾的速度加快。

（三）输精管

1. 输精管的形态结构　输精管是附睾管的延续，开口于尿生殖道黏膜生成的精阜上。其管壁由外向内依次为浆膜层、肌层和黏膜层。输精管的起始端稍弯曲，很快变直，并与血管、淋巴管、神经、提睾内肌等包于睾丸系膜内组成精索，经腹股沟管进入腹腔，折向后进入盆腔，在生殖褶中沿精囊腺内侧向后伸延，变粗形成输精管壶腹，其末端变细，穿过尿生殖道骨盆部起始处的背侧壁，与精囊腺腺管共同开口于精阜后端的射精孔。输精管壶腹富含分支管状腺体，具有副性腺性质，其分泌物也是精液的组成成分。

2. 输精管的功能　输精管在射精、分泌、吸收和分解老化精子方面发挥重要作用。射精时，在催产素和神经系统的支配下输精管肌肉层发生规律性收缩，使管内和附睾尾部储存的精子快速排入尿生殖道。

（四）副性腺

公驴精囊腺、前列腺及尿道球腺总称为副性腺。射精时其与输精管壶腹部的分泌物混合在一起形成精清，与精子一同形成精液。副性腺的发育和功能维持依赖于性腺，当公驴达到性成熟时，其形态和机能得到迅速发育；相反，去势和衰老的公驴副性腺萎缩、机能丧失（图 5-3）。

1. 形态与结构

（1）精囊腺。精囊腺成对位于输精管壶部的两侧，其分泌物形成黏稠的块状物，可防止精液倒流。精囊腺分泌液为白色或黄色的黏稠液体，偏酸性。其成分特点是果糖和柠檬酸含量高，果糖是精子的主要能量物质，柠檬酸和无机物共同维持精液渗透压。

（2）前列腺。前列腺位于精囊腺的后方，略呈三角形，分左、右两叶。由体部和扩散部组成。体部外观可见，扩散部在尿道海绵体和尿道肌之间，它的腺管成行开口于尿生殖道内。

家畜的前列腺分泌液呈无色透明，偏酸性，能给精液提供磷酸酯酶、柠檬酸、亚精胺等物质，并具有增强精子活力和清洗尿道的作用。

（3）尿道球腺。尿道球腺为位于骨盆部尿道后端的一对圆形腺体。其分泌物是一种透明的黏液，在射精前排出，呈碱性。

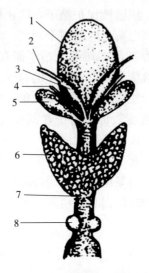

图5-3　驴的副性腺（背面图）

1. 膀胱　2. 输精管　3. 输精管壶腹　4. 输尿管　5. 精囊腺　6. 前列腺　7. 前列腺扩散部　8. 尿道球腺

（引自张忠诚，2001. 家畜繁殖学）

2. 功能

（1）冲洗尿生殖道，为精液通过做准备。交配前阴茎勃起时，所排出的少量液体主要由尿道球腺所分泌，它可以冲洗尿生殖道中残留的尿液，使通过尿生殖道的精子不致受到尿液的危害。

（2）精子的天然稀释液。附睾排出的精子，密度非常高，在射精时副性腺分泌液与其混合后，精子立即被稀释，从而也加大了精液量。

（3）供给精子营养物质。精囊腺能分泌大量果糖，在射精时进入精液。果糖是精子的主要能量物质。

（4）活化精子。精子在附睾中储存时环境为弱酸性，精子的运动能力较弱。副性腺分泌液的pH一般为弱碱性，碱性环境能刺激精子的运动。副性腺分泌液中的某些成分能够在一定程度上维持精液的弱碱性，从而有利于精子运动。另外，副性腺分泌液的渗透压低于附睾液，可使精子吸收适量的水分而增强活动能力。

（5）运送精液到体外。精液中的液体成分主要来自副性腺，射精时，附睾管、副性腺壁平滑肌及尿生殖道肌肉收缩，推送液体向外流动。因此，副性腺液体的流动对精子有推送作用。

（6）有助于缓冲不良环境对精子的危害。精清中含有柠檬酸盐及磷酸盐，这些物质具有缓冲作用，维持精子生存环境的pH稳定，从而延长精子存活时间，维持精子的受精能力。

（五）尿生殖道

尿生殖道是尿液和精液共同的排出通道，起源于膀胱，终于龟头，可分为两部分：①骨盆部，由膀胱颈直达坐骨弓，位于骨盆底壁，为短而粗的圆柱形，表面覆有尿道肌，前上壁有由海绵体组织构成的隆起，即精阜。精阜主要由海绵组织构成，在射精时可关闭膀胱颈，阻止精液流入膀胱。输精管、精囊腺、前列腺开口于精阜，其后上方有尿道球腺开口。②阴茎部，阴茎部起于坐骨弓，止于龟头，位于阴茎海绵体腹面的尿道沟内，为细而长的管状，表面覆有尿道海绵体和球海绵体肌。管腔平时皱缩，射精和排尿时扩张。在坐骨弓处，尿道阴茎部在左右阴茎脚（阴茎海绵体起始部）之间稍膨大形成尿道球。

（六）阴囊

阴囊是包被睾丸、附睾及部分输精管的袋状皮肤组织。阴囊壁皮层较薄、被毛稀少，内层为具有弹性的平滑肌纤维组织构成的肌肉膜。中隔将阴囊分为2个腔，2个睾丸分别位于其中。阴囊具有调节睾丸温度的作用。正常情况下，阴囊能维持睾丸保持低于正常体温的温度，这对于维持睾丸的生精机能至关重要。阴囊皮肤有丰富的汗腺，肌肉膜能调整阴囊壁的厚薄及其表面积，并能改变睾丸和腹壁之间的距离。气温高时，肌肉膜松弛，睾丸位置降低，阴囊壁变薄，散热表面积增加。气温低时，肌肉膜皱缩以及提睾肌收缩，使睾丸靠近腹壁并使阴囊壁变厚，散热面积减小。所有进出睾丸的血管呈蔓状卷曲，且动静脉血管并行。离开睾丸的静脉血温度较低，从而通过逆流传热预冷进入睾丸的动脉血（图5-4）。

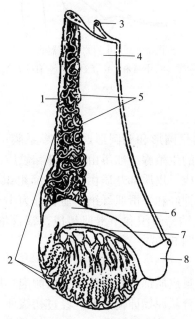

图5-4　睾丸侧面动、静脉排列

1.睾丸静脉　2.睾丸动脉　3.输精管　4.睾丸系膜　5.静脉蔓卷丛　6.附睾头　7.睾丸缘静脉　8.附睾尾

（引自 Hafez E S E，1987. *Reproduction in Farm Animals*）

（七）外生殖器

1. 阴茎 阴茎是公驴的交配器官，由龟头和阴茎海绵体组成，起自阴茎根形成的一对阴茎脚，并固定在耻骨弓的两侧，驴的阴茎向前延伸，开口于位于腹下的包皮。

阴茎主要由勃起组织——海绵体组成。海绵体表面被纤维组织覆盖，部分纤维组织形成许多小梁将海绵体分隔成许多间隙，间隙内是毛细血细管膨大而成的静脉窦，静脉窦充血，海绵体膨胀使阴茎勃起。

2. 包皮 包皮是腹壁皮肤形成的双层囊鞘，分为内包皮和外包皮。阴茎在包皮内，勃起时内外包皮伸展被覆于阴茎表面。包皮的黏膜形成许多褶，并有许多弯曲的管状腺。这些管状腺分泌油脂性分泌物，这种分泌物与脱落的上皮细胞及细菌混合，形成带有异味的包皮垢。

二、母驴生殖器官及机能

母驴生殖器官包括卵巢、输卵管、子宫、阴道、外生殖器（尿生殖前庭、阴唇、阴蒂）（图 5 - 5）。

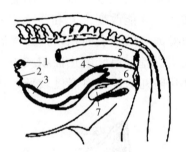

图 5 - 5　母驴的生殖器官
1. 卵巢　2. 输卵管　3. 子宫角　4. 子宫颈　5. 直肠　6. 阴道　7. 膀胱

（一）卵巢

1. 形态结构 母驴的卵巢呈圆形和椭圆形，由卵巢系膜吊在腰区后部下面的两旁。母驴的卵巢均成对存在，为母驴的生殖腺。卵巢由皮质部和髓质部组成，皮质由不同发育阶段的卵泡、红体、白体和黄体构成。皮质部基质由疏松结缔组织构成，含有许多成纤维细胞、胶原纤维、网状纤维、血管、神经和平滑肌纤维。血管分为小支进入皮质，并在卵泡膜上构成血管网。髓质部主要由疏松结缔组织和平滑肌组成，富含细小血管、神经，由卵巢门出入，所以卵巢门上没有皮质（图 5 - 6）。

2. 卵巢的功能

（1）卵泡发育与排卵。卵巢皮质部分布着许多原始卵泡。原始卵泡由 1 个卵母细胞和周围单层卵泡细胞构成。卵泡发育从原始卵泡开始，经过初级卵泡、次级卵泡、三级卵泡，形成成熟卵泡。在发育过程中不能成熟而退化的卵泡，萎缩成闭锁卵泡，卵核中染色质崩解，卵母细胞和卵泡细胞萎缩，卵泡液被吸收，最终失去卵泡的结构。成熟卵泡排卵后的卵泡腔皱缩，腔内形成凝血块，称为红体，以后随着脂色素的增加，逐渐变成黄体。妊娠黄体退化后形成白体。

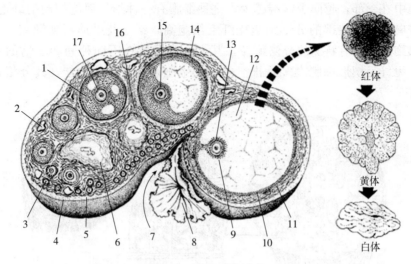

图 5-6 卵巢结构示意

1. 卵泡上皮　2. 血管　3. 初级卵泡　4. 浆膜　5. 白膜　6. 萎缩卵泡　7. 排卵凹　8. 输卵管漏斗　9. 卵丘
10. 颗粒层　11. 卵泡膜　12. 卵泡腔　13. 放射冠　14. 生长卵泡　15. 透明带　16. 卵巢基质　17. 卵细胞
（引自山东畜牧兽医职业学院）

（2）激素分泌。在卵泡发育过程中，包围在卵泡细胞外的两层卵巢皮质基质细胞形成卵泡膜。卵泡膜可分为纤维性的外膜和血管性的内膜。内膜和外膜细胞可合成雄激素，雄激素由卵泡细胞或颗粒细胞转化为雌激素。排卵后形成的黄体由颗粒黄体细胞和内膜黄体细胞组成。颗粒黄体细胞由排卵后的颗粒细胞变大而成，呈多角形，其中含有脂肪颗粒和脂色素颗粒；内膜黄体细胞由内膜的毛细血管向黄体细胞内生长，内膜细胞也增殖侵入其中而形成，呈圆形，比颗粒黄体细胞小。两种黄体细胞都能分泌孕激素。除了分泌类固醇性激素外，不同发育阶段的卵泡还可以分泌抑制素、活化素、卵泡抑素和其他多种肽类激素或因子，这些因子通过内分泌、旁分泌和分泌的方式调节卵泡的发育。

（二）输卵管

1. 输卵管的形态与位置　输卵管是卵子进入子宫的通道，通过宫管连接部与子宫角相连接，附着在子宫阔韧带外缘形成的输卵管系膜上，长而弯曲。输卵管的腹腔口紧靠卵巢，扩大呈漏斗状，称为漏斗部。输卵管由明显的 3 部分组成：①输卵管伞，是一个较大的漏斗状结构，漏斗的边缘不整齐，形似花边。伞的一处附着于卵巢的上端。②壶腹部，其管壁较薄，是输卵管伞后部的延伸，是精子和卵子受精的部位。③峡部，是与子宫相连的狭窄的管道。壶腹与峡部的连接处称壶峡连接部，峡部末端有输卵管子宫口直接与子宫角相通。输卵管与子宫连接处称为宫管连接部。

2. 输卵管的组织构造　输卵管的管壁从外向内依次为浆膜、肌层和黏膜，是在雌激素及其他因子作用下由副中肾管发育而成的。肌层由内层环状或螺旋形肌束和外层的纵行肌束构成，也有少量斜行纤维，肌层从卵巢端到子宫端逐渐增厚。肌层使整个管壁能协调地收缩。黏膜形成若干初级纵襞，特别是在壶腹内分出许多次级纵襞。黏膜上皮属单柱状或假复层柱状上皮，由柱状纤毛细胞和无纤毛楔形细胞构成。纤毛细胞主要分布在输卵管的卵巢端，集中在伞部，越向子宫端越少。这种细胞有一种细长而能摆动的纤毛伸入管腔，能向子宫方向摆动。峡部的分泌细胞比纤毛细胞高，纤毛几乎伸不到管腔。无纤毛楔形细胞为分泌细胞，含有特殊的分泌颗粒，其大小和数量在不同种间和发情的不同时期有很大变化。无纤毛楔形细胞大多是排空的分泌细胞，具有分泌功能，其分泌物为卵子提供营养（图5-7）。

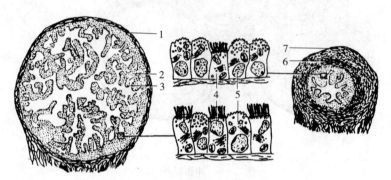

图5-7　输卵管的横断面
1. 浆膜　2. 初级纵褶　3. 次级纵褶　4. 纤毛细胞　5. 分泌细胞　6. 纵行肌层　7. 环行肌层

3. 输卵管的功能

（1）接纳卵子，并运送卵子和精子。排卵时，输卵管伞部完成卵子的接纳，然后借助输卵管管壁纤毛的摆动、管壁的分节蠕动和逆蠕动以及由此引起的液体流动，将卵子向壶腹部运送；将精子反向由峡部向壶腹部运送；受精后，将受精卵经壶峡连接部、峡部、宫管连接部运送到子宫角。

（2）精子的获能、卵子受精、受精卵卵裂。精子受精前在输卵管获得受精能力；输卵管壶腹部为精卵结合的受精部位；受精卵边卵裂边向峡部和子宫角运行，宫管连接部对精子有筛选作用，并控制精子和受精卵的运行。

（3）分泌功能。输卵管上皮的分泌细胞在卵巢激素的影响下，不同的生理阶段分泌的量有很大变化。发情时，分泌量增多，pH为7～8，分泌物主要为各种氨基酸、葡萄糖、乳酸、黏蛋白及黏多糖，是维持精子、卵子受精能力以及早期胚胎发育的重要物质基础。

（三）子宫

1. 位置与形态　子宫是一个中空的肌质性器官，是胚胎着床、发育的地方，由缪勒氏管发育而来。其大部分位于腹腔，少部分位于骨盆腔，背侧为直肠，腹侧为膀胱，前接输卵管，后连阴道，借助于子宫阔韧带悬于腰下腹腔。驴的子宫由子宫角、子宫体和子宫颈3部分组成。

2. 子宫的组织构造　子宫从外向内依次为浆膜、肌层和黏膜。浆膜与子宫阔韧带的浆膜相连。肌肉层的外层薄，为纵行的肌纤维；内层厚，为螺旋形的环状肌纤维。子宫颈肌是子宫肌的附着点，同时也是子宫的括约肌，其内层特别厚，且有致密的胶原纤维和弹性纤维，是子宫颈皱襞的主要构成部分。内外两层交界处有交错的肌束和血管网，固有层含有子宫腺。子宫腺以子宫角最发达，子宫体较少，子宫颈则在皱襞之间的深处有腺状结构，其余部分为柱状细胞，能分泌黏液。

3. 子宫的功能

（1）储存、筛选和运送精液，有助于精子获能。发情配种后，开张的子宫颈口有利于精子进入，并具有阻止死精子和畸形精子进入子宫的能力，可防止过多的精子到达受精部位。大量的精子储存在子宫颈隐窝内。进入子宫的精子借助子宫肌的收缩作用进入输卵管，在子宫内膜分泌物和分泌液的作用下，精子获能，并行进至受精部位。

（2）孕体的早期发育、附植、妊娠和分娩。子宫内膜的分泌物和渗出物，及内膜糖、脂肪、蛋白质的代谢物，可为孕体提供营养。胚泡附植时子宫内膜形成母体胎盘与胎儿胎盘结合，为胎儿的生长发育创造良好的环境。妊娠时，通过胎盘实现胎儿母体间营养、排泄物的交换。子宫随胎儿生长在大小、形态及位置上发生显著变化。子宫颈黏液高度黏稠形成栓塞，封闭子宫颈口，起屏障作用，防止子宫感染。分娩前，子宫颈栓塞液化，子宫颈扩张，随着子宫的收缩使胎儿和胎膜娩出。

（3）调节卵巢黄体功能，导致发情。未妊娠母驴子宫内膜在发情周期的一定时期分泌前列腺素 $PGF_{2\alpha}$，$PGF_{2\alpha}$ 通过子宫静脉与卵巢动脉的动静脉吻合，快速进入卵巢动脉，使卵巢上的黄体溶解、退化，从而中止黄体分泌孕激素，孕激素对下丘脑和垂体分泌生殖激素的抑制作用被解除，从而促性腺激素分泌增加，引起新一轮卵泡发育并导致母驴发情。

（四）阴道

阴道从子宫颈延伸到阴道前庭，是母驴的交配器官，又是胎儿娩出的通道。其背侧为直肠，腹侧为膀胱和尿道。阴道腔是一扁平的缝隙，前端有子宫颈阴道部凸入其中。子宫颈阴道部周围的阴道腔称为阴道穹隆。后端和尿生殖前庭之间以尿道外口及阴瓣为界。未曾交配过的幼畜阴瓣明显。

阴道壁由外向内依次为浆膜、肌膜和上皮黏膜。浆膜层为疏松结缔组织，含大量血管、神经和神经节，外部纵行肌可看作是浆膜的一部分。肌膜不如子宫外部发达，由厚的内环层和薄的外纵层构成，后者延续到子宫内。

阴道除具有交配功能外，也是交配后的精子储存库，精子在此处集聚和保存，并不断向子宫供应。阴道的生化和微生物环境能保护生殖道不遭受微生物入侵。阴道排出子宫内膜及输卵管的分泌物，同时阴道也是分娩时的产道。

（五）外生殖器

外生殖器包括尿生殖前庭、阴唇和阴蒂。

1. 尿生殖前庭　尿生殖前庭为从阴瓣到阴门裂的部分，前高后低，稍微倾斜。在前庭两侧壁的黏膜下层有前庭大腺，为分支管状腺，发情时分泌增多。前庭小腺不发达，开口于腹侧正中沟中。尿生殖前庭为产道、排尿、交配的器官。

2. 阴唇　阴唇分左右两片，构成阴门，其上下端联合形成阴门的上下角。驴阴门上角较尖，下角浑圆。二阴唇间的开口为阴门裂。阴唇外被皮肤，内为黏膜，二者之间有阴门括约肌和大量结缔组织。

3. 阴蒂　阴蒂位于阴门裂下角的凹陷内，由海绵体构成，覆以复层扁平上皮，具有丰富的感觉神经末梢，为阴茎的同源器官。

第二节　公驴和母驴重要的生殖激素

一、生殖激素的概念、分类与作用特点

（一）概念

在哺乳动物中，几乎所有激素都直接或间接地影响生殖机能。有些激素直接作用于生殖过程，如下丘脑的促性腺激素释放激素（GnRH）、垂体或胎盘的促性腺激素（FSH、LH、PMSG、hCG 等）及性腺激素等，这些与动物的生殖活动，如配子的产生、发情、排卵、受精、妊娠、分娩等有直接关系的激素称为生殖激素（reproductive hormone）。

生殖激素种类很多，为了便于理解和应用，可按生理功能、化学本质、来源进行分类。

（二）分类

1. 根据生理功能分

（1）神经激素。由脑部各区神经细胞核团，如松果体、下丘脑等分泌，主要调节脑内外生殖激素的分泌活动，如促性腺激素释放激素。

（2）促性腺激素（GTH）。由垂体前叶和胎盘分泌的具有促进性腺分泌的功能，如促卵泡激素（FSH）、促黄体素（LH）、孕马血清促性腺激素（PMSG）等。

（3）性腺激素。由睾丸、卵巢或胎盘分泌，对生殖活动以及下丘脑和垂体的分泌活动有直接或间接作用，如雌激素、雄激素、孕激素等。

（4）其他。有些激素所有组织器官均可分泌，如前列腺素，可作用于卵泡发育、黄体退化等。

2. 根据化学本质分类

（1）含氮激素。包括蛋白质、多肽、氨基酸衍生物类激素。如脑部神经核团分泌的GnRH，垂体分泌的 FSH，胎盘分泌的 PMSG 和性腺分泌的抑制素等。多肽是相对较小的分子，而一些糖蛋白激素，蛋白质表面含有糖类，其数量决定激素半衰期，即糖基化的程度越深，激素的半衰期越长，其相对分子质量可从几百到 70 000 不等。

（2）类固醇激素。又称甾体激素，主要由性腺分泌。具有一个共同的称为环戊烷多氢菲的分子核，由 A、B、C、D 4 个环构成。甾体激素源于胆固醇，通过酶转化等复杂的通路合成，可使雄性和雌性的生殖道产生显著变化。

（3）脂肪酸类激素。包括不饱和脂肪酸的衍生物，如子宫、前列腺、精囊腺分泌的前列腺素和某些外分泌腺体分泌的外激素。

3. 根据来源分类　将生殖激素分为神经激素（包括下丘脑激素、垂体激素）、性腺激素、子宫激素和胎盘激素等。

上述各类激素的名称、来源、化学性质和生理功能见表 5-1。

表 5-1　驴生殖激素的种类、来源及主要功能

（改自王元兴，1997. 驴繁殖学）

种类	名称	简称	主要来源	化学特性	主要功能
神经激素	促性腺激素释放激素	GnRH	下丘脑	十肽	促进垂体释放 LH 和 FSH
	催产素	OXT	下丘脑合成，垂体后叶释放	九肽	促进子宫收缩、乳汁排出，并具溶解黄体作用
促性腺激素	促卵泡激素	FSH	腺垂体	糖蛋白	促进卵泡发育和成熟及精子发生
	促黄体素	LH	腺垂体	糖蛋白	促进排卵和黄体生成及雄激素和孕激素的分泌
	孕马血清促性腺激素	PMSG	马属动物尿囊绒毛膜	糖蛋白	与 FSH 类似，促进马属动物辅助黄体的形成
性腺激素	雌激素	E	卵巢	类固醇	促进驴发情行为、维持第二性征、刺激雌性生殖道和子宫腺体及乳腺管道发育，并刺激子宫收缩
	雄激素	A	睾丸	类固醇	促进副性腺的发育和精子发生，维持第二性征和性欲
	孕激素	P	卵巢、胎盘	类固醇	与雌激素协同调节发情，抑制子宫收缩，维持妊娠，促进子宫腺体和乳腺腺泡的发育
	松弛素	RLX	卵巢、子宫	多肽	促进子宫颈、耻骨联合、骨盆韧带松弛
其他	前列腺素	PG	广泛分布	脂肪酸	溶解黄体，促进子宫收缩

（三）作用特点

生殖激素虽然种类很多，作用复杂，但它们在对靶组织发挥调节作用的过程中，具有一些共同特点。

1. 作用的特异性　生殖激素释放后，在运输途中虽与各处的组织细胞有广泛接触，但只作用于特定的靶组织，与其特异性受体结合后产生生物学效应。

2. 激素在机体内的活性丧失一般较快　由于受到分解酶的作用，生殖激素在驴体内的活性一般很快丧失，具有相对较短的半衰期，如 $PGF_{2\alpha}$ 仅有几秒，但少数激素，如 PMSG 等可达数天。

3. 作用的高效性　驴体内生殖激素含量极低，通常血液中的含量只有 $10^{-12} \sim 10^{-9}\,g/mL$，但激素与其受体结合后，在细胞内发生一系列酶促放大作用，导致明显的生理作用。例如，驴体内孕酮水平只要达到 $6 \times 10^{-9}\,g/mL$，便可维持正常妊娠。

4. 作用依赖于激素分泌的模式和持续时间　生殖激素以 3 种模式分泌。第 1 种，周期性分泌，激素在神经系统的控制下与受体紧密联系。当下丘脑的神经去极化，神经肽瞬间释

放，垂体前叶激素也因此以间断的方式释放。间断释放形成的可预测的类型被称作脉冲分泌，此种方式的分泌，可使动物具有正常的发情周期。而初情期驴的激素也间断性释放，但其是不可预测的。第2种，基础分泌，此种方式的激素浓度低，且脉冲幅度小。第3种，持续性分泌，以相对稳定的形式持续较长一段时间，如发情间期或妊娠期间驴的孕激素会持续性释放，以控制发情或妊娠。

5. 激素之间有协同或颉颃作用　某种生殖激素在其他生殖激素的参与下，其生物学活性显著提高的现象称为协同作用；相反，一种激素如果抑制或减弱另一种激素的生物学活性，则该激素对另一激素具有颉颃作用。激素的生物学作用取决于激素与受体间的亲和力，亲和力越强，生物反应也越强。

二、神经激素

对驴生殖机能具有重要作用的神经激素包括5种下丘脑释放或抑制激素因子（即促性腺激素释放激素、促性腺激素抑制激素、促甲状腺素释放激素、催乳素释放因子、催乳素抑制因子）和催产素以及松果体分泌的褪黑激素和8-精加催素。

（一）下丘脑激素

1. 下丘脑解剖结构和机能特点　下丘脑（hypothalamus）是大脑腹面比较特殊的一部分，由大量被称为下丘脑神经核团的神经细胞体组成，两侧对称，解剖结构由视交叉、乳头体、灰白结节和正中隆起等组成（图5-8）。

2. 下丘脑激素的种类　下丘脑具有神经调节和内分泌调节的双重功能，由下丘脑神经细胞合成并分泌的激素有10种，分为释放激素（或因子）和抑制激素（或因子）。下丘脑生殖激素主要有促性腺激素释放激素、促性腺激素抑制激素、催乳素释放因子、催乳素抑制因子和催产素等。

3. 促性腺激素释放激素（GnRH）　主要由下丘脑内侧视前核、下丘脑前区、弓状核、视交叉上核的神经核团分泌。此外，松果体和胎盘也能合成GnRH。在其他脑区和脑外组织，如胰腺、肠、颈神经和视网膜等处及肿瘤组织也发现有类似于GnRII的物质存在。

（1）化学特性。马属动物GnRH具有相同的分子结构，是由9种氨基酸组成的直链式十肽化合物，相对分子质量为1 181。天然的GnRH在体内极易失活，半衰期为2~4min。肽链中第5、第6位和第6、第7位以及第9、第10位氨基酸间的肽键极易水解。

（2）生理作用。GnRH的生理作用无种间特异性，表现为促进LH和FSH的合成与释放，从而影响性腺激素的产生。

①对垂体的作用。下丘脑分泌的GnRH，经垂体门脉系统作用于腺垂体（图5-8）。GnRH与垂体前叶细胞膜受体结合，通过激活腺苷酸环化酶-cAMP-蛋白激酶体系，促进垂体LH和FSH的合成和释放。

②对性腺的作用。GnRH不仅通过影响垂体LH和FSH的分泌调节性腺功能，而且直接作用于性腺，但对性腺的作用是抑制性的。

（3）分泌调节。GnRH分泌，一方面，受中枢神经系统的控制，体内环境因子刺激脑细胞分泌神经递质或神经肽影响下丘脑神经细胞的分泌机能；另一方面，受内分泌的调节，包括松果体激素的调节和靶腺激素的反馈调节。

①中枢神经系统的调控。来自体内的各种刺激可以通过高级神经中枢产生神经递质和神经多肽影响 GnRH 的分泌活动。由于神经系统的调节是反射性的，刺激各种感觉器官（视觉、嗅觉、触觉、听觉）产生的信号，传入中枢神经系统，可反射性调节 GnRH 的分泌。促肾上腺皮质激素释放激素可通过增强阿片肽的活性而抑制 GnRH 的释放。

②松果体激素的调控。松果体借助褪黑激素的分泌将外界环境变化传入机体，刺激机体调整生殖活动规律，使下丘脑、垂体所控制的激素分泌呈昼夜节律性。褪黑激素对下丘脑—垂体—卵巢轴的作用是抑制性的，幼年时能防止过早性成熟，成年后可使下丘脑对雌激素的正反馈不发生反应，从而不能引起 GnRH 的释放，抑制排卵。

③靶腺激素的反馈调节。GnRH 的靶腺是垂体和性腺。目前公认的有长反馈、短反馈和超短反馈 3 种反馈机制维持 GnRH 分泌的相对恒定。

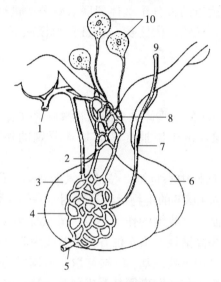

图 5-8 下丘脑与垂体关系示意

1. 垂体上动脉 2. 垂体门脉血管 3. 垂体前叶 4. 毛细血管丛 5. 静脉（通海绵窦）

6. 垂体后叶 7. 回流到下丘脑的静脉 8. 毛细血管丛 9. 下丘脑 10. 下丘脑神经细胞

（引自 Hafez E S E，2000. *Reproduction in Farm Animals*）

a. 长反馈。性腺激素通过体液途径作用于下丘脑，引起 GnRH 分泌减少或增加。

b. 短反馈。垂体激素作用于下丘脑，影响 GnRH 的分泌。

c. 超短反馈。血液中 GnRH 作用于下丘脑，调节自身 GnRH 的分泌。

④下丘脑调节 GnRH 分泌的两个中枢。公、母驴 GnRH 分泌的调节大致相同，只是母驴的分泌呈周期性，而公驴无周期性。出现这种差异的原因是下丘脑存在 GnRH 分泌持续中枢和周期中枢。雌激素对持续中枢有负反馈调节作用，对周期中枢有正反馈调节作用，从而在排卵前出现雌激素分泌高峰。孕酮对周期中枢有抑制作用，因此孕酮的大量分泌（如黄体期和妊娠期）对 GnRH 的分泌有抑制作用，并阻遏雌激素对垂体分泌的刺激作用。雄性动物的周期中枢因雄激素的抑制而无明显活动，因此周期性不明显。

（4）应用。在生理剂量范围内，GnRH 可促进垂体 LH 和 FSH 的合成和释放，诱导母驴发情、排卵，促进公驴精子发生，提高配种受胎率。但长期大剂量使用，则会抑制排卵、影响胚胎附植和妊娠等生理活动。

①诱导母驴产后发情。母驴产后因受季节、营养、泌乳、疾病等因素的影响，卵巢活动受到抑制，表现为较长时间不发情。肌内注射促排 3 号 50～100μg，可诱导产后乏情的母驴发情。

②提高情期受胎率。母驴配种时，应用 GnRH 可促进卵泡进一步成熟，加速排卵，提高情期受胎率。

③提高超数排卵的效果。

④治疗卵泡囊肿和排卵异常。应用 LH。驴一次肌内注射 200～400IU，一般在注射后 4～6d 囊肿即形成黄体，15～30d 恢复正常发情周期。

⑤治疗公驴不育。由于 GnRH 能刺激公驴垂体分泌间质细胞刺激素，促进睾丸发育、雄激素分泌和精子成熟，因此可用于治疗公驴性欲减弱、精液品质下降等。

⑥公驴去势。GnRH 与适当的大分子载体偶联后对公驴进行免疫，可诱导公驴产生特异性抗体，中和内源 GnRH，导致垂体接受 GnRH 的刺激减弱，从而使性腺发生退行性变化，达到去势目的。

(二) 催产素

1895 年，Oliver 和 Schafer 发现垂体抽提液能刺激血管收缩，升高血压，并引起子宫平滑肌收缩和泌乳等生理现象，由于该抽提液有加速分娩的作用，而将其命名为催产素（OXT）。

1. 化学特性　催产素的活性中心是第 2 位的酪氨酸及第 5 位的天冬酰胺，但第 3 位的异亮氨酸与第 8 位的亮氨酸对 OXT 的生物活性和作用专一性非常重要。改变第 4 位和第 7 位氨基酸残基，可使 OXT 促子宫收缩的作用更专一。去除第 1 位游离氨基可以减弱 OXT 的极性，使其渗透性增强而提高活性。第 4 位谷氨酰胺改为苏氨酸，可使促子宫收缩活性成倍增加。将第 7 位脯氨酸残基用噻唑烷基-4-羧酸取代后制成的 OXT 类似物，促子宫收缩活性为天然激素的 2 倍。将第 1 位的游离氨基改成羟基、第 4 位谷氨酰胺改成苏氨酸制成的类似物，促子宫收缩活性比天然激素高 8 倍。

2. 生理作用

（1）刺激子宫肌收缩。在卵泡成熟期，交配或输精刺激引起 OXT 释放，促使输卵管和子宫的平滑肌收缩，有助于精子和卵子在母畜生殖道内运行；妊娠后期，母驴分娩时，OXT 水平升高，使子宫阵缩增强，促使胎儿和胎衣排出。产后驴驹吮乳可加强子宫收缩，有利于胎衣排出和子宫复原。

（2）刺激排乳。乳汁分泌是多种激素共同作用的结果，且泌乳必须有 OXT 的参与。OXT 能刺激母驴乳腺导管肌上皮细胞收缩，使乳汁从腺泡排出导致排乳。OXT 对乳腺的另一作用是使大的导管、乳池外周的平滑肌松弛。

（3）对黄体的作用。OXT 通过刺激子宫分泌 $PGF_{2\alpha}$，引起黄体溶解进而诱导发情。卵巢黄体产生的 OXT 最主要的生理功能是刺激子宫肌收缩和乳腺肌上皮细胞的收缩，维持子宫正常机能。OXT 通过自分泌和旁分泌作用，调节黄体的功能，促进黄体溶解。

（4）对公驴的作用。公驴交配前血浆 OXT 水平很低，而交配后明显升高，表明 OXT 不仅有类似于促黄体素的作用，也可能与性行为有关。

（5）具有加压素的作用。由于 OXT 与加压素化学结构类似，因此两者的生理作用也有类似之处，但活性存在差别。OXT 抗利尿和升高血压的作用仅有加压素的 $0.5\% \sim 1\%$。同样，加压素也具有微弱的 OXT 的作用。

3. 分泌调控　垂体后叶 OXT 的释放主要受神经调节，外周组织（如睾丸、黄体、肾上腺、胸腺和胎盘等）的 OXT 释放主要受旁分泌和自分泌调节。

神经中枢接受来自体内外的刺激，如阴道、乳腺或异性刺激等，通过神经传导途径引起 OXT 的分泌和释放。交配时阴茎刺激阴道，引起雌性动物 OXT 释放增多，使子宫活动增强，有助于精子运行。同时，公驴受到异性刺激（触觉等），引起 OXT 释放增加，诱导输精管及附睾收缩，增加精液的射出量。分娩时胎儿对产道的刺激经脊髓传入大脑，引起下丘脑室旁核合成大量 OXT，经垂体后叶释放 OXT。

体液因素，如生殖激素，也可直接或间接影响 OXT 的合成和释放。如雌激素能提高外周血神经垂体蛋白（OXT 运载蛋白）的水平，并对 OXT 受体的合成具有促进作用，因此对 OXT 的生物学作用具有协同作用。

卵巢中 OXT 的释放可能与黄体及子宫机能有关。肌内注射 $PGF_{2\alpha}$ 或其类似物可迅速促使卵巢 OXT 的释放。

4. 应用

（1）诱发同期分娩。

（2）提高受胎率。

（3）终止妊娠。母驴发生不当配种后 1 周内，每天注射 OXT $100 \sim 200IU$，能抑制黄体的发育而使妊娠终止，一般于处理后 $8 \sim 10d$ 返情。

（4）治疗繁殖疾病。治疗持久黄体、黄体囊肿、胎衣不下、子宫脱出、子宫出血、促进子宫内容物（如恶露、子宫积脓或木乃伊胎）的排出和产后子宫恢复、治疗泌乳不良等。预先用雌激素处理，可增强子宫对 OXT 的敏感性。驴的用量一般为 $30 \sim 50IU$。

三、垂体促性腺激素

垂体（hypophysis）是重要的神经内分泌器官，可分泌多种蛋白质激素调节马属动物的生长、发育、代谢及生殖等活动。

下丘脑与腺垂体之间独特的垂体门脉系统，是下丘脑调节腺垂体激素分泌的主要神经体液途径。下丘脑分泌的释放激素经正中隆起的微血管丛到达腺垂体，保证了极微量的下丘脑释放激素迅速而直接地运至腺垂体，不必经过体循环从而避免遭到稀释或耗损。

垂体中分泌激素的细胞主要位于腺垂体，用苏木精、曙红、苯胺蓝或偶氮染料染色发现，易染细胞的细胞质中含有一些特殊颗粒，难染细胞不含分泌颗粒，可能是易染细胞的前体或分泌后残体。易染细胞可分为嗜酸性细胞和嗜碱性细胞，这些细胞至少分泌 7 种激素，其中 LH 和 FSH 主要以性腺为靶器官，催乳素（PRL）因与黄体分泌孕酮有关，所以这 3 种激素又称为促性腺激素（GTH）。

（一）促卵泡激素

1. 化学特性　促卵泡激素，又称卵泡刺激素（FSH），是垂体嗜碱性细胞分泌的由 α 和 β 亚基组成的糖蛋白激素，垂体中的含量较少且提取和纯化较难，稳定性差，半衰期约为 5h。

驴 FSH 相对分子质量约为 32 600，pI 为 4.1。

FSH 分子结构具有不均一性。

2. 生理作用

（1）FSH 对母驴的作用。

①刺激卵泡生长和发育。卵泡生长至出现卵泡腔时，FSH 能够刺激其继续发育至接近成熟。卵泡液形成，卵泡腔扩大，从而使卵泡发育。

②刺激卵巢生长。FSH 还可刺激卵巢生长、增加卵巢重量。

③与 LH 配合产生雌激素。卵泡膜细胞含有专一的 LH 受体和不专一的 FSH 受体，能单独合成雌激素，卵泡只有在 FSH 和 LH 的共同作用下，由膜细胞和颗粒细胞协同作用，才能产生大量雌激素，以适应卵泡成熟和排卵的需要。

④与 LH 协同作用诱发排卵。排卵的发生要求 FSH 和 LH 达到一定浓度且比例适宜。

（2）FSH 对公驴的作用。

①刺激精曲小管上皮和次级精母细胞的发育。FSH 刺激性成熟公驴精曲小管上皮和次级精母细胞的发育；切除垂体，则精子生成立即停止，并伴有生殖器官萎缩；给予 FSH，则刺激精细小管上皮的分裂活动，精子细胞增多，睾丸增大。

②协同刺激精子发育成熟。FSH 刺激支持细胞分泌雄激素结合蛋白，后者与睾酮结合，可维持精曲小管内睾酮的高水平。另外，FSH 对包裹在支持细胞中的精子释放也具有一定作用。

（二）促黄体素

1. 化学特性　促黄体素（LH），又称促间质细胞素（ICSH），是垂体嗜碱性细胞分泌的由 α 和 β 两个亚基组成的糖蛋白质激素。化学稳定性较好，在提取和纯化过程较 FSH 稳定。驴的 LH 相对分子质量为 32 500，pI 为 4.5～7.3。

2. 生理作用

（1）LH 对母驴的作用。

①刺激卵泡发育成熟和诱发排卵。发情周期中 LH 协同 FSH 刺激卵泡的生长发育、优势卵泡的选择和卵泡的最后成熟。当卵泡发育接近成熟时，LH 水平快速达到峰值，触发排卵。

②促进黄体形成。成熟卵泡中的颗粒细胞会自发黄体化，未成熟颗粒细胞只有加入 FSH 和 LH 才能促进黄体化。

（2）LH 对公驴的作用。

①刺激睾丸间质细胞发育和睾酮分泌。给驴注射 LH 可使间质细胞恢复正常，连续给予 LH，则引起间质细胞明显增生。与此同时，精囊腺和前列腺也增生。因此，雄性 LH 又被称为促间质细胞素。

②刺激精子成熟。LH 刺激睾丸间质细胞分泌睾酮，在 FSH 协同作用下，促进精子充分成熟。

3. 分泌调节　FSH 和 LH 的分泌调节包括神经调节、靶腺激素的反馈调节以及垂体自分泌和旁分泌的调节。由于 FSH 和 LH 的分泌调节作用类似，因此在此一并介绍。

（1）神经调节。GnRH 对 FSH 和 LH 的调节特性有所不同，主要表现在垂体和外周血液中 FSH 水平都比 LH 的低，FSH 对 GnRH 的刺激反应不如 LH 快速而明显。下丘脑神经细胞低频率、少量释放 GnRH，有利于垂体分泌 FSH，而高频率、大量释放则主要引起 LH 分泌。在迄今研究过的动物中，垂体分泌 LH 的量比分泌 FSH 的量高出 5～10 倍。

（2）靶腺激素的反馈调节。靶腺激素反馈调节是指性腺激素通过长反馈机制作用于垂体，使促性腺激素的分泌维持在特定水平。性腺分泌的类固醇激素通过下丘脑和垂体反馈调节促性腺激素的分泌。

（3）垂体的自分泌和旁分泌调节。垂体内还存在自分泌和旁分泌系统，垂体内存在的重要生长因子是活化素、抑制素和卵泡抑素。虽然这两种激素主要由颗粒细胞分泌，经血液循环输送到垂体而发挥调节作用，但也存在于垂体促性腺激素细胞内，提示活化素和抑制素在垂体的旁分泌和自分泌调节作用。抑制素选择性地抑制垂体 FSH 分泌，阻断垂体对 GnRH 的应答反应，但对 GnRH 诱导的 LH 分泌无抑制作用或抑制作用很小。活化素与抑制素的作用正好相反，能通过促进促性腺激素受体的形成而增强垂体对 GnRH 的反应性，促进 FSH 分泌。

4. 应用　由于在生理条件下 FSH 与 LH 有协同作用，正常驴体内含有 FSH，且 FSH 制剂中往往含有大量 LH，以致在使用 FSH 制剂的同时如果再加 LH 反而会影响 LH 的作用效果。另外，LH 来源有限、价格较高，所以在临床上常用人绒毛膜促性腺激素（hCG）或 GnRH 类似物替代。

（1）使驴的性成熟提前。驴的繁殖有季节性。如果出生较晚，性成熟时可能错过第 1 个繁殖季节。

（2）诱导泌乳乏情期的母驴发情。产后泌乳期母驴，子宫复旧已完成。此时用促性腺激素处理，可诱导其发情、配种，以缩短产驴驹间隔，提高母驴的繁殖效率。

（3）诱导排卵和超数排卵。处理排卵延迟、不排卵的驴，可在发情或人工输精时静脉注射 LH，24h 内处理即可排卵。胚胎移植时为获得大量卵子或胚胎，应用 FSH 对供体母驴进行处理，促使其卵泡大量发育，并在供体配种的同时静脉注射 LH，以促进排卵。

（4）治疗不育。FSH 对母驴的卵巢机能不全、卵泡发育停滞或交替发育和多卵泡发育，对公驴性欲减退、精子密度小等繁殖障碍均有较好疗效。

四、胎盘促性腺激素

胎盘具有多种内分泌功能，不仅能够分泌孕激素、雌激素、胎盘催乳素，而且还产生不同的促性腺激素，如 dCG（驴）。此处主要介绍在养驴生产和临床上应用价值较高的两种胎盘促性腺激素，即孕马血清促性腺激素和人绒毛膜促性腺激素。

（一）孕马血清促性腺激素

孕马血清促性腺激素（PMSG）主要由马属动物胎盘的尿膜绒毛膜子宫内膜杯细胞产生，是胚胎的代谢产物，所以又称马绒毛膜促性腺激素（eCG）。

1. 化学特性　PMSG 是由 α 和 β 亚基组成的糖蛋白激素，相对分子质量为 53 000，pI 为 1.8～2.4，在水溶液中呈酸性。PMSG 分子不稳定，高温、酸、碱以及蛋白分解酶均可使其丧失生物学活性，冷冻干燥和反复冻融也会降低其生物学活性。PMSG 的分离提纯较其他糖蛋白激素困难。

2. 生理作用 PMSG 同时具有 FSH 和 LH 活性，但主要是类 FSH 作用。

（1）对母驴的作用。PMSG 具有促进卵泡发育、排卵和黄体形成的功能，同时作为妊娠激素，在母驴体内于妊娠第 40～60 天 PMSG 能够作用于卵巢，使卵泡发育，并诱发排卵，从而维持正常妊娠。

（2）对公驴的作用。PMSG 具有促进精细管发育和性细胞分化的作用。对摘除脑垂体的公驴，能够刺激其精子形成，同时也能刺激副性腺的发育。

3. 应用 PMSG 主要用于诱导发情和超数排卵以及诱导母驴生多胎，还可用于卵巢静止、持久黄体等繁殖疾病。

（1）催情。主要是利用 FSH 的作用，对驴有催情效果，不论卵巢上有无卵泡，均可发生作用。

（2）同期发情。在母驴进行发情处理时，配合使用 PMSG 可提高母驴的同期发情率和受胎率。

（3）超数排卵。由于 PMSG 来源较广，成本较低，兼具 FSH 和 LH 作用，且半衰期较垂体 FSH 和 LH 长，临床应用简便。但因为 PMSG 半衰期较长，残留的 PMSG 可能妨碍母驴卵巢的正常发育，影响早期胚胎在母驴生殖道中的发育；加之个体反应的差异较大，超排效果不稳定。

（4）治疗卵巢疾病。母驴患卵泡囊肿时，如不表现发情，注射 PMSG 1 000～1 500IU，可见效。

（二）人绒毛膜促性腺激素

人绒毛膜促性腺激素（hCG）主要由人妊娠期胎盘合胞体滋养层细胞分泌，在孕妇的血和尿中大量存在。

1. 化学特性 hCG 是由 α 和 β 亚基组成的糖蛋白激素，相对分子质量为 36 000～40 000。在干燥状态下极其稳定。

2. 生理作用 hCG 的生理作用与垂体 LH 类似。

（1）对母驴的作用。促进卵泡发育、生长、破裂和形成黄体，并促进孕酮、雌二醇和雌三醇的合成，同时可促进子宫生长。

（2）对公驴的作用。能促进睾丸合成和分泌睾酮及雄酮，刺激睾丸发育和精子生成。

3. 应用

（1）促进卵泡发育、成熟和排卵。hCG 可用于治疗卵泡交替发育引起的断续发情，促进母驴正常排卵。给适宜输精时期的母驴注射 hCG，可显著提高 48h 内的排卵率和情期受胎率。

（2）诱导同期排卵。超数排卵时，用 FSH、PMSG 或 GnRH 等诱发卵泡发育，在母驴出现发情时再注射 hCG，可使排卵时间趋于一致。

（3）治疗繁殖障碍。

①治疗排卵延迟和不排卵。静脉注射 hCG 1 000～2 000IU，可使母驴在 20～60h 内排卵。

②治疗卵泡囊肿或慕雄狂，以恢复正常发情周期。

③促进公驴性腺发育，兴奋性机能。正常公驴 1 000～5 000IU，隐睾及阳痿驴 1 000～3 000IU。

④治疗产后缺乳。1 000～5 000IU，肌内注射 1～2 次。

4. 副作用及过敏反应 hCG 属于糖蛋白激素，具有一定的抗原性。hCG 中过多的杂质可能会引起一些副反应，严重者四肢瘫软，不能站立。母驴出现副作用的约占 1%，一般发生于静脉注射之后，表现为出汗、不安、尿频。

为了预防过敏反应，首先应皮下注射少量（1～2mg）hCG，使驴脱敏，3～4h 后再注入其余剂量。另外，应尽量避免采用静脉注射。如果在注射少量 hCG 之后发现有过敏反应，在 12h 内不应再进行注射。

（三）其他胎盘激素

胎盘催乳素（hPL）是一族由胎盘滋养层组织和蜕膜细胞分泌的激素及细胞因子类物质。

1. 化学特性 hPL 分子是由 191 个氨基酸组成的单链多肽激素，相对分子质量为 22 300，链内有两个二硫键，分子结构与 GH 和 PRL 的相似。hPL 与 hCG 的同源性达 85%，二硫键在分子中的位置也相同。母驴血液和胎盘组织中的 hPL 约有 3% 以双分子形式存在，通过二硫键将两个 hPL 链连在一起。在碱性条件下，高浓度 hPL 也易形成二聚体。

2. 生理作用 hPL 可表现出双重生物学活性。妊娠时与胎盘雌激素、孕激素及 PRL 协同作用促进母驴乳汁生成。hPL 的促生长活性只相当于 hCG 的 1%，但由于其分泌量大，因此对母驴会产生相当强的生理效应。

五、性腺激素

性腺激素是指睾丸和卵巢产生的激素。睾丸产生的主要有雄激素，卵巢产生的主要有雌激素、孕激素和松弛素等。此外，睾丸和卵巢均能产生抑制素。肾上腺皮质也可产生少量雌激素和雄激素，有些性腺激素还可能来自胎盘。

（一）雄激素

雄激素主要由睾丸间质细胞产生，肾上腺皮质也能分泌少量，其主要形式为睾酮。母驴雄激素主要来源于肾上腺皮质。卵泡内膜细胞也可以分泌少量雄激素，主要是雄烯二酮和睾酮。

1. 化学特性 雄激素分子中含有 19 个碳原子，公畜体内能产生 10 多种具有生物活性的雄激素，其中主要是睾酮、脱氢表雄酮、雄烯二酮和雄酮，这 4 种雄激素的相对活性之比为 100∶16∶12∶10。所以，通常以睾酮代表雄激素，但睾酮只有转化为二氢睾酮后才能与靶细胞核上的受体结合。母驴在各个繁殖阶段体液中均可检测出睾酮。

2. 生理作用

（1）对公驴生殖的作用。

①使公驴产生并维持第二性征。

②刺激并维持公驴生殖系统的发育，调节公驴外阴部、尿液、体表及其他组织中外激素

的产生。

③刺激并维持公驴的性欲及性行为。

④刺激精子发生，促进精子成熟，延长附睾中精子的寿命。

（2）对母驴生殖的作用。雄激素对母驴动物的作用比较复杂，主要包括：

①颉颃作用。雄激素可抑制雌激素引起的阴道上皮角质化。对于驴驹，雄激素可引起母驴驹雄性化，可使其失去生殖能力。

②雄激素对维持母驴的性欲和第二性征的发育具有重要作用。

③雄激素还通过为雌激素生物合成提供原料，提高雌激素的生物活性。三合激素（由孕酮 25mg、丙酸睾酮 12.5mg 和苯甲酸雌二醇 1.5μg 组成）就是配合应用雄激素诱导母驴发情排卵的典型实例。

3. 应用

（1）治疗公驴繁殖障碍。主要用于治疗公驴性欲不强（如阳痿）和性机能衰退。

（2）试情。用雄激素长期处理的母驴具有类似公驴的性行为，可用作试情驴。

（3）注射雄激素可促进母驴排卵。雄烯二酮和睾酮是卵巢合成雌激素的前体。

（二）雌激素

雌激素主要产生于卵泡内膜细胞、颗粒细胞和胎盘，卵巢间质细胞和肾上腺皮质也能少量产生。

1. 化学特性　雌激素分子含有 18 个碳原子，主要有 17β-雌二醇（17β-E_2）、雌酮（E_1）和雌三醇（E_3），其中以雌二醇的生物学活性最强，雌三醇的最弱。

驴的睾丸能产生大量雌激素，主要是以硫酸盐形式存在的雌酮，公驴雌激素的分泌有别于母驴的周期性特点，其表现为阵发性、昼夜节律和季节性变化。

2. 生理作用

（1）对母驴的作用。雌激素在母驴各生长发育阶段都有一定的生理作用。

①胚胎期。促进母驴子宫和阴道，以及胚胎的充分发育。

②初情期前。抑制下丘脑 GnRH 的分泌，促进第二性征的形成，使骨骺软骨较早骨化而使骨骼较小、骨盆相对宽大，皮下脂肪易沉积、皮肤软薄，促进乳房发育等。

③初情期。促进下丘脑和垂体的生殖内分泌活动。

④发情周期。调节下丘脑-垂体-性腺轴的生理机能。

a. 作用于中枢神经系统，诱导发情行为。

b. 刺激卵泡发育。

c. 刺激子宫和阴道腺上皮增生、角质化，并分泌稀薄黏液，为交配活动做准备。

d. 刺激子宫和阴道平滑肌收缩，促进精子运行，有利于精卵结合，完成受精。

⑤妊娠期。刺激乳腺腺泡和导管系统发育，并对分娩启动具有一定作用。

⑥分娩期。与 OXT 协同刺激子宫平滑肌收缩，促进分娩。

⑦泌乳期。与催乳素协同促进乳腺发育和乳汁分泌。

（2）对公驴的作用。雌激素对公驴的生殖活动主要表现为抑制效应。大剂量雌激素可引起雄性胚胎雌性化，并抑制雄性第二性征的形成和性行为的出现，使成年公驴精液品质下降、乳腺发育并出现雌性行为特征。

3. 应用　雌激素单独应用虽可诱导驴发情，但一般不排卵。因此，用雌激素诱导发情时，必须等到下一个情期才能配种。对于公驴，雌激素可促使睾丸萎缩、副性腺退化，因而可用于化学去势。

（三）孕激素

初情期前的母驴，孕激素主要由卵泡内膜细胞和颗粒细胞分泌，第 1 次发情并形成黄体后，孕激素主要由卵巢上的黄体分泌。母驴妊娠以后，黄体持续产生孕酮维持妊娠。母驴妊娠后期胎盘成为孕酮的主要来源。公驴中的睾丸间质细胞及肾上腺皮质细胞也可分泌孕激素。

1. 化学特性　孕激素分子中含 21 个碳原子，以孕酮（又称黄体酮，P_4）的生物活性最高，故通常以孕酮代表孕激素。孕激素既是合成雄激素和雌激素的前体，又是具有独立生理功能的性腺类固醇激素。

2. 生理作用

（1）促进生殖道充分发育。生殖道受到雌激素的刺激开始发育，但只有经孕酮作用后，才能充分发育。子宫黏膜经雌激素作用后，由孕酮维持黏膜上皮的增生，并刺激和维持子宫腺的增长及分泌活动。

（2）协同雌激素促进母驴表现性欲和性兴奋。在少量孕酮协同下，中枢神经接受雌激素的刺激，母驴才能表现性欲和性兴奋；否则，卵巢中虽有卵泡发育排卵，但母驴没有外部发情表现，出现安静发情（又称隐性发情或暗发情）。

（3）抑制发情和排卵。孕酮对下丘脑的周期中枢有很强的负反馈作用，抑制 GnRH 分泌，从而抑制 LH 峰的形成。因此，在黄体溶解之前，卵巢上虽有卵泡生长，但母驴不表现发情，卵泡也不能排卵。

（4）维持妊娠。在孕酮的作用下，子宫颈收缩，子宫颈及阴道上皮分泌黏稠的黏液，形成子宫颈黏液栓，防止外物侵入子宫，有利于保胎。孕酮还抑制母体对胎儿抗原的免疫反应，使半异己的胎儿得以在子宫中存留。

（5）促进乳腺发育。雌激素与孕酮协同作用促进乳腺发育。在雌激素刺激乳腺腺管发育的基础上，孕酮刺激乳腺腺泡系统的发育。

3. 应用　孕激素主要用于治疗因黄体机能失调引起的习惯性流产、诱导发情和同期发情等。

（1）同期发情。连续给予孕酮能够抑制垂体促性腺激素的释放，抑制发情。一旦停止给予孕酮，即能反馈性地引起促性腺激素的释放，使母驴在短期内发情。

（2）超数排卵。连续应用孕酮 13～16d，于撤除孕酮的当天或撤除前 24h 给予 PMSG。

（3）判断繁殖状态。黄体形成、维持和消失具有规律性，相应地形成了规律的孕酮分泌范型。通过测定血浆、乳汁、尿液、唾液或被毛中孕酮的水平，结合母驴卵巢的直肠检查，就可判断母驴的繁殖状态。

（4）妊娠诊断。母驴黄体在发情周期一定阶段内发生溶解，孕酮水平随之下降，但配种后妊娠母驴孕酮水平将维持不降，可据此进行妊娠诊断。

（5）预防习惯性流产。通过肌内注射孕酮，使母驴度过习惯性流产的危险期。

（四）松弛素

松弛素（RLX）是主要由黄体的颗粒黄体细胞分泌的肽类激素，子宫内膜、胎盘和心房也可分泌少量松弛素。血液松弛素水平一般随着妊娠期的延长而逐渐升高，分娩前达到高峰，分娩后即消失。

1. 化学特性　松弛素是由 α 和 β 亚基组成的多肽类激素，相对分子质量约为 6 000，其 β 亚基与受体结合。松弛素不是单纯一种物质，而是一类多肽物质。

2. 生理作用　正常情况下，松弛素单独对生殖道和有关组织的作用很小，只有经过雌激素和孕激素的预先作用，松弛素才能发挥出较强的作用。松弛素的主要生理作用是使生殖道做好与妊娠、分娩有关的准备：促进子宫和子宫颈生长，抑制子宫收缩，以利于维持妊娠；诱导胶原组织重建，软化产道，以利于分娩；促进乳腺发育和分化；使子宫、乳腺、肺和心脏的血管松弛。

3. 应用　目前，国外已有 3 种松弛素商品制剂，即 Releasin（由松弛素组成）、Cervilaxin（由宫颈松弛因子组成）和 Lutrexin（由黄体协同因子组成）。临床上可用于母驴子宫镇痛、预防流产和早产以及诱导分娩等。

六、前列腺素激素

前列腺素广泛存在于机体的各种组织中，以旁分泌和自分泌方式发挥局部生物学作用。但有些前列腺素，如血管内皮合成的前列环素（PGI_2），可进入血液循环，以典型的内分泌方式发挥作用。

1. 化学特性　前列腺素是一类共同骨架为含有 20 个碳原子的长链不饱和羟基脂肪酸，故称为前列烷酸，其具有一个环戊烷环和两个侧链，相对分子质量为 300～400。天然 PG 极不稳定，静脉注射极易被分解（约 95% 在 1min 内被代谢）。此外，天然 PG 的生物活性范围广，使用时易产生副作用。人工合成的 PG 类似物具有比天然激素作用时间长、生物活性高、副作用小等优点。

2. 生理作用　前列腺素作为局部激素，以自分泌和旁分泌的方式调节消化、呼吸、循环、神经、泌尿和生殖等各个系统。

（1）对母驴的作用。

①对卵巢的作用。PG 对卵巢的作用主要是影响排卵和溶解黄体。

a. 对排卵前卵泡的作用。PGF 直接作用于卵泡促进其排卵，$PGF_{2\alpha}$ 和 $PGF_{3\alpha}$ 促进排卵，$PGF_{2\alpha}$ 通过刺激卵泡壁平滑肌的收缩，促使卵泡破裂。

b. 对黄体溶解的影响。PGE_2 调节早期黄体的发育，PGF 溶解黄体。$PGF_{2\alpha}$ 通过受体介导诱导黄体功能退化，可在几分钟内耗尽黄体内的腺苷酸环化酶（AC），使 LH 受体与 AC 解离，减少促性腺激素从毛细血管向黄体细胞的转运。

②对输卵管的作用。PG 影响输卵管的收缩。PGE_1 和 PGE_2 能使输卵管前 3/4 段松弛，后 1/4 段收缩，这些作用影响配子或受精卵的运行，从而影响受精和着床；相反，$PGF_{2\alpha}$ 可以加速卵子由输卵管向子宫运行，使其没有机会受精。

③对子宫的作用。子宫内膜既是 PG 的合成部位，同时又是其作用部位，PGE 和 PGF 对子宫平滑肌都有强烈的刺激作用。小剂量 PGE 能提高子宫对其他刺激的敏感性，较大剂

量 PGE 则对子宫有直接刺激作用。

（2）对公驴的作用。

①刺激睾丸被膜、输精管及精囊腺收缩。

②影响生殖力。

3. 应用 PG 可用于调节母驴卵巢和子宫机能、控制分娩、提高人工授精效果和治疗繁殖疾病等。

（1）在母驴中的应用。

①调节发情周期。PGF$_{2\alpha}$及其类似物能显著缩短黄体的存在时间，因而能够控制母驴的发情和排卵，用于调节母驴的发情周期，如诱导发情、同期发情，以便于集中进行人工授精或胚胎移植。

②分娩控制。前列腺素可使母驴提前分娩，达到同期分娩，或者达到皮毛利用等特殊目的。

③治疗繁殖疾病。利用 PGF$_{2\alpha}$及其类似物的溶黄体作用以及与其他激素之间的相互关系，可治疗持久黄体、黄体囊肿、卵泡囊肿、子宫复旧不全、慢性子宫内膜炎、子宫积脓等。

（2）在公驴中的应用。基于 PG 对公驴的生理作用，可利用它增加射精量和提高人工授精效果。

第三节　驴的繁殖特性与繁殖力

一、性活动规律

1. 发情 发情是母驴最基本的性活动表现形式，受遗传、环境及饲养管理等因素的影响。母驴发情时的外部变化尤为明显，如吧嗒嘴、流唾液、抿耳、弯腰、闪阴排尿、阴门肿胀等。驴是季节性多次发情动物。关中地区驴发情在春、秋季最为明显，3—5 月是发情旺季；6 月、7 月天气炎热，发情及受胎率下降；9 月天气变凉，发情又增多。高寒地区母驴发情以 5 月、6 月、7 月较多。母驴发情较集中的季节称为发情季节。发情季节与气候变化和母驴营养状况有很大关系，在气候适宜和良好的饲养管理条件下，母驴也可常年发情。

2. 发情周期 母驴到了初情期后，在生理或非妊娠条件下，其生殖器官乃至整个机体发生一系列周期性变化，这种变化周而复始（非发情季节除外），一直到性机能停止活动的年龄为止。这种周期性的活动，称为发情周期。发情周期的计算是从一次发情开始到下一次发情开始的间隔时间，或从一次发情周期的排卵期到下一次发情周期的排卵期。一般分为 4 个时期：发情前期、发情期、发情后期和间情期。由于发情周期是一个渐次变化的复杂生理过程，因此这 4 个时期前后之间并不能截然分开。驴的发情周期平均为 21d，其变化范围为 10～33d。品种、气候及饲养管理条件可影响发情周期的长短。

3. 发情持续期 从发情开始到发情结束这段时间称为发情持续期。驴的发情持续期为 3～14d，平均为 5～8d。这些时期上的差异，与母驴所处的自然环境、营养状况及年龄有关。一般在良好的生活条件下，卵泡的生长较快，发情持续期偏短；反之，生活环境差、年龄小、使役较重的母驴，其发情持续期较长。

4. 产后发情　母驴在产后短期内出现的首次发情，称为产后发情。与母马相似，母驴产后半个月左右即可发情配种，而且容易受胎，俗称"配血驹"或"配热驹"，一般发情表现不明显甚至无发情表现，但经过直肠检查，可发现有卵泡发育而且可以排卵。

二、发情鉴定

发情鉴定（detection of estrus）是母驴繁殖工作的重要环节。通过发情鉴定，可以判断母驴的发情阶段，预测排卵时间，以确定适宜配种期，及时进行配种或人工授精，从而达到提高受胎率的目的；还可以发现母驴发情是否正常，以便发现问题，及时解决。

母驴发情时，有外部表现，也有内部特征，外部表现是可以直接观察到的现象，而内部特征是指生殖器官的变化，其中卵泡的发育才是本质。因此，在进行发情鉴定时，不仅要观察母驴的外部表现，而且要掌握卵泡发育状况，同时还应考虑影响发情的各种因素。只有进行综合的科学分析，才能做出准确的判断。

发情鉴定的方法有多种，以直肠检查为主，结合试情法、外部观察法和阴道检查确定适宜的配种时间。

（一）直肠检查

将发情母驴牵到四柱栏内进行保定。检查人员剪短并磨光指甲，戴上一次性长臂手套，手套上涂润滑液，五指并拢成锥形，轻轻插入直肠内，手指扩张，以便空气进入直肠，引起直肠努责，将粪排出或直接用手将粪球掏出。掏粪时注意不要让粪球中食物残渣划破肠道。

检查人员手指继续伸入，当发现母驴努责时，应暂缓进入，直至狭窄部，以四指进入狭窄部，拇指在外，此时可采用两种检查方法：①下滑法，手进入狭窄部，四指向上翻，在第3、第4腰椎处摸到卵巢韧带，随韧带向下捋，就可摸到卵巢。由卵巢向下就可摸到子宫角、子宫体。②托底法，右手进入直肠狭窄部，四指向前下摸，就可以摸到子宫底部，顺子宫底向左上方移动，便可摸到子宫角。到子宫角上部，轻轻向后拉就可摸到左侧卵巢。通过直肠和骨盆腔摸子宫的手势见图5-9。

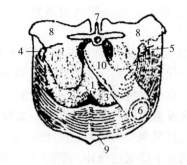

图5-9　通过直肠和骨盆腔摸子宫的手势

1. 子宫体　2. 右子宫角　3. 左子宫角　4. 子宫韧带　5. 卵巢　6. 直肠　7. 腰椎　8. 坐骨　9. 下腹壁　10. 术者右手

触摸时，应用手指肚触摸，严禁用手指抠、揪，以防止抠破直肠壁，引起大量出血或感染而造成母驴死亡。触摸卵巢时，应注意卵巢的形状、质地，卵泡大小、弹力、波动和位置。触摸卵泡发育情况时，切勿用力压挤，以免挤破卵泡。

根据直肠检查触摸卵巢，可判断卵泡的发育情况。一般卵泡的发育可分为 7 个时期：

1. 卵泡发育初期　两侧卵巢中开始有一侧卵巢出现卵泡，初期体积小，触之形如硬球，凸出于卵巢表面，弹性强，无波动，排卵窝深。此期一般持续时间为 1～3d，不配种。

2. 卵泡发育期　卵泡发育增大，呈球形，卵泡液继续增多。卵泡柔软而有弹性，以手指触摸有微小的波动感。排卵窝由深变浅。此期持续 1～3d，一般不配种。

3. 卵泡生长期　卵泡继续增大，触摸柔软，弹性增强，波动明显，卵泡壁较前期变薄，排卵窝较平。此期一般持续 1～2d，可酌情配种（卵泡发育快的母驴配种；反之，则不配）。

4. 卵泡成熟期　此时卵泡体积发育到最大。卵泡壁很薄而紧张，有明显的波动感，弹性减弱，排卵窝浅。此期可持续 1～1.5d。应在这一期卵泡开始失去弹性时进行交配或输精。

5. 排卵期　卵泡壁紧张，弹性消失，卵泡壁非常薄，有一触即破的感觉。触摸时，部分母驴有不安和回头看腹的表现。此期一般持续 2～8h。有时在触摸的瞬间卵泡破裂，卵子排出。直检时则可明显摸到排卵凹及卵泡膜。此期宜立即配种或输精。

6. 黄体形成期　排卵后，卵巢体积显著缩小，在卵泡破裂的地方形成黄体。黄体初期扁平，呈球形，稍硬。因其周围有渗出血液的凝块，故触摸有肉样实体感觉。此时不应配种。

7. 休情期　卵巢上无卵泡发育，卵巢表面光滑，排卵窝深而明显。

以上各期的划分是人为规定的，实际上卵泡各期的变化是紧密相连的，无严格的顺序界限，只有熟练掌握才能准确做出判断。

群众实践经验是：三期酌配，四期必配，五期补配（刚排卵的母驴配种），这对提高驴的受胎率效果良好。

（二）试情法

此法根据母驴在性欲及性行为上对公驴的反应，判断其发情和发情程度。母驴在发情时，通常表现为喜接近公驴，接受交配等；而不发情或发情结束后则表现为远离公驴，当强行牵引接近时，往往会出现躲避，甚至踢、咬等抗拒行为。

一般选用体质健壮、性欲旺盛、无恶癖的非种用公驴作为专用试情公驴，采用结扎输精管、阴茎移位或试情布兜腹下等方法避免发生交配，定期对母驴进行试情，以便及时掌握发情状况和性欲表现程度。

（三）外部观察

母驴发情征状明显，表现为精神不安，食欲减退，阴唇肿胀，褶皱消失，阴唇下沉、略微张开。见到公驴时，抿耳吧嗒嘴，塌腰叉腿，闪阴排尿。根据发情进程和表现程度，分为以下 5 个时期：

1. 发情初期　母驴发情开始，就表现吧嗒嘴，每天 2～3 次。当见到公驴时，抬头竖耳，轻微地吧嗒嘴。当公驴接近时，却踢蹶不愿意接受爬跨。此时，阴门肿胀不明显。

2. 发情中期　头低垂，两耳后抿，连续地吧嗒嘴，见到公驴时不愿离去，两后腿叉开，阴门肿胀，频频闪阴。阴道黏膜潮红，并有光泽。

3. 高潮期 昂头掀动上嘴唇，两耳后抿，贴在颈上沿，吧嗒嘴，同时头颈前伸，流涎，张嘴不合。主动接近公驴，塌腰叉腿。阴门红肿，阴核闪动，频频排尿，从阴门不断流出黏稠液体，俗称"吊长线"，愿接受交配。此时，宜配种或输精。

4. 发情后期 母驴性欲减弱，很少吧嗒嘴，只当公驴爬跨时，才表现不连续吧嗒嘴；有时踢公驴，不愿再接受交配。阴门消肿、收缩、出现褶皱，下联合处有茶色干痂。

5. 静止期 上述各种发情表现消失。

（四）阴道检查

即通过观察阴道黏膜的颜色、光泽、黏液及子宫颈开张程度，来判断配种适期。

1. 发情初期 以开腔器插入或进行阴道检查时，有黏稠的黏液。阴道黏膜呈粉红色，稍有光泽。子宫颈口略开张，有时仍弯曲。

2. 发情中期 阴道检查较为容易，黏液变稀。阴道黏膜充血，有光泽。子宫颈变松软，子宫口开张，可容一指。

3. 高潮期 阴道检查极为容易，黏液稀润光滑。阴道黏膜潮红充血、有光泽，子宫颈开张，可容2～3指。此期为配种或输精适期。

4. 发情后期 阴道黏液量减少，黏膜呈浅红色，光泽较差。子宫颈开始收缩变硬，子宫颈口可容1指。

5. 静止期 阴道被黏稠浆状分泌物粘住，阴道检查困难。阴道黏膜灰白色、无光泽。子宫颈细硬呈弯钩状。子宫颈口紧闭。

三、公、母驴初配期

1. 性成熟 驴驹生长发育到一定时候，其生殖器官已基本发育完全，母驴开始正常发情，并排出卵子，公驴有性欲表现，具有繁殖能力，这就称为性成熟。性成熟的时间受品种、外界自然条件、饲养管理等多方面因素影响。一般驴驹性成熟年龄为1～1.5岁。

2. 初配年龄 初次配种的年龄。性成熟后，驴驹身体继续发育，待到一定年龄和体重时方能配种。过早配种会影响驴体的发育，母驴体成熟3.5～5岁，故初配年龄以3岁、达成年体重90％时最为适宜。而公驴一般到4岁才能正式配种。

四、繁殖力的概念

繁殖力是指动物维持正常繁殖机能、生育后代的能力。种畜的繁殖力就是生产力。对于公畜而言，繁殖力决定于其所产精液的数量、质量（活力、密度、畸形率等）、性欲及其与母畜的交配能力；对于母畜而言，繁殖力决定于性成熟的迟早、发情表现的强弱、排卵的多少、发情的次数、卵子的受精能力、妊娠时间的长短、哺育仔畜的能力等。随着科学技术发展，外部管理因素，如良好的饲养管理、准确的发情鉴定、标准的精液质量控制、适时输精、早期妊娠诊断等，已经成为保证和提高动物繁殖力的有力措施。

由于繁殖力最终必须通过母畜产仔才得以体现，因此常用的繁殖力指标主要是针对母畜制定的，但决不能忽视精液品质等来自公畜方面的影响。

五、驴的繁殖力指标及计算方法

1. 情期受胎率　指在一个发情期，受胎母驴数占参与配种母驴数的百分比。计算公式如下。

情期受胎率＝一个发情期母驴受胎数÷参与配种母驴数×100％

2. 第 1 情期受胎率（FCR）　表示第 1 情期受胎母驴数占第 1 情期配种母驴总数的百分比，包括青年母驴第 1 次配种或经产母驴产后第 1 次配种后的受胎率。计算公式如下。

FCR＝第 1 情期受胎母驴数÷第 1 情期配种母驴总数×100％

它可以反映出公驴精液的受精能力及母驴群的繁殖管理水平。公驴精液质量好，产后母驴子宫复旧好，产后生殖道处理干净的，FCR 就高。一般情况下，FCR 要比情期受胎率高。

3. 总受胎率　年内妊娠母驴数占年配种母驴数的百分比，反映了驴群的受胎情况，可以衡量年度内配种计划的完成情况。计算公式如下。

总受胎率＝年内妊娠母驴数÷年配种母驴数×100％

4. 分娩率　指分娩母驴数占妊娠母驴数的百分比，反映了母驴维持妊娠的质量。其计算公式如下。

分娩率＝分娩母驴数÷妊娠母驴数×100％

5. 繁殖成活率　指本年度新断奶成活驴驹数占本年度适繁母驴数的百分比。它是母驴受配率、受胎率、分娩率和幼驹成活率的综合反映。其计算公式如下。

繁殖成活率＝本年度新断奶成活驴驹数÷本年度适繁母驴数×100％

六、驴的正常繁殖力指标

在正常的饲养管理、自然环境和繁殖机能条件下表现出的繁殖力称为正常繁殖力。它反映在受胎率、繁殖成活率等方面。

驴的繁殖力因遗传、环境、使役不同而差异很大。一般情期受胎率为 50％～60％，全年受胎率 80％左右，产驹率 50％左右。但繁殖管理好的驴场，受胎率可达 90％，产驹率达80％～85％。受胎率还取决于授精时间和次数。在发情季节一个发情期授精 1 次受胎率为50％，若授精 2 次或 2 次以上，则可提高到 70％。

七、影响繁殖力的因素

驴的繁殖力受遗传、环境、营养、配种时间和管理等因素的影响，做好种驴的选育、创造良好的饲养管理条件，是保证正常繁殖力的重要前提。

1. 遗传因素　公驴的精液质量和受精能力与其遗传性也有密切关系。精液品质和受精能力是影响受精卵数量的决定因素，一头精液品质差、受精能力低的公驴，即使与繁殖性能正常的母驴配种，也可能发生不受胎的现象，降低母驴繁殖力，所生后代繁殖力也低。另外，驴的近亲繁殖也会明显引起繁殖力的下降。

2. 环境因素

（1）日照长度。日照长度的周期性变化被认为是影响动物繁殖生理活动重要因素之一。白天光照时间延长的刺激使动物发情，在乏情季节，通过增加光照可以引起母驴发情。

（2）环境温度。环境温度对公母驴有明显影响，通常高温比低温对繁殖的危害更大。公驴的睾丸有一定调节温度的能力，以维持正常产生精子的机能。在高温高湿的环境下，公驴的精液品质会急剧下降。环境温度的改变对母驴繁殖也有一定影响，在冬天和夏天，母驴的发情表现会较微弱或呈安静发情。

3. 营养因素 营养是动物繁殖机能发挥作用的重要物质基础。如果机体营养缺乏，可以影响动物垂体和性腺的机能。日粮中如缺乏一些必需的矿物元素磷、碘等，以及维生素 A 等可影响激素分泌和卵巢的机能，从而影响母驴的发情。对于公驴来说，体况过胖会影响其性欲和交配能力。而母驴过胖或过瘦也会影响其繁殖。

4. 配种时间 驴的发情期较长，如果做不到适时配种，则不能正常受胎。因为卵子不能及时与精子相遇而完成受精，则随着时间的延长，卵子会发生老化；而精子达到输精部位时间过长，也会失去受精能力，即使受精了，也会导致胚胎质量下降。

5. 管理因素 驴的繁殖主要受人类活动的影响，良好的管理工作应建立在对整个驴群或个体驴繁殖能力全面了解的基础上，合理的放牧、饲养、运动或调教、使役、休息、厩舍卫生设施和交配制度等管理措施，均影响驴的繁殖力。管理不善，不但会使一些驴的繁殖力降低，而且也可能造成不育。

八、提高繁殖力的措施

1. 加强选种选育 由于遗传因素的影响很大，因而选择繁殖力高的种公驴、母驴是提高繁殖力的前提。选择种公驴时，尤其要注重对其繁殖性能和繁殖性状的选择，如睾丸质地、精液品质，以往的繁殖成绩和繁殖历史等。对于种母驴的选择，应注意其性成熟的早晚，发情排卵情况、受胎能力及哺乳性能等。

2. 做好发情鉴定和适时配种 准确的发情鉴定是适时配种的前提和提高繁殖力的重要环节。在生产实践中，通过外部观察法结合直肠检查法，根据卵泡的有无、大小、质地等变化，掌握卵泡发育程度和排卵时间，以决定最适输精时间。应抓好以下 3 点：一是看外观表现，黏液的透明度、黏性。二是触摸卵巢上卵泡发育的大小，卵泡壁的厚薄、紧张度、光滑性、水泡感等。三是综合判断排卵时间，然后决定配种时间。

正常情况下，刚刚排出的卵子生活力较强，受精能力也最高。一般说来，输精或自然交配距排卵的时间越近受胎率就越高，这就要求做到母驴发情鉴定尽可能准确。

在人工授精时要严格遵守操作规程，注意操作者和所用器材的消毒，以减少感染生殖疾病的机会。

3. 减少胚胎死亡和流产 妊娠母驴的平均流产率为 10%，流产多发生在妊娠 5 个月前后。在这个时期，应避免突然改变饲养条件，合理使役和运动。流产中有一部分因为胚胎消失或流出不易被人们发现，因此称为隐性流产。有人建议在妊娠第 120 天皮下埋置 300 mg 孕酮，对防止流产有效。

4. 科学的饲养管理 加强饲养管理，是保证驴正常繁殖力的基础。母驴的发情和排卵是通过内分泌途径由生殖激素调控的，而这些激素都与蛋白质和类固醇有关，当母驴营养不良时，下丘脑和垂体的分泌活动就会受到影响，性腺机能减退。研究证明，限制能量直接影响 LH 释放，并间接作用于卵巢类固醇激素的产生，影响母驴的正常发情和排卵。

生产中，应保证营养的适量和均衡全面，在配种季节，使公母驴保持膘情适度。

5. 做好繁殖组织和管理工作

（1）建立一支有事业心的队伍。从事驴繁殖工作的人员既要有技术，又要有责任心，认真钻研业务，才能搞好工作。

（2）定期培训。要组织业务培训，不断提高理论水平，以指导生产实践。还应组织交流经验，相互学习，推广先进技术，不断提高技术水平。

（3）做好各种繁殖记录。对公驴的采精时间、精液质量，母驴的发情、配种、分娩、流产等情况进行记录，及时分析、整理有关资料，以便发现问题，及时解决。

为了保证驴的正常繁殖力，进一步提高优良种驴的利用率，有关部门或组织陆续制定了一些"标准""规范"，为生产部门提供了科学管理的依据，各有关单位应遵照执行。

第六章　精液生产

第一节　采　　精

采精是指人工模拟交配且使用有自然交配感的工具获得精液的方法。采精是人工授精的第1步，更是冻精生产十分重要的技术环节。认真做好采精前的准备工作，正确掌握采精技术，合理安排采精频率是保证采到优质精液和种公驴健康的关键。

一、采精前的准备

1. 采精场地　采精场地应固定，以便种公驴建立起巩固的条件反射，一般采用室内采精厅。采精厅应宽敞、平坦、安静、清洁、温度适宜。场地内设置与采精公驴匹配的台驴架和拴系公驴的待采栏。台驴架的正后方铺设橡胶制成的采精垫，以免种公驴采精时挫伤肢蹄。场地周围应设置防护围栏，围栏可用管壁较厚管径较大的钢管单根深埋，高度170cm左右。间距45cm左右。围栏的设置原则为"人员可自由出入，公驴不能出入，确保人畜安全"，人畜安全是第一要务。场内还应配备冲洗场地的喷洒消毒设备。特别在夏季，要避免高温影响公驴的生精机能、精液性状以及公驴的性欲，最好在公驴舍和采精厅内安装沐浴设备或采取其他必要的降温措施。

2. 仪器设备　仪器设备的配置应满足驴冷冻精液生产的要求。主要仪器设备有采精架、采精器、精子密度仪、带恒温载物台的相差显微镜（或相差显微摄像系统）、细管精液分装一体机、低温平衡柜、程序化冷冻仪、液氮生物容器等，还应配备相应的干燥箱、恒温水浴锅、电子天平等。计量器械（如温度计、电子天平、量筒、移液器、恒温箱、水浴锅、显微镜恒温载物台、电热高压压力容器等）应按照规定时间进行检定或校准。仪器设备应由专业的操作人员按照相关使用说明书进行操作，确保仪器设备运行正常，并定期进行维护保养。

3. 器具清洗和消毒　由于精子对污尘、水、尿液、温度过高或过低、光线，以及对其自然生活环境的异物具有高度敏感性，并易被这些物理、化学因素迅速致死，因此精液生产（采精及精液处理等）中的器具、操作者和驴体生殖器官的洁净与否直接关系到精液生产的成败。在采精和精液处理过程中所有接触精液的器具使用后都要用中性洗涤剂洗涤，然后用自来水将器具上残留的洗涤剂洗净，再用蒸馏水冲洗以除掉自来水中的杂质。精液生产所用器具应保持使用前后的清洁卫生，不同材质的器具应采用不同的清洗和消毒方法。

（1）玻璃器皿。

①首次使用的玻璃器皿用自来水冲洗后放入5%稀盐酸中浸泡12h，取出后立即用自来水冲洗，再用人工或超声波清洗器在加有洗涤剂的温热水中进行刷拭，然后用自来水冲洗干净，最后用蒸馏水冲洗，直至器皿光亮、无水滴附着为止。洗净的玻璃器皿用锡箔纸封口后

送入消毒灭菌设备（如电热干燥箱、消毒柜、红外线灭菌柜等）内，按操作说明书进行干燥、消毒、灭菌后待用。

②使用过的玻璃器皿用自来水冲洗，遇有污物或油垢不易清洗的器皿，放入重铬酸钾洗液中浸泡数小时，取出后立即用自来水冲洗，后续步骤同①。载玻片、盖玻片使用后立即浸泡于水中，用加有洗涤剂的温热水洗净后用热水冲洗干净，再用柔软的布擦拭干净备用。

纱布清洗干净经高压蒸汽灭菌后待用。其他器具，如金属镊子、止血钳、药匙等用75%酒精擦拭消毒，待酒精挥发完以后方能使用。细管、冷冻架使用前用紫外线消毒30min。

（2）采精器。主要是对内胎和三角漏斗的清洗及消毒，采精器内胎（首次使用的内胎应清洗干净安装后方可使用）可安装在采精器外壳上一同清洗，清洗时用自来水冲去内胎和三角漏斗表面污物后在加有洗涤剂的40～50℃温热水中用长毛刷刷洗，洗去内胎表面的润滑剂，然后用水冲洗干净，再用蒸馏水逐个冲洗，将洗净的采精器码放在架子上，其上覆盖两层清洁纱布，三角漏斗用两个吊在橱柜顶部的夹子对称夹住后悬挂在橱柜内，晾干过程中应避免在阳光下、在暴晒紫外灯下照射，晾干后的内胎和三角漏斗用长柄镊子夹75%酒精棉球由内向外旋转彻底消毒，待酒精挥发后才可使用。如发现内胎漏气、漏水或有皱褶，应及时更换或整理。

4. 台驴　母驴、去势驴、假母驴或其他公驴，供公驴采精时爬跨射精之用，统称为台驴。采精时可用活台驴，也可以用假台驴。以发情良好的母驴作活台驴，效果最好，但在实际生产中很难做到。根据实际情况，可选择性情温和的淘汰公驴或去势公驴作台驴。台驴应保证健康、体壮、大小适中、四肢有力。另外，采精前还应将台驴的尾根部、外阴部、肛门彻底清洗，然后用干净抹布擦干，台驴应保定于采精架内，并采取措施适当限制其活动。

用假台驴采精简单、方便且安全可靠。可先用金属材料等制成一个形状似活驴的架子，然后用驴皮把整个架子包起来，再在假台驴的后部填充些海绵，以免种公驴爬跨时划伤阴茎。用假台驴采精，应先对种公驴进行调教，使其建立条件反射。调教的方法有以下几种：

（1）在假台驴的后躯涂上发情母驴的阴道黏液或尿液，公驴会受到嗅觉刺激而引起性兴奋并爬跨假台驴，经几次采精后即可成功地建立条件反射。

（2）在假台驴旁边牵一头发情母驴，引起公驴兴奋并爬跨，但不让交配就把其拉下，反复多次，待公驴性冲动达高峰时，迅速牵走母驴，使其爬跨假台驴，要射精时，将阴茎导入采精器，即可采得精液。

（3）让待调教的公驴在一旁观看已调教好的公驴爬跨假台驴，然后再诱导其爬跨。在调教过程中，要胆大心细，反复训练，耐心诱导。切不可强迫、恐吓、抽打公驴，以免发生性抑制给调教造成障碍。采精成功后，不要将公驴强行拉下，应顺其自然在假台驴上停留几秒钟后，自行落下。

5. 种公驴　用于制作冷冻精液的种公驴要求其体型外貌和生产性能均符合本品种的特级或一级标准，且须经检疫确认无传染病，体质健壮。采精前应确保驴体干净卫生，如果驴体特别是下腹包筒处不干净，应用温水冲洗干净，冲洗后必须等待30min以上才可采精。包筒周围的阴毛应及时修剪，其长度以2cm左右为宜，过长或过短都会造成有害菌的滋生和公驴包皮炎的发生。

采精前种公驴的准备直接关系精液数量与质量。公驴进入采精厅应让其待在采精垫上，控制住不让其爬跨，让其排出副性腺分泌物。

副性腺分泌物是构成精清的主要部分，具有在射精前洗涤和滑润尿道等作用。它还给精子提供一定的营养成分，使精子富有活力，但对于已经射出的精液，副性腺分泌物将很快对精子失去以上作用，且因其含有大量氯化物，容易使精子的细胞膜膨胀，精子所带的电荷易自表面消失，又使渗透压不能保持平衡，副性腺分泌物的 pH 较高（7.5～8.2），能促使精子更活泼地运动，并降低其活力。因此，在体外保存精液，不依赖适当浓度的稀释液不能使精子长时间存活。

种公驴的准备。大多数种公驴采用第 1 次假爬跨（假爬跨后可将此驴拴系在待采栏内）＋3min 抑制（此时可进行另一公驴的假爬跨）＋第 2 次假爬跨＋采精的"三三制"采精法，对于老年公驴、刚调教的青年公驴及性欲不强的公驴不建议采用此法。性准备是否充分可通过观察阴茎充血程度来判断，性准备充分的公驴阴茎鲜红而坚硬，此时即可采精。假爬跨也称空爬，即只让公驴爬跨而不让其射精。每次空爬应充分，不建议公驴刚爬上台驴即将其拉开，空爬能增强公驴的性欲，当性欲最旺盛时再采精，其目的是提高公驴精液的数量和质量。

二、采精技术

采集精液的技术和方法已有很多，但对驴来说，最具优势的还是采精器采精法，公驴稍加训练即可适应。公驴采精通常使用采精器采精法，在特殊情况下，种用价值较高的公驴如果跛行或患有四肢疾病不能爬跨时，可采用按摩法或电刺激法采精。

1. 采精器的结构和安装　采精器主要由外壳、内胎、三角漏斗（软联）、集精管（杯）和保护套等组成。采精器组件见图 6 - 1。外壳为一硬橡胶圆筒，在距三角漏斗端 1/3 处有一注水孔，孔中插有气卡。内胎是弹性强、柔软无毒的橡胶管，使用时装在外壳内，末端外翻并用橡胶圈固定在外壳两端，松紧应适中，内胎外套一层塑料薄膜。软联是一橡胶三角漏斗，敞口端直接与外壳相连，另一端与集精管或集精杯相接。集精管可使用有刻度的玻璃试管。集精管外还可套一硬塑料瓶，瓶内注入 35℃ 的温水，起到保温防破损的作用，这样可避免刚射出的精液遭受冷打击，有效防止精液温度变化对精子的伤害。最后把采精器套入保护套内，这样既能防止集精管脱落，还能减轻射出精液温度变化对精子的危害。安装完毕的采精器见图 6 - 2。

图 6 - 1　采精器组件

图 6 - 2　安装完毕的采精器

　　每次使用后的采精器用加洗涤剂的温水刷洗，然后用清水及蒸馏水各冲洗一遍，最后用75％的酒精脱水并消毒，将集精管安装好后置于40℃的恒温箱内备用。使用时，根据种公驴的特点向注水孔内注入适量（4 500～5 000 mL）温水，并充气，使内胎呈三角形状，以获得最佳压力，采精时内胎温度保持在38～40℃。用消毒过的润滑剂（白凡士林与液体石蜡按1∶1混合）涂抹采精器前段约1/3处至外口周围，起到润滑的作用，以避免公驴在采精时造成不适和擦伤阴茎。润滑剂可采用68～70℃的巴氏消毒法，润滑剂熔化后保持此温度30min后才可使用，并一直保存在此水浴中直至采精操作结束，优点是润滑剂始终处于液体状态，这样可避免因凝固润滑剂很难掌握使用量而导致过多的润滑剂混入精液对精子的伤害，还能避免精液镜检时视野模糊、清晰度差和过多脂肪颗粒的问题。

　　2. 采精操作　采精员采取半蹲式站在台驴后部右侧，右手握持准备好的采精器，在公驴做采精前性准备的每次空爬时，采精员应把公驴的阴茎拨向公驴的右侧，以防阴茎触及台驴的后躯造成污染和擦伤。空爬时切记公驴阴茎伸出后才允许其跨上台驴，不应手握阴茎，否则易造成无效射精。

　　采精时采精员右手持采精器，采精器外口端斜朝向地面，站在公驴右前侧，当公驴阴茎再次充分勃起并爬跨台驴时左手轻扳阴茎，与持采精器的右手配合，采精器应距离阴茎1～2cm，让阴茎自行伸入采精器内，切不可用采精器去套阴茎，否则会造成公驴来回抽动却不射精的恶癖。采精器条件适宜，公驴阴茎抽动并贴紧台驴臀部，尾根有节奏地摆动即开始射精。完成射精后，公驴随即而下，采精员右手紧握采精器，随公驴阴茎而下，此时采精器口还应紧靠公驴的下腹部，集精管端向地面倾斜，以便精液流入集精杯内，不致倒流，当阴茎慢慢回缩自动脱出后，迅速收回采精器离开公驴，打开气阀放水，使精液尽快流入集精杯内，轻轻拍打三角漏斗处以利于残留在采精器内的精液进入集精杯，然后小心地取下集精杯，迅速送至精液处理室对精液进行检查。采精操作见图6-3。

图6-3　采精操作

　　采精时应注意人畜安全。采精员左肩要紧靠公驴腹部，这样可以随公驴的移动而顺势来回移动，以防止公驴顶撞或踩伤采精员的脚。安装好的采精器只能使用1次，不得重复使用，重复使用会造成精液的污染。采精时切勿使水及其他物质进入精液内。采精后应及时清扫采精场地并用水冲洗干净。

3. 采精频率 采精频率是指每周给公驴采精的次数。合理安排采精频率是维持公驴健康和最大限度采集精液的重要条件。成年公驴采精频率可实行隔日采精1次，一般情况下每周采精2～3次。在实际生产中，每头公驴的采精频率应根据每次射精量、密度、精子活力、精子畸形率和饲养管理水平等因素灵活掌握。随意增加采精次数，不仅会降低精液品质，而且会造成公驴生殖机能降低和体质衰弱等不良后果。如果采出的精液中出现尾部近头端有未脱落原生质滴的未成熟精子或公驴出现性欲下降等情况，说明公驴采精频率过高，此时应立即减少或停止采精。

第二节　精液品质评定

精液品质的评定可以决定所采集精液的取舍，还可以确定稀释倍数，作为冷冻精液的生产依据。精液的品质不仅能反映采精技术，而且还能反映种公驴饲养管理水平和生殖器官的机能。刚采集的精液应及时进行常规检查，以避免受环境温度的影响而降低质量。凡是接触精液的器皿均应放在32～37℃恒温箱中，盛装离心液和稀释精液的瓶应做明显标记，离心液提前放入34℃恒温水浴箱中升温备用，稀释液提前置于室温备用。采集的新鲜精液送入精液处理室后，把集精杯放入34℃恒温水浴箱中。精液用4层消毒纱布过滤后即可进行精液品质评定，评定的项目主要有以下几项。

一、外观

1. 色泽和气味 正常的精液呈乳白色或乳黄色，略有腥味。外观检查主要观察精液的色泽、气味及是否有脓性分泌物或血液等异物。色泽异常，表明生殖器官有病变，如呈深黄色表示混有尿液；粉红色或深红色表示生殖道有创伤，混有血液；红褐色表示有陈旧性创伤；淡绿色表示精液中混有脓液；精液中有絮状物表示混入了精囊腺的炎性渗出物，这些异常的精液均应废弃。另外，驴的精液略有腥味，如有异味应停止使用。

2. 云雾状运动 驴精液由于密度较大、活力强，肉眼观察时可见翻腾滚滚如云雾状。

二、射精量

1. 称重 将盛有精液的集精杯置于天平（精确到0.1g）上称重，集精杯重量（精确到0.1g）应预先称重。

射精量按式（6-1）计算。

$$L = M - P \qquad (6-1)$$

式中，L 为精液量（g或mL）；M 为装有精液的集精杯重量（g）；P 为集精杯重量（g）。

注：精液的密度约为1.04，生产上普遍设定为1。

2. 目测 直接读取集精管上的刻度（精确到0.1mL），但集精管需经计量部门校准合格的才可使用。

公驴的射精量一般为50mL（20～80mL）。如果射精量过大，可能是由于副性腺分泌物过多或其他异物（尿液或采精器漏水）混入；如过小，可能是由于采精技术不当、采精过频或生殖器官机能减退所致。

三、精子活力

精子活力是指精液中向前直线运动的精子活动力的程度，以 37℃环境下向前直线运动的精子数占总精子数的百分比表示。该项检查是判断精液质量的一个重要指标。通常在采精后、稀释后、冷冻前、冻精解冻后和输精前检查评定。

活力评定应使用相差显微镜且显微镜载物台能保持 37℃恒温。用移液器取 10μL 样品滴加于载玻片上盖上盖玻片制成压片标本，置于 37℃显微镜恒温载物台上，用 200 倍或 400 倍进行观察评定，用百分比或相应数值表示，如 80％或 0.8。视野中的旋转、倒退或在原位摆动的精子均不属于向前直线运动的精子。视野中如没有向前直线运动的精子则活力评定为 0。用于活力等相关指标检测的全自动精液质量计算机辅助分析系统（CASA）见图 6-4。

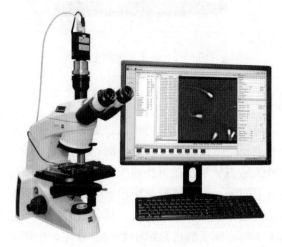

图 6-4　全自动精液质量计算机辅助分析系统（CASA）

对新鲜精液、离心和稀释后的精液均应进行活力评定。对新鲜精液的精子活力评定可初步掌握新鲜精液的精子活力和精子密度，经验丰富的检测人员通过活力评定时视野中的精子数能粗略估测出精子密度，这样可验证密度仪测定值的精确性。新鲜精液的精子活力应是离心稀释后评定的精子活力，评定时取制作冷冻精液所用的稀释液进行适度稀释后再进行，切记 35℃左右等温稀释，如果新鲜精液的精子活力较好，稀释后活力明显下降，应考虑离心液、离心操作、稀释液的问题，这样可及时发现离心液、稀释液配制过程中存在的问题，避免更多精液废弃。

在生产实践中，不能仅用精子活力检查单项指标来评价精液质量，必须与畸形率、密度相结合来综合鉴定。驴新鲜精液的精子活力一般在 0.7～0.9，低于 0.65 的不能用来制作冷冻精液。

四、精子密度

精子密度是指每毫升精液中所含有的精子数。目前，普遍使用精子密度测定仪（图 6-5）测定精子密度，操作极其简便，可直接读取精子密度、所加稀释液量及预计可冷冻的细管支数并打印出测定的结果。其他还有估测法、红细胞计数板法等方法，但在生产上用得比较少，共同的缺点是费时、费力。

图 6-5　精子密度测定仪

五、精子畸形率

精子的形态是否正常与受胎率的高低密切相关。如果精液中含有大量畸形精子，受胎率会降低。精子形态的检查主要是指精子畸形率的检测，生产上一般不进行新鲜精液的畸形率检测，如果冷冻精液的精子形态异常，在查找原因时应进行畸形率检测。如果新鲜精液畸形率高，则说明公驴自身出了问题，如果整群公驴出了问题，则说明饲养管理有问题。如果新鲜精液没问题，冷冻后有问题，那应该从离心液、稀释液、冷冻工艺流程等方面查找原因。

精子畸形率是指精液中畸形精子数占总精子数的百分比。生产上采用快速的检测方法才有实际意义，且仅检测老驴、青年驴、精子活力低于 70％、近几次冻精检测畸形率高的驴。正常情况下，一段时间内个体的精子畸形率变化不大。这样做的好处是能及时废弃畸形率高的精液，节省了液氮和细管。

检查时取 50～100μL 磷酸缓冲液加入一小试管内，再加入 10μL 精液，混匀后放入 37℃水浴中，数分钟后即可取 5μL 混合液滴加于载玻片上，盖上薄型盖玻片制成压片标本，置于微分干扰差显微镜（也可用相差显微镜，但效果没有微分干扰差显微镜好）载物台上，用 400 倍或 1 000 倍进行观察评定，生产上 400 倍观察即可，油镜观察一般用于科研方面，可观察到精子的细微结构，但比较费时。

评定时可用血细胞分类计数器分别计数正常精子和畸形精子数，在不同的视野（每一视野 30～40 个精子为宜，可通过调节吸取的磷酸缓冲液量来实现）观察评定总精子数（正常精子数和畸形精子数之和）不少于 200 个，精子畸形率按式（6-2）计算。

$$精子畸形率＝（畸形精子数/总精子数）×100\% \qquad (6-2)$$

精子主要由头、颈、尾 3 部分构成。尾部分为中段、主段、终段，普通显微镜观察不到终段，所以我们一般认为尾部由中段、主段构成。图 6-6 为驴精子示意图。图 6-7 为显微镜下观察到的精子。

畸形精子是指形态异常的精子（注：包括但不限于大头、小头、断尾等）。畸形精子可分为 4 类：

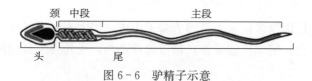

图6-6 驴精子示意

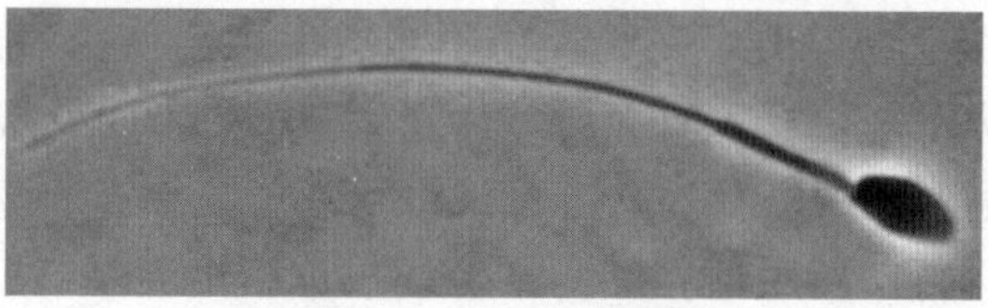

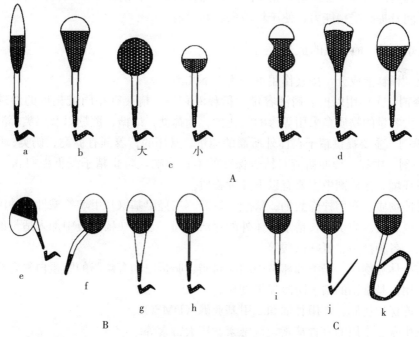

图6-7 精子显微照片

①头部畸形。主要表现为头部巨大、皱缩、缺损、双头、瘦小、细长、圆形、轮廓不明显等。

②颈部畸形。主要表现为颈部膨大、纤细、曲折、带有原生质滴、不全、双颈等。

③中段畸形。主要表现为中段（体部）膨大、纤细、不全、带有原生质滴、弯曲、曲折、双体等。

④主段畸形。主要表现为尾部弯曲、曲折、回旋、短小、长大、缺损、带有原生质滴、双尾等。

驴畸形精子示意见图6-8。

图6-8 驴畸形精子示意

A. 头部缺陷　B. 颈部和中段缺陷　C. 尾部缺陷

a. 锥形　b. 梨形　c. 圆形　d. 不定形　e. 颈部弯曲　f. 不对称　g. 粗　h. 细　i. 短　j. 弯曲　k. 卷曲

其中以中段和主段的畸形较为常见。正常情况下，驴的新鲜精液畸形率不超过15%，超过即为不良精液。

畸形精子出现的原因很多，主要是因为精子生成过程中不良内外环境的影响；副性腺及尿道分泌物的病理变化；附睾机能异常；精液处理不当，受外界不良刺激等。

六、菌落数

正常精液不含任何微生物，由于采精操作不当或疾患会使精液内滋生细菌和病原微生物，这样的精液受精能力下降，严重时会导致母畜生殖道感染而发病。生产上一般不进行新鲜精液的菌落数检查，通常情况下仅对冷冻精液进行菌落数检查。该项检查应严格按照常规微生物学检验操作规程进行，所用培养基为平板计数琼脂培养基（或营养琼脂培养基）。新鲜精液检测时用灭菌移液器取 $20\mu L$ 精液注入灭菌培养皿，加入 $12\sim15mL50℃$ 左右的培养基，随后放入 37℃培养箱培养 24h 后即可计数菌落数，每毫升精液中的细菌菌落数不得超过 1 000 个，否则视为不合格精液，应废弃。冷冻精液检测时应先将其 37℃解冻，剪去细管的超声波封口端，把细管内的精液全部挤入灭菌培养皿，加入 $12\sim15mL$ $50℃$ 左右的培养基，随后放入 37℃培养箱培养 48h 后即可计数菌落数。因为稀释液中含有抗生素等抑菌制剂，所以需培养 48h 才能真实反映冻精的菌落数。冷冻精液每支的菌落数不得超过1 000个。

第三节　冷冻精液生产

精液稀释是向精液中加入适合精子存活的稀释液，其目的在于扩大精液的容量，延长精子的存活时间及提高受精能力，便于精液保存和运输。

（一）离心液、稀释液的成分

离心液、稀释液成分，按其作用可分为以下几类：

1. 稀释剂　主要用以扩大精液容量。稀释液必须与精液有相同或相近的渗透压。一般单纯用于扩大容量的物质多采用等渗的氯化钠、葡萄糖、果糖、蔗糖以及奶类等溶液。

2. 营养剂　主要提供精子在体外所需的能量。常用的营养剂有糖类、奶类、卵黄等。

3. 保护剂　中和、缓冲精清对精子保存的不良影响，防止精子受低温打击，创造精子生存的抑菌环境。保护剂中主要有以下几种物质。

（1）缓冲物质。常用柠檬酸钠、磷酸二氢钾、三羟甲基氨基甲烷等碱性缓冲液。

（2）非电解质。为了延长精子在体外的存活时间，必须在稀释液中加入适量的非电解质或弱电解质，各种糖类、氨基己酸等。

（3）防冷休克物质。奶类和卵黄中的卵磷脂、脂蛋白和含磷脂的脂蛋白复合物具有防止冷休克的作用，是常用的精子防冷保护物质。

（4）抗冻保护物质。常用甘油和二甲基亚砜（DMSO）。

（5）抗生素。常用的有青霉素、链霉素、庆大霉素等。

4. 其他添加剂　主要是用于改善精子外在环境的理化特性，调节母畜生殖道的生理机能，提高受精机会。常用的有酶类，如氧化氢酶（能分解精子在代谢过程中所产生的过氧化氢，可消除其危害）、黏蛋白酶（能使子宫颈分泌的黏液变稀，有利于精子通过）、β淀粉酶（与精子获能有关）；维生素，如维生素C、维生素E、维生素B_2等。

（二）离心液、稀释液的配制

离心液、稀释液应新鲜，因此最好现用现配。如果隔日（使用前 1d 配制或当天使用后剩余）使用应将其密封放入冰箱内冷藏保存，但时间不宜超过 1 周。离心液、稀释液配制的主要过程如下：

（1）配制离心液、稀释液的用具及容器必须洗涤、消毒后方可使用。

（2）制取超纯水（电阻率为 18.3MΩ·cm）或去离子水，最好现用现制取，以保证水质新鲜。

（3）药品称量应使用电子天平（精确至 0.000 1g），天平应放置在平稳的工作台上，称量的环境应保持清洁干燥，天平托盘上垫以称量纸校零后方可称取药品。称量时应按照使用说明书进行操作。离心液、稀释液配制所用试剂均为分析纯。化学药品称量取用后，应立即将瓶口盖严，以免灰尘、杂菌等污染，防止分解和潮解。称量时药匙应一对一使用。准确称取各种成分（离心液配方：Tris 33.644 g、柠檬酸 18.8 g、葡萄糖 15.278 g）后放入消毒过的干燥烧瓶内。

（4）加入超纯水，定容至 1 000mL，然后用搅拌器搅拌，使药品完全溶解。

（5）溶液密封后消毒，一般采用将溶液加热到 62～65℃，保持 30min 的巴氏消毒法。该离心液可 4 ℃保存，但保存时间不得超过 14 d。离心液使用时，应根据预测的使用量吸取，然后将溶液加热到 62～65℃，保持 30min 后放入 34℃水浴中待用。切记精液应与离心液等温混合。

（6）稀释液成分。离心液 73％、甘油 7％、卵黄 20％、抗生素。用量筒量取 73％离心液，倒入盐水瓶或蓝口瓶中，再加入 20％卵黄和 7％甘油。卵黄所用鸡蛋应来自无疫病的鸡场，且必须新鲜，使用前先用温水洗净，再用 75％酒精棉球对蛋壳表面进行消毒，待酒精挥发尽后用蛋清分离器取出完整的卵黄，然后用灭菌的注射器穿过卵黄膜抽取卵黄；也可在鸡蛋腰正中线处敲开一裂纹，将鸡蛋分成两半，2 个蛋壳交替倾倒，除去蛋清，然后将卵黄倒在灭菌纸（卫生纸、滤纸）上滚动，除去卵黄膜上残留的蛋清后用灭菌的注射器穿过卵黄膜抽取卵黄。1 个鸡蛋可得到约 7mL 蛋黄。甘油可采用水浴加热到 62～65℃保持 30min 的巴氏消毒法消毒，并在该温度下量取所需的甘油，低温时甘油较黏稠不易量取。

（7）加入抗生素。传统的添加物和剂量为每毫升稀释液加青霉素 500～1 000U，链霉素 500～1 000μg。欧盟推荐的抗生素添加参见附录 A 复合抗生素使用指南。此复合抗生素的抑菌效果更佳。加入抗生素后搅拌均匀，上述溶液加热至 35℃后即可使用。如果生产工艺是采精日前 1d 预先配制稀释液，可在溶液中先加入 1/3 量的抗生素混匀后放入 3～5℃的冰箱内待用，但放置时间不得超过 24h，翌日使用前取上清液加入上述剂量的抗生素，用磁力搅拌器混匀后加热至 34℃即可使用。

（三）精液稀释、分装和标识

经检测外观正常、密度大于等于 $6×10^8$ 个/mL、活力大于等于 65％、畸形率小于等于 15％的新鲜精液才可进行稀释冷冻。根据射精量、精子活力、密度、离心回收率（80％），计算出制作的细管数和稀释液用量。填写相应的冻精生产记录（表 6-1）。按1∶1的比例向新鲜精液中加入等温的离心液，轻轻摇匀，避免剧烈振荡，22 ℃静置 10min，之后按 1 850

r/min，离心 15min，可多份精液同时离心，去掉上清液，将各离心管中的粥状精液用等温稀释液进行最后稀释。精液稀释液添加分两次进行：先加入最终稀释量的1/4，经初步稀释的精液先在 22 ℃下放置 10 min，然后，加入剩余的稀释液，混匀后即可用细管分装一体机（图 6-9）进行分装操作，先按德州驴细管冷冻精液标记规则设定好相应程序，细管分装一体机内放入 0.5mL 细管，开机后仪器即按程序自动完成喷墨印字、灌装和封口等操作，把分装后的细管精液放入不透明开盖的塑料盒内，再把塑料盒放入 4℃左右的冷藏柜中平衡3～4 h。

图 6-9　细管分装一体机

表 6-1　精液生产记录表

日期	驴号	每次采精量/mL		总采精量/mL	采精人	精液颜色	精子活力	精子密度/（亿个/mL）	检查人	稀释液量/mL	稀释后活力	预计生产支数	平衡后活力	平衡时间/min	平衡温度/℃	冷冻后活力	冷冻数量	冷冻操作员	备注
		一次	二次																

德州驴冷冻精液细管标识规则。细管标识由 18 位字母、数字共 4 部分组成，排列顺序如下：第 1 部分为驴冷冻精液生产单位代号，4 位数；第 2 部分为品种代号，3 位数；第 3 部分为冻精生产日期，6 位数；第 4 部分为公驴编号，5 位数。其中，第 3 部分冻精生产日期 6 位数按年月日顺序排列，年月日各占 2 位数字，年度的后 2 位数组成年的 2 位数，月日不够 2 位的，月日前分别加"0"补充为 2 位数。第 4 部分公驴编号取该驴编号的后 5 位数。部分与部分之间空 1 个汉字（2 个字节），第 1 和第 2 部分用汉语拼音大写字母表示。标识的字迹应清晰易认。

标识示例：细管棉塞封口端自左向右为 SDOX DZL 120316 06003 超声波封口端。

注："SDOX"为山东省奥克斯生物技术有限公司代号；"DZL"为德州驴的品种代号；"120316"为 2012 年 3 月 16 日的生产日期代号；"06003"为该公驴编号的后 5 位数。

（四）精液冷冻

1. 上架 灌装、封口、标识后的细管上架码放时，应注意细管摆放的方向，棉塞封口端靠近操作者，超声波封口端远离操作者，放入程控冷冻仪时也应如此放置。用区分棒做好不同驴个体间的识别工作。如同一架上有不同公驴的细管精液，应分开码放，两头公驴之间要隔开一些距离，以免混淆。

2. 冷冻 液态精液仅能保存数天，其利用率比较低，而冷冻精液可以长期保存，其利用率可达 100%。另外，使用冷冻精液不受地域和时间的限制。有时一头优秀种公驴可能已经死亡，但其冷冻精液仍可以运到外地，甚至其他国家用于人工授精，继续发挥其优良种用价值。

我国从 20 世纪 50 年代开始对精液的冷冻保存进行了研究，其中驴冻精保存技术发展得较快，目前已形成一套完整定型的生产工艺流程。

（1）冷冻保存的原理。精子在超低温条件下（-196～-79℃）代谢活动完全停止，生命处于静止状态，当温度回升后，又能复苏，且仍具备受精能力。但在由室温降至-196℃的过程中，精子要尽可能形成玻璃化，且尽量减少能够导致精子死亡的冰晶的形成。

冰晶导致精子死亡的原因主要是：①当温度降低时，精子的外水分首先开始形成冰晶，从而把溶质分子排斥到尚未冻结的那部分液体中，引起局部渗透压升高。此时，精子内外水分就会形成浓度差，使精子内溶质浓度升高从而导致精子脱水死亡。②当精子内水分形成冰晶后，精子体积增大，内外冰晶的增多造成精子膜及原生质的机械性损伤，导致精子死亡。因此，冷冻精液的关键就是如何克服精子在冷冻过程中形成的冰晶对精子造成的致命伤害。

由于冰晶是在-60～0℃低温区域内缓慢降温形成的，降温越慢冰晶越大，-25～15℃区间对精子的危害最大；而精子玻璃化是在-60～-25℃超低温区域内，因此在冷冻过程中要迅速越过冰晶化而进入玻璃化阶段，才能使精子所受的伤害程度达到最小。但这一过程是可逆的、不稳定的，当温度缓慢回升时又可能形成冰晶化。这就要求精液在冷冻和解冻时要快速降温和升温，使水分子迅速越过冰晶化阶段而进入安全的玻璃化或液体状态。

（2）冷冻操作。建议使用全自动程控冷冻仪冷冻精液。使用时首先设置好冷冻的最佳温度曲线，冷冻仪（图 6-10）与低温柜（图 6-11）应尽量靠近，开启液氮生物容器阀门把冷冻仪降温至 4℃，关闭风扇电源，待风扇完全停止后把已排满待冻细管精液的冷冻架迅速放入冷冻仪，盖严盖子按预先设定好的最佳冷冻温度曲线程序自动完成冷冻过程。如果冻精细管数量不足，则要填充备用细管架和塑料细管以保证实际冷冻温度曲线与预设的最佳冷冻温度曲线高度重合，来达到最佳的冷冻效果，确保冻精质量。

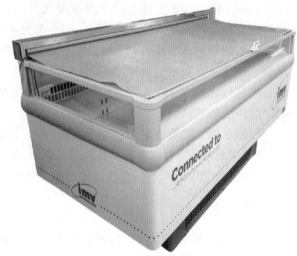

图 6-10　冷冻仪　　　　　　　　　　　　　　图 6-11　低温柜

3. 收集　冷冻完成后，待风扇停止转动后打开程控冷冻仪盖子，冻精按公驴号投入盛满液氮的不同提筒或专用的塑料杯中，细管的超声波封口端在上，棉塞封口端在下，不得倒置，以免细管棉塞端爆脱，并迅速浸泡在液氮中。

第四节　冷冻精液解冻及冻精活力检查

冷冻后的精液可在任意时间进行解冻，专用解冻仪见图 6-12。解冻时，1 头驴取 2 支冻精迅速浸泡入 37℃ 水中并晃动，待细管内冻精溶解后取出，擦干细管冻精管壁上的水珠，剪去细管的超声波封口端，用专用推针把精液挤入一小试管内，取解冻精液进行活力检查，操作方法见本章第二节的精子活力内容。检查合格的冻精作为初检合格品妥善储存。实际生产中不仅仅检测活力还应进行其他项目的检验。

检验规则。冻精产品的质量应由相对独立的技术人员负责检测与监督，经质检员检验合格并出具合格证后，才可作为合格品使用。配种使用前按每头公驴每批号的产品进行外观和活力检验，以免不当运输和储存引起产品质量下降而造成配种受胎率低下的问题。

在正常生产条件下有下列情况之一时，应进行型式检验：①产品定型投产时；②生产工艺、配方或主要原料来源有较大改变，可能影响产品质量时；③停产 3 个月以上，重新恢复生产时；④常规检验结果与上次型式检验结果有较大差异时；⑤行政管理部门提出检验要求时；⑥正常生产，按周期进行型式检验，一般情况下每季度进行 1 次。

图 6-12　专用解冻仪

型式检验是依据产品标准，对产品各项指标进行的抽样全面检验。检验项目为产品标准技术要求中规定的所有项目，即精子活力（要求≥35%）、向前直线运动的精子数（有效精子数）

（要求≥0.25亿个/支）、精子畸形率（要求≤20%）、细菌菌落数（要求≤1 000个/mL）。

第五节 冻精包装与储存

细管冻精可用细管计数分装机（图6-13）进行包装，应在−140℃以下的环境中进行，包装后的细管冻精其棉塞端应在储精管（塑料管）的底部，不得倒置。储精管的内径应均匀一致，否则易造成使用时拿不出来的后果。将已装入细管冻精的储精管在液氮中放入纱布袋内。纱布袋上应预先标记上冻精的生产单位、公驴编号、支数、活力、生产日期的信息，然后将其放入液氮生物容器中保存。

冻精应储存于液氮生物容器（图6-14）的液氮中，储存冻精的低温容器应符合标准（GB/T 5458）的规定。设专人保管，每周定时添加液氮，冻精应始终浸在液氮中。冻精保管人员应经常检查液氮生物容器的状况，如发现其外壳结白霜，应立即将精液转移入其他液氮生物容器内保存。冻精由一个液氮生物容器转换到另一个液氮生物容器时，在液氮生物容器外停留时间不得超过5 s。取存冻精后要盖好液氮生物容器盖塞，在取放盖塞时，要垂直轻拿轻放，不得用力过猛，以防止液氮生物容器盖塞折断或损坏。移动液氮生物容器时，不得在地上拖行，应提握液氮生物容器手柄抬起罐体后再移动，要轻拿轻放，严禁震荡、撞击。液氮生物容器应置于室内阴凉处，如果室内存放的冻精液氮生物容器较多，则应注意通风换气。不同个体公驴的冻精在液氮生物容器罐体外应标记明显的标识，以便查找。储存冻精的液氮生物容器每年至少清洗1次。

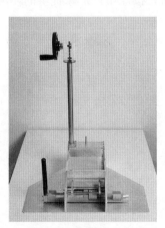

图6-13 细管计数分装机

图6-14 液氮生物容器

附 录 A
复合抗生素使用指南

一、复合抗生素的配制

（1）庆大霉素母液。准确称取庆大霉素1.0 g完全溶解于10mL 2.9%的柠檬酸钠（或0.9%氯化钠）溶液中，使最终浓度为100 mg/ mL。

（2）泰乐菌素母液。准确称取泰乐菌素 0.19 g 完全溶解于 10 mL 2.9％的柠檬酸钠（或 0.9％氯化钠）溶液中，使最终浓度为 19.0 mg/mL。

（3）大观-林可霉素母液。准确称取大观霉素 1 g 和林可霉素 0.5 g 完全溶解于 10 mL 2.9％的柠檬酸钠（或 0.9％氯化钠）溶液中，使大观霉素最终浓度为 100 mg/mL、林可霉素为 50 mg/mL。

（4）上述 3 种母液的浓度可依据抗生素的效价做适当调整。根据生产需要确定母液的配制量，母液可分装到 2 mL 离心管内，并在管壁上标明名称和配制日期。母液 5℃以下冷藏的有效期约 8d；−4℃以下冷冻的有效期约 6 个月。使用时需解冻、升温至 32～35℃。

（5）复合抗生素按照泰乐菌素母液、大观-林可霉素母液和庆大霉素母液 3：3：4 比例混匀，现配现用。

（6）示例。

泰乐菌素母液　　　　　　　　　6 mL
大观—林可霉素母液　　　　　　6 mL
庆大霉素母液　　　　　　　　　8 mL

二、复合抗生素的使用

（1）每毫升精液添加 20 μL 复合抗生素。精液与抗生素应颠倒混合，32～35℃水浴 5 min，再与稀释液混合。也可使用精液专用复合抗生素，按照生产厂家提供的使用说明添加。

（2）每毫升稀释液添加 10 μL 复合抗生素，加入复合抗生素的稀释液应充分搅拌，使二者混合均匀后待用。也可使用稀释液专用复合抗生素，按照生产厂家提供的使用说明添加。

第七章　人工授精

驴的人工授精技术是指通过发情鉴定预测排卵时间，在适当的时间以非性交方式将精液输入母驴生殖道内达到受孕目的的一种技术，包括发情鉴定、人工授精、妊娠鉴定等关键环节。

第一节　母驴发情周期中卵巢和子宫变化规律

母驴生殖系统包括卵巢、输卵管、子宫、阴道、尿生殖道前庭和阴门等器官。卵巢不仅能产生雌性生殖细胞（卵子），而且还能分泌雌激素、孕酮等生殖激素。子宫是胎儿生长发育的器官。人工授精过程中发情鉴定、人工输精、妊娠鉴定等关键环节主要判定依据就是通过直肠触诊或 B 超观察卵巢上卵泡发育和子宫变化情况。

一、卵巢

驴卵巢与其他家畜相似，为卵圆形的实质性器官，不同之处是皮质与髓质的位置相反，即皮质在中央而髓质在外周，在一侧有一凹陷为排卵窝。卵巢是卵泡募集、选择和发育的唯一器官。

1. 卵泡的募集、选择及优势化　自然状态下能发育到成熟、排卵阶段的卵泡只占卵泡的极少部分，绝大多数卵泡在发育过程中会退化，变成所谓的闭锁卵泡。卵泡能否发育为成熟卵泡取决于动物所处生殖生理状态，只有处于特定的繁殖状态和繁殖周期的特定时间才能继续其发育过程。大量卵泡被选择或淘汰的过程称为卵泡的募集。募集不是随机地单独分离，而是以群或组的方式募集，并受血液中促卵泡激素（FSH）的调节。被募集的卵泡形成一个发育基本同步的卵泡群，形成所谓的卵泡波。在卵泡波中能发育到排卵的卵泡称为优势卵泡。优势卵泡的发育可以分为 3 个阶段：募集期、选择期、优势期。一旦被选择为优势卵泡，它就会抑制同组非优势卵泡的生长和分化。

研究发现，母驴在繁殖季节的卵泡生长发育是波浪式、连续的动态变化过程，与其他畜种卵泡发育相似，以波的形式出现。通常情况下，母驴每个发情周期有 2 个卵泡波，第 1 卵泡波出现在发情周期的第 1 天。2004 年 Ginther 报道马卵泡发育有 2 个卵泡波，将直径＞28 mm 的卵泡波定义为主卵泡波，直径≤28 mm 的卵泡波定义为次卵泡波。随后研究发现，第 1 卵泡波以次卵泡波为主，偶尔也会存在直径＞28 mm 的主卵泡波，而第 2 卵泡波则全部是主卵泡波，还发现无论第 1 卵泡波是主卵泡波还是次卵泡波都不排卵，只有第 2 卵泡波（主卵泡波）的优势卵泡才能最终排卵。目前，驴主、次卵泡波的直径界限尚未确定，基层繁殖技术员通常认为驴卵泡发育到 23～25 mm 时形成优势卵泡，结合马主次卵泡区分标准，徐长林在其报道中将 25 mm 作为驴主、次卵泡波的分界标准。

2. 卵泡发育 卵泡发育（follicular development）是指原始卵泡发育为成熟卵泡的生理过程。根据卵泡的发育特点，卵泡可以分为原始卵泡、生长卵泡和成熟卵泡。

（1）原始卵泡。原始卵泡位于卵巢皮质的浅部，体积小、数量多，是处于静止状态的卵泡。原始卵泡呈球形，由一个大而圆的初级卵母细胞及外围单层扁平的卵泡细胞组成。卵泡细胞外有一层较薄的基膜。卵母细胞与卵泡细胞之间以桥粒连接，其余表面平滑。电镜下观察，可见细胞质中有较多线粒体、粗面内质网和高尔基复合体等。此时期的卵泡细胞仅具有支持和营养作用，没有激素合成的功能。

（2）生长卵泡（growing follicle）。动物性成熟后，在垂体前叶分泌的促卵泡激素作用下，原始卵泡开始生长发育，成为生长卵泡。生长卵泡根据发育阶段可分为初级卵泡、次级卵泡、三级卵泡。

①初级卵泡（primary follicle）。由原始卵泡发育而成，此时外围的卵泡细胞由单层扁平变为单层立方或柱状细胞。中央的卵母细胞体积增大，卵黄物质增多。在卵母细胞与卵泡细胞之间开始形成透明带，但不明显。卵泡细胞由单层扁平变为单层立方或柱状，这些变化是卵泡开始生长的标志。

②次级卵泡（secondary follicle）。卵泡细胞由单层变为多层，位于最外层的一层卵泡细胞呈柱状，其余为多边形。在卵母细胞和卵泡细胞间有一层嗜酸性、折光性强的膜状结构，为透明带（zona pellucida）。透明带是卵泡细胞与初级卵母细胞共同分泌形成的，主要成分是多糖蛋白，随卵泡的增长而加厚。电镜下观察，初级卵母细胞的微绒毛伸入透明带中，卵泡细胞的突起也伸入透明带中，并与卵母细胞的微绒毛建立连接，有利于卵母细胞获得营养和彼此间进行物质交换。在次级卵泡后期，卵泡细胞间出现充满液体的小腔隙。卵泡周围基质中的梭形细胞包围卵泡而分化形成薄的卵泡膜，但与周围组织的界限不明显。

③三级卵泡（tertiary follicle）。又称囊状卵泡或格拉夫卵泡。三级卵泡的特点是在卵泡间出现许多充满液体的小腔隙，并逐渐扩大融合成一个大的新月形的腔，称卵泡腔，腔内充满卵泡液。卵泡液主要由卵泡细胞分泌而来，此时的卵泡细胞由于大量的分裂增生密集化为颗粒细胞。卵细胞能分泌卵泡液，卵泡液除一般组织液成分外，还有透明质酸、雌激素及细胞因子等多种生物活性物质，其中血浆蛋白等活性物质是从血管渗透而来。卵泡腔的扩大及卵泡液的增多，使卵母细胞及其外围的颗粒细胞位于卵泡腔的一侧，并与周围的卵泡细胞一起凸入卵泡腔，形成丘状隆起，称为卵丘（cumulus oophorus）。卵丘中紧贴透明带外表面的一层颗粒细胞，随卵泡发育而变为高柱状，成放射状排列，称为放射冠（corona radiate）。

三级卵泡的卵泡膜随着卵泡发育分为内外两层。卵泡膜内层的梭形细胞变大变圆，有内分泌功能，毛细血管丰富，称为卵泡内膜或细胞性膜。卵泡膜内层细胞具有分泌雌激素的功能，所分泌的雌激素可进入毛细血管扩散到卵泡液中。卵泡膜外层梭形细胞及毛细血管相对较少，由胶原纤维束和成纤维细胞构成，又称为卵泡外膜或结缔性膜。卵泡外膜及周围的梭形细胞等合称为卵泡壁。

三级卵母细胞中的卵母细胞仍为初级卵母细胞，但核空泡化明显，核仁明显，又称为生发泡。在卵泡腔形成时，卵母细胞通常已长到最大体积。此后，卵母细胞不再长大，而卵泡体积由于卵泡腔的扩大及卵泡液的增多可继续增大。电镜下，在三级卵泡的后期，卵母细胞的细胞质中产生了由单位膜包围的电子密度较高的颗粒，称为皮质颗粒，并从中央逐渐向四周移动。微绒毛更长，垂直伸入透明带中。放射冠细胞突起可达卵母细胞膜表面，二者紧密连接并充分进行物质交换。

3. 成熟卵泡（mature follicle） 三级卵泡发育到即将排卵的阶段即为成熟卵泡。此时卵泡体积最大，卵泡液激增，卵泡壁变薄并向卵巢的表面凸出。由于卵泡腔扩大及卵泡颗粒细胞分裂增生逐渐停止，导致颗粒层变薄，仅有2～3层细胞，成熟卵泡的透明带达到最厚。电镜下，成熟卵泡中卵母细胞外表面的微绒毛仍很长；皮质颗粒在卵母细胞膜下排列为一层；线粒体、高尔基复合体、内质网等与三级卵泡后期相似。许多动物的卵母细胞在成熟卵泡接近排卵时完成第1次成熟分裂。分裂时，细胞质的分裂不均等，形成大小两个细胞，大的为次级卵母细胞，其形态与初级卵母细胞相似；小的只有极少的细胞质，附在次级卵母细胞与透明带的间隙中，称为第1极体。次级卵母细胞接着进入第2次成熟分裂，但停滞在分裂中期，排出后若受精才能完成第2次成熟分裂，并释放出第2极体；若未受精，则次级卵母细胞退化并被吸收。

4. 排卵 卵泡成熟后破裂，卵母细胞及其周围的透明带和放射冠自卵巢排出的过程称为排卵。排卵是一个渐进过程：排卵前卵泡逐渐向卵巢表面移动并明显地凸出于卵巢表面，突出部分的卵巢生殖上皮变得不连续，白膜等结缔组织变薄，出现一个透明的卵圆形的无血管小区，称为小斑，同时成熟卵泡的颗粒层、放射冠与卵丘之间间隙增大，逐渐脱离，进而小斑破裂，卵泡液流出并将卵母细胞及周围的放射冠、卵丘颗粒细胞冲出。排出的卵被输卵管伞接纳。

5. 黄体（corpus luteum） 排卵后，卵泡壁塌陷形成皱壁，卵泡内膜毛细血管破裂引起出血，基膜破碎，血液充满卵泡腔内，形成血体。同时，残留在卵泡壁的颗粒细胞和内膜细胞向腔内侵入，胞体增大并分化，细胞质内出现黄色脂质颗粒，颗粒细胞分化成粒性黄体细胞，而内膜细胞分化成膜性黄体细胞，两者均有分泌功能。粒性黄体细胞体积增大，染色浅，数量多，又称大黄体细胞，可分泌孕酮；膜性黄体细胞多位于黄体周边，染色较深，数量少，又称小黄体细胞，主要分泌雌激素。黄体细胞成群分布，夹有富含血管的结缔组织，周围仍有原来的卵泡外膜包裹，新鲜时呈黄色，故称黄体。

黄体发育程度和存在的时间完全取决于卵细胞是否受精：未受精时，则黄体逐渐退化，这种黄体称为发情黄体或假黄体；若受精，母畜妊娠，则黄体在整个妊娠期继续维持其大小和分泌功能，这种黄体称为妊娠黄体或真黄体。真黄体和假黄体在完成其功能后均退化。退化后的黄体成为结缔组织瘢痕，称为白体（corpus albicans）。

二、子宫

子宫是胚胎附植及孕育胎儿的器官。子宫从内至外可分为内膜、肌层和外膜3层。在发情周期中，子宫经历一系列明显的变化。

1. 子宫组织结构

（1）子宫内膜由上皮和固有层构成。上皮随动物种类和发情周期不同而不同。固有层的浅层有较多的细胞及子宫腺导管。细胞以梭形或星形的胚性结缔组织细胞为主，细胞突起相互连接，还含有巨噬细胞、肥大细胞、淋巴细胞、白细胞和浆细胞等。固有层的深层中细胞数量较少，但布满了分支管状的子宫腺及其导管。腺壁由有纤毛或无纤毛的单层柱状上皮组成。子宫腺分泌物为富含糖原等营养物质的浓稠黏液，称为子宫乳，可供给着床前附植阶段早期胚胎所需营养。

（2）子宫肌层由发达的内环、外纵平滑肌组成。在两层间或内层深部存在大量血管及淋巴管，这些血管主要为子宫内膜提供营养。子宫外膜属浆膜性结构，由疏松结缔组织外覆间皮构成。在结缔组织中有时可见少数平滑肌细胞存在。

2. 子宫内膜的周期性变化　子宫内膜的组织结构随动物所处的发情周期阶段不同而不同。动物发情周期一般分为连续的 5 个阶段，即发情前期、发情期、发情后期、发情间期、休情期。发情周期与卵巢的卵泡发育密切相关。

（1）发情前期。卵巢中卵泡开始生长。在雌激素作用下子宫开始发育，内膜胚性结缔组织迅速增生变厚。此时，子宫腺生长，分泌能力逐渐加强，血管增多，内膜水肿、充血，甚至出血。

（2）发情期。卵巢中卵泡发育成熟并排卵，雌激素水平达高峰，母畜出现性行为。子宫内膜继续增生并充血、水肿，红细胞渗出。子宫腺分泌旺盛，为接纳胚胎的附植做准备。

（3）发情后期。卵巢形成黄体，开始分泌孕酮，维持妊娠。内膜继续发育，固有膜毛细血管少量出血，但会被吞噬吸收。

（4）发情间期。若妊娠，黄体大量分泌孕酮，子宫腺大量分泌子宫乳，可维持妊娠；若未妊娠，子宫内膜随黄体退化而变薄、脱落、吸收。

（5）休情期。在非妊娠状态下，黄体完全退化，子宫腺体恢复原状，分泌停止。随着下一批卵泡生长进入下一个发情周期。

第二节　发情鉴定

发情鉴定指通过观察母驴外部表现和卵泡发育程度，来判定母驴是否发情和发情程度的方法。通过发情鉴定可以预测排卵时间，从而进行适时输精，缩短输精与排卵时间间隔，提高母驴受孕率。驴发情鉴定常用的方法有外部观察法、试情法、直肠检查法、超声检查法。

一、外部观察法

外部观察法是各种家畜发情鉴定最常用的基本方法，主要根据母畜的外部表现和精神状态进行综合分析加以判断。发情母驴通常有吧嗒嘴、抿耳朵、闪阴排尿等表现，接近排卵的母驴会接受其他驴的爬跨（图 7-1）。

图 7-1　母驴发情外观表现

民间将发情母驴的外部表现编成顺口溜，方便记忆，即：使劲低头呱嗒嘴，伏耳弓腰撇后腿，阴门怒张抬起尾，口里不停流涎水。

二、试情法

试情法简便，容易掌握，适用于各种家畜。发情母驴通常会较为主动地靠近公驴，吧嗒嘴、抿耳朵、闪阴排尿等外部表现很明显，若母驴主动接受爬跨则表明接近排卵（图7-2）。采用试情法对母驴进行发情鉴定须防止误配，一般是选用无恶癖、较为温驯的公驴。

图7-2　试情

三、直肠检查法

直肠检查法是指通过直肠触摸卵巢上卵泡发育情况，根据发情期母驴卵巢的变化及滤泡发育的情况预测排卵时间。直肠检查法是牛、马、驴等大家畜发情鉴定常用的，也是比较有效的方法。技术人员将手伸进母畜直肠，隔着直肠壁触摸卵巢上的卵泡发育程度，以确定配种时间。检查时要用指肚轻轻触诊卵泡的发育情况，切勿用力挤压，以免将发育中的卵泡挤破。

在卵泡发育过程中，发情初期（1~3 d）卵泡体积已很大，卵泡外膜坚厚，圆凸面不显，压触时感觉不到波动，排卵窝深尚不及0.5 cm。至发情中期（3~4 d）时，卵泡体积稍增大。膜层逐渐变薄，腔内波动略增，但具有高度张力，圆凸面显著，排卵窝深约0.5 cm。至发情末期（4~5 d）时，膜层更薄，触时有一触即能破裂的感觉，体积增加，圆凸面非常显著；特别在接近排卵时，卵泡张力消失，柔软而失去弹性，波动不明显，在压触时有手指可陷入卵泡腔内的感觉，排卵窝更深，为0.5~1.0 cm。

直肠检查法的优点是对卵泡的发育程度判断得比较准确，可根据卵泡发育情况确定适宜的配种时间，同时还可以进行妊娠诊断。缺点是对操作者的熟练程度要求较高，需要具有丰富的临床经验和娴熟的操作能力，才能保证发情鉴定的准确性。

四、超声检查法

超声是指频率在20 kHz以上、不能被正常人耳听到的声波。由于脏器或组织的声阻抗不同，界面形态不同，使得超声在各脏器形成不同的反射规律，形成各具特点的声图像。通常组织越致密返回信号越强，图像上表现为灰白色，而对信号几乎没有反射的部分显示为黑色。例如，膀胱、胚泡和胎水呈黑色，胎儿骨骼为白色，胎膜、黄体和子宫内膜等呈不同灰色阴影。通过B超实时扫描，结合卵巢、子宫和胎儿的声像学特点，可以对母驴发情和妊娠情况进行准确诊断。

B超检查是用B超仪通过直肠检查卵泡发育和子宫情况，根据卵泡大小和形状结合触感判断排卵时间。同时，B超检查还可对卵巢囊肿、子宫内膜炎等生殖系统疾病进行诊断。

1. 卵泡发育及排卵　图7-3为卵泡发育至排卵的过程。将排卵当天记为0d。排卵后0~19d卵泡缓慢发育；19~21d卵泡急剧增大充液，B超下测量卵泡一般直径为35~40 mm或更大，边缘有紧绷感，此时便可以进行输精；22d卵泡局部破裂进入缓流期，卵泡液由卵泡慢慢流出，卵泡边缘变得模糊，此时为输精最佳时机；23d卵泡液接近完全排出，卵巢塌陷，此时配种也能受孕，但受孕率一般不高；24d时卵泡液全部流出，黄体将要形成，此时配种受孕率几乎为0。

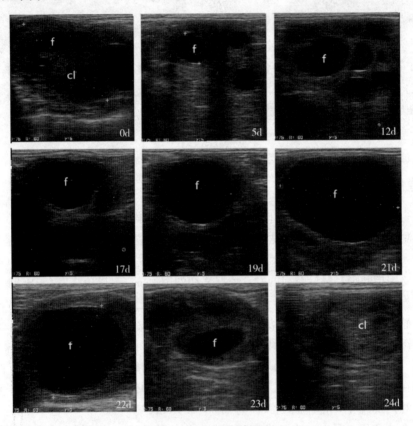

图7-3　卵泡发育B超图像

注：①f为不断发育中的卵泡，cl为排卵后形成的黄体。
②21d与22d中虚线和"＋"标示卵泡直径。
③22d与21d相比，卵泡直径略有缩小，且卵泡形状发生变化，说明即将排卵。

实际生产中，当观察到母驴卵巢存在35 mm以上卵泡时就应该对其进行跟踪观察，当卵泡接近或大于40 mm且边缘呈现紧绷感时就应该对其进行输精直至排卵。

2. 母驴排卵规律　发情期，驴卵泡在排卵前持续增大，排卵前1d达到最大。当前文献报道，驴排卵前卵泡平均直径为35~40 mm，研究发现，与该卵泡最大时比较，排卵前1d卵泡直径通常小2~5 mm，平均排卵直径为（36.01±4.15）mm，卵泡发育到30 mm后，

（2.46±1.11）d 排卵。排卵前卵泡形状也会有相应变化，如卵泡壁变薄，卵泡壁 B 超回声增强，图像更加清晰，卵泡形状由近似圆形、椭圆形变为梨形、锥形或半椭圆形。一般发情鉴定时发现卵泡＞30 mm、触感变软、形状较之前规则、测量直径略有变小，说明即将排卵。

3. 发情母驴子宫　母驴子宫角发情期和间情期 B 超图像呈现明显区别（图 7-4）。母驴未发情时，子宫角呈现均匀一致的灰白色圆形图案，发情初期和末期子宫角呈现轻微的水肿现象。发情中期，子宫有较明显的水肿现象，B 超下子宫角呈现明暗相间的车轮状或称为橘子瓣状水肿图像，暗区与亮区大小大体相同。部分情况下会出现暗回声区域明显大于亮回声区域的子宫角图像，这种重度水肿现象多出现在子宫内膜炎时。母驴发情从开始到结束子宫角由轻微水肿到中度水肿再恢复到轻度水肿，发情结束后子宫角 B 超图像重新恢复均匀一致的灰白色圆形图案为正常发情时的子宫。根据子宫水肿情况结合卵泡发育情况可以对母驴进行发情鉴定，以预测排卵时间。

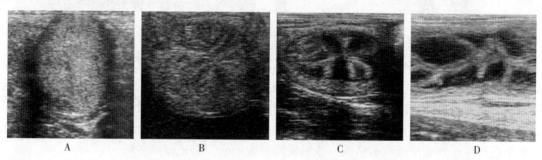

图 7-4　B 超下子宫角水肿特点

A. 间情期子宫　B. 轻度水肿（优势卵泡出现，排卵前后）

C. 中度水肿（排卵前 1~2d）　D. 重度水肿（少见，常见于子宫内膜炎）

第三节　人工授精

目前驴配种主要有 3 种方式：自然交配、人工选择交配、人工授精。自然交配是指公驴与母驴混养，每 20~30 头母驴群中放养 1 头公驴。自然交配不需要做发情鉴定，可节省人工，受孕率较高，只需每隔 1~2 个月进行 1 次孕检即可。但是自然交配不利于生殖系统疾病的防控，不利于群体的遗传改良及育种工作的开展。人工选择交配是指人工进行发情鉴定，预测接近排卵时根据配种原则选择 1 头公驴进行本交。人工选择交配能够获得较高的受孕率，且能控制生殖系统疾病传播，但养殖成本高。人工授精是指母驴临近排卵时，将精液人工输入其生殖道的过程。人工授精可以利用鲜精、低温保存精液、冷冻精液输精，配种不受时间、地域限制，利于育种工作开展。本节重点介绍人工授精过程。

一、输精前准备

受配母驴准备：将受配母驴保定到四柱栏内，使母驴能稳定站立且不能乱动乱踢。将驴尾巴拴系到一侧，用洁净温水将肛门、外阴、尾根周边清洗干净，然后用无刺激消毒液消毒，最后用清洁温水冲掉消毒液并用灭菌毛巾或卫生纸擦干（图 7-5）。

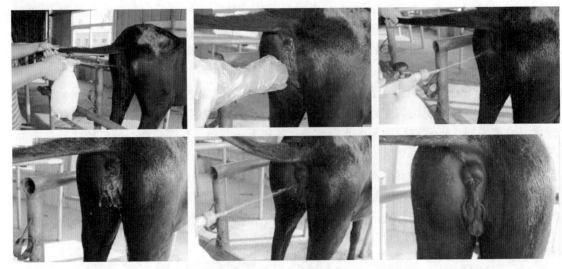

图 7-5　输精前准备

精液准备：精液处理及输精过程中应避光。鲜精配种过程中精液应注意保温，避免温度降低引起冷打击；低温保存精液输精前温度应恢复到 37℃。低温保存精液和鲜精输精可选用无胶头注射器推注精液。输精前将 1 头受配母驴所需的精液轻轻吸到无胶头注射器中，根据输精管存储精液体积，注射器中吸入等体积空气，以便将精液完全输入母驴体内。冻精配种前应按照冻精解冻流程解冻精液，然后装填到输精枪中避光保温备用。

二、输精

当前，常用配种精液是鲜精、低温保存精液和冷冻精液。鲜精和低温保存精液输精量较大，一般选择子宫浅部输精；冷冻精液剂量小，一般选用子宫角深部输精。

1. 子宫浅部输精　将装有精液的注射器与输精管连接（注意避光），轻推注射器使输精管中充满精液。配种员手戴一次性无菌长臂手套，手套上涂少量无菌润滑剂，站在母驴后方偏左侧，右手五指形成锥形，将输精管握于掌心，缓慢插入母驴阴道内（图 7-6）。右手轻捏子宫颈，在左手辅助下将输精管插入子宫颈内，将输精管顶端插入子宫颈口内 5～7 cm，若插入过程中受阻可以轻轻转动方向，使输精管通过子宫颈；若输精管完全通过子宫颈顶到子宫壁，则应将输精管回撤 1～2 cm。左手缓缓将精液推入母驴子宫内。左手慢慢拔出输精管，用右手手指轻轻按捏子宫颈外口刺激子宫颈收缩，防止精液倒流。鲜精、低温保存精液输精量以 15 mL 为宜，总有效精子数不应低于 5 亿个/次。鲜精、低温保存精液可隔日输精，排卵后 4 h 内可追配。

2. 冻精输精　配种员手戴一次性无菌长臂手套，手套上涂少量无菌润滑剂，站在母驴后方偏左侧，右手五指形成锥形，将输精管握于掌心，缓慢插入母驴阴道内。右手轻捏子宫颈，在左手辅助下将输精管插入子宫颈内。然后用左手稳定住输精管，右手从阴道中抽出插入直肠，触到输精管后轻轻调整输精管方向，使输精管出精液端深入排卵侧子宫角深处宫角接合部。稳定好输精管，助手协助推注精液。完成精液推注后轻轻抽出输精管。

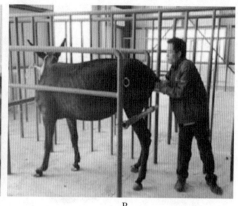

图 7-6　驴人工输精

A. 手插入阴道的姿势　B. 人工输精姿势

当前驴冷冻精液配种每次输精 5 支，输精与排卵时间间隔应控制在 8 h 内，排卵后 4 h 内可追配。

三、输精后

鲜精、低温保存精液输精后隔日检查排卵情况，若未排卵，则应用同一头公驴精液再次输精；冷冻精液输精后应间隔 8～12 h 检查一次排卵情况，如未排卵，则应用同一头公驴冷冻精液再次输精。建议每个情期冷冻精液输精次数不超过 3 次。

排卵后检查：在 B 超下是否能看到图像明亮、清晰的黄体，检查子宫是否有积液。

第四节　妊娠与胚胎发育

卵子受精后在向子宫移动途中进行细胞分裂形成胚泡，胚泡初期在子宫内处于游离状态。随着胚泡增大和泡腔液增多，胚泡活动受到限制，胚泡滋养层与子宫内膜逐渐发生组织学和生理学的联系，附植于子宫内膜。胚泡附植后由胎盘提供营养。胚泡在子宫内继续生长发育至分娩的生理过程称为妊娠的维持。孕酮是妊娠维持的主要调节因子。

一、妊娠维持

多数家畜妊娠期孕酮是主要的助孕激素，孕酮浓度降低表明即将生产。驴妊娠期激素变化与猪、牛、羊等家畜不同，与马相似。2014 年，Angelica Crisci 等对 7 头 Amiata 驴 12 个妊娠期跟踪研究发现，平均妊娠时间为 (353.4±13.0) d；孕激素变化见图 7-7：第 9 周血清孕激素浓度为 (19±9.7) ng/mL，第 12 周达到最大值 (22.4±14.0) ng/mL，至 27 周孕激素浓度依然保持＞5 ng/mL，第 30～46 周＜5 ng/mL，随后孕激素浓度缓慢升高，产前 1 周达到 (7.6±2.7) ng/mL，然后逐渐下降，生产时降为 (4.7±1.5) ng/mL。雌激素变化见图 7-7：硫酸雌激素浓度自第 15 周开始升高，第 18～33 周浓度＞500ng/mL，第 24 周达到最大值 (1 799.4±363.0) ng/mL，随后降低，到第 42 周＜100ng/mL。

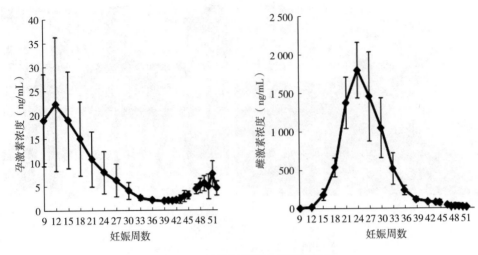

图 7 - 7　母驴妊娠期生殖激素变化

（引自 Angelica Crisci 等，2014）

二、胚胎发育

通过对 7 头 Amiata 驴 12 个妊娠期跟踪观察发现：第 1 次观察到孕囊的时间为（11.8±1.3）d，平均直径为（6.5±1.9）mm，形状变化发生在（18.5±1.4）d，胚胎出现在（22.0±1.1）d，胎心搏动出现在（25±1.1）d，第 13 周胸部直径为（40.6±2.9）mm，第 13 周眼眶直径为（8.7±1.5）mm，第 13 周主动脉直径为（3.5±0.7）mm，分娩前最后一次测量胸部直径为（190.9±12.0）mm，分娩前最后一次测量眼眶直径为（21.4±1.5）mm，分娩前最后一次测量主动脉直径为（30.6±1.8）mm。驴早期胚胎发育可参考马胚胎发育模式图（图 7 - 8）。

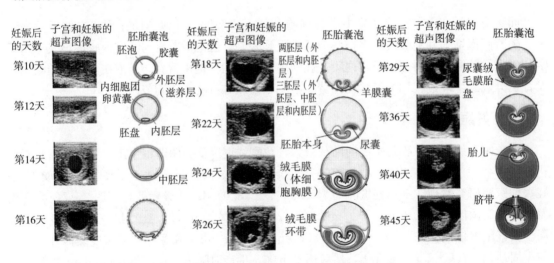

图 7 - 8　马胚胎不同时期 B 超图与模式图

第五节 妊娠诊断

妊娠诊断是家畜饲养管理的必要手段。简便而有效的早期妊娠诊断是减少母畜空怀、加强妊娠管理和提高母畜繁殖力的重要技术措施；早期妊娠诊断可尽早确定母畜妊娠状态，可将母畜根据妊娠与否分群，利于饲养管理；早期妊娠诊断便于对母畜和与配公畜的生殖机能做具体分析；早期妊娠诊断有利于提高整体配种水平。

人工选择交配、人工授精的母驴应及时进行妊娠检查，将未妊娠母驴纳入下一情期配种。母驴妊娠诊断常用的方式有外部观察法、直肠检查法、B超检查法。

一、外部观察法

外部观察法是通过肉眼观察母驴的外部表现来判断是否妊娠。母驴妊娠后的表现：配种后下一情期未发情。随着妊娠时间的增加，母驴食欲增强、被毛光亮、膘情变好。到妊娠中后期母驴行动缓慢，性情温驯，到5个月时腹围增大偏向左侧，6个月后可看到胎动。外部观察法简便易行，但是不能进行早期妊娠诊断。

二、直肠检查法

与发情鉴定一样，通过直肠检查卵巢、子宫状况判断妊娠与否。一般直肠检查应在母驴排卵18d后进行。直肠检查是判断母驴是否妊娠的简单而又可靠的方法。判断妊娠的主要依据是子宫角的形状、弹性、软硬度，子宫角的位置和角间沟的出现，卵巢的位置，卵巢韧带的紧张度和黄体的出现，胎动等（图7-9）。

(1) 母驴排卵14～16d。未妊娠母驴子宫角呈带状；妊娠母驴子宫角收缩呈圆柱状，角壁肥厚，深部略有硬化感觉，轻捏子宫角尖端，两手指感觉间隔有肌肉组织。

(2) 妊娠16～18d。子宫角硬化程度增加，轻捏尖端不扁，中间似有弹性的硬芯，在子宫角基部，向下凸出的胚泡感觉明显，如鸽蛋大小。

(3) 妊娠20～25d。子宫角孕角质地坚硬，呈圆柱状，或两子宫角均为腊肠状，前端尖，空角弯曲增大。子宫壁变厚，质地硬实而有弹性，空角较松软而壁薄。子宫底的凹沟明显，胚泡如乒乓球大。

(4) 妊娠30～35d。孕角较短、较粗，空角较柔软，角基部膨大。膨大部如鸡蛋大小，触感硬而有弹性，有时柔软有波动感。孕角下沉，卵巢位置随之稍下降。

(5) 妊娠40～45d。膨大部如拳头大小，触感硬而有紧张的波动感，有时壁软，液体波动感较清晰。孕角下垂明显。

(6) 妊娠50～60d。膨大部如垒球或稍大。膨大部内液体波动感明显。

(7) 妊娠60～70d。胚泡很快增大，大如婴儿头。孕角下沉，空角基部膨大呈椭圆形。卵巢韧带紧张，两卵巢均下沉，彼此逐渐靠近，位于腹部中央。胚泡处子宫壁薄而软，内有大量胎水。

(8) 妊娠80～90d。两子宫角被胚胎占据，摸不到子宫角和胚泡整体，膨大如篮球，子宫由耻骨前缘向腹腔下沉。液体波动明显，偶尔可触及胎儿浮在羊水中。卵巢向腹腔前方移位，卵巢韧带更加紧张，两卵巢更加靠近。

（9）妊娠4个月。在耻骨前缘子宫壁呈带状向前下沉。子宫颈位于耻骨前缘处。子宫壁柔软，液体波动明显。孕侧子宫动脉较空角侧粗大，有微弱的妊娠脉搏。

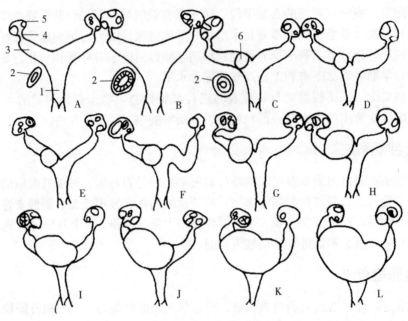

图7-9　妊娠子宫及胎胞的形态变化

A. 未妊娠正常子宫　B. 未妊娠炎症子宫　C. 初产驴妊娠16～25d子宫及胎胞　D. 经产驴妊娠16～25d子宫及胎胞　E. 初产驴妊娠26～35d子宫及胎胞　F. 经产驴妊娠26～35d子宫及胎胞　G. 母驴妊娠36～45d子宫及胎胞　H. 母驴妊娠46～55d子宫及胎胞　I. 母驴妊娠56～65d子宫及胎胞　J. 母驴妊娠66～75d子宫及胎胞　K. 母驴妊娠76～85d子宫及胎胞　L. 母驴妊娠86～90d子宫及胎胞

1. 子宫体　2. 子宫角横断面　3. 子宫角　4. 输卵管　5. 卵巢　6. 胎胞

（引自朱士恩，家畜繁殖学.6版）

（10）妊娠150～210d。妊娠子宫下沉入腹腔底部，无法触及整个子宫轮廓，可清晰地摸到胎儿，有时可摸到胎儿活动。孕侧子宫动脉妊娠脉搏明显。

（11）妊娠210d以上。子宫开始上升，胎儿的前置部分进入骨盆腔内。空角侧子宫动脉也开始出现妊娠脉搏。

三、B超检查法

B超检查主要是通过B超图像查看子宫内是否有胎泡来判定妊娠情况。妊娠后10～12d用B超即可看到子宫内胎泡的情况，因此B超检查适合做早期妊娠检查。B超妊娠检查时可以观察子宫环境和黄体情况。一般妊娠早期胎泡较小，难以发现，建议妊娠15d左右开始早期妊娠检查。母驴妊娠后，在子宫角内会出现胎泡，B超屏幕上会出现一个黑色的图像，此即为胎泡。若母驴排卵当天记为第0天，第11天即可使用B超仪寻找胎泡，此时胚胎多位于子宫角；也有少数情况位于子宫体，直径为6～12 mm，胚胎呈黑色圆形，上下各有一条亮白色横纹（图7-10），可以通过横纹来区别胚胎和囊肿。

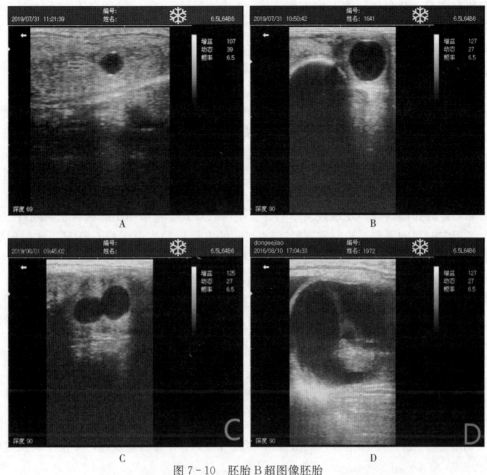

图 7-10 胚胎 B 超图像胚胎

A. 妊娠 11d 胚胎 B. 妊娠 15d 胚胎 C. 双胎妊娠 D. 妊娠 45d 胚胎

第六节 驴繁殖技术研究与应用

近年来，胚胎移植、精液冻存、人工授精等繁殖技术在猪、牛、羊、马等家畜繁殖领域广泛应用，随着对驴生殖生理研究的不断深入，相关繁殖技术也可应用到驴产业上。

一、同期发情

驴的养殖方式从散养模式逐步向规模化、集约化转变。规模化、集约化养殖需要同期发情、定时输精等高效繁殖技术。同期发情技术便于组织生产、节约管理成本，同时也是鲜胚移植时选择受体母畜的必备技术。同期发情技术在很多家畜的辅助繁殖技术中已经成熟，但在驴中却刚刚起步。2019 年，吴帅帅采用 PG（氯前列醇钠）、$PGF_{2\alpha}$ 对德州驴进行促发情研究，发现给上一个情期排卵后 5～8 d 的母驴肌内注射 5 mg $PGF_{2\alpha}$、10 mg$PGF_{2\alpha}$ 和 0.4 mg PG 后 9～11 d 的排卵率分别为 36.5%、88.8% 和 63.5%，情期排卵间隔分别为（22.58±5.72）d、（18.11±1.92）d 和（19.13±3.38）d。如给卵泡直径＞30 mm 的发情母驴注射 GnRH 类似物后 48 h 或 25～48 h 的排卵率显著高于注射 hCG 组和对照组。基于促发情和定时排卵研究结果，结合牛同期发情方案，设计驴同期发情方案：母驴群第 0 天注射 GnRH 类似物，第 2 天塞入孕酮栓，第 7 天肌内注射 PG，第 9 天再次注射 PG、撤栓，可使 85.69% 的母驴在第 10~14 天发情。

二、适时输精技术

由于驴发情持续时间长，平均 6~7 d，人工授精时难以预测排卵时间，导致情期受孕率较低，因此需要开展定时排卵技术研究，以减少输精次数和工作量，提高人工授精的受孕率。驴人工授精采用的精液主要有鲜精、低温保存精液和冷冻精液 3 种，从现有研究报道来看，情期受孕率通常是鲜精＞低温保存精液＞冷冻精液，推测可能是因为温度的改变引起的精子内部某些结构被破坏以及部分酶活性发生改变。研究人员曾采用 FSH、LH、hCG 等开展促排卵和定时排卵研究，发现效果不明显。中国农业大学曾申明团队联合东阿阿胶股份有限公司开展定时排卵研究，给卵泡直径＞30 mm 的发情母驴注射缓释 GnRH，注射后 34~48 h 排卵率可达 96.67%，有效解决了人工授精时间把控的难题。在驴人工授精过程中，不同的精液稀释液对于情期受孕率也有一定影响，人们推测冷冻精液中的甘油成分可能是引起驴、马人工授精受孕率低的原因。输精时间、输精次数、时间间隔、输精部位、输精量及有效精子数等因素都对人工授精结果有显著影响，需要进行更深入的研究来获得精确的数据，以优化适时输精技术。

三、产后恢复与血配

血配是指母驴产后第 1 次排卵时配种，又称配血驹，通常母驴外观无吧嗒嘴、抿耳朵、闪阴排尿等发情现象。研究发现，母驴自然情况下产后约 10 d 恢复生殖能力，随后发情周期恢复正常，排卵间隔约 23 d。2004 年，Dadarwal 等研究发现，子宫平均恢复时间 (22.5±1.7) d（平均 18~27 d），产后子宫第 6 天恢复率为 34%、第 12 天为 65%、第 18 天为 90%、第 24 天为 100%。产后第 1 次排卵一般在产后第 13~17 天［平均 (14.6±0.8) d］。产后第 1 次排卵时子宫约恢复 70%。民间养驴较推崇血配，普遍认为血配受孕率高。2013 年，Umberto 等对产后母驴进行受孕率统计，发现产后第 1 次发情配种受孕率最高，血配受孕率次之，产后第 2 个情期配种受孕率较低。可见血配和产后第 1 次发情配种不仅能够缩短母驴空怀时间，而且能够有效提高母驴受孕率。

四、超数排卵

有文献报道，驴自然情况下情期排多卵的比例为 5%~70%，其排多卵的比例高于马。冯玉龙等（2017）对 50 头青年母驴排卵情况统计发现，排双卵比例为 16%，其中左侧卵巢排双卵比例为 87.5%，右侧卵巢排双卵比例为 12.5%。2015 年，Quaresma 和 Payan-Carreira 对 14 头母驴 33 个情期研究发现，排双卵比例为 36.36%，排三卵比例为 6.06%。徐长林（2009）采用孕马血清促性腺激素（PMSG）、PG、垂体促卵泡激素（FSH-P）、促排卵素 3 号（LHRH-A$_3$）进行不同组合、不同剂量促排试验，发现间情期第 9~10 天注射 10 mg FSH-P 具有一定的超排效果。

第八章 胚胎移植

第一节 胚胎移植概述

随着国内驴产业的进一步发展，人们对于驴肉、驴皮和驴乳制品的个性化需求逐年增加，但目前国内相关产业仍处于起步阶段，且产业发展受良种化程度不高、单产低等因素的制约，远远不能满足养殖与市场的需求，同时也深刻影响着驴产业进一步发展。据统计，我国2019年驴存栏量仅为260多万头，且平均产值为4 760元，远低于驴本身潜在产能。国内驴养殖业的落后现状既制约着驴产业发展，又呈现出社会资源严重浪费，因此亟须对存栏驴进行群体改良。适繁母驴规模化移植黑驴性别控制冷冻胚胎的技术，其最大特点是能够低成本、规模化快速提高国内驴的良种化程度，是培育体型大、皮张厚、经济价值高的驴的一条快速而有效的技术途径。

1890年，Heap成功进行了兔的胚胎移植。1951年美国科学家通过手术法成功完成了第1例牛胚胎移植。随后相继突破了非手术法牛胚胎移植、胚胎冷冻技术，为规模化胚胎移植奠定了基础。自1991年开始，牛胚胎移植技术在美国、加拿大、德国、法国等陆续进入商业化应用阶段。截至目前，国内牛方面的以上相关技术已经与国外基本同步。

在性控胚胎方面，1990年，英国学者发现了Y染色体的性别决定区，性控胚胎技术以此为基础得到了快速发展。截至2014年，荷斯坦奶牛、英国纯血马、澳大利亚细毛羊等良种的性控胚胎技术已达到100%商业化应用。

实现驴的性别控制是驴养殖者多年的愿望，而胚胎移植技术是性别控制技术的基础。在驴肉生产中，使母驴多生公驹，在快速增加良种驴数量的同时，也提高了驴群质量，促进驴肉、驴皮业从数量型向质量型方向发展。因此，胚胎移植技术与性别控制技术是目前处于快速增长期的驴产业发展应重视的主要技术。此外，我国目前90%左右的驴集中在农户和集体养殖场饲养，通过驴的胚胎移植和性别控制实现以驴乳为生产方向的母驴多生母驹，以驴肉、驴皮为生产方向的母驴多生公驹，可明显提高经济效益。根据2019年我国驴存栏量为260万头，按适繁母驴为55%计算，约有143万头。繁殖成活率按80%计算，每年约繁殖114万头后代，如果按照传统育种方法，母驹与公驹比例为1∶1，每年最多只能增加57万头母犊。若采用驴的胚胎移植和胚胎性控技术则能够根据产业结构灵活调整，公母驹增量潜力可提高2倍以上，新增经济效益可达157亿元。

胚胎移植（embryo transfer，ET）技术在大家畜繁殖育种中的应用始于20世纪80年代，主要对生产性能优良和遗传性稳定的供体母畜进行外源激素刺激而超数排卵的方式，使母畜排出比自然状态下多几倍甚至十几倍的卵子，与生产性能优良的公畜配种后一定时间内将受精卵冲出，分别移植到其他母畜受体子宫内，使之产出优良后代的技术。胚胎移植技术路线如图 8-1 所示。

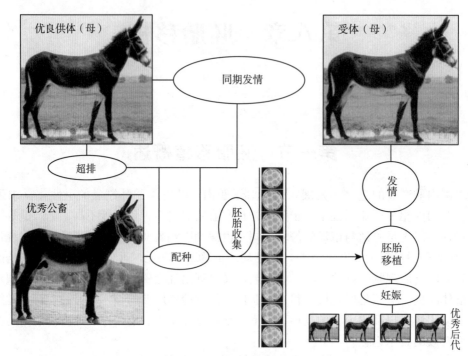

图 8-1　胚胎移植技术路线

第二节　胚胎移植技术

一、供体驴和受体驴的选择

（1）体质健康状况。供体驴体质健壮、肢蹄强健、繁殖机能正常，无遗传病、传染病、难产、流产和繁殖障碍。发情周期不明显、患子宫内膜炎或长期空怀的母驴都不能作为供体驴。

（2）年龄和体重。在胚胎移植时必须考虑受体驴的年龄和体重。受体驴年龄以 18 月龄到 6 周岁为宜，以避免难产。

（3）品种优良，符合育种方向，符合本品种标准，血统、体型外貌和生产性能全优，早熟且长寿，遗传性能稳定，谱系清楚，无遗传缺陷。供体驴的各个经济性状的表现值及遗传力应与具体的育种方向一致。

（4）繁殖性能。具有较高的繁殖力，生殖器官正常，发情周期正常，受胎性好，受胎率及配种指数较好，连续多年每年产一驹。

（5）排卵性能。供体驴生殖器官发育良好，对超数排卵有良好的反应，且排卵数量多，获得的受精卵质量良好。

（6）供体驴和受体驴均需打上电子标签或耳标进行标记，以免混淆。

（7）选择性情温驯的驴作为供体驴和受体驴，这样便于操作。

二、饲养管理

在驴的生长发育过程中，要满足多方面的生物学需要，如维持自身生长、发情周期的恢复、胚胎发育、哺乳等。具体参考第四章饲养管理有关内容。

三、供体驴的超数排卵

一般对 3 岁以上的供体驴进行超数排卵处理。每天用 B 超检查供体驴的排卵情况和卵泡大小，排卵后 5～7d，当最大的卵泡直径达到 20～25mm 时，每次肌内注射 12.5mg FSH，每天 2 次；翌日肌内注射 20μg 氯前列烯醇，直到最大的卵泡直径大于 35mg，停止处理 36h。然后静脉注射 2 500IU hCG 诱导排卵。另外一种方式是在进行胚胎移植时，对供体驴做超数排卵处理，以便一次取得多枚胚胎。一般认为，超排量最好是 3 枚左右，太少会降低胚胎移植效果，同时胚胎的收集也有困难；超排过多会降低卵子的受精率和收集率。超排处理的一般方法：在发情周期的第 16 天注射促卵泡激素或孕马血清促性腺激素；在出现发情的当天注射人绒毛膜促性腺激素。在超排前适当补充复合维生素制剂也有利于提高超排效果。

四、超排后人工授精

驴的输精时间一般在最后注射 hCG 诱导排卵后翌日进行，同时由于驴的排卵及发情表现不如牛明显，所以实际操作过程中，通常每天用 B 超监测 1 次排卵情况，来确认排卵日期。

五、超排胚胎的非手术法采集

驴与牛的超数排卵胚胎的收集相似，都是采用非手术法采集。驴胚胎的采集时间一般在 hCG 注射后第 8 天，或通过 B 超确认排卵后第 6.5 天，通过冲洗子宫角收集胚胎。

1. 冲胚器械　冲胚管（两通式）、子宫颈扩张棒、20～50mL 注射器若干、集胚漏斗、毛剪等。

2. 冲胚试剂　酒精、碘伏、新洁尔灭、生理盐水、2％盐酸普鲁卡因、青霉素、链霉素。

杜氏磷酸缓冲液（PBS），通常加 1％犊牛血清。配制 PBS 所有成分必须是分析纯以上化学试剂，要用三蒸水以上纯度的超纯水配制。同时，也可以购买美国 GIBICO 公司的 PBS 粉剂，直接用超纯水配制，配制过程见产品说明。配制好的 PBS 经过滤除菌，冷藏（4～5℃）保存，pH 为 7.2～7.6，渗透压为 270～290mOsm/L。

3. 非手术法采集胚胎技术　具体操作步骤如下：

（1）将供体保定在保定栏中，应用直肠检查法判定卵巢黄体发育状况。两侧卵巢共有 3 个以上黄体时，表示超排成功，才具有冲胚价值。

（2）用 2％盐酸普鲁卡因在荐椎和第 1 尾椎结合处实行荐脊椎硬膜外麻醉，直到尾部松软为止。一般盐酸普鲁卡因用量为 5mL，必要时可增加剂量。

（3）阴部清洗消毒后，用子宫颈扩张棒扩张子宫颈，把带内芯的冲胚管慢慢插入子宫角。当冲胚管达到子宫角大弯部时，分数次拔出内芯，每次 3～5cm，同时把冲胚管逐步送入子宫角前端。

（4）给冲胚管气囊充气。操作者可根据感觉到的子宫角的大小，确定充气量的增减。

（5）抽出冲胚管的内芯。

（6）用 50mL 注射器每次吸取 PBS 液 20～30mL，钳住冲胚管输出口，将冲胚液输入子宫角；再钳住输入管，使回收的冲胚液流入集卵杯中。反复几次冲洗，每侧子宫角共用 300～400mL 冲胚液。冲胚速度不能太快，每次输入量不超过 40mL；否则，子宫角小弯部韧带侧子宫内膜易破裂，冲胚液流出子宫腔，导致胚胎丢失。

（7）收回集卵杯，室温下静置 20min 左右，在实体显微镜下检测胚胎。

（8）完成两侧冲胚工作后放气，将冲胚管尖端拨到子宫两角分叉处，注入氯前列烯醇 0.4mg，青霉素 240 万 U，链霉素 100 万 U。

六、体内冲胚的质量鉴定

1. 胚胎的检出 在室温不低于 25 ℃的无菌室内，用实体显微镜在集卵杯中仔细查找胚胎，将检出的胚胎收集到盛有保存液的培养皿中。检出后用保存液冲洗 3～4 次后进行质量鉴定。

2. 胚胎质量鉴定 采用形态学方法进行胚胎质量鉴定。在配种后第 7 天采集胚胎时，胚胎正常发育阶段为桑葚期或囊胚期。根据内细胞团的质量和整个胚胎的形态结构，将胚胎分为 A、B、C、D 4 级。A 级：胚胎发育阶段与胚龄相吻合。卵裂球均匀紧凑，轮廓清楚，透明度好。无被挤出的细胞或被挤出的细胞极少。整个胚胎呈圆球形。B 级：胚胎发育阶段与胚龄相符。卵裂球均匀紧凑，轮廓清楚，明显适中。有挤出的细胞，但不超过 1/3，其余部分仍保留类似 A 级的细胞团。C 级：卵裂球轮廓不清楚，细胞分散，色泽过暗或过淡。被挤出的细胞超过 1/3，但仍可找到内细胞团。D 级：胚胎发育阶段与胚龄相符。卵裂球已分散开或细胞已破裂、找不到内细胞团，失去了继续发育的潜力。A、B 级可用于冷冻保存，A、B、C 级胚胎可用于鲜胚移植，D 级为不可用胚胎。

七、胚胎的非手术法移植技术

1. 受体驴发情排卵鉴定 受体母驴在注射氯前列烯醇后 1～2d 开始，跟群观察，严格记录，以母驴接受爬跨为发情标准，并辅以 B 超检测卵巢排卵情况，确定排卵时间，记为第 0 天，6d 后采用非手术法进行子宫角移植，将同步发育时间的体内超排胚胎移入受体母驴子宫角。

2. 胚胎的移植

（1）移植器械、药品。移植枪（国产和法国卡苏公司生产均可）、碘伏棉球、毛剪、2％利多卡因或盐酸普鲁卡因、75 ％酒精棉球、5mL 一次性注射器。

（2）胚胎移植操作步骤。受体在发情排卵后 6～8d 均可进行移植。移植前对受体进行直肠触摸，检查黄体是否合格。合格受体实行 1～2 尾椎间硬膜外麻醉，擦拭外阴部。对照胚龄和受体发情阶段，选择适宜的胚胎，将胚胎（冻胚解冻后）装入 0.25mL 麦管，麦管装入移植枪，将胚胎移植到有黄体一侧子宫角小弯处。

（3）供体驴和受体驴的移植后观察。胚胎移植后要注意观察供体驴和受体驴的健康状况，以及供体驴在预定的时间内是否发情。对于供体驴，在下一次发情时即可配种，如仍要作供体，则一般要经过 2～3 个月才可再次超数排卵。对于受体毛驴，如移植后发情，则表明移植失败，可能胚胎丢失、死亡、吸收或有缺陷，也可能是受体毛驴的子宫环境不适宜；如未发情，也要继续观察 3～5 个发情期，并在适宜时期进行妊娠诊断。

（4）胚胎移植前后所处环境的一致性。即胚胎移植后的生活环境和胚胎的发育阶段相适应，包括生理上的一致性（即供体和受体在发情时间上的一致性）和解剖位上的一致性（即移植后的胚胎与移植前所处的空间环境的相似性），以及种属一致性（即供体与受体应属同一物种，但并不排除种间移植成功的可能性）。

（5）胚胎收集期限。胚胎收集和移植的期限（胚胎的日龄）不能超过周期黄体的寿命，最迟要在周期黄体退化之前数日进行移植。通常是在供体发情配种后 3d 内收集和移植胚胎。

（6）避免不良因素的影响。在全部操作过程中，应保证无菌操作，并避免任何不良因素（物理的、化学的、微生物的）对胚胎的影响。移植的胚胎必须经鉴定并确认是发育正常者。

八、胚胎移植技术优势

ET 技术在大家畜快速扩繁和良种培育中具有突出的技术优势，主要体现在以下几点。

1. 充分发挥优良母畜的繁殖潜力　在胚胎移植中，选用的供体通常为进口纯种母畜和国内优秀个体，让其生产胚胎，把繁重而漫长的妊娠和生育任务交给受体母畜代替。这样就大大缩短了优秀母畜的繁殖周期，短期内产生较多具有高产遗传性能的优秀胚胎。而受体母畜可以利用本地或杂种母畜的廉价资源。通过对供体母畜进行超数排卵处理，可获得比自然情况下多几倍到十几倍的早期胚胎，移植给受体母畜可产生更多的优秀后代。

2. 代替活体种母畜的引进　常规活体母畜引进的缺点是费用高，检疫手续非常繁杂，而且能引进的数量极为有限。相比之下，冷冻胚胎的进口具有明显的优点。成本（胚胎价格、运输及检疫费用等）明显降低；检疫程序相对简单；运输时间明显缩短；由于体积很小，基本上不受数量的限制；因运输活体母畜而传播疾病的机会明显减少；最为重要的是，进口胚胎移植给当地受体母畜后，所产下后代的适应性和抗病能力都会相应提高，这是进口活体无法做到的。

3. 加速育种工作进度　采用胚胎移植不但大幅度增加优良母畜和公畜后代的数量，扩大良种种群，获得更多具有高产性能的半同胞和全同胞，而且可在较短时间内达到后裔测定所要求的后代个体数量，提早完成后裔测定工作，增加选择强度，缩短育种进程。

第九章　驴驹分娩

第一节　妊娠母驴后期饲养管理

母驴妊娠后，要做到全产、全活、全壮，就必须加强妊娠母驴的饲养管理。驴是单胎妊娠，偶尔也有双胎。妊娠期一般为365d，但随母驴年龄、胎儿性别和膘情好坏，妊娠期长短不一，但差异都不超过1个月。一般前后相差10d左右。母驴妊娠6个月以内，胎儿体重不大，增重较慢，其饲料量与空怀母驴基本一致。妊娠期最重要的时期就是妊娠最后90d，这是胚胎增长速度最快的时期。从7个月后，胎儿增重明显加快，其增重的60%～65%是在最后3个月完成的，所以从7个月开始应减少使役，加强营养，增加蛋白质饲料及优质饲草，补充青绿多汁饲料，减少玉米等能量饲料，以保证胎儿发育和母驴增重的需要，并可防止产前不食的发生。产前不食是妊娠毒血症的主要临床表现，妊娠毒血症是母驴妊娠后期的一种代谢紊乱疾病，病因是由于缺乏青绿饲料，饲草质劣，精饲料太少，尤其是蛋白质饲料少，品质差，加上不使役、不运动，导致肝机能失调，形成高血脂及脂肪肝，有毒代谢产物排泄不出，从而造成全身中毒病。由于该病病情十分复杂，致病因素尚未十分明确，因此治疗比较复杂、困难，虽然临床上曾用过不少中西方试剂，但尚无特效的治疗方法，死亡率较高。此病最根本的防治措施是加强妊娠母驴的饲养管理，提高日粮营养水平，尤其是蛋白质、维生素水平，以满足其需要，同时要加强运动，加强护理，提高疗效，粗放管理可使病情恶化。对使役母驴来讲，产前1个月应停止使役，加强刷拭，让其自由活动。母驴在分娩前2～3周粗饲料要减少，精饲料应给予适口性好、易消化的麸皮、燕麦、大麦等。在产前几天，草料总量应减少1/3，多饮温水，每天牵遛。

一般建议，在妊娠期整个日粮蛋白质的水平应为12%。妊娠母驴精饲料提供的蛋白质为16%，那么干草或牧草在妊娠期应提供至少10%（最好是11%～12%）的蛋白质。妊娠最后90d的蛋白质要求：

30%精饲料×16%蛋白质＋70%饲草×10%蛋白质＝11.8%的蛋白质

山东东阿黑毛驴精饲料推荐配方为：麸皮20%、豆饼面20%、玉米渣42%、骨粉2%、食盐1%、高粱15%。混合精饲料中豆饼应占30%～40%，麸类占15%～20%，其他为谷物性饲料。

在饲喂管理程序方面，山东东阿黑毛驴研究院通过定时观察和定量分析，成年妊娠母驴食草约8 kg/（d·头）。但对精饲料和其他添加剂则需要控制喂量，精饲料每天早晚各饲喂1次，草料饲喂量要少喂勤添，时间尽量固定，可采用以草拌料的方式，掌握先干后湿，先粗后精，早晨投喂全天的30%，下午至晚上投喂全天的70%，具体见表9-1和表9-2。

表 9 - 1　妊娠后期母驴饲料（kg）

类型	妊娠后期
干草	11.5
青草	3.5
精饲料	1.2
骨粉	0.03
多汁菜类	1.5
干物质总量	11.2

注：随意采食红黏土混合盐方砖（含盐量 5%）。

表 9 - 2　妊娠母驴饲养管理

饲养管理	夏季	秋、冬季
清扫驴槽	5：00	6：00
第 1 次上草	5：20	6：20
第 2 次上草	6：00	7：00
第 3 次上草、第 1 次上料	6：40	8：00
饮水、放运动场运动、观察状态	7：20	9：00
清扫卫生、出栏、驴体保健	9：00	9：30
回栏、第 4 次上草	11：00	11：30
放运动场运动	14：30	14：30
回栏、第 5 次上草	19：00	17：30
第 6 次上草	20：30	18：30
第 7 次上草、第 2 次上料	21：30	19：30
第 8 次上草	22：30	21：00
休息、观察驴群	23：00	21：30

　　妊娠母驴和哺乳母驴要求高质量的蛋白质，目的是促进胎儿发育和产奶。在妊娠期最后 90d，妊娠母驴应该与空怀母驴等分开饲养。如果所有的妊娠母驴都喂给同一种精饲料，则应制订计划让所有母驴都能公平地吃到饲料。同样，对哺乳母驴也是如此。

　　妊娠母驴对外界条件比较敏感，往往由于不合理的饲养管理，造成其流产或胎儿发育受阻。因此，正确管理妊娠母驴，使饲养、繁殖、使役三者密切配合好，非常必要。整个妊娠期，均要十分重视保胎防流产工作。早期流产多发于农活繁重的季节，后期流产多发生于冬春寒冷时吃霜草、饮冰水和受机械损伤。另外，驴吃发霉草料也易引起流产。所以，任何时期都应防止上述不利因素。产前 1 个月更要加强保护和观察。

第二节　接　　产

　　在自然状态下，分娩是母驴的正常生理过程，母驴往往自己寻找安静的地方，将驴驹产出，并让其吮吸乳汁。因此，原则上对正常分娩的母驴无须接产。助产人员的主要职责是监视母驴的分娩情况，发现问题及时给母驴必要的辅助，并对驴驹及时护理，确保母仔平安。但遇到难产，必须进行助产。母驴一般多在半夜时产驹，大多躺着产驹，但也有站立产驹的，因此要注意保护幼驹，以免摔伤。

一、产前准备工作

1. 产前准备 产房要向阳、宽敞、明亮，房内干燥，既要通风，又能保温和防贼风侵袭。产前应进行消毒，准备好新鲜垫草。

2. 接产器械和消毒药物的准备 事先应备好肥皂（难产时可用于润滑产道）、毛巾、刷子、棉垫、结扎绳、消毒药（新洁尔灭、来苏儿、酒精、碘酊）、产科包（用于助产、难产接产）、剪刀、脸盆、破伤风抗毒素、缩宫素、氯前列烯醇等。同时准备常用的医疗器械和手术助产器械。助产人员 产房内应有固定的助产人员。他们应受过助产专门训练，熟悉母驴分娩的生理规律，能遵守助产的操作规程。助产用器械及手臂应进行消毒。

二、观察妊娠驴产前表现

母驴的身体在产前会发生一些生理性状的改变，为分娩做好准备。在母驴产前几天或十几天，外阴部潮红、肿大、松软，并流出少量稀薄黏液，尾根两侧肌肉出现松弛塌陷现象。母驴产前1个多月时乳房迅速发育膨大，产前3~5 d乳头基部开始膨大，产前约2 d整个乳头变粗大，呈圆锥状。临产前，乳头成为长而粗的圆锥状，充满液体，越临近分娩液体越多，胀得越大。乳汁先是清亮的，后来变为白色。临产前几个小时，母驴有举尾的行为，如果发现举尾，一般临产在5小时内，妊娠母驴表现不安，不愿采食，出现疝痛症状，喘粗气，回头看腹部，时起时卧，出汗和前蹄刨地。此时，应专人守候，随时做好接产准备。另外，有研究表明，母驴乳汁中的电解质浓度变化和 pH 可用于预测临产时间。在产前的几天中，乳汁中钙、镁和钾的浓度增加，而钠和氯的浓度降低，pH 也降低。乳汁中钙的浓度在分娩前10d开始增加，分娩前1d达到（10.3±0.65）mmol/L。

母驴分娩的第1阶段持续20~135min，尽管有来回走动，频繁排便排尿，回头看腹部及翻唇嗅天的性嗅反射行为，但常不被发现。分娩的第2阶段从尿膜绒毛膜破裂开始，至驴驹产出为止，一般持续10~30min。分娩过程要重点关注第2阶段，如果第2阶段开始后20min还看不到胎儿，或母驴努责持续时间长而强烈，这时应该评估母驴是否发生难产，并决定是否需要助产。

三、正常分娩的助产

当妊娠母驴出现分娩表现时，助产人员应消毒手臂做好接产准备。铺平垫草，使妊娠母驴侧卧，将棉垫垫在驴的头部，防止擦伤头部和刺伤眼睛。正常分娩时，胎膜破裂，胎水流出，如羊膜未破，应立即撕破羊膜。正生时，驴驹的两前肢伸出阴门之外，且蹄底向下；倒生时，两后肢蹄底则向上。产道检查时可摸到驴驹的臀部。助产时可随母驴的努责用手向外牵拉胎儿，助产者要特别注意对初产驴及老龄驴的助产。助产时一定要检查胎儿的方向、位置和姿势是否正常。如果进入骨盆腔的胎儿姿势正常，可等待胎儿自然产出；否则，应及早矫正，胎儿较易成功产出。

第三节　难产的预防

难产的处理详见第十章。

难产极易引起幼驹死亡，且可因手术助产不当，使子宫或软产道受到损伤或感染，影响母驴以后的受孕。预防难产的管理措施有：

1. 勿过早配种　若进入初情期或体成熟之后便开始配种，由于母驴尚未发育成熟，所以分娩时容易发生骨盆狭窄等引起的难产。因此，应防止未达体成熟的母驴过早配种。

2. 供给妊娠母驴全价饲料　母驴妊娠期所摄取的营养物质，除维持自身代谢需要外，还要供应胎儿的发育。故应供给妊娠母驴全价饲料，以保证胎儿发育和母体健康，减少分娩时难产现象的发生。

3. 适当使役　适当的运动不但可提高母驴对营养物质的利用，而且也可使全身及子宫肌肉的紧张性提高，分娩时有利于胎儿的转位以减少难产的发生，还可防止胎衣不下及子宫复原不全等疾病。

4. 早期诊断是否难产　尿囊膜破裂、尿水排出之后这一时期正是胎儿的前置部分进入骨盆腔的时间。此时触摸胎儿，如果前置部分正常，可自然出生；如果发现胎儿姿势不正常，应立即进行矫正。此时，由于胎儿的躯体尚未楔入骨盆腔，难产的程度不大，胎水尚未流尽，矫正比较容易，可避免难产发生。

第四节　新生驴驹的生理特点及产后管理

一、新生驴驹的生理特点

掌握新生驴驹的生理特点是解决哺乳期驴驹出现问题、提高驴驹成活率的基础。新生驴驹的生理特点主要有以下几个方面。

1. 生活环境发生巨大变化　新生驴驹的生活环境由相当稳定的母体内环境改变为不稳定的外界环境。

2. 体温调节中枢发育不健全，且皮薄、皮下脂肪少　皮肤调温机能差，而且外界环境温度比母体低，所以为使新生驴驹逐渐适应外界环境，必须做好饲养管理工作。

3. 营养物质的供给方式发生了变化　在驴的生长发育过程中，从外界获取营养物质，满足其生长发育的方式发生了3次变化，一是在胚胎期的胚期，受精卵移行到子宫角，形成滋养层，由原来靠受精卵本身储备的营养提供能量发育，转变为通过滋养层直接与子宫腺体分泌物（子宫乳）接触，以渗透方法获得营养。二是在胚胎期的胎前期，形成胎盘后，绒毛膜牢固地与母体子宫壁联系起来，转变为通过胎盘直接从母体获取生长所需的营养物质。由此可见，胎儿的生长发育很大程度上是由母体的营养水平决定的。三是驴驹出生后，通过消化道吸收母乳、饲料中的营养物质，同时驴驹的呼吸、代谢过程中排泄废物方式等也发生了很大变化。

4. 生长发育快　驴驹出生时体高、体长、胸围和管围分别占成年驴的62.9%、45.28%、45.69%和60.3%，哺乳期结束时分别提高18.99%、27.43%、23.15%和

20.94%，达成年体高、体长、胸围和管围的 81.89%、72.71%、68.84%和 81.24%。

二、产后管理

驴驹出生以后由母体进入外界环境，生活条件骤然发生完全不同的改变，由通过胎盘进行气体交换转变为自由呼吸，由原来通过胎盘获得营养和排泄废物变为自行摄食、消化及排泄。此外，胎儿在母体子宫内时，环境温度相当稳定，不受外界有害条件的影响，而新生驴驹各部分生理机能还不很完全，抗病力和适应能力都很差，根据新生驴驹的生理特点，为了促使其尽快适应新环境，减少新生驴驹的疾病和死亡，必须做好产后管理。

1. 防止窒息 当驴驹产出后，应立即擦掉其嘴唇和鼻孔上的黏液及污物。如黏液较多，可将驴驹两后腿提起，使头向下，轻拍胸壁，然后用纱布擦净口鼻中的黏液。也可用胶管插入鼻孔或气管，用注射器吸取黏液以防窒息。

驴驹出生后，呼吸发生障碍或无呼吸仅有心脏跳动，称为假死或窒息，如不及时采取措施进行急救，往往会引起驴驹死亡。引起假死的原因很多，分娩时排出胎儿过程延长，很大一部分胎儿胎盘过早脱离了母体胎盘，胎儿得不到足够的氧气；胎儿体内二氧化碳积累，而过早地发生呼吸反射，吸入了羊水；胎儿倒生时产出缓慢使脐带受到挤压，使胎盘循环受到阻滞；胎儿出生时胎膜未及时破裂等。

假死驴驹急救时，先将驴驹后躯抬高，用纱布或毛巾擦净口鼻及呼吸道中的黏液和羊水，然后将连有皮球的胶管插入鼻孔及气管中，吸尽黏液。也可将驴驹头部以下浸泡在45℃的温水中，用手掌有节奏地轻压左侧胸腹部以刺激心脏跳动和呼吸反射；也可将驴驹后腿提起抖动，并有节奏地轻压胸腹部，促使呼吸道内黏液排出；也可向驴驹鼻腔吹气，或用草棍间断刺激鼻孔，均有利于诱发呼吸，使假死幼驹复苏。如果上述方法无效果，则可施行人工呼吸，将假死驴驹仰卧，头部放低，由一人抓住驴驹前肢交替扩张，另一人将驴驹舌拉出口外，将手掌置于最后肋骨部两侧，交替轻压，使胸腔收缩和开张。在采用急救手术的同时，可配合使用刺激呼吸中枢的药物，如皮下注射或肌内注射 1% 山梗菜碱 0.5~1mL 或25% 尼可刹米 1.5mL，或将 0.1% 肾上腺素 1mL 直接向心脏内注射，其他强心剂也可酌情使用。

2. 断脐 新生驴驹的断脐主要有徒手断脐和结扎断脐两种方法。因徒手断脐干涸快，不易感染，现多采用。其方法是：在靠近胎儿腹部 3~4 指处，用手握住脐带，另一只手捏住脐带向胎儿方向捋几下，使脐带里的血液流入新生驴驹体内。待脐动脉搏动停止后，在距离腹壁 3 指处，用手指掐断脐带。再用 5% 碘酒对残留于腹壁的脐带余端进行充分消毒。过 7~8h，再用 5% 碘酒消毒 1~2 次即可。只有当脐带流血难止时，才用消毒绳结扎。其方法是：在距驴驹腹壁 3~5cm 处，用消毒棉线结扎脐带后，再剪断消毒。该方法由于脐带断端被结扎，干涸慢，若消毒不严格，容易感染发炎，故应尽可能采用徒手断脐法。

一般新生驴驹断脐后经 2~6d，脐带即可干缩脱落。但若在断脐后消毒不当，脐带受到感染或被尿液浸润，或驴驹相互吮吸脐带均易引起感染，容易发生脐血管及其周围组织的炎症，可在脐孔周围皮下分点注射青霉素普鲁卡因溶液，并局部涂以松馏油与 5% 碘酊等量合剂。若发生脓肿则应切开脓肿部，进行消毒抗炎处理，并用绷带保护。对坏疽性脐炎，兽医应及时切除坏死组织，做好进一步治疗。

3. 保温　新生驴驹的体温中枢尚未发育完全，皮肤的调温机能也很差，而驴驹所处的环境温度要比母体子宫低得多，驴驹对环境温度的适应主要依靠体内糖原储备和棕色脂肪组织。出生后 1～2h，驴驹体温降低 0.5～1℃，这是正常的生理现象。驴驹出生后极易受凉，甚至发生冻伤，因此冬季和早春产驹时应特别注意新生驴驹的保温工作。母驴产后多不像马、牛那样舔驴驹体上黏液，可用软布或毛巾擦干驴驹体上的黏液，以防受凉。新生驴驹不仅对低温很敏感，而且对高温也非常敏感，因而在炎热季节产驹要注意防暑。

4. 注意观察驴驹的行为　驴驹刚出生，行动不灵便，容易发生意外，所以要细心照料。注意观察驴驹的胎粪是否排出，若出生后 1d 还没有排出，可以给驴驹灌服油脂，或请兽医处理。要经常看驴驹尾根或后肢是否有粪便污染，看脐带是否发炎，驴驹精神状况，母驴的乳房肿胀情况等，做到及时发现问题，及时解决。

5. 哺乳　新生驴驹由于胃肠系统的分泌机能和消化机能不够健全，而其新陈代谢又很旺盛，所以在新生驴驹站起后有吮乳的本能要求时，要协助其找到乳头，吮食初乳。母驴产后头几天排出的乳汁称为初乳，初乳是新生驴驹获得抗体的唯一途径。初乳中含有大量抗体，可以增强驴驹机体的抵抗力；初乳中镁盐含量较多，可以软化和促进胎便排出；初乳的营养价值比常乳完善，不但含有大量对驴驹生长及防止腹泻不可缺少的维生素 A，而且还含有大量蛋白质，特别是清蛋白和球蛋白要比常乳高出 20～30 倍，这些物质无须经过肠道分解，就可被直接吸收。鉴于上述情况，新生驴驹站立后，吮食初乳的时间越早越好。驴驹正常出生后 0.5h 即可站立自行找母驴吃奶。驴驹出生后 1～1.5h，就要让其第 1 次吮食初乳。驴驹如呆立不动或驴驹体弱找不到乳头时，饲养管理人员应适当协助尽早引导驴驹吃上初乳。驴驹如产后 2h 还不能站立，饲养管理人员就应擦净母驴乳头人工挤出初乳喂养驴驹，喂养频率为每 2～3h 1 次，每次 300～400mL。如遇到母驴产后死亡、奶量不足或无乳，需找产期相近正处于哺乳期的母驴代哺，若母驴拒哺，可将母驴乳汁或尿液涂抹在驴驹体表或对驴驹进行人工哺喂。如无驴代哺，可用牛乳、羊乳代乳，因牛乳、羊乳的脂肪含量高于驴乳，补饲时应脱去脂肪，用温水稀释（1∶1）并加入适量的葡萄糖或白糖、鱼肝油、少许食盐，代乳品每 1.5～2h 喂 1 次，每次 200～300mL。不管是人工挤出的初乳，还是代乳品，乳温都应保持在 36～38℃ 的恒定温度，一般不能低于 35℃，以防因温度低引起腹泻。

哺乳过程中特别需要注意的是驴骡的哺乳，驴骡是公马与母驴的杂交后代，马与驴交配妊娠后，母驴体内产生一种能破坏驴骡红细胞的免疫性抗体，即抗马抗体。这种抗体在妊娠末期出现于血液中，并于产前进入初乳内，驴骡出生后吃了含高效价抗体的初乳会使红细胞溶解、破坏，使驴骡患溶血症。一般情况下，新生驴骡溶血症发病率达 30% 以上，发病迅速，如发现不及时死亡率可达 100%。在未事先检查初乳抗体效价的情况下，为慎重起见，应将骡驹暂时隔开或戴上笼头，找其他母驴代养或人工哺喂。同时，每隔 1～2h，将母驴初乳挤去，一般经 3～7d 后，这种抗体消失，再让驴骡吃自己母亲的乳就不会发病了。

6. 注射破伤风疫苗和检查胎衣　产后母驴和驴驹应在 12h 内注射破伤风抗毒素。胎衣一般产后 30～60min 内自动脱落，如果超过 5h 胎衣未脱落，或者脱落不完整，要及时通知兽医进行处理。

第五节　哺乳驴驹的饲养

新生驴驹对外界环境的适应能力差，需要进行良好的饲养和精心照料。

研究表明，营养缺乏时，特别是驴驹出生1个月左右，驴乳消化能往往是不足的。可消化蛋白在整个哺乳期也不足，在哺乳后期尤为突出，乳中钙和磷的缺乏，主要是磷缺乏较多。驴乳中也会缺铁和铜，如果只靠母乳，驴驹可能会患贫血。驴乳中的其他营养成分，如脂肪、钠、钾在哺乳期一直下降，因此需要给驴驹制订一个很好的补饲计划（表9-3）。

驴驹生后10~15d即能随母驴吃一些饲料，在前期（1~3月龄），驴驹消化机能弱，适应性差，应以母乳为主、补饲为辅。到后期（4~6月龄），母驴泌乳量降低，要对驴驹加强补饲。

驴驹补饲以单槽为好，不让母驴与其争食，应多给品质好、易消化的饲料。前期，可以将燕麦、麸皮、小米等调成糊状任其舔食；后期，可以相应增加玉米、高粱、豆饼等的喂量。有条件放牧的，可以随母驴在草地放牧。

表9-3　哺乳驴驹的完全补料

（引自侯文通，驴学）

饲料	完全补料含量/%
燕麦（压扁）	15
燕麦片（去壳的）	20
玉米、大麦、高粱或混合物（压扁）	35.4
大豆粕	15
脱脂乳粉	5
糖蜜	5
磷酸氢钙	2
石灰石粉	0.8
盐、微量矿物质	1.0
维生素添加剂	0.8

第六节　母驴产后护理

分娩时和产后期，母驴的整个机体，特别是生殖器官发生着迅速而剧烈的变化，机体抵抗力降低。产出驴驹时，母驴子宫颈开张，产道黏膜表层可能有损伤，产后子宫内又积存大量恶露，这些都为病原微生物的侵入和繁殖创造了条件。因此，对产后母驴应进行妥善护理，以促进其机体尽快恢复健康。产驹后，用无味消毒水，如0.5%高锰酸钾彻底洗净并擦干母驴乳房，让驴驹吃乳。用2%来苏儿水溶液消毒，洗净并擦干母驴外阴、尾根、后腿等被污染的部位。产房换上干燥、清洁的垫草。母驴产后身体虚弱，因体内水分大量流失而口渴，此时应喂给用温水加少量盐调成的麸皮粥或小米汤，以补充水分，恢复体力，促进泌乳。产后1周内因消化能力未恢复，最初几天不能给予大量精饲料，否则会引起腹泻。其基本饲料以优质干草为主，多喂些麸皮，豆类应粉碎或浸泡后喂给，待1周后母驴体力逐渐恢复时，再逐渐增加到正常水平。

管理上应保持产房安静，圈舍应干燥温暖，阳光充足。产后3～5d，天气良好时，应将母驴及驴驹放到外面避风处自由活动。开始每天几个小时，逐渐增加舍外活动时间，产后1个月内停止使役。

第七节 哺乳母驴的饲养管理

一、哺乳期头3个月

与妊娠后90d相比，哺乳期头3个月母驴的采食量增加，可消化能量需要也增加。

在哺乳期头3个月，母驴精饲料进食应占每日总进食量的45％～55％。精饲料的进食量是变化的，主要取决于干草或牧草的质量，母驴产奶量、母驴体况或其他因素。在哺乳期头3个月，母驴的总日粮应该含有至少12.5％的蛋白质。许多人喜欢用14％的蛋白质。高的蛋白质水平对于高产奶量的母驴比较安全。配方中精饲料的蛋白质含量在16％以上，如果精饲料占总日粮的一半，那么干草或牧草必须含有10％以上的蛋白质，才能保证总日粮中含有13％的蛋白质。由于干草或牧草在蛋白质水平和消化率上的变化相当大，所以一定要强调日粮中干草质量的重要性。如果担心日粮中的矿物质不足，矿物质可自由采食。此时的蛋白质要求：

50％精饲料×16％蛋白质＋50％饲草×10％蛋白质＝13％蛋白质

二、哺乳期后3个月

哺乳期的第3个月到断奶期母驴的饲养。在这个时期，产奶量减少到哺乳期头3个月产奶量的2/3。因此，母驴的采食量也有一定的降低。在这一时期，驴驹开始吃较多的驴驹补料和干草或牧草。因此，驴驹对母乳的依赖性降低。母驴所吃的精饲料量也降低到总进食日粮的30％～40％。这个水平的精饲料进食只作为一个指导，其可能有变动，主要取决于母驴的体况、饲草质量和产奶量等。

虽然其他饲料或日粮可以用，但是一般哺乳母驴的精饲料配方也可以在哺乳期后3个月使用。在这一时期，母驴总日粮中蛋白质的进食应不低于11％，然而更多的人习惯用12.0％～12.5％蛋白质。这对于一个产奶量高的母驴来说比较安全。它可以补偿由于饲草质量较低所带来的蛋白质水平的降低。此时的蛋白质要求：

35％精饲料×16％蛋白质＋65％饲草×10％蛋白质＝12.1％蛋白质

如果按哺乳母驴日粮配方，精饲料占日采食量的1/3（如35％），那么干草或牧草所含的蛋白质应在10％以上，只有这样才能提供总日粮中12％的蛋白质。干草或牧草在蛋白质和消化率上变化很大，因此确定干草或牧草含有足够量的高质量蛋白质非常重要。如果担心精饲料中的矿物质不足，可提供盐砖等矿物质，任其自由采食。

在管理上，要注意让母驴尽快恢复体力。产后 10d 左右，应注意观察母驴的发情情况，以便及时配种。母驴使役开始后，应先干些轻活、零活，以后逐渐恢复到正常劳役量。在使役中要勤休息，一方面可防止母驴过度劳累；另一方面还照顾驴驹吃乳。一般约 2h 休息 1 次，否则不仅会影响驴驹发育，而且会降低母驴的泌乳能力。新生至 2 月龄的驴驹，每隔 30～60min 吃乳 1 次，每次 1～2min，以后可适当减少吃乳次数。

第八节　驴的泌乳及驴乳营养成分

一、驴的泌乳

1. 驴的乳房形状　母驴的乳房不大，由独特的左右两部分组成。在所有的乳房形态中，碗状乳房较多，是理想的乳房形状。根据中线、侧线和宽度的比例，它同椭圆形、悬垂乳房——山羊乳房等不良形状乳房有区别。一般碗状乳房间距更宽，且乳头更粗大，用机器挤奶比较方便。碗状乳房挤奶后明显萎缩，这样的母驴通常具有较高的产乳量。良好母驴的乳房，腺体发达，内部无硬结，皮薄毛细，弹性良好；乳静脉弯曲明显，左右两个乳房对称，各有一个乳头，每一乳房的前区和后区发育一致，有一定的容积。乳头为截面圆形的上大下小的倒圆锥状，大小适中并有一定的间距。目前，对母驴乳房的研究还不够深入。

2. 母驴乳房结构和泌乳　母驴左右两半乳房中间有结缔组织的间壁，不仅将乳房分割，而且同时成为悬韧带，起着支持和联系的作用。在乳房间壁，除结缔组织外，还有神经和血管相连，但两边乳房的乳通路和腺体组织都互不相通，各自都有两个乳区、独立的腺体、乳导管系统、乳池和乳头孔。因此，母驴的乳头上有两个由乳房前区和乳房后区分别相连的乳头孔。大多数前区比后区发育得好。偶尔还有 3 个乳区，1 个乳头有 3 个乳头孔，而这样的乳房都发育较差，挤奶困难。

乳房的腺泡是生成乳汁的主要部位，腺泡周围有极薄的结缔组织，内含丰富的毛细血管、神经、巨噬细胞、淋巴细胞和浆细胞等。母驴到了妊娠后期，腺泡逐渐长大，腺泡内出现了空间，日益膨大，并且开始积聚分泌物，乳房的体积显著增大。乳腺的分泌机能必须到分娩以后才能充分表现。一旦开始泌乳，活动的乳腺就一直维持着泌乳的机能，这时充分发育的乳腺就由相对静止状态转入具有分泌活动和维持分泌活动的状态。这两种状态都受神经内分泌的调节。泌乳的发动在于垂体前叶激素和孕酮的共同作用，泌乳的维持则与垂体前叶的促生乳素、生长素、促肾上腺皮质激素和促甲状腺素等激素有重要关系。

母驴乳房的乳池容积很小，乳通路的总容积是乳池容积的 9～10 倍。母驴乳房容积不大，生成的乳很快充满大的乳通路，然后是小的乳导管和腺泡。在这里形成额外的压力，从而阻碍了乳汁继续生成。这一乳房构造的特点，要求对母驴要经常挤奶或被驴驹吮吸。乳房腺泡中的乳占总乳量的 70%～85%，乳通路中的乳占总乳量的 15%～30%。母驴泌乳分两个阶段，由泌乳停止来区分。开始挤奶（或驴驹吮吸），母驴首先将乳池里的一部分乳放完，泌乳停止，乳头变空。为了激活乳通路周围的平滑肌，乳汁停止分泌若干秒。当乳通路周围平滑肌开始收缩，乳汁几乎同时进入所有的乳导管，立即充满乳房，乳汁分泌强烈，这时一定要快速挤奶，一次挤完，不得超过 1.5min，若延缓挤奶，就会阻滞乳池放乳，平滑肌也停止收缩，大部分会剩在乳房里。这种现象与乳房的结构密切相关。

3. 乳房的容积　在相同条件下，母驴的泌乳力取决于乳房的容积和最适宜的挤奶次数。母驴与其他大家畜相比，乳房容积相对不大，但是母驴乳房容积随年龄不同也有所变化。头胎母驴第1次泌乳时乳房的容积较小。以后随年龄增长，乳房容积也在不断增大，6～10岁壮年的母驴达到最大容积，成年母驴的乳房一般到15～16岁老年时容积逐渐减少。乳房容积和泌乳力之间存在着相关性，母驴乳房容积可用泌乳乳房重量与干奶乳房重量进行对比，这些基础研究仍然比较缺少。

二、驴乳营养成分

与其他家畜乳相比，驴乳中的蛋白质、乳糖和灰分含量虽然都接近人乳，但脂肪含量显著低于人乳，加之驴乳产量低，水分含量较高，全乳固体含量少，这都严重影响驴乳用方向的确立，于是驴乳的质量，即营养价值和价格的高低就成为决定驴能否由役用向乳用方向转变的关键因素。

1. 驴乳的化学成分　驴乳色白，无不良气味，是一种复杂的生物液体，由水和可溶于水的物质，如蛋白质、脂肪、糖类、矿物质、酶、维生素、激素、免疫体、色素、气体等组成。

驴乳的化学成分和理化指标受品种、年龄、胎次、泌乳力、泌乳月份、气候、饲草饲料、饮水、挤奶方法和次数、管理等多种因素影响。同时，采样、样品保存、检测方法、仪器设备以及试剂等是否规范也会直接影响测定结果。

目前，世界上可为人们提供食用乳的家畜种类很多。这些乳一般可分两大类，即单胃动物乳（也称白蛋白乳）和多胃动物乳（也称酪蛋白乳）。驴乳和马乳都是单胃动物的乳，与牛乳、羊乳、骆驼乳相比，驴乳pH、蛋白质、乳糖和灰分含量与人乳更为接近，但脂肪含量低于人乳。驴乳中溶菌酶含量高，驴乳的微生物总数远低于牛乳和羊乳。有关驴乳营养成分现提供两个表供参考（表9-4、表9-5）。

研究表明，驴乳理化特性和成分并非一成不变的。驴的初乳与常乳相比，初乳的相对密度、折光度、电导率、酸度均高于常乳，而pH低于常乳，但都随泌乳期的延长接近常乳。驴分娩后第1次（6h）所挤初乳中pH仍明显低于常乳，但pH随泌乳期的延长呈上升趋势，至168h（7d）时基本接近常乳。在化学组成方面驴初乳中蛋白质、灰分、脂肪含量均随泌乳期延长呈下降趋势。驴分娩后第1次（6h）所挤初乳中各指标（乳糖除外）含量最高，其中蛋白质含量为5.07%，灰分含量为0.95%，脂肪含量为3.85%，之后含量都下降。分娩后第1次（6h）所挤初乳中乳糖含量最低为2.39%，之后随泌乳期延长乳糖含量呈上升趋势。初乳中的免疫球蛋白含量随着泌乳时间延长呈下降趋势。

表9-4　人乳与各种家畜常乳的化学成分

（引自侯文通，产品养马学）

乳类	总蛋白/%	占总蛋白/%		乳糖/%	脂肪/%	灰分/%	干物质/%
		酪蛋白	白蛋白和球蛋白				
驴乳	1.9	35.7	64.3	6.2	1.4	0.4	9.9
马乳	2.0	50.7	49.3	6.7	2.0	0.3	11.0
骆驼乳	3.7	89.5	10.2	4.1	4.2	0.9	12.9

（续）

乳类	总蛋白/%	占总蛋白/%		乳糖/%	脂肪/%	灰分/%	干物质/%
		酪蛋白	白蛋白和球蛋白				
牛乳	3.3	85.0	15.0	4.7	3.7	0.7	12.5
山羊乳	3.4	75.4	24.6	4.6	4.1	0.9	13.1
绵羊乳	5.8	77.1	22.9	4.6	6.7	0.8	17.1
水牛乳	4.7	89.7	10.3	4.5	7.8	0.8	17.8
骆驼乳	3.5	89.8	10.2	4.9	4.5	0.7	13.6
人乳	2.0	40.0	60.0	6.4	3.7	0.3	12.4

对 180d 泌乳期常乳的研究表明，泌乳 30d 以后驴乳的相对密度和 pH 没有明显变化。总的乳中平均含水量 90.49%，总干物质为 9.51%，乳蛋白率为 1.54%，乳脂率 1.16%，乳糖 6.36%，灰分 0.39%。但是如果仔细分析，驴乳成分随泌乳天数增加还是有一些变化。研究发现，在 180d 泌乳期内，驴乳的蛋白质和灰分含量从 15～20d 开始随泌乳力增加，呈逐渐下降趋势，150d 以后则有所上升；乳糖含量在前 120d 逐渐升高，而后有所下降；脂肪呈现出较大的波动状态。

驴乳成分的昼夜变化也存在一定节律。体细胞数和 pH 昼夜变化无节律性，而脂肪、乳糖和蛋白质含量昼夜变化节律性很强，脂肪和乳糖含量在夜晚达到高峰，而蛋白质含量在白天达到高峰。

上述报道的这些趋势和节律是否有统计学意义，尚需进一步研究。

表 9-5　不同泌乳月份的驴乳混合样营养成分

序号	测定头数	泌乳天数/d	水分/%	全乳固体/%	蛋白质/%	脂肪/%	乳糖/%	灰分/%
1	12	不分	90.62	9.38	1.35±0.11	1.16±0.49	6.52±0.08	0.35±0.03
2	50	不分	90.5	9.50±1.38	1.52±0.30	1.18±0.62	6.39±0.40	0.38±0.07
3	10	15	90.74	9.26±0.81	1.85±0.20	0.50±0.15	6.01±0.18	0.51±0.05
4	10	30	91.06	8.94±0.70	1.72±0.15	0.80±0.22	6.07±0.10	0.44±0.03
5	10	60	90.38	9.62±0.65	1.52±0.08	1.32±0.25	6.37±0.22	0.38±0.03
6	10	105	90.46	9.54±0.46	1.49±0.14	1.40±0.35	6.46±0.14	0.37±0.03
7	10	120	90.31	9.69±0.69	1.37±0.15	0.95±0.28	6.60±0.16	0.35±0.04
8	10	150	90.27	9.73±0.54	1.49±0.13	1.43±0.27	6.45±0.24	0.36±0.03
9	10	180	90.07	9.93±0.39	1.53±0.11	1.70±0.32	6.38±0.12	0.37±0.03
平均			90.49	9.51	1.54	1.16	6.36	0.39
幅度	—	—	90.07～91.06	8.94～9.93	1.35～1.85	0.50～1.70	6.01～6.60	0.3～0.5

注：水分为计算值。

2. 驴乳中的蛋白质

（1）蛋白质组成及含量。驴乳蛋白质由乳清蛋白（WP）和酪蛋白（CN）两大类蛋白质组成。乳清蛋白包括α-乳白蛋白（α-LA）、β-乳球蛋白（β-LG）、血清白蛋白（SA）、免疫球蛋白（Ig）、乳铁蛋白（LF）、溶菌酶（LYS）等。酪蛋白包括αs1酪蛋白（αs1-CN）、β-酪蛋白（β-CN）、κ-酪蛋白等。

在150d泌乳期内，每100g驴乳中平均含乳清蛋白（WP）0.86g，酪蛋白（CN）0.61g，乳清蛋白∶酪蛋白为58.54∶41.45。在泌乳初期（15～30d）乳清蛋白（WP）所占比率稍高于中、后期（表9-6）。

表9-6　150d泌乳期内每100g驴乳中乳清蛋白（WP）和酪蛋白（CN）的含量

泌乳天数/d	乳清蛋白（WP）/g	酪蛋白（CN）/g	WP/CN/g
15	1.03	0.71	59.2/40.8
30	0.98	0.65	60.1/39.9
60	0.83	0.61	57.6/42.4
105	0.82	0.59	58.2/41.8
120	0.73	0.54	57.5/42.5
150	0.81	0.58	58.3/41.7
平均	0.86	0.61	58.5/41.5

注：150d泌乳期内6组（按泌乳天数分组）测定平均值。

据测定，喀什关中驴杂交种在整个泌乳期中，酪蛋白百分比没有显著变化，免疫球蛋白随泌乳期延长逐渐增加，乳球蛋白、乳白蛋白和溶菌酶在90d或120d左右达到最小值，随后又有所上升。各种蛋白质组成及质量分数见表9-7。

国外研究者采用蛋白质等电点方法，从意大利驴乳中鉴定出αs1酪蛋白、β-酪蛋白、溶菌酶、α-乳白蛋白、β-乳球蛋白5种蛋白质。β-乳球蛋白和α-乳白蛋白的平均含量分别是3.75mg/mL和1.8mg/mL，溶菌酶含量为1.0mg/mL。

我国研究人员对驴乳的分析表明，驴乳中含有酪蛋白和乳清蛋白，其含量分别为6.9g/kg和9.1g/kg。乳清蛋白主要含有α-乳白蛋白、β-乳球蛋白、免疫球蛋白、血清白蛋白、乳铁蛋白和溶菌酶，其含量分别为2.0g/kg、3.7g/kg、0.1g/kg、0.5g/kg、0.4g/kg和2.5g/kg，溶菌酶含量远高于意大利驴乳。

表9-7　驴乳蛋白质组成及质量分数

种类	占驴乳质量分数/（g/kg）	占蛋白质百分比/%	占WP百分比/%
酪蛋白（CN）	6.11	38.90	—
乳清蛋白（WP）	8.63	54.94	—
其中：			
α-乳白蛋白（α-LA）	2.00	12.74	23.19

（续）

种类	占驴乳质量分数/（g/kg）	占蛋白质百分比/%	占WP百分比/%
β-乳球蛋白（β-LG）	3.46	22.06	40.15
血清白蛋白（SA）	0.43	2.74	4.99
免疫球蛋白（Ig）	0.16	1.01	1.84
乳铁蛋白（LF）	0.33	2.09	3.80
溶菌酶（LYS）	2.25	14.31	26.05

（2）非蛋白氮含量。驴乳中非蛋白氮（NPN）质量分数较高。据报道，按泌乳天数将母驴分为7组，在180d泌乳期内，不同阶段（泌乳天数）驴乳中非蛋白氮含量占总氮的11%，变异幅度为10%～12%。在整个泌乳期内，非蛋白氮占总氮的比率保持基本稳定。

（3）驴乳氨基酸组成。近年来，国内外对驴乳氨基酸研究报道较多，驴乳中氨基酸（AA）种类齐全，含量较高者为谷氨酸（Glu）、天门冬氨酸（Asp）、亮氨酸（Leu）和脯氨酸（Pro），含量较低者为色氨酸（Trp）、半胱氨酸（Cys）和甘氨酸（Gly）。据研究，在整个泌乳期中，除天门冬氨酸（Asp）和苏氨酸（Thr）含量变化显著外，其他氨基酸均无显著变化，说明驴乳的氨基酸组成受泌乳阶段的影响不大。

表9-8综合了3组报道对驴乳蛋白质氨基酸的测定结果报告。报道1，测定了180d泌乳期内7组（按泌乳日分组）驴乳中氨基酸质量分数（即某氨基酸质量占乳中全部氨基酸质量之比），其中8种必需氨基酸（EAA）（未测色氨酸）占总氨基酸（TAA）的40.26%。报道2，测定了驴乳中9种人体必需氨基酸，占总氨基酸的42.52%。报道3，测定了驴乳中8种必需氨基酸（未测色氨酸），占总氨基酸的44.02%。而综合以上3份研究资料，驴乳中必需酸氨基酸（EAA）占总氨基酸（TAA）的比率平均为42%。

3. 驴乳脂肪

（1）驴乳脂肪的组成。驴乳中的脂肪含量远低于牛乳，为1.1%～1.5%，生产中驴乳中的脂肪测定往往不到1.0%，这与没有挤净最后一部分乳有关，最后一部分乳脂肪含量高。

驴乳脂肪球小，平均直径是$1.92\mu m$，含量2.18×10^9个/mL。驴乳胆固醇含量低，为2.2mg/100g，仅为牛乳的15%。

三酰甘油（TAG）又称甘油三酯（TG），是乳脂的主要成分，驴乳三酰甘油组成与人乳有一定程度的相似性。驴乳三酰甘油的特殊性在于其癸酸（CA）含量非常高，在已鉴定的50多个三酰甘油中，16个中含有癸酸。

（2）驴乳脂肪酸的构成。驴乳中富含各种短链、中链和长链脂肪酸，也含有大量不饱和脂肪酸。驴乳脂肪酸组成和含量见表9-9。

据对喀什关中驴杂交种驴乳脂肪酸测定，饱和脂肪酸（SFA）占总脂肪酸（TFA）的37.02%，不饱和脂肪酸（USFA）占总脂肪酸（TFA）的62.90%。在不饱和脂肪酸中，单不饱和脂肪酸（MUFA）占38.95%，多不饱和脂肪酸（PUFA）占23.95%；亚油酸占

表9-8 3组驴乳必需氨基酸（EAA）和非必需氨基酸（NEAA）在总氨基酸（AA）中的含量（%）

氨基酸（AA）	1	2	3	平均	氨基酸（AA）	1	2	3	平均
组氨酸（His）	2.44	1.98	3.07	2.50	天门冬氨酸（Asp）	9.15	8.84	8.76	8.92
异亮氨酸（Ile）	5.49	5.62	4.02	5.04	丝氨酸（Se）	6.10	5.92	5.26	5.76
亮氨酸（Leu）	8.54	9.91	8.76	9.07	谷氨酸（Glu）	22.50	20.42	17.52	20.15
赖氨酸（Lys）	7.32	6.10	8.03	7.15	甘氨酸（Gly）	1.22	1.68	1.61	1.50
蛋氨酸（Met）	1.83	2.27	3.72	2.61	精氨酸（Arg）	4.27	4.21	5.48	4.65
苯丙氨酸（Phe）	4.27	4.81	7.15	5.41	丙氨酸（Ala）	3.66	3.11	2.70	3.16
苏氨酸（Thr）	3.66	3.83	4.23	3.91	脯氨酸（Pro）	8.54	9.26	8.03	8.61
色氨酸（Trp）	—	1.13	—	1.13	半胱氨酸（Cys）	0.61	0.78	2.63	1.34
缬氨酸（Val）	6.71	6.87	5.04	6.21	酪氨酸（Tyr）	3.66	3.29	3.94	3.63
必需氨基酸（EAA）合计	40.26	42.52	44.02	43.03	非必需氨基酸（NEAA）合计	59.71	57.51	55.93	57.72

表 9-9 驴乳脂肪酸的组成及其含量

名称	含量平均值±标准差 ($X \pm S$)	名称	含量平均值±标准差 ($X \pm S$)
饱和脂肪酸（SFA）		不饱和脂肪酸（UFA）	
$C_{4:0}$	0.60 ± 0.29	$C_{10:1}$	2.20 ± 0.16
$C_{6:0}$	1.22 ± 0.29	$C_{12:1}$	0.25 ± 0.10
$C_{7:0}$	微量	$C_{14:1}$	0.22 ± 0.05
$C_{8:0}$	12.80 ± 0.59	$C_{16:1n-7}$	2.37 ± 0.57
$C_{10:0}$	18.65 ± 0.91	$C_{17:1}$	0.27 ± 0.05
$C_{12:0i}$	10.67 ± 0.49	$C_{18:1n-9}$	9.65 ± 0.70
$C_{13:0r}$	0.22 ± 0.05	$C_{20:1n-11}$	0.35 ± 0.10
$C_{13:0}$	3.92 ± 0.90	n-3 PUFA	
$C_{14:0r}$	0.12 ± 0.05	$C_{18:3}$	6.32 ± 1.02
$C_{14:0}$	5.77 ± 0.33	$C_{18:4}$	0.22 ± 0.10
$C_{15:0r}$	0.07 ± 0.01	$C_{20:3}$	0.12 ± 0.05
$C_{15:0}$	0.32 ± 0.05	$C_{20:4}$	0.07 ± 0.01
$C_{16:0r}$	0.12 ± 0.05	$C_{20:5}$	0.27 ± 0.05
$C_{16:0}$	11.47 ± 0.59	$C_{22:5}$	0.07 ± 0.01
$C_{17:0r}$	0.20 ± 0.08	$C_{22:6}$	0.30 ± 0.08
$C_{17:0}$	0.22 ± 0.55	n-6 PUFA	
$C_{18:0}$	1.12 ± 0.24	$C_{18:2}$	8.15 ± 0.94
$C_{20:0}$	0.12 ± 0.05	$C_{18:3}$	0.15 ± 0.03
$C_{22:0}$	0.05 ± 0.01	$C_{20:2}$	0.35 ± 0.10

总脂肪酸的 21.23%，亚麻酸占总脂肪酸的 2.72%（表 9-10）。另有资料报道，驴乳亚油酸占总脂肪酸的 27.32%，亚麻酸占总脂肪酸的 3.75%。

表 9-10 喀什关中驴杂交种驴乳中各种脂肪酸占总脂肪酸的比率（%）

脂肪酸	总脂肪酸	脂肪酸	总脂肪酸
丁酸 $C_{4:0}$	0.30	棕榈油酸 $C_{16:1}$	5.52
己酸 $C_{6:0}$	0.70	油酸 $C_{18:1}$	33.43
辛酸 $C_{8:0}$	0.80	单不饱和脂肪酸合计	38.95
癸酸 $C_{10:0}$	3.11		
月桂酸 $C_{12:0}$	2.33	亚油酸 $C_{18:2}$	21.23
豆蔻酸 $C_{14:0}$	3.20	亚麻酸 $C_{18:3}$	2.72
棕榈酸 $C_{16:0}$	24.89	多不饱和脂肪酸合计	23.95
硬脂酸 $C_{18:0}$	1.69		
饱和脂肪酸合计	37.02	不饱和脂肪酸合计	62.90

油酸和 α-亚麻酸是人体必需脂肪酸，具有一系列重要生理功能，因此驴乳脂具有较高的营养价值。

共轭亚油酸（CLA）是亚油酸的一种具有重要生理活性的同分异构体。共轭亚油酸在驴乳脂中的含量很高（2.57~87.60 mg/g），平均为 14.54mg/g，而牛乳中仅为 1.80 mg/g。由于驴乳脂率低，相对牛乳而言，这一数值就显得更高。

4. 驴乳乳糖 驴乳常乳与初乳相比，蛋白质、脂肪和灰分含量随泌乳期延长而逐渐减少，而乳糖在逐渐增加。驴乳常乳乳糖含量为 6%~7%，高于牛乳，为牛乳的 1.5 倍以上，因此驴乳比牛乳甜。乳糖是由乳腺合成的双糖，水解时变成葡萄糖和半乳糖。

5. 驴乳中的矿物元素 驴乳中的矿物元素含量受土壤、饲草、饲料、饮水等多种因素影响。驴乳灰分含量为每 100g 0.40g，钙（Ca）、磷（P）比为（0.93~2.37）：1，平均为 1.48：1。国内曾误报驴乳硒的质量分数为 90μg/kg，产生所谓"驴乳富硒说"。作者后又采集 5 头份巴里坤县新疆驴乳测定，其平均硒质量分数仅为 1.38μg/kg（1.3~1.6μg/kg），对以往报道予以纠正，并认为，仅根据个别测定结果认定所谓疆岳驴乳是"富硒食品"，不足为凭。喀什关中驴杂交种驴乳中部分矿物元素质量分数见表 9-11。

表 9-11 喀什关中驴杂交种驴乳中矿物元素质量分数

种类	混合驴乳（n=2）	种类	混合驴乳（n=1）
Ca/（mg/kg）	719.5	Cl/（mg/kg）	506
P/（mg/kg）	506.5	K/（mg/kg）	438
Fe/（mg/kg）	1.55	Na/（mg/kg）	194
Zn/（mg/kg）	2.20	S/（mg/kg）	120
Se/（μg/kg）	1.38	Mg/（mg/kg）	47.6
—	—	Cu/（μg/kg）	80

还有资料表明，采用电感耦合等离子体质谱法对驴乳中无机元素进行研究，将无机元素作为整体，通过化学计量学中的主成分分析建立主成分模型，对 4 个主成分即可进行全面综合评价。Be、Mg、K、V、Cr、Mn、Fe、Zn、Se、Ba、U、Co、Ni、As、Ti、Sr 为驴乳中关键指标元素，其综合信息可以反映驴乳中无机元素的主要信息，同时建立无机元素指纹图谱，为驴乳功效作用与微量元素提供理论基础。

6. 驴乳中的维生素 驴乳中含多种维生素，但大多数含量均很低（表 9-12）。

表 9-12 喀什关中驴杂交种驴乳中维生素含量

种类	每 100g 驴乳中的含量/μg	种类	每 100g 驴乳中的含量/μg
维生素 A	0.18	维生素 B_1	4.44
维生素 E	0.49	维生素 B_2	6.07
维生素 C	5.16	维生素 D_3	3.60

注：样本为混合驴乳。

第十章　难　　产

第一节　难产概述

一、引言

难产是指分娩困难，在分娩过程中胎儿不能顺利娩出，称为难产与正常分娩相对应。驴怀驴驹不易发生难产，而怀骡驹时发生难产的概率较高，若不及时助产或助产不当，不仅可引起母驴生殖器官疾病，而且还会使母驴和驴（骡）驹双亡，造成重大损失，因此对难产应及早进行正确的助产。由于难产的诊断通常带有很大程度的主观性，对于同一情况有人认为是顺产，而其他人可能会诊断为难产。基于这个原因，尽管在很多情况下区分顺产和难产并不困难，但有关难产的发病率、病因或疗效的数据并不可靠。难产的诊断和治疗是产科学中最主要的内容，它需要准确理解正常分娩，并且要有很强的实际工作能力。此外，兽医人员应指导进行合理的种畜选择、做好饲养管理和卫生保健，尽可能防止难产发生。

二、难产的后果

难产的后果多种多样，主要取决于其严重程度。首先，对母驴和驴驹福利造成的影响难以用金钱来计量；其次，也会产生一些可以计量的经济损失。难产会导致死胎率和产后死亡率上升，新生驴驹发病率上升、母驴死亡率上升、生产力下降、产后受胎率下降，绝育的机会增加、患产后疾病的可能性增加、产后被淘汰的可能性增加。

由于驴胎盘分离较早，驴驹在胎盘分离后的存活时间很短，因此一旦发生难产就会出现死产。50%的难产病例会引起与分娩相关的损伤。出生48h内的驴驹死亡，有20%与难产有关。经历严重难产的母驴产后发情时不应急于配种，否则妊娠率会比正常情况下低，有些母驴也会发生分娩损伤，可能导致绝育。调查发现，难产会显著降低驴驹的存活率。

三、难产的原因

分娩过程与产力、产道、胎儿3个因素有关，其中1个或几个因素异常都可引起难产。产科工作者通常将难产分为母体性难产和胎儿性难产，但有时有些场合很难鉴定原发性病因，而有些情况下主要病因在难产病程中会发生变化。可把难产看作是分娩过程中3个要素异常所引起的，即：

1. 产力　母驴在妊娠期间，尤其是妊娠后期，由于营养不足，饲养管理条件不良，分娩时往往体质衰弱，产力微弱或不足，努责无力而造成难产。

2. 产道　母驴个体太小，其骨盆的骨骼结构特殊，即耻骨窄而髋骨斜，造成胎儿尤其怀骡驹时，不易从产道中通过而造成难产。

3. 胎儿的大小和位置 胎儿过大；胎位（胎儿背部与母体背部和腹部的关系），下位或侧位；胎势（胎儿各部分间的关系）；胎头弯曲、关节屈曲；胎向（胎儿身体纵轴与母体纵轴的关系），横向或竖向，这些都可使胎儿难以通过产道。胎儿性难产在驴怀骡驹发生的难产中占90%。

产力不足、产道开张不好或形状不适，胎儿过大或胎位不正造成胎儿不能通过正常的产道，均会导致难产。上述难产因素并不一定是单独发生的，有时可能伴有其他异常，如头颈侧弯时，前腿可能同时发生肩部前置或腕部前置等，因此助产时一定要采取正确方法以保护胎儿健康和提高繁殖成活率。关于驴难产的类型及原因见图10-1。

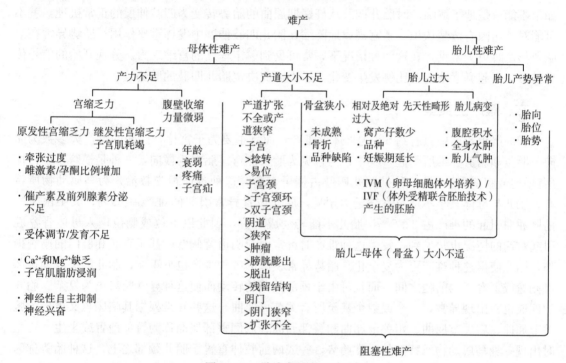

图 10-1 驴难产的类型及原因

四、难产的发病率

有关驴难产发病率和病因的研究很少。一般来说，虽然驴为单胎动物，其胎儿体重和体积与母体相比相差较大（这不同于多胎动物），但难产的发病率低。难产的发生率在不同品种间差异很大。研究表明，难产在初产驴要比经产驴多发。2～4岁母驴发生难产的比率最高（54.1%），其中头胎分娩发生难产的比率最高（67.9%），由此可见，2～4岁母驴难产发生率高与其所分娩胎儿是第1胎有直接关系。在这种类型的难产中，大部分母驴未达体成熟就进行了配种、妊娠、分娩，且又为第1胎，以致成为难产发生的重要原因之一。

五、难产的预防

与所有疾病一样，兽医应该尽力阻止难产发生。但对一些种类的难产，如胎位不正引起的难产，其发生机理还不完全清楚；对胎儿采取合适的胎位以确保其能顺利产出的生理机制也不很清楚。胎儿与母体大小不适所引起的难产，可通过加强饲养管理明显减少。长期以来，人们根据常识和经验认识到，骨盆的大小在品种间存在差异。有两种方法可以降低这类难产的发病率和难产的严重程度：一是尝试确保产道有足够的空间；二是设法确保胎儿能顺利通过产道。

早期人们就通过测量母驴骨盆腔的大小来预测产驹的难易程度，但对其应用价值则观点差异很大，主要是有些人对在直肠用骨盆测量器测量骨盆面积大小的准确性持怀疑态度。通过选育公驴可以减少胎儿与母体大小不适引起的难产，是其性状在发挥作用。

另外一大类难产，即胎儿产势异常引起的难产，对其发生原因的研究不是很多。显然，如果不能清楚地了解临产时胎儿四肢从妊娠期屈曲的胎势转变为四肢伸展的正常机理，就不可能对其病因有清楚认识。子宫规律地阵缩在胎儿四肢伸展中发挥重要作用。胎势异常在双胎及早产时更为常见，在这两种情况下，常可见到一定程度的宫缩乏力。分娩开始的信号传导扩散，引起激素浓度及比例发生变化，进而可能决定胎儿四肢的胎势。

六、难产的类型

驴的严重难产中只有约 5% 为母体性难产，而且主要为子宫捻转。驴的难产大多数为胎向、胎位和胎势异常所引起，其中最为常见为胎头侧弯。胎向为横向，一种是横跨于子宫体（背横向或腹横向）；另一种是胎儿四肢占据子宫角，这种难产很难救治，为马属动物所特有。胎儿与母体大小不适及宫缩乏力罕见。胎儿位置异常引起的难产占 69%，其中由于一前肢屈曲引起的难产占 32.5%。胎儿不能转动成上位，因此以下位或侧位楔入母体骨盆腔引起难产的情况也常见到，发生这种难产时可常引起阴道背侧壁，甚至直肠和肛门的撕裂损伤，因此使得这种难产更为复杂化。胎势异常引起的各种难产也见于驴，胎儿的头部和颈部可侧弯或下弯于两前腿之间，而且可由于颈部关节的转动而使这种异常胎势更为复杂。胎儿的四肢也常出现异常，一个或数个甚至所有关节可屈曲，这些异常根据其临床意义可分为腕关节屈曲、肩关节屈曲、跗关节屈曲和臀部屈曲。双侧臀部屈曲称为臀部前置或坐生。正生时出现一种马属动物所特有的异常胎势，　或两前肢伸直置于胎儿颈部之上，这种胎势称为前腿置于颈上。

驴的胎儿畸形较为少见，偶尔可见发育异常引起的难产，包括先天性歪颈（颈部侧弯）及胎头积水。横向双角妊娠时可能会出现歪颈。

第二节　难产的检查

如果方法正确，每个难产病例都是可以解决的。兽医到达现场后要了解所要处理的难产类型，然后通过仔细分析从畜主及相关人员获得的信息及对病畜检查所获得的资料，查明异常的性质。正确的诊断是良好产科实践的基础。

一、病史

在开始检查母驴之前，要了解母驴的简单病史。大部分病史可通过询问畜主或相关人员获得，但也有许多方面可通过兽医人员观察获得。

（1）是否已经妊娠足月，或是提早分娩？

（2）母驴为初产还是经产？

（3）以往的繁殖史是什么？

（4）妊娠期一般的管理措施是什么？

（5）努责什么时候开始的？其性质如何——努责轻微或中等，经常性的，或者是强有力的？

（6）努责是否已经停止？

（7）是否已看见胎膜？如果是，最早在什么时间看见？

（8）是否有胎水流出？

（9）阴门外是否露出胎儿身体的任何部位？

（10）是否已进行过检查？是否试行过助产？如果已助产，性质如何？

通过回答这些极其类似的相关问题，就可获得将要解决的问题的比较准确的信息。虽然从这些问题中可以推论难产的情况，但仍有一些方面值得讨论。

必须注意分娩持续的时间。计算第1产程开始的时间常常很困难，主要是因为其征兆有时模糊不清。但强力而经常性的努责，同时出现羊膜、胎水排出或出现胎儿肢端，则说明第2产程已经开始，分娩应能正常进行。如果从开始已经经历数小时，则肯定发生了阻塞性难产。如果观察到上述症状，则大多数驴驹已经窒息死亡。由于母驴正常的分娩过程速度较快，第2产程开始后很快胎盘就分离，因此产出过程稍有延误就会造成驴驹由于缺氧而死亡。

但是，如果对延误24h或以上的病例助产，则可注意到母驴努责已经停止，可以确定胎儿已经死亡，大量胎水流失，子宫产力耗竭，胎儿已经开始腐败。上述这些症状，表明预后必须谨慎。

如果病史表明，已经试图促使胎儿娩出，或者虽然没有证据表明如此，但怀疑是这种情况，则在仔细检查母驴时，首先必须观察生殖道是否有损伤。如果发现生殖道有损伤，则应立即通知畜主或相关人员，并向他们说明母驴可能的后果。有时不得不推迟助产，但一般来说，除了在第2产程母驴产力十分强大易引起自发性的产道损伤外，一般不会发生自发性的产道损伤。在这种情况下常常需要准确的信息。

二、母驴的一般检查

应该注意母驴的身体及一般体况。如果母驴卧地，则应检查是休息还是产力已经耗竭，或是患有代谢性疾病。应该检查母驴的体温及脉搏，如果出现异常，则应分析其原因。应特别注意阴门的情况。有时胎儿部分身体可能会凸出于阴门之外，由此可以评判难产的性质。应注意外露的胎儿身体是湿润的还是干燥的，这不仅有助于了解难产持续的时间，而且也有助于选用矫正难产的方法。如果有羊膜露于阴门之外，应注意其状况，是否润湿光亮，褶皱中是否有黏液，如果是，则说明其为新近排出的，难产仍处于早期；如果胎膜干燥而颜色黑暗，则说明难产延误已久。

有时在阴门外见不到任何凸出的东西，在这种情况下应特别注意分泌物的性质。若有新鲜血液，特别是弥散性出血，通常表明产道新近发生损伤。若有咖啡色恶臭的分泌物，说明难产延误时间很长。虽然从已经获得的信息可知胎儿已经死亡，子宫发生严重感染，进一步进行阴道检查前应考虑采用硬膜外麻醉，这样可避免随后发现必须进行脊柱麻醉而感染椎管的风险。

三、母驴的详细检查

检查时应将母驴充分保定在清洁的环境中，并确保兽医人员、助手和动物本身的安全。母驴站立位检查比较容易进行。如果母驴易激动，则可先将其镇静。应准备大量清洁的温水、肥皂及手术擦洗剂，同时准备桌凳或覆盖有灭菌布的干草以便放置器械。如果不能施行无菌操作，则应尽可能减少对生殖道的污染。可将大量清洁的干草置于母驴体下及其后，同时在地面上铺撒沙子或砂粒。

检查时由于母驴尾毛常常可进入阴门和阴道，引起严重裂伤，所以由助手将尾巴拉向一侧，并使用干净的尾绷带固定。先清除母驴的宿便，然后彻底清洗外生殖器和周围区域。术者用另一桶水清洗手和手臂，戴上一次性塑料袖套，进行阴道检查。

需要注意的是，马属动物的子宫颈开口期和胎儿产出期不是截然分开的，妊娠末期，阴道松软变短，子宫颈也变软，并距离阴门很近。在子宫颈开口期（开口期开始时，临床检查不能找出明确的子宫颈环状结构），子宫颈在雌激素的作用下变得更为松软，能够开放，但并不是开放很大。在胎儿排出期，随着子宫强烈收缩，胎囊和胎儿的前置部分迅速进入软产道，才将子宫颈完全撑开。在这个过程中，只要母驴开始努责，产道检查发现子宫颈又略微开放，就应立即准备助产，因为胎儿不是要等到子宫颈口完全开大了再排出来，而是胎水和胎儿在排出过程中压迫已经松软的子宫颈使其开放。如果检查发现阴道空虚，则应直接检查子宫颈是否为部分扩张，其中是否仍有黏稠的黏液。如果仍有黏液，则说明第1产程尚未完成，应使母驴再等待一定时间。但也可能是发生了子宫捻转。应注意阴道是否突然终止于骨盆边缘，黏膜是否出现紧密的螺旋形皱褶。如果阴道中只有羊膜，应确定进入骨盆入口处的胎儿身体的性质。应检查是否能找到胎儿的尾巴及肛门。如能找到，则很有可能为臀部先露的倒生。应检查是否能触摸到屈曲的颈部及颈背部的鬃毛。在两侧寻找可找到耳或枕部，则说明难产为头部侧弯。应注意检查前肢，是否能找到位于颈部之下屈曲的前肢，或者前肢完全正常而只是头部异常。如果除了胎膜外阴道完全空虚，则难产可能为胎势异常所致，如前所述，很有可能是由于背横向所引起。在这种情况下，几乎不可能触及胎儿的任何部分，这种情况很可能是双角妊娠。如果尿膜绒毛膜凸出于阴道及阴门，即出现红袋，则说明胎盘已经分离。

但是大多数难产，胎儿身体，如头部、前肢或后肢可能位于阴道内。识别胎儿的头部不太困难，嘴、舌、眼眶和耳通常会很明显。如果为胎儿的腿部，则必须识别是前肢还是后肢；如果指（趾）的跖面朝下，则很有可能为前肢；反之，则为后肢。通过检查四肢关节的弯曲方向可得到证实。如果球节之上的关节弯曲的方向与球节相同，则为前肢；反之，则为后肢。初学者在触诊胎儿时如果隔着羊膜，则识别胎儿的肢体很困难。为了克服这种困难，应该检查羊膜囊撕裂的边缘，将羊膜囊打开后可将手插入，指头触摸胎儿。如果有两条腿，则应确定是前腿或后腿，确定是否为同一胎儿。

常常需要将胎儿推回到子宫中，以确定异常部分的性质及方向。如果由于持续努责而难以推回胎儿，则应考虑立即施行硬膜外麻醉，应注意，在进行矫正后可能需要母体的产力促使胎儿排出。

对于延误的病例，准确评估难产的性质和选用矫正方法更为困难。常常由于阴道壁严重水肿，插入手臂非常困难，而且没有空间进行操作。胎水丧失导致黏膜和胎儿的身体非常干燥。紧紧包裹着不规则胎儿身体的子宫收缩，使得推回胎儿很困难，甚至不可能将胎儿推回。在这种情况下，可采用解痉药物，如克仑特罗，而在许多病例，胎儿可能楔入骨盆，操作时需要使用大量产科润滑剂。

在开始进行检查时就应评估胎儿的活力，因为这会影响治疗方法的选择，可通过刺激胎儿反射，如角膜反射及眼睑反射、吮吸反射。此外，胎儿倒生纵向时，触诊脐带的脉搏对鉴别胎儿死活极为有用。如果胎儿死亡，重要的是估计胎儿死亡了多长时间。如果发现胎儿气肿及胎毛脱落，则胎儿死亡至少超过 24～48h。如果胎儿没出现气肿，但角膜混浊灰暗，则说明胎儿死亡达 6～12h。

第三节　难产的救治方法

一、一般注意事项

进行产科操作时，应尽可能清洁，这种操作几乎无法无菌进行，主要是因为一些污染无法避免，但重要的是器械在不同动物之间使用时应该灭菌消毒，以避免传播传染病。操作过程中轻柔，以减少对母体生殖道和新生后代造成损伤。还要防止造成疼痛和不适，因此应经常采用尾部硬膜外麻醉、镇静及全身麻醉。

所有操作方法意在试图牵引之前确保胎儿产出时的胎向、胎位及胎势是正常的。矫正胎向、胎位及胎势异常时只能在胎儿位于子宫内时操作，因此矫正前必须将胎儿推回子宫，如果进行尾部硬膜外麻醉，则更便于这种操作。

延误时间较长的难产病例，如果胎水已经流失，则应补充胎水的替代品。无菌水是胎水最好的替代品，但未灭菌的干净水也能达到很满意的效果。可将 10L 左右的水用软管（最好用胃管）和漏斗通过重力作用灌入子宫，这样可极大地促进胎儿在子宫内的活动。如果胎儿已进入阴道，则需要用润滑液。这种润滑液可采用富含纤维素的水溶性产科润滑剂，如果没有，则可用肥皂，特别是皂片替代，猪油或凡士林在临床上使用较多，也有效果。

明确了难产的原因，确定了助产方法后，就应考虑是否有合适的器械、有足够的技术力量。严重的难产病例，应寻求专业技术人员的帮助，同时考虑病驴在适合转运的情况下是否将其转运到兽医院进行治疗。

成功娩出胎儿后，应仔细检查母驴的生殖道，检查是否还有胎儿，应注意单胎动物有时也怀双胎，偶尔甚至怀多胎。应仔细检查母驴的生殖道是否有损伤，若有，则需要进行相应治疗。应检查胎儿是否有呼吸性酸中毒的迹象，若有，则应及时进行治疗，同时检查胎儿是否有损伤。

二、产科器械

助产时，有易于操作且便于消毒的简单器械最好，偶尔也需要复杂的器械。此外，配备专用的剖宫产手术包也极为重要。随着有效的镇静及麻醉药物的使用及剖宫产手术方法的改进，许多长期使用的产科器械已经废弃不用，兽医有效使用这些器械的能力也在降低。但其中许多器械对难产仍很有帮助（图 10-2）。

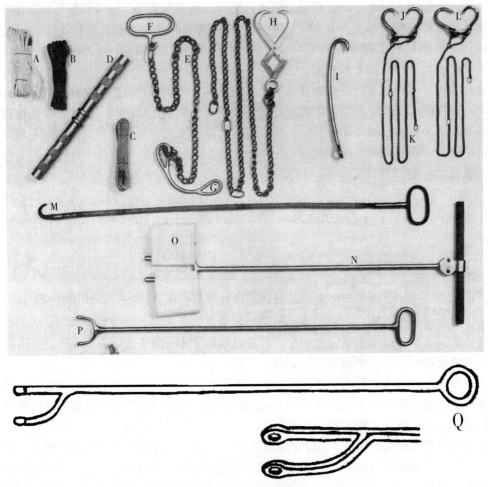

图 10-2　产科操作器械

（1）产科绳，为长 1m，有环的棉绳、尼龙绳或带子（图 10-2A、B、C），必须准备一条套在下颚骨的绳套以及牵引棒（图 10-2D）。这些器械是必需的，建议至少配备两套，而且这些器械应该可以灭菌。

（2）作为产科绳的替代物，可以采用 Moore 氏产科链（图 10-2E）及其手柄（图 10-2F）。许多兽医人员发现这要比绳好用，其主要优点是较重，在使用或在阴道内操作时不会轻易移动。

（3）绳导（图 10-2G），可与绳及链一同使用。

（4）产科钩，包括 Krey-Schottler 双关节钩（图 10-2H），Obermeyer 氏肛门钩（图 10-2I），Harms 氏对尖钩（图 10-2J）或钝钩（图 10-2L），可固定于产仔链上（图 10-2K），以及 Blanchard 氏长弯钩（图 10-2M）。这些钩在施行截胎术牵引胎儿不同部位时很有用处。

（5）其他器械还包括 Cäammerer 氏扭正叉（图 10-2N）及布套（图 10-2O），推拉榙（图 10-2P）及扭正榙（图 10-2Q）。

三、产科手法

用于胎儿的产科手法如下。

1. 推回 推回是指将胎儿从阴道（以及骨盆）朝着子宫向前推，是矫正所有胎儿胎向、胎位及胎势异常所需要的子宫内操作手法，因为在阴道内即使最为简单的操作也没有足够的空间进行。操作时可将手压在前置的胎儿躯干上，在有些情况下可由助手在术者操作时推胎儿；有时也可用推拉梃推回胎儿。如有可能，推回用力时应在母体努责的间隙进行。另外，可采用硬膜外麻醉阻止母体努责；但硬膜外麻醉对子宫肌的收缩没有作用，子宫肌的收缩可通过采用解痉药物，如克仑特罗抑制。

2. 拉直 拉直是指胎势异常时拉直屈曲的关节。操作时用切向力作用于屈曲的四肢末端，以便使其通过圆弧形的宫底到达骨盆入口。加力时最好用手，如难以奏效，则可用绳套或钩。

3. 牵引术 牵引术是指在胎儿的前置部分用力以便补充或代替母体的产力。这种力量可用手施加，或者以绳套或钩施加。正生时，牵引两前腿和头，当两前腿和头已经通过阴门时，可只在两前腿牵引。牵引时，在两前腿球节之上拴上绳子，由助手拉腿。术者把拇指从口角伸入口腔，握住下颌。还可将中、食二指弯起来夹在下颌骨体后，用力拉头。球节上拴绳子时一定要拴紧，以免绳子下滑到蹄部，将蹄部拉断。也可将绳子拴在飞节上，但如果牵引力过大则会引起骨折。牵引的路线必须与骨盆轴线一致。在母驴开始努责时或胎儿的前置部分尚未进入骨盆腔时，牵引的方向应是向上向后，以便使胎儿的前置部分越过耻骨前缘进入产道。

如果前腿尚未完全进入骨盆腔，蹄尖常抵于阴门的上壁，头部也有类似情况，其唇部会顶在阴道的上壁。这时必须注意把它们向下压，以免损伤母体。胎儿通过骨盆腔时，应水平向后拉。拉腿的方法是两条腿轮流进行，或将胎儿拉成斜的之后，再同时拉两腿，这样胎体两尖端就不是平行前进，而是成为斜的，缩小了肩宽，容易通过骨盆腔。胎头通过阴门时，拉的方向应略向下，并由一人用双手保护母驴阴唇上部和两侧壁，以免撑破。另一人用手将阴唇从胎头前面向后推挤，帮助胎儿通过。

为了帮助拉头，头部绳套可用 Benesch 法，将绳套置于胎儿嘴中，向上越过顶部到达耳后，或者将一单绳的中间推过头顶置于两耳后，将两个绳端从阴道拉出。对于活胎儿，可用推拉梃或家畜产科绳将绳子套在耳后拉头。使用推拉梃时，梃叉必须放在下颌之下，使绳套由上向下成为斜的，避免绳套紧压胎儿的脊髓和血管，引起死亡。也可用产科绳套住胎头，然后把绳移至口中，以避免绳子滑脱。对于死胎儿，可将产科链套在脖子上，牵拉时一定要注意头和嘴唇的前进方向。也可用产科钩，可供选用的下钩部位主要有：①下颌骨体之上，但需注意拉力太大时，下颌联合容易被拉豁；②眼眶；③鼻孔或硬腭，可将钩子深深伸入胎儿口内，然后将钩尖向上转即可钩住；④其他任何能够钩住的部位。如果没有钩子，可用力将下颌骨体下后方的皮肤切破，通入口腔，然后穿上绳子，拴住下颌骨体牵拉。

胎儿身体露出阴门外而骨盆部进入母体骨盆入口处时，拉的方向要使胎儿躯干的纵轴成为向下弯的弧形，必要时还可以向下向一侧弯，或者略为扭转已经露出的躯体，使其臀部成为轻度侧位，以便与母体骨盆的最大直径相适应。如果母驴站立，还可以向下并先向一侧再向另一侧轮流拉。待臀部露出后，马上停止拉动，让后腿自然滑出，以免猛然拉出时，引起子宫脱出。

倒生时也可在两后肢球节之上套上绳子，轮流拉两条腿，以便两髋结节稍微斜着通过骨盆。如果胎儿臀部通过母体骨盆入口受到侧壁的阻碍（入口的横径较窄），可利用母体骨盆入口的垂直径比胎儿臀部的最宽部分（两髋结节之间）大的特点，扭转胎儿的后腿，使其臀部成为侧位，便于胎儿通过。

一个非常重要的方面是牵拉，如果过度且不恰当地牵拉，则可引起母体和胎儿严重的损伤。一般来说，2~3个人协调一致，顺势牵拉即可。两个人用绳套牵拉驴驹，注意绳套的位置是在球节近端，而牵拉的方向则是沿着胎儿自然产出的方向。使用有效牵拉最重要的方面是将牵拉的力量与母体产出时的产力相协调。在母驴努责时，应将产科绳套拉紧，防止驴驹回缩到产道原来的位点。牵拉绳套的同时用手辅助就足以拉出胎儿。

4. 旋转　旋转是指绕着胎儿的纵轴转动胎儿而改变其位置，如从下位转变为上位。这种手法在马属动物使用较多。对于活胎儿，可用手指压迫胎儿的眼球，而眼球由眼睑覆盖，由此可引起胎儿痉挛反应，稍施加翻转的力量就可奏效，因此在娩出活胎儿时非常有效。如果难以奏效，特别是在胎儿死亡的情况下，应灌入胎水，可在交叉伸直的四肢上用手或通过Cämmerer氏扭正叉或Künn氏产科梃施加旋转的力量。另外，通过推回胎儿，将前肢交叉，拴上绳套，然后牵引，这样牵引的力量可使胎儿围绕其纵轴旋转。通过重复这一操作过程数次，常常可将胎儿旋转180°。

5. 翻转　翻转是指将胎儿从横向或竖向转变为纵向。

四、阴道分娩时的镇静及麻醉

为了使难产的矫正更为容易和人道，应考虑对母体进行镇静或麻醉（局部或全身麻醉）。

1. 镇静　虽然大多数镇静药物并未特定许可用于妊娠母驴，但在处理易于暴躁的动物时这些药物非常有用。虽然乙酰丙嗪对胎儿心血管系统几乎没有作用，但在镇静母驴上也可能没有多少效果。而二甲基甲苯咪唑（地托咪定）和甲苯噻嗪在镇静母驴上效果很好，但可影响胎儿心血管系统的功能，可减少胎盘血流，因而产生明显的不良后果。在许多难产病例，镇静不会引起任何后遗症，因为胎儿已经死亡。甲苯噻嗪在两者中效果较好，因为其作用持续的时间较短。

2. 全身麻醉　全身麻醉比局部麻醉更适合于多数母驴，但对于一些轻微病例，硬膜外麻醉结合镇静可能效果更好。如果需要实施复杂的矫正或截胎术，则最好采用全身麻醉，而且最好是在兽医院实施。采用足枷及吊架，可以比较容易地将母驴保定成仰卧或侧卧位。这种姿势便于进行产科操作。此外，抬高后躯也可使得驴驹在重力作用下返回到腹腔中的子宫内，这样可以有更多的空间进行操作。

马属动物的硬膜外麻醉是进行产科操作比较理想的麻醉方法，其实这种麻醉方法是一种多点的脊神经阻滞，通过一次注射局麻药物到硬膜外腔，影响到尾神经和骶后神经，因此在肛门、会阴、阴门和阴道产生麻醉作用，结果可造成无痛产出，但硬膜外麻醉最明显的一个优点是可以消除骨盆的感觉，阻止腹壁收缩（努责）反射，因此便于进行阴道内操作，推回胎儿更容易，且使补充的胎水能够保留，排便受到抑制。实施麻醉时，母驴可安静地站立，如果开始时卧地，在骨盆部恢复疼痛感觉后可以站立，可使产科操作更易完成。只要努责妨碍操作时均可采用硬膜外麻醉，如在子宫脱出、阴道脱出、直肠或膀胱脱出时均可采用这种麻醉方法，也可用于会阴切开术及阴门和会阴部的缝合。应该清楚的是，硬膜外麻醉并不抑制子宫肌的收缩，对分娩的第 3 产程或子宫复旧没有影响。

驴的硬膜外麻醉注射方法，注射位点为第 1 尾椎间隙的中间，定位时可抬高尾巴呈唧筒柄状，以鉴别荐骨后第 1 个明显的关节。硬膜外麻醉时也可采用荐尾间隙，但比第 1 个尾椎间隙小。脊索和髓膜位于该点之前，脊椎管只含有尾神经，很细的神经终末、血管及硬膜脂肪和结缔组织。但由于驴的尾根上覆盖有肌肉和脂肪，因此尾椎所有的脊柱都难以定位，定位第 1 尾椎间隙时可弯曲尾巴，这样可找到尾巴弯曲最易成角度的部分，麻醉位点应该在尾毛起源前5cm处。麻醉时应确保母驴保定适当。麻醉位点彻底清洗消毒后将局部麻醉药物皮下注射，并注入麻醉位点上的周围组织。如果母驴的站立姿势规整对称，可将 4~8cm 长的 18 号针头以与皮肤成 10°角插入，向前刺入直到其碰到脊柱管底，然后针头退后 0.5cm 后再将药物注入。

传统上多用 2% 盐酸利多卡因进行麻醉，剂量应根据母驴体格大小进行适当调整。应注意，如果药物的剂量太大，可能会引起共济失调。如果将针头插入后留在原位，则可再增加药量。也可采用其他局麻药物（药量不同），如 α_2 -肾上腺素受体激动剂甲苯噻嗪（0.17mg/kg）和地托咪定（60pg/kg），用 10mL0.9% 生理盐水配制；地托咪定可单用或与局麻药物合用。如果将 2% 的盐酸利多卡因（0.22mg/kg）与甲苯噻嗪（0.17mg/kg）合用，则麻醉显效的时间短，持续时间长。

五、驴的剖宫产术

马属动物往往不需要施行剖宫产术，所以马属动物剖宫产术依然被认为是一种难以进行的手术。事实上，马属动物和其他动物一样能够耐受该手术，一般情况下术后恢复良好。全身麻醉和术后护理技术的改进，大大提高了母体恢复的可能性。即使在马专科医院，剖宫产术也不是一种常用方法。

如果难产矫正困难且难产时间延长，与采用牵引术助产相比，在全身麻醉下施行剖宫产术更好。如果驴驹还活着，应立刻进行手术，不得延误。若驴驹位于母体骨盆腔中，由于在分娩第 2 阶段开始的 1~2h 内尿囊绒毛膜破裂，易引起致命性的缺氧症。

1. 适应证 驴剖宫产术适应证的范围较小，母驴子宫颈性难产尚未见到，胎儿母体大小不适和胎儿畸形也不及其他动物常见。主要适应证是双角妊娠或胎儿横向，其次为伴有损伤、挛缩及感染的胎儿产式异常及子宫捻转。

下列情况是母驴剖宫产术的绝对适应证：其他方法无法矫正的胎位异常（如胎儿横向），阴门、阴道或子宫外伤，阴道水肿，不可整复的子宫捻转，严重的先天性畸形（先天性歪颈、四肢僵硬、脑水肿）。在这几种难产中，剖宫产术是助产的首选方法而不是最后措施。

应该强调的是，因为仰卧位会诱发"仰卧低血压"，因此，术前应对母驴进行外侧或背外侧卧位保定，尽可能短时间内保持背侧位固定，这样便于有效地进行手术操作。

2. 手术方法 可通过在腹中线、腹中旁线和腹肋部下切口进行手术。腹中线切口目前多用于胃肠道手术，因为该切口可明显减小腹腔内压，伤口的缝合线绷得不紧，伤口易于修复，因此用于剖宫产术时效果更好。而其他切口需要分离肌肉，导致术中出血较多和术后水肿。若腹中线切口"修复"良好，则切口形成疝气的风险就微乎其微。

母驴的子宫很少充分收缩，因此无法隔着子宫壁抓住胎儿的腿，且从腹壁切口中拉出。

所以必须在妊娠子宫角的大弯处切一足够长的切口，从而在对子宫操作时极少有撕裂的危险。然后充分利用关节的屈曲性，并在腹壁外方完整地保护好脐带，可将胎儿拉出。胎儿拉出后，只要胎盘未剥离，都要对胎儿的生存能力进行评估。如果驴驹还活着，在驴驹呼吸后结扎脐带，最好拉紧后剪断。如果驴驹已死，则胎盘可能已经分离，宜通过子宫切除术移除。多数情况下，子宫切除术后，胎膜下的动静脉丛大量出血，动脉和静脉太多以致无法一一结扎止血。就控制出血的措施而言，先从切口缘周围开始剥离胎盘，之后立即沿着切口边缘连续缝合子宫全层。

如果胎盘还连在子宫内膜上，最好不要用手剥离，因为这样不仅能引起弥散性子宫内膜出血，而且导致微绒毛滞留，会诱发子宫内膜炎。子宫切口用聚乙醇酸缝线内翻缝合1道或者2道，具体依第1道缝合时是否撕裂了子宫壁来定，因为子宫壁有时非常脆弱。在排出凝血块和其他残屑后，在子宫切口上撒些可溶性抗生素粉。

在剖腹式子宫切开术之后，由于被拉紧的腹部肌肉变得松弛，因此腹壁切口较容易缝合。重要的是要用适当的缝合线连续或间断缝合，缝线间距要紧密，不留死腔。不需要缝合腹膜及腹膜下脂肪。连续缝合皮下组织，正确缝合皮肤，关闭腹壁切口。

3. 术后管理　剖宫产术的所有操作完成后，注射催产素以诱导子宫收缩，即使胎盘在手术时已经被拉出时也应如此。择期手术的母驴胎衣不下的时间可能较长，如果4h内胎衣未排出，可立即用催产素治疗，再在盐水中加入50IU催产素，缓慢静脉注射。经验表明，母驴用催产素治疗后有时伴有剧烈的子宫收缩，子宫角外翻到阴道内，严重者即使是在胎衣排出之后，子宫角也可外翻至阴门外。用催产素治疗后，胎盘通常在12h内排出，但偶尔胎盘分离后滞留在子宫和阴道前端，这种情况下易于从阴道拉出。若胎衣滞留24h以上，就不再适合用手直接剥离，但仍需要用抗生素治疗。胎盘排出后，子宫内使用抗生素制剂进行治疗具有良好作用，但是在此阶段，重要的还是吸出积聚在子宫内的液体，尤其是在有过敏反应症状或术后恢复效果不满意的母驴更应如此。剖宫产术后子宫收缩可延长2～3d，因此建议在这个阶段结束时可经直肠将子宫周围的粘连分离。

一般来说，术前和术后应采用抗生素疗法，尤其是胎儿已死一段时间，引起腐烂时更应采用抗生素进行治疗。采用腹部切口后常常在局部出现严重程度不等的水肿。腹中线剖腹式子宫切除术后，弥漫性皮下水肿会沿着腹下部扩延到胸骨前方，但在7～10d内肿胀会逐渐消退。尽管利尿剂能更快速地消除水肿，但对这种治疗方法的必要性值得怀疑。创口感染时可拆除皮肤相应部位的缝线，进行引流。

4. 新生驹成活率、母体恢复率和死亡原因　如上所述，母驴的胎盘分离很快，因此剖宫产时拉出活的胎儿不多见，除非是采用择期手术。若难产时间短，则母驴预后良好。母驴死亡大部分发生在手术期间或术后不久，主要原因是子宫出血引起的休克和重度感染。对子宫切口施行止血性缝合能明显地预防出血，手术中或手术后大量的液体疗法可阻止胎儿气肿和其他类型的休克。因此，术后几天内兽医更为担心的并发症有两种。一种是腹泻，因为这种情况可使体液快速大量丢失，即便母驴不断饮水，体液仍会迅速耗尽。抗生素在本病发生中的作用及其治疗价值尚不清楚，但是对快速补液维持正常的水和电解质状态没有争议。另外一种是蹄叶炎。这些并发症最早的症状是严重的肺水肿，伴发呼吸困难和液体经鼻腔反流。蹄部疼痛时病驴表现不愿走动，甚至不愿站立，若不仔细进行临床检查，就会把手术后早期的躺卧误诊为需要进行安乐死的不治之症。在此情况下，应立即吸出子宫内积聚的液体。重度水肿时用利尿剂进行治疗。患蹄叶炎时可通过限制饮食和止痛进行治疗。

5. 术后生育力　如果难产发生后尽快在由于徒手操作或胎儿腐烂造成严重的细菌污染之前立即施行剖宫产术，那么剖宫产对母驴以后的生育力没有太大影响。

第四节　母体性难产

母体因素引起的难产可由产道狭窄所引起。

一、阴道膀胱膨出

阴道膀胱膨出偶尔见于临产的母驴，膀胱膨出于阴道或阴门外，包括两种类型：

膀胱通过尿道脱出。这种情况很有可能发生在母驴尿道极大扩张，而且母驴强力努责之后。外翻的膀胱占据阴门，可见于两阴唇之间。

膀胱通过破裂的阴道底壁凸出。在这种情况下，膀胱位于阴道内，膀胱的浆膜面位于最外层，因此可与前一种情况鉴别。

重要的是将上述两种情况与胎膜的凸出相区别，脱出的膀胱与尿膜绒毛膜表面的微绒毛很相似。在这两种情况下，治疗的第 1 个目的是阻止母驴努责，这可采用硬膜外麻醉，同时采用镇静措施。之后，推回已经进入阴道的胎儿身体。如果为膀胱脱出，必须翻转脱出的膀胱。如果为膀胱凸出，则有必要通过阴道壁的裂口将其整复，之后缝合裂口。如果阴道壁的裂口很大，最好进行全身麻醉后操作，矫正胎儿的所有异常之后通过牵引拉出胎儿。

二、子宫捻转

整个或部分子宫捻转可引起母驴难产。

如果在妊娠后期母驴表现腹痛，就应怀疑发生子宫捻转。如果母驴在妊娠后期表现发热、贫血、心动过速及厌食超过 2～4 周，则应考虑鉴别诊断慢性子宫捻转。直肠检查如果发现子宫阔韧带交叉，则可建立诊断，同时交叉的方向及程度也说明了子宫捻转的方向和程度。母驴发生子宫捻转时，血液循环受阻可能会有胎儿死亡及母体发生休克的危险。

全身麻醉后翻转母驴是一种成功救治子宫捻转的方法；也可将母驴镇静后保定在柱栏中，硬膜外麻醉及局部浸润麻醉后剖腹，直接翻转子宫。在捻转侧高位切开腹壁，将手伸入腹腔到达子宫底，小心抓住子宫，或通过子宫壁抓住胎儿，用最小的翻转力量将子宫恢复到其正常位置。驴驹仍然存活及子宫充血不太严重的病例，进展到正常分娩的可能性极大。

母驴在硬膜外麻醉下躺卧时矫正子宫捻转。在子宫捻转相反方向的腹肋部切开腹壁，将手伸入腹腔，在离子宫最近的地方找到合适的胎儿部位，采用足够的压力下压，使子宫恢复到正常位置。从最接近的部位下压而不是从远端牵拉，可使子宫破裂的可能性降低。在产前发生的病例，如果胎儿已经死亡且子宫严重充血，则应施行子宫切开术（图 10-3）。

如果难产是由于子宫捻转所致，则应尝试将手从子宫颈伸入，通过在胎儿上施加力量旋转子宫。采用后部硬膜外麻醉有利于这种操作，同时抬高母驴的后躯。此外。如果翻转母驴很难获得成功，则必须施行剖宫产。

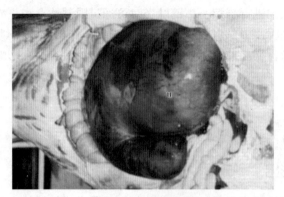

图 10-3　子宫捻转

注：腹中线切开后暴露子宫，注意子宫（u）充血。翻转子宫矫正是不可能的，应采用子宫切开术，将死亡的幼驹取出。之后，可矫正捻转的子宫。

第五节　胎儿性难产

胎儿性难产包括两大类，即胎儿母体大小不适和胎儿产势异常。传统上将前一类难产称为胎儿过大，而胎儿相对过大是指就某种或某个品种而言，胎儿大小正常，但产道不足以排出胎儿；而胎儿绝对过大则是指胎儿大小超常，包括胎儿畸形。但由有时难以对这两类胎儿过大进行区分，或者难产是由两者共同引起的，因此目前将这类难产统称为胎儿母体大小不适。

一、胎儿母体大小不适

胎儿母体大小不适是与动物种及品种相关的难产的常见原因之一。单纯地说，胎儿母体大小不适在胎儿比正常大时就可发生，而胎儿过大可能为单纯的体积过大，也可由于体型异常所引起，或者母体骨盆太小或形状不合适，均可引起这类难产。

胎儿母体大小不适引起难产在驴不太常见。虽然驴的妊娠期有一定差别，有时可超过365d，但过大的胎儿很少见。如果胎儿活着，剖宫产是首先考虑的方法。随着近年来经验的增加，对死亡的胎儿，一般选用剖宫产将其取出。

二、胎儿产势异常

1. 胎向　胎向是指胎儿长轴与母体产道的关系，纵向，依胎儿的前肢还是后肢进入骨盆，可分为正生和倒生；横向，依胎儿躯干的背部或腹部朝向产道，可分为腹横向和背横向；竖向，可分为腹竖向和背竖向。竖向极为少见，但在驴发生的斜的"犬坐式"竖向需要特别注意。

大约99％的驴驹为正生；倒生时，胎儿后肢可伸直或屈曲于身体之下。倒生时如果后肢屈曲，则总会发生严重的难产；即使后肢伸直，发生难产的可能性也比正生时大。由于胎儿的四肢较长，后肢伸直需要较大的空间，因此在妊娠后期倒生的胎儿不能在第2产程开始前伸直后肢的可能性很大。

驴倒生时难产的可能性特别大，因此很有必要对决定胎儿极性的因子进行研究。在驴驹，妊娠 6.5～8.5 月时 98% 为正生纵向，其余 2% 中可能只有 0.1% 为横向，其中胎儿四肢占据子宫角，而子宫体则在很大程度上空虚。横向可引起驴最严重的难产，其可能出现在妊娠的 70d，此时子宫通常在母体骨盆前，由于尿膜绒毛膜从孕角扩散到子宫体，因此胎儿从横向转变为纵向。在异常情况下，尿膜绒毛膜或者不能进入子宫体，或者大部分而不是正常的小部分尿膜绒毛膜分支进入未孕子宫角，之后为含有胎儿四肢的羊膜进入。正常情况下，羊膜及胎儿均不进入未孕子宫角。另外一种不太严重的横向是胎儿横跨子宫体，虽然尚不清楚其发生的时间，但可发生于出生时。引起胎儿极性发生这些变化的自然力量还不清楚，但可能是由于胎儿对子宫内的压力变化（子宫肌收缩引起）、腹腔内邻近脏器的运动或腹壁肌肉的收缩等所发生的反射性反应造成的。直肠检查子宫时经常可感觉到胎儿的运动，妊娠早期，倒生位在数量上占优势，这可能是具有同样重心的无活力的物体，如胎儿悬浮在子宫内的结果。随着胎儿神经系统的发育，以及由此造成胎儿开始发生反射性活动，因此使得其头部从子宫中相关的部位抬起。如果这一假说成立，则倒生就不应看作为一种产科上的意外，而是由于胎儿发育低于正常水平，或者子宫张力缺乏所致。显然，胎儿的大小和子宫空间的大小影响胎儿在子宫内改变其极性的难易程度。

2. 胎位 胎位是指胎儿脊柱与母体产道表面的关系，因此可以是背位，也可以是腹位，或者是左侧位或右侧位。

就胎位而言，其自然趋势是胎儿的背部靠着子宫大弯躺在子宫内，以尽可能占据更小的子宫空间；因此在妊娠后期驴的胎儿胎位是颠倒的，在产出时驴的胎儿则从下位变为上位。

3. 胎势 胎势是指胎儿四肢可以运动的部位的排列姿势，其颈部或四肢关节可以屈曲，也可以伸展，如颈部侧弯、跗关节屈曲胎势等。就胎势而言，驴胎儿倒转，其四肢也同样屈曲。这种所有关节屈曲的胎势产势能最有效地占据子宫空间。分娩时寰枕关节和颈关节伸直，而前肢伸直于胎儿前，发生这种变化的机理目前仍不清楚。

胎头侧弯是另外一种值得关注的胎势异常，可由上述同样的因素引起，但子宫空间不足可能是更为重要的原因，而且更有可能是在妊娠后期而不是在分娩时发生的。一种称为先天性歪颈的异常，头和颈部屈曲，主要是由于颈椎僵直所引起，发生于奇蹄类动物特殊的双角妊娠时。

母体骨盆的大小可使妊娠足月正常的胎儿从产道娩出；除了正生上位四肢伸直胎势外的任何胎儿胎势异常都有可能引起难产。

综上所述，胎儿产势异常的原因可能更多的是偶然；但是有研究表明可能也具有遗传倾向。

第六节 胎势异常引起的难产

一般来说，胎势异常如果在第 2 产程的早期及早处理，一般容易矫正，但在延误的病例，特别是发生继发性宫缩乏力时，胎水容易丧失，胎儿被子宫紧紧包裹，因此可发生非常严重的难产，在这种情况下需要采用剖宫产。

矫正胎势异常的原理极为简单，成功的秘诀在于要认识到回推胎儿的价值。除了持续时间短的难产外，其余病例均需要采用硬膜外麻醉，特别是没有经验的人员更应如此。因此，只要胎势异常得到矫正，则可采用牵引的方法拉出胎儿。如果术者的手臂较细小，则可采用双臂在生殖道内操作。为便于矫正胎势异常，可用一只手推，另外一只手拉出胎儿。下面对胎势异常进行系统介绍。

一、正生时的胎势异常

虽然胎儿前肢胎势异常在驴发生较少，但在马属动物引起的难产要比其他动物严重得多，这是由于驴在强力努责时骨盆更为紧缩，而且驴驹的四肢较长，因此发生难产时更为严重。为了防止引起子宫及阴道破裂，矫正胎势异常时必须格外小心。如果胎儿在骨盆内压得很紧，则仍有可能将胎儿推回，然后尝试不进行矫正而牵引拉出胎儿，因为对驴采用这种方法救治，成功的可能性比较大。术者应特别注意驴难产的急迫性，但如果在开始时就发现胎儿挤得很紧，而且已经死亡，则可先将母驴麻醉，使其侧卧或仰卧，然后再进行处理。

1. 腕关节屈曲　一侧或两侧前肢可发生腕关节屈曲。单侧腕关节屈曲时，屈曲的腕关节楔入骨盆入口；可能见另外一前肢伸出阴门之外。可在胎儿头部或肩部将其回推，将胎儿充分推回以便有足够的空间拉直驴驹较长的前肢，这对矫正腕关节屈曲是非常必要的，抓住屈曲的蹄部，将腕关节向上推，然后将绳套套在蹄部，用手协助在骨盆前缘将其拉成弓形，沿着另外一前肢拉直。在最后拉直腕关节时，术者应将手握成杯状保护蹄部，以免损伤产道。较为严重的难产，可用绳套拴住完全屈曲的球节以帮助拉直前肢。术者应总是将手握成杯状抓住胎儿的蹄部拉过骨盆边缘。在极难矫正的病例则需要灌入加有产科润滑剂的温水，以帮助拉出胎儿，减少阻力。

腕关节屈曲的胎儿更倾向于楔入母体骨盆（图 10-4），在这种情况下矫正方法的选择主要取决于胎儿楔入的程度、胎儿与母体相比的相对大小以及第 2 产程持续的时间。矫正时可将胎儿推回，之后尝试拉直腕关节。

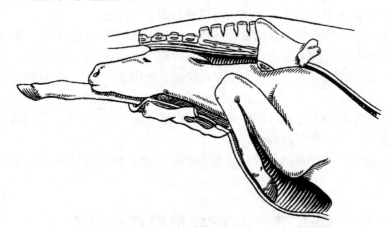

图 10-4　单侧腕关节屈曲胎势
注：正生，上位，单侧腕关节屈曲胎势，注意这种异常胎势楔入骨盆的情况。

如果没有足够的空间拉直屈曲的腕关节，则可将其向前推入子宫，使弯曲的前肢位于胎儿腹部之下，然后通过适度牵引另一前肢，再牵拉胎头，这样通常可以奏效而不会损伤母驴。如果发现不能缓解胎儿楔入骨盆，有两种方法可供选择：一是试图牵引而不进行矫正；二是通过腕关节截断前肢。当驴驹仍然存活，屈曲的腕关节已经进入母体骨盆时可采用第 1 种方法。除了在胎头及伸直的前肢上套上绳套外，也可在屈曲的腕关节上套上绳套牵拉。对难以矫正的腕关节屈曲，可用线锯施行截胎术，通过腕关节截断前肢，然后将绳套置于腕关节之上，同时在另一前肢和头部套上绳套，拉出胎儿。

对难以矫正的双侧腕关节屈曲，由于胎儿存活的可能性不大，可采用截胎术，按需要截除 1 个或 2 个腕关节。

2. 肩关节屈曲 肩关节屈曲时，一侧或两侧前肢可能未伸直。由于驴驹头部细长，颈部较长，因此母体骨盆有更多的空间可以让术者的手臂伸入，这要比牛同类难产更易处理，但是未伸直的前肢离得更远，因此更难将绳套套在桡骨和尺骨上。矫正时可灌入大量替补胎水，强力将胎儿推回。只要能将桡骨和尺骨用绳套套住，则可以通过拉前肢将肩关节屈曲的异常胎势转变为一侧腕关节屈曲，然后再进行处理。

如果发现难以拉直前肢，可尝试牵引，这样通常可获成功，但驴驹通常会死亡。牵引时不要过度用力，最好采用截胎法用线锯截除未伸直的前肢。如果两前肢均未伸直，尝试矫正难以奏效，可尝试牵拉，但最好试着用线锯先截除一前肢后再牵拉。

3. 前腿置于颈上 前腿置于颈上的胎势异常包括 1 条或 2 条伸直的前腿位置异常向上，在母驴阴道内位于伸直的头部之上。这种胎势异常是马属动物所特有的，主要是由于驴驹的头部细长，前肢较长，因此有可能发生这种胎势异常。这种胎势异常很有可能导致胎儿紧紧楔入骨盆腔，因此胎儿的蹄部很有可能穿破阴道顶端。如果识别出最上面的胎儿前肢，将胎儿的鼻嘴部向前向上用力推回，抬高胎儿的蹄部后回推或拉到合适的侧面，将另一蹄部再用同样的方法处理，最后抬高胎头，将 2 条前腿均置于头下，然后在头部和两前肢牵引。

如果胎儿蹄部穿破阴道顶壁，可先对母驴进行硬膜外麻醉或全身麻醉，尝试矫正，如果难以奏效，则用截胎术截除胎儿头部或上臂，这样的操作较为容易。截除上臂时可用线锯在桡骨处截断，然后就有可能将另一前肢置于头下，最后拉出胎儿时必须保护桡骨断端。如果一个蹄部已经穿过破裂的会阴或直肠，则必须切开会阴，拉出胎儿，然后修复切口及损伤的部位。

4. 头部侧弯 头部侧弯是驴比较严重的一种胎势异常（图 10 - 5）。在胎儿姿势不正的难产中，头部侧弯是最常见的，占 35.42%。头部侧弯，除了有程度的不同外，有时还可见颈部屈曲（头部正常，颈部呈 S 状弯曲），或头部侧弯，唇部向后（向着母体头部），或唇部

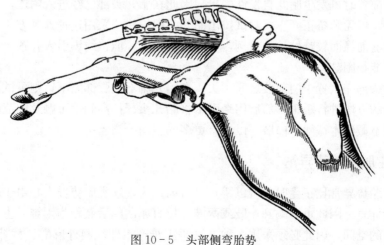

图 10 - 5 头部侧弯胎势

注：正生，上位，头部侧弯，胎儿鼻部伸直可达其膝部。

向前（向着母体的骨盆）而且头颈呈扭转的姿势（额部在下，下颌在上）。头部侧弯有时还伴有其他部位的异常，如腕部前置。头部侧弯时，外观往往两前蹄伸出阴门外（一长一短），不见唇部，产道检查可以摸到弯向一侧的头部。

矫正侧弯胎头时，应根据情况，先在眼眶挂钩或将产科绳套在耳后，然后用带绳推拉桄套在对侧前肢，并滑至前肢与胸部之间，拉紧绳子固定好。在向前推动胎儿的同时，将钩或套在头上的绳子向外拉，以矫正胎头。在矫正头颈侧弯时向前推动胎儿比较安全，它可使术者腾出手去保护挂在眼眶上的产科钩，如果胎儿是活的，向外拉套在头部的绳子时，须用手指在喉下钩住，防止绳子越拉越紧，引起胎儿死亡。但在头颈发生侧弯时，在矫正过程中，胎驹往往迅速死亡。此外，还可徒手握住或用绳子拴住下颌部把头拉入盆腔。

头颈侧弯，如果矫正比较困难，且胎儿已经死亡，可用产科线锯截断颈部，然后根据侧弯程度的不同，先拉出躯干再拉出头部，或先拉出头部再拉出躯干。这种方法有时比矫正方便得多。经过全身和产道检查，矫正拉出及截胎确有困难，但难产时间不久，母驴全身状况尚好者，可及早行剖宫产。尤其胎儿尚活着时，应立即进行硬膜外麻醉，以减轻母驴的阵缩努责，延长胎盘的血液供给，并施行剖宫产手术。

在头颈侧弯难产中，有时还伴有其他反常姿势，如头颈侧弯合并腕部前置时，可先矫正头部，然后再矫正前腿，但在部分病例，也可采取先矫正前腿再矫正头部的方法。如一例头颈侧弯同时发现胎儿呈腹部前置的竖向。助产时，当把头颈截除，胎儿的胸部通过阴道时，就再不能继续拉出了。手伸入产道检查，发现两后蹄同时进入骨盆腔。在腰部行胎儿截半术，取出前躯，用骨钳剪开骨盆联合，缩小骨盆体积后，在两后肢球节部绑上绳子，推回后躯，倒拉出来。

5. 头向下弯 头向下弯在驴比较常见，枕部前置更常见。头向下弯时，矫正时拉直头部需要使用下颌绳套，用一只手在胎儿额部用力下压，助手向上向后拉绳套可矫正这种胎势异常。如果术者可在胎儿头部同时旋转及后推，头部可向侧面移动，这对进一步拉直极为有利，因此应该尝试用这种方法矫正。如果仍难以很快奏效，则应将母驴麻醉，使其仰卧，抬高其后躯，再推回胎儿，这样可以更容易地矫正异常的胎势。

由于枕部前置时可发生胎儿自发性娩出，因此在胎儿头部已经进入阴道，耳朵可见于阴门外的情况下，可无须矫正而直接尝试拉出胎儿，但不建议采用这种处置方法。枕部前置而且胎儿楔入骨盆前缘而较难处治的病例，可使用截胎术，但将线锯引入并置于明显屈曲的头和颈部之间可能很困难。

如果胎儿头部完全置于两前肢之间，头压在胎儿胸部或腹部之下，则可试用推回及在颈部使用产科钩的方法进行矫正，然后用牵引术将胎儿头部拉高到手可触及的范围。如不能成功，可采用皮下截胎术截除一前肢，以便有更多的空间抬高胎头。

二、倒生时的胎势异常

倒生时的胎势异常比正生时更难以矫正。目前认为，这类胎势异常是由于胎儿跗关节和臀部关节未能伸直，因此可影响到一肢或两肢。拉直屈曲的后肢较为困难，主要是由于在骨盆前缺少足够的空间，因此必须采用3种方法矫正难产，即硬膜外麻醉、替补胎水及推回。所有操作均应小心谨慎地进行，以免引起子宫穿孔。影响矫正难易程度及矫正结果最主要的因素是处治前难产持续的时间。如果难产发生后能在第 2 产程的早期救治，则一般较易奏效，如果延误时间太久，胎水大量丧失，子宫收缩，胎儿死亡，则矫正最为困难，必须采用更为复杂的截胎术或剖宫产。倒生的胎儿死产的比例很大。

　　臀部屈曲，即使驴驹的后肢完全屈曲，有时无须助产就可顺利娩出。但发生难产时应尝试拉直后腿。由于驴的四肢较长，因此拉直时可能困难更大，而且更易由驴驹的蹄部引起子宫破裂。矫正时可考虑将母驴麻醉，仰卧，抬高其后躯，这样也便于矫正（图 10 - 6）。

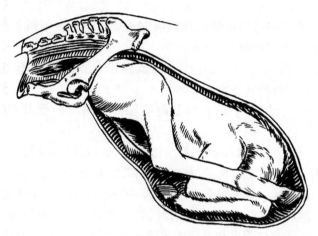

图 10 - 6　双侧臀部屈曲胎势（坐生）

　　如果经过适当的努力试图拉直后腿难以奏效，而且驴驹仍然存活时，不应再浪费时间而应及早施行剖宫产。如果胎儿已经死亡，则应将母驴全身麻醉，然后用线锯截除一后肢，之后采用牵引术牵引拉出胎儿。

第七节　胎位及胎向异常

一、胎位异常

　　胎儿位置不正在驴比较常见，这主要是由于母驴在妊娠后期或在分娩的第 1 产程，胎儿下位发生生理性转动而呈上位，这一过程有时由于各种原因不会发生，因此胎儿呈纵向（通常为正生，有时为倒生），胎儿的脊柱朝着子宫的一侧而呈左侧位或右侧位，或者朝向骨盆底部而呈下位。在分娩的第 1 产程发生，此时子宫蠕动的力量使胎儿产生一种强烈的反射，引起胎儿绕着其纵轴发生旋转。这种机理可能与发生子宫捻转的机理相似或完全相同。胎儿可能与羊膜一同在尿膜绒毛膜内转动。驴的羊膜在尿膜囊内的自由度很大，因此利于这种位置的转变。

　　为了胎儿能够出生，其在侧位或下位时必须旋转到正常的上位，因此可先推回，然后在可触及的胎儿的肢体末端施加力量而使胎儿转动。这种转动在病畜站立时容易进行。对于困难病例，可采用硬膜外麻醉。

　　1. 正生，侧位　　如果胎儿活着，则可用手摸到胎头，将拇指和中指压在胎儿眼球上（眼球有眼睑保护）。用力压迫眼球可引起胎儿发生惊厥反射，通过在适宜的方向施加转动的力量，可比较容易地将胎儿转动为上位。然后将胎儿鼻端和前肢拉到母体骨盆，抓着两前肢轻拉，同时施加转动的力量，可协助母体产力将胎儿拉出。如果这种方法难以奏效，可在前肢拴上绳套，如有可能可施行硬膜外麻醉，先尽可能推回胎儿，再以合适的方向转动绳套，然后牵拉，通过这种机械的方法转动胎儿。重要的是要确保绳套按正确的方向交叉，而不会引起胎儿的转动增加。如果胎儿方向的异常不太严重，可重复上述方法直到异常完全得到矫正，之后通过牵引完成分娩过程。上述所有方法要获得效果，关键是要补充足够的胎水替代液。

2. 正生，下位　可采用与矫正侧位相同的方法矫正下位，但矫正过程需要重复多次。可将母体仰卧，抬高后躯，这样便于矫正。

如果胎儿仰卧，背部在下，头和四肢屈曲于其颈和胸之下，则必须先将胎儿推回，以便能拉直头和前肢，然后再进行转动矫正。

3. 倒生，侧位　术者用一手抓着胎儿前肢膝部，同时回推及下压胎儿，使胎儿转动90°。

4. 倒生，下位　术者将手伸入胎儿两后肢之间，向上到达腹股沟区，抓住一条后腿，前推，术者转动胎儿。如不奏效，可通过交叉在前肢的绳套转动胎儿；或者将后肢尽可能拉出，在阴门外，可将牵引棒（如果没有专用器械，可采用一段笤帚把）置于两个后蹄间，将其用绳套绑在一起，然后转动牵引棒。

驴驹倒生下位时后蹄穿破阴道和直肠的风险很大（图10-7），对这种病例可采用剖宫产，之后修复直肠阴道瘘。

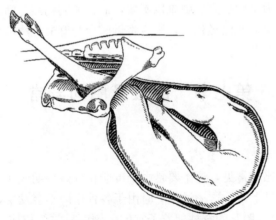

图10-7　幼驹产势异常：倒生下位，胎儿四肢伸展，
穿破阴道背部和底部，造成直肠阴道破裂

二、胎向异常

胎儿纵轴与产道纵轴不一致，而是在骨盆入口处呈竖向或横向。由于矢状面空间位置的限制，绝对竖向是不可能的，但斜的竖向偶尔可见于驴。根据胎儿朝向骨盆入口的部位（脊柱或腹部），这种难产可分为背竖向或腹竖向。横向也不常见，有时可见于驴，可呈腹横向或背横向。同样，各种斜的横向更为常见。

由于胎向异常造成的难产均很严重，驴特有的双角妊娠横向极难矫正。对所有病例救治的主要目的是转变胎向，使竖向或横向转变为纵向。显然，矫正时应该将最近的胎儿肢端拉向骨盆入口，但如果两端距骨盆入口的距离相同时，通常可将胎向转变为倒生（注意对2条而不是3条腿进行矫正）。

1. 斜的背竖向　矫正斜的背竖向时，根据离骨盆最近的部位（头部或坐骨），可将胎向转变为正生或倒生。可将胎儿的一端（头或四肢）拉到骨盆入口，首先将异常胎位转变为下位纵向，然后按前述方法将胎儿转动为上位。必须在子宫内将胎儿推回并灌注大量胎水（天然的或人工的）。然后通过产科钩尽可能将胎儿一端拉近，之后在推回胎儿的同时将钩回拉，使胎儿的前端或后端到达骨盆入口。矫正完胎位及胎势后通过牵引将胎儿拉出。如果不能转动胎儿，则应采用剖宫产。

2. 斜的腹竖向　虽然斜的腹竖向比前述的异常胎向更为常见，但总体来看仍然罕见，且只见于马属动物。如果发生这种异常，在诊断上并无多大困难，如果在产驹母驴可见到胎儿头部和前肢已经凸出，而且已经施行过牵引而未获成功，则很有可能为"犬坐式"（图10-8）产势异常引起的难产，胎儿的前端不同程度地位于阴道内，但其后端仍位于子宫中。如果在产驹母驴可见到胎儿后肢已经凸出，而且已经实施过牵引术而未获成功，则可能是腹竖向。为了慎重起见，需要做产道深部检查，一定要确定在母驴两后腿之间，骨盆腔入口处，是否触到了胎儿的前肢或胎儿的头部。这种难产与正常正生不同的是，后肢也进入产道而靠在骨盆边缘，因此越拉胎儿，其楔入的程度越大。大多数病例胎儿阻塞的情况极为严重，但在采用硬膜外麻醉及子宫内灌注润滑液之后可试图尽可能推回胎儿，以便其后肢可以推离骨盆边缘而进入子宫，从而将难产转变为正常的正生。矫正时，可使母驴仰卧，抬高后躯。如果矫正不能成功，则剖宫产是唯一可选的治疗方法。在发生犬坐式产势时，将胎儿头、颈和前肢从阴门回推很难奏效。如果阴道黏膜肿胀严重而阻碍阴道内操作，则应施行剖宫产。

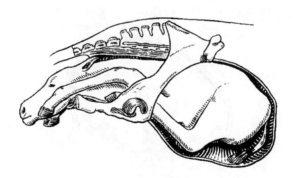

图10-8　幼驹产势异常：犬坐式

3. 背横向　背横向较为罕见（图10-9），但斜的背横向可见于驴。矫正时应该弄清胎儿的极性，确定哪一端离骨盆入口最近。矫正时可将胎儿回推，将近端拉向骨盆。如果胎儿的一端难以接近，则在驴的子宫内矫正非常困难或几乎不可能。如果有可能成功，可对母驴采用全身麻醉，以便使其仰卧，之后灌入胎水，通过矫正胎儿近端使其转变为下位正生，之后再矫正为上位，最后通过牵引拉出。如果经过最后努力仍难以奏效，则应立即采用剖宫产。这种类型的难产极难采用截胎术。

4. 腹横向　斜的腹横向更为常见（图10-10），可见到胎儿不同肢端进入母体骨盆。有

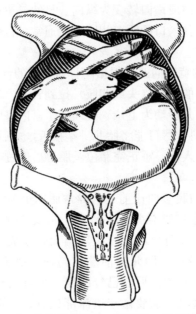

图 10 - 9　幼驹产势异常：背横向，子宫体妊娠

时头和前肢可能进入阴道，但常见的为 1 条或几条腿前置。这种情况必须与双胎及裂腹畸形相区别。阴道内干预的目的首先是将异常胎向转变为纵向，通常转变为倒生下位，因此应将胎儿的后端向前拉而将胎儿的前端向回推。对母驴采用全身麻醉及仰卧有助于矫正。如果矫正后不能很快奏效，则建议采用剖宫产。

　　此为横向双角妊娠的马属动物所特有的难产（图 10 - 11），胎儿末端可能位于两个子宫角，而其躯干则位于子宫体的前端。有时可见到子宫向腹部移位，如果发生这种情况，则不可能触诊到胎儿。一旦诊断为胎向异常，则应施行剖宫产。

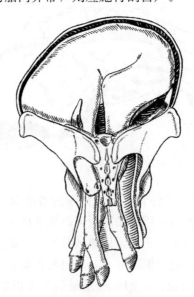

图 10 - 10　幼驹产势异常：腹横向，子宫体妊娠

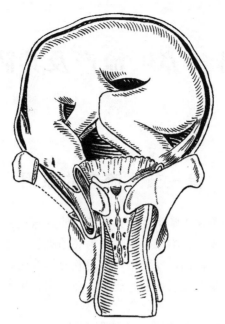

图 10-11 幼驹产势异常：腹横向，子宫腹部移位，双角妊娠

第八节 驴难产的预防

难产不仅易引起驴驹死亡，而且常因手术助产不当而使母驴子宫和产道受损及感染，会影响母驴的生产性能，甚至造成不孕，严重时可危及母驴生命，因此应采取积极措施进行预防，具体措施有：

（1）勿过早配种，若进入初情期或性成熟之后便开始配种，由于母驴尚未发育成熟，所以分娩时容易发生骨盆狭窄，因此要防止未达到体成熟的母驴过早配种。母驴一般到 2.5 岁时参加配种，配种时建议小型初配母驴使用中型公驴精液进行配种，以防止难产。

（2）供给妊娠母驴全价饲料，饲草应该饲喂营养和品质较高的羊草，饮水中添加多维。母驴妊娠期所摄取的营养物质除维持自身代谢需要外，还需要供应胎儿的发育，故应供给母驴全价饲料以保证胎儿发育和母体健康。但母驴也不可喂得过肥，以减少分娩时难产发生。

（3）适当运动。适当的运动不但可以提高母驴对营养物质的利用，而且可使全身及子宫肌肉的紧张性提高，分娩时有利于胎儿的转位以减少难产的发生，还可防止胎衣不下及子宫复旧不全等疾病。

（4）正确及时地进行临产检查，早期诊断是否难产。临产检查应在母驴开始努责到胎囊露出或排出胎水这一期间进行。过早，难以确认是否难产；过迟，可能已经难产。尿囊膜破裂，尿水排出后这一时期正是胎儿的前置部分楔入骨盆腔的时间。此时触摸胎儿，如果前置部分正常，则可自然出生；如果发现胎儿有异常，就立即矫正。此时，由于胎儿的躯体尚未楔入骨盆腔，难产的程度不大，胎水尚未流尽，矫正比较容易，可避免难产的发生。

第十一章 流产及其防治

第一节 流产的原因

流产是指胚胎或胎儿与母体正常关系受到破坏、使妊娠过程中断的病理现象，可分为传染性流产和非传染性流产。流产在临床上可表现为胚胎吸收、排出死亡胎儿、排出不足月胎儿，或者胎儿死亡后滞留在子宫内，变为干尸、浸软分解或腐败分解等。流产可以发生在母驴妊娠的任何阶段，以妊娠早期及后期发生居多。在过去几年，新建的规模化驴场以妊娠后期排出死胎多见。

引起流产的原因很多，除了传染性病原体引起的流产，普通流产的原因包括以下几个方面。

一、内部因素

1. 脐带、胎膜及胎盘异常 脐带、胎膜及胎盘是胎儿与母体联系的通道，是维持胎儿发育的器官。这些器官发育异常，必然导致胎儿发育不良或死亡。脐带异常主要有水肿、扭转或脐带过长。脐带水肿往往和胎膜水肿并发。有人曾做过统计，在母马的流产中脐带扭转的发生率达 1.04%，这可能与胎儿脐带较长有关，或认为是胎儿在子宫内翻转所致。脐带水肿和扭转，可出现血液循环障碍，脐血管出血或淤血，营养物质和氧气不能通过脐带供应胎儿，遂导致胎儿死亡而流产。脐带过长时可将胎儿体躯的某一部位缠住，使这一部位的发育受到影响，甚至出现畸形。胎儿常因脐血管循环障碍而发生死亡。

此外，胚胎绒毛膜上绒毛发育不全，可能是因母驴患过子宫内膜炎，黏膜的受损部位没有复原，因此和这些部位接触的绒毛膜上所分布的原始绒毛就萎缩消失，甚至形成瘢痕，而不形成胎盘。绒毛发育不全或无绒毛时，由于胎儿得不到所需要的营养物质，发育必然受到影响，从而发生流产。

2. 胚胎发育异常 在妊娠 1~2 个月的早期流产中（多数表现为胚胎死亡并被吸收），胚胎发育异常是最重要的因素。除母体子宫环境不良外，还可能与精子或卵子畸形或缺损有关。若不能准确地掌握输精时间，排卵时间过久强行补配，不但受胎率低（如排卵后 9 h 再输精，受精率只达 33% 左右），胚胎死亡率也高。高活性精子比例低即精子衰老时受胎可导致部分胚胎死亡。养殖场中种公驴由于营养不均衡、运动不足、过肥或高温均可造成这种情况发生。

3. 双胎 马属动物怀双胎时的流产率要比怀单胎时高。尤其是双胎中的一个胎儿发育较快，占据子宫腔的大部分容积，另一个胎儿则会因没有足够的胎盘进行发育，营养供给不足而死亡，最终则导致两个胎儿都被排出。双胎流产可发生于妊娠的任何阶段，但多发生在妊娠6～7个月以后。胎儿的相对大小对于流产发生与否具有重要意义。

4. 内分泌失调　妊娠的维持依靠多种激素的协同作用，一种激素处于紊乱状态，即可失去相对的平衡而造成流产。对妊娠有直接影响的是孕酮，孕酮使预先被雌激素致敏的子宫形成分泌性子宫内膜；孕酮也抑制子宫肌的活动及对催产素的反应，因此孕酮是维持妊娠不可缺少的激素。如果在妊娠的前几周，孕酮水平大幅下降，或胎盘孕酮分泌过晚与不足，就可能导致流产。孕酮水平低的原因很复杂，但是规模化驴场母驴养殖密度大、日粮营养不平衡和运动不足是重要诱因。

5. 生殖器官炎症　最多见的是子宫内膜炎，它是造成流产的重要因素。此外，阴道炎和子宫颈炎也容易引起流产。

除传染性流产（如马副伤寒、马鼻肺炎、马病毒性动脉炎等）外，某些病原微生物（如金黄色葡萄球菌、大肠杆菌、红球菌、生殖道泰勒菌、双球菌、巴氏杆菌、马志贺杆菌、链球菌等）的侵入，都可能破坏子宫的完整性，引起病理变化，造成流产。它们进入子宫内膜的主要途径是从外部侵入。因此，保证在配种、分娩、孕检过程中的消毒和卫生尤为重要。

子宫内膜出现炎性病理变化后，会使胎盘遭受损伤（如功能障碍、屏障作用消失、胎盘脱离），由于缺氧、营养中断，造成胎儿死亡；或者病原微生物直接侵袭到胎体，引起胎儿死亡。有时子宫内膜的炎症可激发产生溶解黄体的物质——前列腺素，导致孕酮分泌停止，也可导致流产。

二、外部因素

1. 营养因素　精饲料不足、日粮单纯、饲料品质不良、饮水不当以及不遵守饲喂制度等均可成为发生流产的原因。营养不良在实际生产中一般不太常见。但是，某些养殖场（户）缺乏科学饲养管理技术，对后备驴、哺乳母驴、空怀母驴等饲养阶段均采用一种饲料饲喂，同一个饲养标准，饲料质量差，达不到规定的标准则会引起母驴妊娠营养障碍，进而导致流产发生，表现为死胎、木乃伊胎、畸形胎及弱胎等。如维生素A或者维生素E不足、矿物质不足等都会导致流产的发生。

维生素A缺乏时，可引起子宫内膜及绒毛膜上皮细胞角化、变性，胎盘功能被破坏，容易在妊娠后期流产。驴同马一样，可以有效吸收维生素C和维生素D，在盲肠内也可以合成有限的烟酸和维生素K、B族维生素，但维生素A、维生素E不能自身合成，这些维生素就需要外源补充。目前，大多数市售的预混料添加剂都含有维生素和矿物质，因此选择和使用预混料是补充维生素的一个有效途径，而非传统的通过增加采食量来补充维生素。

矿物质（钙、磷、碘等）和微量元素（钴、铜、锰等）对胎儿的发育是不可缺少的。缺钙会破坏胎儿的生长及植物性神经系统的发育。缺磷可影响胎儿的发育。缺碘可影响胎儿的甲状腺活动。缺锰会造成母驴发情期延长，不易受胎，早期发生原因不明的隐性流产、死胎和不孕。铜具有较广泛的生物学效应，铜缺乏会造成贫血、神经症状、运动障碍、骨和关节变形、被毛褪色以及繁殖力下降等。当锌缺乏时，机体内含锌酶的活性降低，会引起部分氨基酸（蛋氨酸、胱氨酸和赖氨酸）的代谢紊乱，造成DNA和RNA合成障碍，从而导致一系列病理变化。锌缺乏动物主要表现为生长停滞、发育受阻、繁殖能力下降、皮肤角化不全以及创伤愈合缓慢等症状。

2. 饲料中毒　饲喂腐败、发霉、过酸的青贮饲料，腐败的酒糟和玉米渣易引起中毒性流产。发霉玉米中毒更应警惕，其中含有的黄曲霉毒素具有明显的肝肾毒性和胎儿致畸性，玉米赤霉烯酮、T_2毒素和伏马毒素等也具有协同作用，可引起胎盘坏死。用含农药的牧草喂妊娠母驴，2个月后仍有有机磷残毒存在，可引起中毒和流产。

3. 机械损伤　如腹壁的碰伤、抵伤或踢伤。在泥泞、结冰、光滑或高低不平的地方跌倒、抢食、争饮，出入圈栏过于拥挤，都可使母驴腹壁或子宫受到挫伤，严重时可造成股部血肿、腹肌断裂、子宫出血等。剧烈而迅速地运动，如跳越障碍、陷坑、滑坡等都会使胎儿受到震荡，刺激子宫收缩。惊吓和粗暴地鞭打头或腰部会使母驴精神紧张，肾上腺分泌增多，因而可反射地引起子宫收缩。规模化驴场比较常见的问题是圈舍的面积小，饲养密度大造成拥挤，易发生互相咬架、冲撞、滑倒、被其他驴爬跨引起流产或死胎。

4. 管理因素　惊吓、冬季饮凉水等管理因素可使妊娠母驴腹部器官或子宫收缩。受精20~45d的母驴较敏感。皮质醇分泌增多，性激素分泌紊乱，也可以引起流产。长途车船运输可使妊娠母驴极度疲劳，体内产生大量二氧化碳及乳酸，因而血液中的氢离子浓度升高，刺激延脑的血管收缩中枢，引起胎盘血管收缩，使营养物质及气体输送发生障碍，从而引起流产。酸中毒也可以引起流产。

5. 医疗不当　临床上所施行的全身麻醉、大量放血、腹腔手术；服用大量泻剂、利尿剂、发汗剂以及某些能引起子宫收缩的药物（如麦角、垂体后叶激素、氨甲酰胆碱、槟榔碱等），以及误投妊娠忌服的中草药（乌头、附子、桃仁等），都可能引起流产。应避免粗鲁的直肠检查和产道检查。子宫阴道疾病、胃肠炎、疝病、热性病及胎儿发育异常等也可以引发流产。

6. 妊娠后误配　通常受精后35d左右发生第1个黄体萎缩，而两个卵巢又有新的卵泡发育（仅少数能正常排卵），在卵泡发育过程中则分泌雌激素，胎盘也产生类似脑垂体前叶分泌的促性腺激素（妊娠45~90d分泌量最多），部分母驴在激素的作用下仍会出现发情征兆。在这种情况下，如果忽视妊娠检查或判断错误，再次配种或输精，易造成流产。

第二节　流产的主要表现及诊断

早期胚胎吸收多发生在妊娠后30~60d。妊娠3个半月绒毛才与子宫黏膜形成比较广泛的联系。因此妊娠初期，母驴受到某些不利因素的影响，极易引起早期胚胎死亡，并发生组织液化，最后被吸收。早期胚胎吸收，在临床上见不到流产预兆或症状，但间隔一定时间做直肠检查时，原已肯定的妊娠现象消失，不久又会出现发情征兆，从阴门中流出较多的分泌物。

一、排出不足月胎儿

这类流产的前兆及过程与正常分娩相似，所以也称早产，当然其分娩前兆不如正常分娩那样明显，以妊娠后期为多见。早产胎儿如果距分娩时间较近，并有吮乳反射则有救活的希望，但必须采取保温、哺乳、精心护理等措施。

二、排出死胎

排出死胎也称小产，是流产中最常见的一种。这种流产如果发生在妊娠后期，胎儿较大、转位不充分时，往往伴发难产。妊娠末期胎儿死亡而未排出时，可根据乳房增大、能挤出初乳，看不到胎动所引起的腹壁颤动，直肠检查时感觉不到胎动，阴道检查时，发现子宫颈稍开张、子宫颈黏液塞发生溶解等综合症状进行判断。

三、延期流产

即死胎停滞，胎儿死亡后，由于母体阵缩微弱、子宫颈未开张，致使死亡的胎儿长期滞留于子宫内。停滞的死胎因环境不同，有时可发生不同病理变化。

1. 胎儿干尸化 在特殊情况下，胎儿死亡后，子宫的反应微弱、子宫颈闭锁，死胎不能排出，而胎膜及胎盘发生变性、坏死，进而胎水被吸收，死胎组织液也被吸收，子宫逐渐收缩，体积缩小。胎儿体表附着红褐色黏液。在空气中干燥后则变为黑褐色。胎儿干尸化后，初期表现与妊娠征状难以区别，但腹围不见增大，妊娠现象不继续进展。由于子宫内存有死胎，卵巢内多存在黄体，所以不发情。直肠检查时不能触知胎动，且子宫内没有与胎儿妊娠日数相应的波动，但可摸到其内有硬固物存在。

2. 胎儿浸软分解 指胎儿死亡后子宫颈开张，非腐败菌侵入，发生卡他性或卡他性-脓性子宫内膜炎，并逐渐波及胎膜和胎儿，致使胎膜和胎儿的软组织浸软分解，变为液体，而胎儿骨骼仍遗留在子宫内。软组织被分解为红褐色或棕褐色的黏性液体，不断由子宫中排出来，其中可能掺杂有零碎的皮、毛或小骨片。这种流产较少发生，一旦发生极易引起败血症及腹膜炎。

3. 胎儿腐败分解 胎儿死亡后，由于体躯过大不能排出，而腐败菌（厌氧菌）侵入死胎体内，使其迅速腐败分解，产生硫化氢、氢、氨、二氧化碳及组织分解产物，使胎儿皮下、肌间、胸、腹腔积聚大量气体。特别在炎热季节，这种病理变化过程更为迅速。由于胎儿的体积胀大，轮廓异常，故又称气肿胎儿。

触诊胎儿可发现被毛脱落，死胎皮下有捻发音。直肠检查可感知子宫壁紧张、胎体膨大。胎儿发生气肿后，母驴精神高度沉郁且伴有腹痛症状，并易吸收胎儿腐败分解的产物而导致中毒或发生菌血症、败血症。

4. 习惯性流产 流产连续发生 3 次以上者称为习惯性流产。其特征往往是每次流产发生在同一妊娠阶段，也可能稍推迟。多见于子宫的瘢痕或变性，有时因内分泌因素，特别是孕酮不平衡也可能引起。

第三节 流产的防治

一、预防

必须坚持以预防为主，切实做好保胎、防流产工作，最重要的是加强选育工作，凡选作种用的母驴，必须符合选育标准，对存在遗传缺陷、繁殖障碍等生殖疾病的一律淘汰。把预防措施落实到饲养、管理和增强体质几个方面，最大限度降低流产率。

1. 饲养方面 母驴流产的发生具有明显的时间性，即妊娠初期 3 个月内及妊娠末期 8～9 个月，因此必须格外注意。对妊娠母驴宜多喂精草料，草料要搭配适宜，应有足够的蛋白质、维生素、矿物质（尤其是钙和磷）以及必需的微量元素。有条件的，可每天喂胡萝卜，妊娠 2～3 个月开始增加精饲料一直到妊娠 8～9 个月，粗饲料的饲喂量要适当减少。

2. 管理方面　坚持有规律的运动，是提高母驴保胎能力的重要措施。冬季防止饮凉水特别是冰水。在选择场地和建筑畜舍时，不但要考虑有利于环境控制，还应注意夏季防暑降温和冬季防寒保暖，同时还应尽量减少运输、气温、饲养条件的改变等带来的应激。在规模化驴场发生过高温造成大批量流产的情况，因此在夏季做好防暑降温、预防热应激工作非常重要。

3. 增强种公、母驴体质　选用健康的种公驴，不用发霉饲料饲喂母驴，对饲料定期抽样做黄曲霉毒素测定，废弃毒素超标的饲料或去除超标饲料中的毒素。防霉是预防饲草、饲料被黄曲霉菌及其毒素污染的根本措施。饲料水分含量，谷粒为 13%，玉米为 12.5%，花生仁为 8%以下。为了防止发霉，还可使用化学熏蒸法或防霉剂，常用丙酸钠、丙酸钙，每吨饲料中添加 1～2 kg，可安全存放 8 周以上。同时，在饲养过程中要避免饲喂农药污染的饲草，不能使用或少用棉籽饼，避免饲喂含有植物性雌激素饲料，如松针粉等。

二、治疗

出现流产症状时，先采取保胎措施。已发生流产或不能保住胎儿的，先要弄清流产原因，是侵袭性的、创伤性的还是饲养管理性的。同时，对胎死腹中的要及时进行打胎。检查胎儿、胎膜的发育及病变情况，属于自发性还是症状性。流产后或胎儿取出后，应在规定时间内冲洗母驴子宫，并投入抗生素。注意母驴体况，防止产后子宫内膜炎和败血症的发生。

（1）如排出不足月胎儿、排出死亡没有变化的胎儿，不需要特殊处理，消毒流产母驴的外阴部及厩栏，给予营养丰富易消化的饲料。配种后第 3 天起，每天补充黄体酮 100 mg，连续5～7d；对不孕驴，除上述给药外，第 10 天起，隔天肌内注射黄体酮 100 mg，至第 16 天，观察是否发情，不发情的给药至第 30 天。受胎率可以提高 30%左右。

（2）母驴出现的流产先兆较母马轻，很容易被忽视，包括不断弓腰、举尾、努责，或出现腹痛现象，以及从阴道内流出少量血液，应尽可能避免引起子宫收缩的因素发生，宜在产前 1 个月将母驴安置在较安静、清洁的厩舍，不做或少做阴道及直肠检查。必要时可使用镇静剂或子宫收缩抑制剂，如 5%水合氯醛溶液 200 mL 或 1%硫酸阿托品注射液 3～5 mL；有出血倾向时可应用止血敏（酚磺乙胺）10～20 mL。

为了防止习惯性流产发生，可在习惯性流产时间节点到来之前，每天皮下注射黄体酮 100 mg，连续 3～5d。正常保胎也可以使用黄体酮，100 mg 肌内注射，每天 1 次，连用 2～3d。

（3）对死胎停滞（胎儿干尸化、胎儿浸软分解、胎儿腐败分解）的处理原则是迅速排空子宫，促使死胎自动排出，不能自动排出的可用手或借助器械取出，并控制感染的扩散。在严格遵守消毒制度前提下，用手指或子宫颈扩张器充分扩张子宫颈，通过产道将胎儿取出。胎儿干尸化或浸软分解时，可向子宫内灌注大量消毒溶液或滑润剂；胎儿气肿拉出有困难时，应切开皮肤，或穿刺胸、腹腔放气，待体积缩小后取出，必要时可行截胎术。

（4）对干尸化或浸软分解的胎儿，可使用激素制剂，促使延期流产的母畜开张子宫颈口，排出胎儿及骨骼碎片，同时将胎衣排出，冲洗子宫并投入抗菌消炎药，必要时采用全身疗法，如先注射雌激素，在子宫颈充分开张的基础上，再注射子宫收缩剂（垂体后叶激素或麦角新碱）。临床常用大剂量雌二醇 200～500 mg 肌内注射，20～30 min 后再肌内注射催产素 100～150IU，或者宫腔注入前列腺素 4～8 mg，一般 3d 内排出，然后进行子宫冲洗。若干尸化时间过久，从产道取出有困难，可行剖腹取胎术。

（5）取出的胎儿、胎衣和羊水等应深埋或烧毁，并对环境进行彻底清理和连续消毒。

（6）预防传染性疾病，经评估后可以引入自家苗或商品化疫苗。每年春秋两次驱虫。在饲料或饮水中定期加入阿莫西林等药物可以降低驴体内外病原体的数量。但是氨基糖苷类、喹诺酮类、四环素类、氯霉素、磺胺类药物对胎儿具有致畸作用，应慎用。

第十二章 驴繁殖障碍性疾病

驴的繁殖率较低，驯化、圈养使这一现象更为明显，但通过加强饲养管理可使驴的繁殖率明显提高。一些饲养管理良好的母驴群，繁殖季节可实现90％以上的受孕率，其中有80％以上的受孕驴产下活驴驹。随着母驴年龄增长，至十几岁时其繁殖能力呈线性下降。

驴群繁殖率主要取决于母驴，繁殖障碍母驴不能与生殖能力强的种公驴交配受孕。因此，需要同时考察公驴与母驴的繁殖能力。在繁殖季节结束时仍未受孕的母驴被称为不孕；妊娠后产下一头健康的小驴驹，称为繁殖成功。是否繁殖成功，取决于发情、配种、受孕和分娩的整个过程，兽医进行病因调查和治疗处理时，必须考虑繁殖过程中的每一个可能的相关因素。

第一节 公驴繁殖障碍性疾病

公驴的繁殖能力如何，依赖于其精子生成、精子的受精能力、性欲和交配能力是否正常等。公驴的不育可分为先天性不育和后天性不育。作为种用公驴，先天性不育的公驴多在选种时就被淘汰。因此，生产中常见的公驴不育，主要是由疾病、管理利用不当和繁殖技术错误等后天性因素造成的。

一、先天性不育

先天性不育，是由于染色体异常或基因表达调控出现异常导致的公驴不育或繁殖力低下，这可通过染色体组型分析确诊。常见的有以下几种。

1. 睾丸发育不全 睾丸发育不全，指公驴一侧或双侧睾丸的全部或部分精曲小管生精上皮不完全发育或缺乏生精上皮，但间质组织可能基本正常。一般是多了1条或多条X染色体，或是基因表达调控过程出现障碍，双侧睾丸发育和精子生成过程受到抑制。此外，在初情期前，营养不良、阴囊脂肪过多和阴囊系带过短也可引起睾丸发育不全。

症状：睾丸发育不全很罕见，与相同年龄和品种的驴相比，病驴在出生后生长发育正常，周岁时生长发育测定能达到标准，第二性征、性欲和交配能力也基本正常，但1个或2个睾丸较小，可以通过触诊或测量进行诊断，利用卡尺或阴囊超声成像，测量完全下垂的睾丸长度、宽度和高度。睾丸的质地软，缺乏弹性，多次检查精液呈水样、无精或少精、精子活力差、畸形精子百分比高。有的个体虽有正常形态的精子，但精子质量差，不耐冷冻和储存，受精率低或不育。

诊断：依据以上症状可初步确诊。睾丸组织活检，可见整个性腺或性腺的一部分精曲小管缺乏生殖细胞，仅有一层没有充分分化的支持细胞，间质组织比例增加；有的公驴生殖细胞不完全分化，生精过程常终止于初级精母细胞或精细胞阶段，几乎见不到正常的精子。确诊可做染色体检查。应与睾丸萎缩区别诊断。

处理：即使病驴精液有一定的受胎率，但需要多次授精或配种，妊娠后发生流产和死产的比例也很高，且具有很高的遗传性，临床上常做去势术，不作种用。

2. 隐睾 隐睾是指因睾丸下降过程受阻，单侧或双侧睾丸不能降入阴囊而滞留于腹腔或腹股沟管内。双侧隐睾者不育，单侧隐睾者可能具有繁殖能。正常情况下，驴的睾丸在胎儿出生前后 2 周内降入阴囊。

病因：隐睾具有明显的遗传倾向，其发病机理不太清楚。一般认为，这与睾丸大小、睾丸系膜引带、血管、输精管和腹股沟管的解剖异常有关；或是在睾丸下降时内分泌功能紊乱，促性腺激素和雄激素水平偏低，造成睾丸附属性器官发育受阻、睾丸系膜萎缩，因而致隐睾。

症状：公驴阴囊小。单侧隐睾，阴囊内只有 1 个睾丸，位于阴囊内的睾丸大小、质地和功能均可能正常，公驴可能有繁殖能力。在腹腔或腹股沟管内的睾丸，因环境温度高使其生精上皮变性，不能正常生成精子，睾丸小而软。因此，双侧隐睾的驴不育，但睾丸间质细胞仍具有一定的分泌功能，公驴的性欲及性行为基本正常。

诊断：诊断方法包括触诊阴囊和腹股沟外环、在直肠内做盆区触诊、实验室检查血浆雄激素水平和激素诱发试验等。阴囊内缺少 1 个或 2 个睾丸，并且在阴囊上没有去势的瘢痕，这就说明存在隐睾。

外部触诊可诊断位于腹股沟外环、可缩回的睾丸。直肠内可触摸睾丸或输精管有无进入鞘膜环。超声检查可用于确定位于腹股沟管内的睾丸的位置。腹腔镜检查可用于确认腹腔内有无睾丸。如有必要，可在镇静的情况下仔细触诊，检查阴囊情况。

患隐睾的公驴血中雄激素水平低。可在注射人绒毛膜促性腺激素（hCG）或促性腺激素释放激素（GnRH）前后分别测定血中睾酮浓度，患隐睾的公驴用药后血中睾酮浓度升高。3 岁以上的公驴血中雌酮硫酸盐水平≥0.2 ng/mL，提示隐睾症。给隐睾公驴静脉注射人绒毛膜促性腺激素 6 000 IU，血中睾酮水平在 30～120 min 后升高≥100 pg/mL。

处理：从种用角度出发，任何形式的隐睾均无治疗的必要，应禁止使用单侧或双侧隐睾的公驴进行繁殖。隐睾也易发生肿瘤，故建议摘除隐睾或实施去势术。

腹股沟管内隐睾，在隐睾处切开皮肤与皮下组织，分离腹股沟管并切开，取出睾丸和精索，双重结扎精索后切除睾丸，闭合腹股沟管。

对腹腔隐睾，依据隐睾的位置选择腹底壁切口。打开腹腔后，在腹股沟内环处、膀胱背侧或肾后方等部位探查隐睾。找到睾丸，剪断睾丸韧带，双重结扎精索后摘除睾丸。或行腹腔镜手术取出隐睾。

单睾症，是由于发育的缺陷造成的，完全缺失 1 个睾丸，这在种公驴中很罕见，在这种情况下种公驴通常是可育的。

3. 腹股沟阴囊疝 腹股沟阴囊疝，是因腹股沟内环或腹股沟环内径过大，腹腔内的脏器（常为小肠）进入腹股沟管或阴囊腔造成的。驴驹表现是阴囊内呈单侧或双侧肿胀，听诊可有肠管蠕动音；倒立或仰卧时可将肿胀物还纳腹腔内，阴囊肿胀消失；或通过超声成像检查得知肿胀物与阴囊附近的肠管相联系。

驴腹股沟阴囊疝易发生肠绞窄，出现急性腹痛的症状。为了防止肠绞窄或肠梗阻发生，通常的做法是给驴驹做去势术，并闭合扩大的腹股沟环。资料显示，阴囊疝有遗传性，因此对阴囊疝驴的合理处理方案是实施去势术。方法是自腹股沟外环沿精索切开皮肤与皮下组织，分离出总鞘膜。不切开总鞘膜，将总鞘膜与精索一起双重贯穿结扎，在结扎线下方 3～4 cm 处切断总鞘膜与精索，分离阴囊内的睾丸并将其摘除。然后，将精索断端填塞于内环内，用不可吸收缝线闭合内环与外环。用手术刀在阴囊底刺一小口，用于排出阴囊腔的液体。常规闭合皮下组织和皮肤。

二、输精管壶腹堵塞

输精管是附睾管的直接延续，起于附睾尾端，与精索一起经腹股沟管进入腹腔，沿盆侧壁行走，向后至膀胱颈背侧。在此（输精管末端），两侧输精管逐渐接近并呈梭形膨大，形成输精管壶腹。输精管壶腹的后端变细，与精囊腺的排泄管汇成射精管，穿入前列腺，开口于前列腺部尿道。

壶腹阻塞可能会发生于种公驴，其原因不明，通过触诊和经直肠的壶腹超声成像进行诊断，显示其扩张。治疗包括经直肠按摩壶腹，诱导极度的性兴奋，然后射精，直到有精子丰富的精液射出。注射催产素，可通过增加壶腹平滑肌的收缩力来起到疏通作用。治疗无效的，不作种用。

三、生殖器官损伤

1. 阴茎和包皮的损伤　交配时可能会造成阴茎和包皮的创伤性损伤，如种驴圈和使用的刷子，或交配时母驴外阴有缝线等，准备不当或错误使用人工阴道，以及被栏门、围栏碰撞，或棍棒打击等都可导致阴茎损伤。严重的，除了出现出血和水肿外，还可产生开放性伤口，并可能引起并发症，如因局部纤维化和粘连的形成导致阴茎横向或腹侧偏移、阴茎海绵体血管系统损害，或因疼痛致性欲减退或交配行为异常。

处理方法：受伤后局部使用冷水和/或碎冰进行冷敷（急救治疗）。全身应用非甾体消炎药，如氟尼辛葡甲胺、美洛昔康、替泊沙林等；应用抗生素治疗，以减轻肿胀并控制继发感染。可通过使用女式紧身裤或类似材料制成的特殊吊带，给阴茎提供机械支撑，以控制继发性水肿和肿胀。应让种公驴保持安静，避免性刺激，同时禁用可致阴茎松弛的安定药。对开放性损伤，需要处理伤口和局部用药治疗。

2. 睾丸和附睾的损伤　睾丸和附睾损伤可能是由于在交配时或由于意外伤害而发生的。例如，打击、蹴踢、尖锐硬物刺伤等，引起睾丸炎与附睾炎。也见于睾丸附近组织或鞘膜的炎症蔓延，全身感染性疾病的病原经血流进入睾丸并引起睾丸炎症。根据临床症状，可将睾丸炎分为急性和慢性两种。

急性睾丸炎：睾丸肿大、发热、疼痛；阴囊发亮；病驴站立时拱背，后肢广踏，步态拘谨，拒绝爬跨。触诊可发现睾丸紧张，鞘膜腔内有积液，精索变粗，有压痛。病情严重者体温升高。并发化脓感染者，局部和全身症状加剧。在个别病例中，可见脓汁沿鞘膜管上行入腹腔，引起弥漫性化脓性腹膜炎。

慢性睾丸炎：睾丸不表现明显的热痛症状，其组织逐渐纤维化，弹性消失，硬固，体积变小，产生精子的能力降低或消失。

阴囊水肿、出血、血肿、裂伤和睾丸炎，可导致短暂或永久的精子产生障碍，这取决于损伤的严重程度。炎症引起的局部组织温度增高以及病原微生物释放的毒素和组织分解产物等，都可造成生精上皮的直接损伤。睾丸肿大时，由于白膜缺乏弹性而产生高压，睾丸组织因缺血发生细胞变性。各种炎症损伤中，首先受影响的是生精上皮，其次是支持细胞，只有在严重急性炎症情况下睾丸间质细胞才受到损伤。单侧睾丸炎症引起的发热和压力增大，也可以引起健侧睾丸组织变性。偶尔因炎症而产生抗精子抗体和附睾梗阻塞。

附睾损伤可导致输精管堵塞，无精子射精和壶腹部扩张。临床上可发现壶腹堵塞的病例，精液中无精子。可通过外部触诊和超声波扫描进行诊断。直肠触诊和壶腹部超声成像均显示壶腹部膨大。

治疗的原则是消炎止痛，控制感染和并发症，消除病因或原发病。患急性睾丸炎的病驴应停止活动，安静休息。睾丸机械性损伤，立即（24 h 内）应用冷水或碎冰进行冷敷急救；后期可温敷，加强血液循环，使炎症渗出物消散。全身用非甾体消炎药和抗生素治疗，以减轻肿胀和控制继发感染（参考阴茎损伤的治疗方法）。在急性期和愈合期，可用超声成像监测损伤程度。如果单侧睾丸损伤严重，可以单侧去势，以避免产生抗精子抗体。由传染病引起的睾丸炎，应首先考虑治疗原发病。

附睾梗阻，由直肠按摩壶腹部，诱导种公驴极度性兴奋，然后射精，直到出现富含精子的精液射出为止。反复射精直至排出正常精子后，可再用缩宫素或催产素治疗，增强壶腹平滑肌的收缩力。

四、性行为异常

正常交配行为的发生，受激素和自主神经控制下的复杂反射模式的调节。在交配前和交配中的性兴奋和激情现象，称为性欲。性行为的激发使得阴茎勃起、挑逗、爬跨、插入、抽动、射精、静止停留、退出和落下。性欲低下，是最常见的性行为障碍，当种公驴遇到发情母驴时，性兴奋弱或缺乏性欲。对于性欲旺盛的种公驴，过度使用、交配时间或管理方式的改变、虐待、不合适的人造阴道和错误使用人造阴道等都可能导致性行为异常。常见于年轻或经验不足的种公驴。

处理方法：种公驴与发情明显的母驴接触前，必须对公驴进行详细检查，以便发现异常情况（如阴茎损伤和跛行等症状），对异常情况进行处理后才能接触母驴。重新训练性欲低下的种公驴，以使其出现正常的交配行为，这需要有经验、有时间和有耐心的人员来进行这项工作。一旦种公驴经历初次射精，通常会表现出正常的性欲和交配行为，进一步的训练包括为种公驴提供各种发情母驴，以最大限度刺激和增强其性欲。

五、公驴传染性不育

1. 马病毒性动脉炎（EVA）　用携带马病毒性动脉炎病毒（EAV）的精液给母驴人工授精，可能导致母驴感染、流产；种公驴还会通过呼吸道将马病毒性动脉炎病毒传播给与其接触的其他驴。在繁殖季节来临前，先对种公驴进行血清学检查，对血清马病毒性动脉炎病毒抗体阳性的种公驴进行测试性配种或采精，以确定这些种公驴是否为病毒的传染源；有条件的，做马病毒性动脉炎病毒检测，隔离、治疗携带病毒的种公驴。

对驴病毒性动脉炎的治疗主要采用对症治疗和支持疗法。先确定急性感染病例和有症状的驴驹，然后对它们进行隔离、治疗。

血清学阳性的种公驴进行配种时，若在配种后母驴发生流产，此后该血清学阳性种公驴只能与血清学阳性的母驴或者接种过疫苗的母驴进行配种。在疫情暴发时可用疫苗进行预防，控制疫病的传播。

2. 驴媾疫 驴媾疫的病原为马媾疫锥虫，是许多国家的法定疫病。该病在亚洲、非洲、南美洲、南欧和东欧以及墨西哥仍然存在。通过自然交配和人工授精的精液传播。感染后5～6d至数周出现临床症状，包括发热、厌食、生殖器水肿、尿道排出异物和特征性的荨麻疹性皮肤斑块（直径2～10 cm）。斑块出现于身体局部，然后在几小时内迅速消失；持续存在的斑块会褪色变浅。公驴的阴茎和包皮上出现呈波浪状的小脓包，脓包缓慢地溃烂，愈合时间长，愈合后留下微微凸起的无异常颜色的瘢痕，与Ⅲ型马疱疹病毒（EHV-3）的症状类似。病情继续发展，阴茎出现病变和全身广泛的肌肉麻痹，病驴消瘦、跛行，甚至死亡。驴媾疫的麻痹形式要与Ⅰ型马疱疹病毒（EHV-1）、Ⅲ型马疱疹病毒进行鉴别诊断。

采集血液和分泌物很难查到虫体，常做血清学诊断。临床上，主要通过补体结合试验和渗出液涂片进行血清学诊断。用硫酸喹嘧胺（又称安锥赛，3 mg/kg）或贝尼尔（又称为血虫净或三氮脒，3.5 mg/kg）进行治疗，但恢复后的公驴能否用于繁殖，目前仍不知晓；对于患驴媾疫的病驴，淘汰是最好的方法。

六、精子表征和形态的异常

对精液样本进行评估，目的是进行"繁殖健全性"检查、不孕症调查和对冷藏、冷冻保存进行适应性评估。种公驴射精后，可立刻从种公驴阴茎和母驴阴道及子宫内获取不完全的精液样本，这些精液样本的价值有限，但可用来确认是否存在活精子。在理想状况下，为了获取最佳信息，需要提前2周多次收集种公驴的精液。然后，让其休息2～3d，再收集间隔1h的2次精液。

正常的精液呈灰白色或乳白色，无臭味，不含血凝块、血液或尿液。总体积视种公驴年龄而定，根据前次射精时间以及性兴奋程度有所不同。精液凝胶与非凝胶组分的比例，具有个体差异，尤其是与性兴奋程度有关。精子浓度可以通过血细胞计数器或校准种公驴精液的分光光度计测量。精子浓度根据收集前的射精频率和射精时间而定，介于（50～700）× 10^6 个/mL。然后，通过精子浓度与无凝胶体积的乘积，获得每次射精的精子数。通常在收集后5 min内，在37℃的载玻片上经显微镜观察并评估精子的初始运动性。有60%～80%的精子在运动，包含40%～70%的向前直线运动精子。经过精液稀释剂稀释的精子，由于降低了精液黏度，其运动力和向前直线运动精子量会有所提升。但是，这些评估是非常主观的，因观察者不同而异。也可应用更加客观的电脑动力分析仪来进行精子动力学分析。

未经过处理的精子在37℃环境下30 min内运动力不会出现显著降低，以此来评估精子的寿命。当精液置于室温（22℃）、在避光和气密的条件下，可通过精子存活量降至10%以下所需要的时间来相对地估计精子的存活时间。在4℃条件下，精液用等体积的标准脱脂牛乳或者葡萄糖来扩容，于24 h后恢复至37℃时，应保持精子活力大于40%。新鲜的精液和经过24 h冷藏后的精液精子运动能力之间的关系，尚未完全确定。新收集的精液pH应在7.2～7.6。

制作精液涂片于相差显微镜或者微分干涉显微镜下观察精子形态。或者将精子标本染色并通过常规光学显微镜观察。一些染色剂，如经典的伊红-苯胺黑染色能产生特殊的顶体污渍，可将活精子与那些在收集时已经死亡的精子进行差别染色。苏木精-伊红染色可用来检查白细胞和原始生精细胞。根据形态学特征，可以将精子分为正常精子、异常头、脱离头、近中段液滴、远中段液滴、异常中段和异常尾部。进一步的形态特征可通过电子显微镜检查来确定。正常的公驴一次射出的精液中至少应包括 50%～55% 的正常形态精子。精子染色质检测需在专门的实验室进行。

在对个体种公驴的繁殖能力做出判断和得出结论之前，必须做精液样本的重复评估、种公驴的体格检查和行为观察。就预测繁殖潜力而言，种公驴可重复产生的正常运动精子的总数在进行精液分析时最具有参考价值。与种公驴进行交配或者授精的母驴的数量和繁殖能力是非常重要的，对种公驴与母驴的管理和监督，也同样重要。

第二节　母驴生殖系统疾病

一、先天性性腺发育不全

在表型为雌性的驴中，可能出现染色体异常。常见的临床表现是母驴持续性乏情、非周期性发情或受孕失败。在用超声进行检查时，显示卵巢回声弱、子宫发育不良。子宫内膜活检，显示子宫内膜明显发育不良。需要对染色体核型进行分析来确诊，患病的母驴终生不孕。

二、发情周期异常

正常的母驴是季节性多次发情。在北方，自 3—4 月开始发情，4—6 月发情最为旺盛，7—8 月酷暑期发情减弱、发情周期延长，至深秋季节逐渐停止发情；产后 9d 左右发情。发情周期为 23d。正常发情期为 5～6d（性接受，卵泡期），排卵发生在卵泡期结束或接近结束时，间情期是 14～16d 的（性不接受，黄体期）。

1. 间情期延长　内源性子宫内膜腺分泌前列腺素 $F_{2\alpha}$（$PGF_{2\alpha}$）不足，导致正常黄体不能溶解，成为持久黄体，使间情期延长（≥21d）。阴道检查，子宫颈苍白、干燥、紧密闭合，并且外周血孕酮水平≥2 ng/mL。经过超声诊断确认未妊娠后，使用外源性 $PGF_{2\alpha}$，通常在 3～7d 内可使黄体溶解，继之可出现正常的发情、排卵。

2. 安静发情　在一些母驴中正常的周期性卵巢活动与是否性接受无关。例如，由于心理原因性不接受。发情时阴道检查可见粉红色、湿润、松弛的子宫颈；直肠内触诊和超声检查显示成熟的卵巢滤泡活动，并且外周血孕酮水平≤1 ng/mL。应用安神药物和外源性苯甲酸雌二醇治疗，如果有效的话可接受交配或进行人工授精。

3. 排卵和黄体化失败　当常规使用超声检查来监测排卵时，一些母驴有典型的排卵迹象，但并不总是发生卵泡排空和崩解。母驴停止接受交配，外周血孕激素水平仍上升到≥2 ng/mL，这通常被怀疑为排卵失败。相反，虽然母驴保持接受交配并且外周血孕激素水平保持在≤1 ng/mL，但是可能发生典型的排卵迹象（滤泡排空和萎陷），这表明黄体化失败。在一些母驴中，大的、成熟的卵泡不发生排卵，继而发展成颗粒或絮状流体，有时会有纤维蛋白束，这些被称为无排卵性卵泡。组织病理学检查结果表明，其类似于卵泡囊肿。

4. 排卵延迟　如果卵巢有一个明显正常的大卵泡，但持续几天不排卵（一般为 3d），则是发生了排卵延迟。使用人绒毛膜促性腺激素或合成的促性腺激素释放激素（GnRH），通常可以诱导正常排卵。在病理状态下，常使用促黄体生成素（LH）或人绒毛膜促性腺激素治疗。

三、会阴结构异常和损伤

正常母驴的生殖器有 3 个功能性屏障，使外部环境与子宫腔隔绝：阴门、前庭和子宫颈。在发情期间，阴门和子宫颈开放，只剩下前庭一道屏障。当阴门的上部联合处高于骨盆缘时，前庭密封会受到影响并发生阴道积气（吸气）。当阴门向前倾斜朝向"凹陷的"肛门（倾斜角度增大）时，由于粪便落入前庭，阴道积气会变得更加复杂。当前庭和尿道口向前移位时，可能会出现阴道积尿。阴道积气、阴道积尿和前庭粪便污染会导致宫颈炎和子宫内膜炎，如果治疗不及时通常会导致妊娠失败或早期妊娠失败。治疗方法是施行外阴成形术。

阴门和阴道损伤病例，直接损伤，如踢伤，可能会导致阴门损伤。为保证母驴未来的繁殖能力，应该对其进行修复，以使阴门恢复封闭功能。在交配期很少发生直肠阴道损伤，更常见于分娩期。

四、宫颈损伤

宫颈损伤可能发生于交配、分娩或流产时。由于修复常难以恢复足够的功能，许多母驴出现胎盘炎，导致后期妊娠失败，常预后不良。在兽医院中进行宫颈裂伤的手术修复，母驴镇静，保定，使用硬膜外麻醉，将尾巴用绷带包裹起来，排空直肠粪便，将阴门夹闭以准备手术。使用牵引线将阴唇向臀部牵拉、打开阴道，使其充分暴露。于宫颈裂伤的远端边缘置牵引线，然后尽可能牵拉以帮助暴露术部。用较长的手术器械对伤口的边缘进行修整并做三层（即外部黏膜、结缔组织和内部黏膜）缝合。术后细心护理，用抗生素与氢化可的松软膏反复涂抹患部，这对修复黏膜撕裂、防止粘连和恢复子宫颈管的功能是必要的。

宫颈肌肉损伤后可致宫颈机能不全，子宫颈不闭合，妊娠后期因胎盘炎可能致妊娠失败。机能不全处可通过手指触诊发现，并尝试修复。其中，最好在缺陷处做全层宫颈切开并按上述手术方法修复。

五、母驴性传染病

母驴性传染病是指母驴在交配后发生的感染性疾病。

1. Ⅲ型马疱疹病毒感染 Ⅲ型马疱疹病毒（EHV-3）感染又称为驴媾疹，在阴门黏膜与皮肤交界处形成小囊泡，有时在相邻的会阴部皮肤上形成，约在交配后 7d 出现。囊泡可引起刺激但很少伴有发热，很快破溃，除非局部应用抗生素或防腐剂软膏，否则留下的溃疡将会再次感染外生殖道细菌。这种感染与低繁殖力或不孕无关，母驴可能在交配后感染时妊娠。依据临床表现和近期交配史做出疾病的疑似诊断，但是如果需要，可以通过组织学检查病变或病毒血清学试验来确诊。外阴或阴茎上的愈合病灶可能形成白斑。

2. 马病毒性动脉炎 病原为马病毒性动脉炎病毒（EAV），感染后引起发热、沉郁、结膜炎、呼吸频率增加、皮肤损伤，以及眼睑、四肢下部、乳房和腹下的水肿；有的病驴腹痛、腹泻。母驴可能在自然交配或人工授精期间被含有病毒的种公驴精液感染。在妊娠期间通过呼吸道途径感染的母驴，可能会流产。

该病毒潜伏期为 3~14d，平均 7d。通过从呼吸道分泌物或尿液中分离病毒，或通过血清马病毒性动脉炎病毒中和抗体效价升高超过 4 倍来确诊。感染或活病毒疫苗接种后的免疫是终身的，因此病毒血清学试验阳性表现的可能是在过去感染的，而非现阶段感染的。驴携带病毒现象尚未在母驴中确定，因此阳性的驴没有感染症状、血清马病毒性动脉炎病毒中和抗体滴度不变或降低，此阳性母驴被认为是免疫过的，并且没有将病毒传播给其他驴的风险。

3. 生殖道泰勒氏菌感染　生殖道泰勒氏菌是一种小的球杆菌属细菌，生长缓慢（在特定溶血血琼脂上需要 3～7d），革兰氏阴性，微嗜氧，过氧化氢酶阳性，氧化酶阳性，但其他生化反应阴性。1977 年在 Newmarket（英格兰东南部）首次确定为马传染性子宫炎（CEM）病原，它引起流行性急性子宫内膜炎，临床症状是母驴交配后 2d 阴道就出现大量黏液/灰色分泌物，病驴可逐渐康复至没有任何异常。急性子宫内膜炎通常会引起受孕失败，但有些母驴很快就能从急性感染中康复，使受孕和正常妊娠得以进行。母驴可能携带病菌，但无症状，阴蒂窝与窦是病原持续存在的重要场所。依据子宫内膜（急性感染）和/或阴蒂（携带状态）拭子样品中病原培养出该细菌来确诊。

抗生素反复宫内冲洗可成功治疗急性子宫内膜炎。同时，阴蒂窝和窦必须彻底和反复用洗必泰（氯己定）溶液冲洗、呋喃西林软膏灌注。在这种外生殖器"消毒"后，使用由正常驴外生殖器官共生的菌群培养的细菌肉汤来清洗阴蒂窝与窦，以阻止病原菌过度生长。较难控制时，可对母驴进行站立保定，镇静后采用局部浸润麻醉，做阴蒂切除术。

4. 肺炎克雷伯菌感染　某些菌株（荚膜型）为革兰氏阴性菌，可发酵乳糖，为需氧杆菌，在麦康凯琼脂上过夜产生茂盛的黏液样粉红色菌落，并可引起性病。已知荚膜 1 型、2 型和 5 型可导致急性子宫内膜炎的流行，该病最早可在交配后 3～4d 出现乳白色阴道分泌物。急性子宫内膜炎通常会引起受孕失败，但一些母驴很快就能抵抗急性感染，进而得以妊娠，有时会继发胎盘炎、妊娠失败或生下败血性驴驹。母驴可能成为无症状的病原携带者，其中阴蒂窝和尿道口是病原持续存在的重要场所。依据子宫内膜（急性感染）和/或阴蒂（携带状态）拭子样品中培养出该病原菌来确诊。

肺炎克雷伯菌引起的急性子宫内膜炎，用庆大霉素或新霉素反复进行宫内冲洗来治疗。同时，要用庆大霉素软膏彻底涂抹阴蒂窝、窦和尿道口。在这种外生殖器"消毒"后，用正常驴外生殖器共生菌群培养的细菌肉汤清洗阴蒂窝与窦，以促进建立正常的外生殖器微生物菌群。对严重病例，治疗时需进行阴蒂切除术。

5. 铜绿假单胞菌感染　这种革兰氏阴性乳糖发酵需氧杆菌的某些菌株能够引起性病，在麦康凯培养基上培养过夜，会产生茂盛的绿色恶臭菌落。感染铜绿假单胞菌的母驴在交配后的 3～4d 可见到乳白色阴道分泌物。这种细菌可以进行菌株分型，但目前仍未发现不同菌型与实际可能产生的流行病之间的关联。与其他所有细菌一样，非性病菌株可能引起敏感母驴的急性子宫内膜炎。急性子宫内膜炎通常会导致妊娠失败，但是一些母驴在短时间内就能抵抗急性感染，从而使妊娠得以正常进行。有时会继发胎盘炎，表现为妊娠失败或者产出败血性驴驹，提示有这种病菌的持续感染。有些母驴会成为无症状的病原携带者，病原主要在阴蒂窝持续存在，需要通过子宫内膜（急性感染）或阴蒂（携带状态）拭子样品做病原菌分离培养来确诊。

铜绿假单胞菌引起的急性子宫内膜炎可以采用庆大霉素或阿莫西林-克拉维酸钾反复做宫腔内灌注进行治疗。同时阴蒂窝和阴蒂必须用庆大霉素软膏或 1%硝酸银溶液（除湿作用）反复涂抹。在对外生殖器进行消毒后，保守治疗方法是用正常母驴外生殖器共生菌群培养的细菌肉汤涂抹阴蒂窝和阴蒂，促进建立正常的微生物菌群。在顽固性病例中，可能还需要对母驴镇静和站立保定，进行局部浸润麻醉，行阴蒂切除术。

六、需氧菌与厌氧菌性子宫内膜炎

母驴在发情期间子宫颈开放，允许种公驴宫腔内射精。这些母驴与种公驴的外生殖器通常会有多种微生物，因此母驴的子宫内膜在自然交配的情况下易发生感染。健康母驴会在72h内使子宫内膜恢复到健康状态，受精后的卵子通常在排卵后的第5天由输卵管进入子宫。会阴、阴道、子宫颈或子宫结构或功能异常的母驴，特别是那些不能清除子宫内液体的母驴，不能使子宫内膜恢复健康，从而导致妊娠失败。

临床症状，有的母驴出现子宫积液（超声波扫描）、阴道/阴门排出分泌物、间情期缩短。患急性子宫内膜炎时，从子宫内膜拭子样品中分离到频率最高的细菌是正常驴外生殖道微生物菌群中的需氧菌兽疫链球菌、大肠杆菌、金黄色葡萄球菌和厌氧菌脆弱拟杆菌。在急性子宫内膜炎中（洗涤或活组织检查样品、子宫内膜涂片中有大量多形核白细胞），宫腔内抗生素冲洗治疗比较有效。可通过药敏试验选择抗生素制剂，但常见的是多种需氧菌和厌氧菌的混合感染。因此，通常选用广谱抗生素。应特别注意避免不溶或刺激性制剂/媒介物，这些制剂/媒介物可能诱发慢性子宫内膜炎，有时引起铜绿假单胞菌感染或真菌双重感染。

头孢噻呋钠1g溶于20mL无菌注射用水中，每天肌内注射1次，持续3～5d，已被证明是无刺激、无残留的首选治疗方法。常见的是需氧和厌氧菌子宫腔混合感染，脆弱拟杆菌是母驴子宫感染的主要厌氧菌，它是一种对青霉素和氨基糖苷类抗生素耐药的微生物。培养厌氧细菌较耗时，所以使用具有抗拟杆菌活性的抗生素（如头孢噻呋钠）是合理的，有助于预防持久性需氧菌培养阴性的子宫内膜炎。在标准剂量抗生素治疗后，可以静脉内注射25IU催产素，以帮助子宫清除液体。如果可能的话，应该使母驴运动。

这些外生殖器微生物是机会致病菌，因此也必须控制诱发因素，如治疗肺炎、阴道炎、尿路阴道炎、宫颈损伤/无力或产后子宫复旧迟缓等疾病。如果额外有子宫积液，可在抗生素治疗前使用大剂量（3L，重复使用）无菌生理盐水冲洗子宫腔，加入过氧化氢（2% H_2O_2），可用大孔的驴子宫冲洗导管进行灌注。在用无菌生理盐水冲洗子宫和抗生素治疗后，可静脉内注射25IU催产素，以帮助子宫清除液体。

七、霉菌性子宫内膜炎

最常见的真菌是假丝酵母属、曲霉属、毛霉属和波伊德霉杆真菌属，它们是机会致病菌，其分离培养要与临床和/或细胞学检查相结合。在子宫内膜拭子涂片、洗涤液培养或活检样品中可见到真菌菌丝和/或孢子，具有大量多形核白细胞。真菌培养在沙氏琼脂上进行。在筛选需氧菌期间，有时在简单的血琼脂平板上做分离培养。

治疗是通过宫腔内灌注大量生理盐水和2%有机（聚维酮）碘溶液或抗真菌抗生素。在一些患有真菌性子宫内膜炎的母驴中，每天口服3g酮康唑（200mg/片），结合治疗子宫内膜炎的其他常规方法，具有显著效果。

八、预防配种污染的临床技术

配种污染是导致子宫内膜炎、不孕和早期胚胎死亡的常见因素。配种期间可采取以下措施（最小污染配种技术）预防。

（1）若母驴患急性子宫内膜炎，使用先前介绍的技术将其治愈。

（2）母驴在发情期内只交配1次，且刚好在正常发育的成熟卵泡预期排卵前配种。使用人绒毛膜促性腺激素（hCG）或促性腺激素释放激素（GnRH），以确保排卵，不需进行二次交配。

（3）对有特殊问题的母驴，在交配前子宫灌输标准的脱脂牛乳和葡萄糖精液稀释剂，在其中添加适量的抗生素。

（4）交配后12～24 h用3 L无菌生理盐水冲洗子宫，然后将1 g头孢噻呋钠溶于20 mL注射用水中并注入子宫腔，静脉注射25 IU缩宫素。接下来的2d，每天向母驴子宫内灌注1 g头孢噻呋钠（20 mL注射用水），静脉注射25 IU催产素。

先前介绍的用大量生理盐水冲洗或抗生素冲洗，是治疗急性子宫内膜炎所必需的。"最小污染配种技术"对有明显子宫免疫功能不全的母驴是比较有效的预防技术，它有助于治疗正常交配后短暂的子宫内膜炎和预防持续性子宫内膜炎。

九、子宫异常

1. 子宫内膜增生 腺体弥漫性增生伴有分泌物过多，是母驴产后子宫内膜活检或妊娠失败期间的常见特征。腺体结构和分泌活动通常在10～12d内达到正常水平，但偶尔增生可能持续数周；如果是数月，则可能是病理性的，常并发急性子宫内膜炎。可将50 IU催产素加入500 mL生理盐水中，缓慢静脉滴注，治疗效果良好。

在某些情况下，复发性急性子宫内膜炎/化脓性子宫内膜炎，似乎易引起弥漫性腺体增生，可能与未成熟黄体反复溶解和高雌激素水平有关。成功治疗急性子宫内膜炎，将减少弥漫性腺体增生。

2. 慢性浸润性子宫内膜炎 单核细胞，即组织细胞、淋巴细胞和浆细胞，在子宫内膜炎活检样品中通常在基质中有弥漫性或局灶性聚集。这些细胞的存在表明有局部免疫反应，对于种情况并没有特异的治疗方法。严重的肉芽肿性子宫内膜炎，伴有大量炎性渗出液和上皮样细胞，偶尔见于长期的子宫蓄脓末期，被认为是退行性病变的指征。

3. 慢性退行性子宫内膜疾病 在子宫内膜活检组织样品中，腺体退行性改变以功能性或非功能性病灶的形式出现，病灶被薄层纤维组织包围，很少是正常的；腺囊肿样病灶，内衬腺上皮细胞，充满腺体分泌物；腺体周围和血管周围很少是正常的，弥漫性基质纤维化，可说明是血管退行性改变。在基质中有散在的组织液积聚，可见淋巴管受损，内衬淋巴管内皮细胞。使用活检技术进行子宫内膜采样，如果有这样的淋巴管/囊肿，则表明子宫内膜正在发生慢性退行性病变，但是这些病变具有相似的发病机理。

这些变化表明了母驴患有慢性退行性子宫内膜疾病（有时被称为子宫内膜异位症）。这是与年龄相关的正常的渐进性病变，这反映了反复的卵巢周期性活动中长期的内分泌学效应。周年繁殖的母驴实现无创性分娩和子宫成功复旧，其子宫年复一年地发生这些慢性退行性变化，其速度要比空怀母驴慢一些。众所周知，淘汰时间很晚的种母驴很难育种，活检样本的检查往往显示有慢性子宫内膜退行性改变，这种变化被认为是与年龄相关的、经产母驴的渐进性退行性病变。此外，精液、微生物、外生殖器与环境的异物、胎儿胎盘抗原等因素的重复刺激，以及重复的妊娠、分娩和退化等生理过程，可加速这些退行性改变的发展、分布和严重程度。这些变化可导致纯种驴繁殖能力明显下降，而且在经历反复妊娠失败或因胎儿成熟缓慢的妊娠期延长的母驴中经常出现。

子宫内膜退行性改变的发展程度是可预测的，因此每个活检样品必须根据母驴的年龄和胎次进行评估。如果退行性病变的程度过大，则可尝试进行子宫内膜机械刮除术，以刺激增加子宫内膜的血液供应。在年龄小于 17 岁的母驴中，采取子宫内膜机械刮除术后，可观察到 50% 的母驴组织病理学外观改善和繁殖能力提高，这种技术比化学刮宫术更安全、更人性化。

在某些情况下，复发性急性子宫内膜炎/子宫蓄脓会产生弥漫性间质纤维化，这可能与反复发生未成熟黄体溶解和雌激素水平过高有关。成功治疗产后急性子宫内膜炎，有时可减少弥漫性间质纤维化。在同时存在急性子宫内膜炎的情况下，可将二甲基亚砜添加到抗生素中，以助于抗生素渗透进入基质层。

4. 囊性子宫内膜病　在许多年龄小于 14 岁的经产母驴中，可见到凸入子宫腔的大淋巴囊肿和子宫内膜基质中大淋巴管受损。除非它们非常大或者数量众多、显著地减少了功能性子宫内膜的表面积，导致妊娠失败；否则，它们对母驴繁殖能力的影响很小。大型单个囊肿，若其影响正常早期胚胎移动或干扰早期妊娠诊断，可在视频内窥镜引导下行激光术切破或用套圈套除，或用"热线"烧烙去除。

5. 子宫内膜萎缩　卵巢长期不活动的母驴，子宫内膜活检样品中可见弥漫性腺体萎缩。真性持续性子宫内膜萎缩可见于老年母驴，通常与老年性卵巢功能衰竭有关，常伴有上皮和腺体萎缩，在严重复发性急性子宫内膜炎和铜绿假单胞菌感染后很少见到。对于持续的"老年"子宫内膜萎缩和功能退化，治疗都不成功的，建议退出种用。

6. 子宫肌层退行性疾病　老年母驴中子宫肌层功能不全和子宫体位的改变，被认为是某些种母驴不能清除交配后的子宫积液的重要因素。因此，交配后子宫内膜炎易持续存在。在交配后子宫腔用无菌生理盐水冲洗后，子宫腔内灌入抗生素，静脉注射 25 IU 催产素。

老年经产母驴的子宫腹侧扩张（皱缩性萎缩和肌层拉伸的区域），直肠检查有时可以触诊到，B超检查可见有低回声宫腔积液或大的子宫内膜囊肿或淋巴管受损，这可使宫腔液的清除变得困难，并且可能是复发性急性子宫内膜炎的重要因素。使用 50℃ 高渗盐溶液宫腔内灌注或将 60 IU 催产素溶入 500 mL 生理盐水中缓慢静脉滴注，以改善子宫肌层紧张度，有助于清除严重病例子宫内的混合液。

十、卵巢囊肿性疾病

卵巢囊肿性疾病在母驴中很罕见。正常卵巢滤泡的大小变化很大，许多大的像囊肿的卵泡能正常排卵，表明它们是正常卵泡。偶尔，母驴发育出大的含有纤维蛋白样细线状的高回声卵泡，往往被称为无排卵性卵泡。这些可能是卵泡囊肿，尽管它们可能不会影响同侧卵巢或对侧卵巢上其他卵泡的产生和排卵，激素疗法常常难以治愈。在母驴中黄体囊肿可能很少发生，但没有组织病理学的证据很难做出准确诊断。有时会出现排卵窝包裹囊肿，这通常发生在老年母驴，多个未成熟的和未排卵的小卵泡阻止其他成熟卵泡进入和通过排卵窝。在某些病例，大剂量重复应用人绒毛膜促性腺激素或促性腺激素释放激素，然后使用前列腺素 $F_{2\alpha}$（$PGF_{2\alpha}$），可以解决问题。

十一、早期妊娠失败

早期妊娠失败（EPF）可能是早期胎儿死亡（EFD）或胎膜异常引起的。早期胎儿死亡被定义为在妊娠 150d 之前胚胎消失。妊娠第 40 天胎儿的器官发育完成，在此之前的胚胎消失被称为胚胎死亡。据报道，哺乳期母驴配种，因母驴受哺乳驴驹刺激，所以早期妊娠失败具有相对高的发生率，但在随后的发情期内不会发生本病。据了解，母驴年龄过大（12 岁）与早期妊娠失败发生率较高有关。据报道，易于发生子宫感染的母驴或患有晚期慢性退行性子宫内膜疾病的母驴，更容易出现早期妊娠失败。在纯种驴群中，急性子宫内膜炎和晚期慢性退行性子宫内膜疾病的发病率较低，没有明显的年龄或生殖状态的差异，大多数病例被怀疑与遗传、发育或功能异常有关。

1. 病因和发病机制

营养不良：从试验观察来看，妊娠期营养不良会导致妊娠至 25～31d 时出现早期妊娠失败。暂时饥饿法，已有报道被用来尝试造成双胞胎减为单胎，成功率约为 60%。

细菌性子宫内膜炎：交配前发生持续性急性子宫内膜炎，通常是造成受孕失败的原因。然而，轻度的持续性子宫内膜炎是早期妊娠失败的重要因素。轻度的子宫内膜炎，交配前可能存在，或者由于子宫的防御机能不足，自然交配刺激引起了急性子宫内膜炎。早期妊娠失败可能是由于胎儿直接感染或胎膜感染的结果。

慢性退行性子宫内膜疾病：复发性子宫内膜炎/子宫蓄脓似乎加速了慢性退行性子宫内膜疾病的发展，并产生弥漫性间质纤维化。年复一年的妊娠和无创性分娩，加上在交配时使用污染最少的技术，或在适当情况下进行人工授精，这样管理的母驴可能会延缓病情发展。

遗传因素：已知遗传因素是其他物种早期胎儿死亡的原因，因此怀疑驴也是如此。这些因素不一定直接从父本母本那里继承下来，且可能出现在决定性的配子中。器官发育前产生的染色体异常，可能导致早期胎儿死亡。

母驴应激反应：应避免妊娠期间任何阶段的过度应激。越来越多的驴，包括妊娠母驴，被运送很长的距离。妊娠期最易受应激的时期尚未确定，但一般建议在 20～45d 避免运输应激。例如，从卵黄囊过渡到绒毛尿囊膜胎盘时发生了应激事件，可能易发生早期胎儿死亡。

内毒素血症：发热或败血症过程中，内毒素或炎症介质释放并进入母驴血液循环，可能导致早期胎儿死亡。这与体内循环中黄体酮浓度下降有关。内毒素致黄体分解作用的最敏感时间是第 45 天，在此之后，由次黄体额外提供黄体酮。

2. 诊断

返情：怀疑在妊娠第 14 天前发生早期妊娠失败的比例较高，但由于第 14 天以前很少做超声诊断，所以不会知道胚胎损失。如果早期妊娠失败在妊娠第 15 天后发生，则主黄体可持续 30～90d，导致持久的间情期（乏情期）。如果早期妊娠失败发生在子宫内膜杯形成后（36d 后），母驴在受精后 90～150d 内不能恢复有生育力的发情。

直肠触诊：用直肠触诊进行妊娠诊断的依据是对子宫张力的评估和是否出现孕囊。触诊诊断早期妊娠失败的依据是胎儿或胚胎消失与孕囊塌陷之间的间隔时间来判断。

超声检查：超声成像的使用极大地提高了妊娠诊断和早期妊娠失败检测的准确性。目前，B超妊娠诊断最早用于配种后9～12d。有以下情况时，应怀疑早期妊娠失败：

孕囊体积小，与其胎龄不符。在25d前，多数（62%～78%）尺寸过小的囊泡（比同胎龄的平均直径小1或2个以上的标准偏差）表明胚胎已消失；其他的胚胎可以继续增长，但胚胎会在以后消失。有囊肿时会影响诊断结果，可在交配前采集子宫囊肿图像，或者连续扫描子宫，依据囊泡渐进性体积变化来区分囊肿和孕囊，孕囊体积渐进性增大（活胚胎）或缩小（胚胎死亡）。液体图像轮廓不规则，有颗粒状/絮状（强回声）的外观，说明可能有胎儿分解和胎膜分离的迹象。子宫内膜皱襞水肿，有时在同侧或对侧子宫角内可见子宫液。

妊娠22～25d后，检测不到胚胎心跳：大约50d后，增大的胎儿尺寸可能妨碍心跳的可视化，但是胎儿肢体和身体的运动情况有助于确认胎儿活力。

实验室检查黄体酮水平：测定血浆或乳中的孕酮水平，是测试黄体的功能，并且孕酮水平$\geqslant$2ng/mL表示存在功能性黄体。外周血孕酮浓度与孕囊活力之间没有可靠的相关性。尽管在大多数情况下，孕激素水平因胎盘异常而下降，但是基础孕激素缺乏并不一定是造成母驴胎儿损失的原因。因此，血浆孕酮水平不能作为评估胎儿是否健康的可靠手段。

马绒毛膜促性腺激素（eCG）水平的测定：马绒毛膜促性腺激素阳性结果可表明子宫内膜杯的活动，与妊娠35～40d胎儿的存在相关。然而，胎儿死亡后马绒毛膜促性腺激素仍继续分泌，并且直到子宫内膜杯在90～95d被破坏后其水平才下降。这种情况使30～35d后发生早期妊娠失败的病例血液妊娠试验结果产生假阳性。因此，实际应在妊娠期45～95d使用该试验。

雌激素水平测定：妊娠90～100d后，母驴血液循环中可检测到雌激素水平显著升高。这些激素是由胎儿性腺产生的。当胎儿活力正常时，120d至足月期间硫酸雌酮维持高水平（$\geqslant$160 ng/mL）。尿中总雌激素测定（尿Cuboni测试）可以用于确认妊娠约150d后的胎儿是否存活。

3. 治疗　用于治疗早期妊娠失败的药物最常用的是外源孕激素或孕激素补充剂。由于没有令人信服的证据表明孕激素缺乏是导致胎儿消失的原因，因此没有任何理由使用孕酮补充剂。尽管如此，大量孕激素在国际上被用于妊娠母驴，主要是出于管理的原因，有时在个别案例中有确切的效果。

然而，一旦早期妊娠失败被确诊，则治疗的目的是使母驴恢复发情，并确保子宫处于最佳生育状态。在36d前，用前列腺素$F_{2\alpha}$（$PGF_{2\alpha}$）处理将有效地使黄体溶解，使母驴再次发情，松弛宫颈并排出胎儿和胎膜。建议用无菌生理盐水溶液和广谱抗生素进行子宫冲洗，去除子宫腔内异物。如果母驴在同一繁殖季节再次交配，建议使用前述的"最小污染配种技术"，因为母驴对持续性急性子宫内膜炎更为敏感。

一旦子宫内膜杯已经形成，血液循环中马绒毛膜促性腺激素可抑制前列腺素$F_{2\alpha}$（$PGF_{2\alpha}$）的作用，因此每天1次或每天重复注射马绒毛膜促性腺激素可促进发情。在这个阶段出现的发情，似乎生育力低。在这种情况下，大多数母驴表现为对持续性急性子宫内膜炎的敏感性明显增加。因此，最好不要试图在此繁殖季节再次给母驴。

4. 预防　由于急性子宫内膜炎是引起早期妊娠失败的重要原因，因此要避免在这种情况下给母驴配种。采用宫颈细胞学和细菌学检查以及超声扫描，可检查发情期早期的子宫积液，确诊子宫炎症，从而采取适当的措施。依据炎症的严重程度和细菌感染情况，确定治疗方法和子宫恢复的时间。对有轻微炎症的母驴，使用最小污染配种技术，或用无菌盐水溶液冲洗子宫和交配后使用广谱抗生素。在交配后 3d，每天使用 3 L 等渗盐水（37℃）进行子宫冲洗，该方法已取得一些成功。第 1 次冲洗尽可能在交配后 4 h 进行。同样，抗生素冲洗在交配后开始，且在交配后 3d 内每天使用抗生素冲洗。这些方法可通过减少自然交配导致的子宫不可避免的微生物污染来提高子宫防御机制。

对有反复早期妊娠失败病史的母驴，应进行子宫内膜活检。对组织病理学特征的评估有助于制订合理的治疗方案。适时的活检技术，加上适当的治疗和恢复时间，已经被证实可提供一个更准确的生育预后。子宫活检特别适用于评估和量化慢性腺体退行性改变和基质纤维化。当慢性退行性子宫内膜疾病发生在母驴生理退化期之前时，子宫内膜刮除可改善子宫内膜的状况。毫无疑问，整个母驴的繁殖生涯中反复妊娠有助于减缓慢性退行性子宫内膜疾病的发展，所以成功的繁殖器官管理有助于预防早期妊娠失败。

已知老龄化的配子是引起早期胎儿死亡的重要原因，因此要尽可能在接近排卵时间配种。

由于早期妊娠失败或早期胎儿死亡的早期诊断最有用，使用直肠触诊和超声检查进行系列妊娠诊断，将能及早发现 EPF，建议在以下阶段进行检查：在配种后 25～35d 内进行检查，确认是否妊娠，然后在 40～45d 和 60～90d 分别进行检查，确定胎儿是否活着。

第三节　妊娠毒血症

妊娠毒血症是母驴妊娠末期发生的一种代谢性疾病，主要特征是产前顽固性不吃不喝。如发病距产期尚远，多数不到分娩就母仔双亡。此病在我国北方驴和马分布的地区常有发生，发病多在产前数天至 1 个月内，死亡率高达 70% 左右。

一、病因

胎儿过大是主要原因，发病与缺乏运动和饲养管理不当有密切关系。怀骡驹时，胎儿为杂种，发育迅速，体格较大，使母体的新陈代谢和内分泌系统的负荷加重，特别是在妊娠末期，胎儿生长迅速，代谢过程愈加旺盛，需要从母体摄取大量营养物质。如母体消化、吸收的营养物质不足，就动用储存的糖原、体脂、蛋白质等自身必需的营养物质，以满足胎儿发育的需要，导致母体代谢机能障碍，体内酮体蓄积。

二、临床症状

患妊娠毒血症病驴的主要特征是产前食欲渐减，忽有忽无，或者突然、持续地完全不吃不喝。

轻度的病例，精神沉郁，食欲明显减退，口色较红，口干稍臭，舌无苔，结膜潮红。体温正常或偏低。肠音极弱，排粪少，粪球干黑，表面带有黏液；有的病驴粪便稀软，有的则干稀交替。尿浓、色黄。呼吸短浅。心跳快、弱，有时节律不齐。少数病驴伴发蹄叶炎。

严重的病例，精神极度沉郁，喜站于阴暗处。食欲废绝，或仅吃几口不常吃的草料，如新鲜青草、胡萝卜、麸皮等；咀嚼无力，下颌常左右摆动；下唇松弛下垂；似有异食癖，喜舔墙土、棚圈栏柱及饲槽。口干舌燥，少数流涎，口恶臭，苔黄腻，严重时口黏滑，舌苔光剥，少数有薄白苔。可视黏膜呈红黄色、橘红色或发绀。肠音极弱或消失，排少量干黑粪球，病后期可能干稀交替，或者在死亡前一两天排出极臭的暗灰色或黑色稀粪水；尿少，黏稠如油。心率快，多在 80 次/min 以上，心音亢进，常节律不齐；颈静脉怒张，波动明显。

分娩时阵缩无力，常发生难产，有时发生早产，或胎儿出生后很快死亡。多数病例在产后逐渐好转，但多在 3d 后才逐渐开始恢复采食。严重的病例，产后也会死亡。

三、诊断

根据血浆或血清的颜色和透明度出现的特征性变化，再结合妊娠史和症状，可以做出临床诊断。将采集的血液置于小瓶中，静置 20～30 min 进行观察。病驴的血清呈不同程度的乳白色、混浊状，表面带有灰蓝色，将全血倒于地上或桌面上，其表面也附有这种特征颜色。病驴血浆则呈现暗黄色、奶油状。

尿多呈酸性和酮尿，天门冬氨酸转氨酶（AST）活性升高，总胆红素含量升高，血糖和白蛋白含量减少，血酮含量随着疾病严重程度而升高（病驴从 76.9 mg/L 增加到 451.6 mg/L），高脂血症。

剖检病死驴，血液黏稠，凝固不良，血浆呈不同程度的乳白色。实质器官及全身静脉充血、出血。肝、肾均出现严重的脂肪浸润。

四、防治

应用促进脂肪代谢、降低血脂、保肝、解毒疗法，效果比较满意。可根据病情选用下列方法进行治疗：

注射 12.5%肌醇注射液、10%葡萄糖注射液、维生素 C 和复合维生素 B，每天 1～2 次。坚持用药，直至食欲恢复为止。

口服复方胆碱片、酵母粉、磷酸酯酶片、稀盐酸，每天 1～2 次。

少量氢化可的松注射液，用生理盐水或 5%葡萄糖盐水稀释后，缓慢静脉注射，每天 1 次，连用 2d 后减半，再静脉注射 3～5 次。需注意，大量注射可导致母驴流产。

治疗期间，应尽可能让病驴采食糖类丰富的草料。更换饲料品种，提高适口性，如饲喂新鲜青草、苜蓿、胡萝卜和麸皮，或者在初春草发芽时，将病驴牵至青草地，任其自由活动、采食，这有利于改善病情，促进病驴痊愈。

第四节　母驴产后异常

母驴分娩出现的各种各样的损伤和并发症，都与迅速、有力的分娩过程有关，它们可能会危及生命或对未来的繁殖能力造成不利影响。

一、胎衣不下

通常，在分娩的第 2 阶段结束后 1～2 h 内，胎盘会完整无损地从子宫排出。如果晚上分娩后在早晨还没有排出胎衣，可以确诊为胎衣不下。这是一种相对常见的并发症，常见于难产、流产或剖宫产，但也可能自发发生。常见的是非妊娠胎盘角，特别是其尖端的滞留。

剥离胎盘，操作应非常小心，如果不能顺利剥离下来，就应该放弃用手剥离。剥离胎盘引起绒毛膜微绒毛滞留的风险相当大，可能导致败血性子宫炎，也有引起子宫壁损伤和出血的风险。撕断脆弱的胎盘会进一步延迟胎盘的自然排出，并增加子宫内遗留胎盘面积的风险。有时胎盘滞留在阴道内，可轻轻收集起来并牵拉和旋转，很容易将其取出。

如果小心地剥离不能将胎盘立刻剥离下来，应使用含 20 IU 催产素的 500 mL 灭菌生理盐水静脉滴注 15 min 以上。在分娩后 24 h 内肌内注射 30～50 IU 催产素，可能是有效的，然后需要重复注射这一剂量。过量催产素会导致疼痛，15～20 IU 是既有效又符合动物福利的剂量。

如果静脉滴注催产素不成功，再通过胃管将大量（10～12 L）用温水稀释的聚维酮碘灌入尿囊绒毛膜囊中，使子宫和胎盘膨胀，绒毛膜的微绒毛分离并刺激子宫收缩，通常在 30 min 内有效。

在大多数病例，可全身应用抗生素（包括预防厌氧菌感染）和氟尼辛葡甲胺（1.1 mg/kg，静脉内滴注，减少内毒素的影响）。如果胎盘滞留超过 8 h，细菌迅速繁殖并有化脓性子宫炎、蹄叶炎的风险。在某些病例，宫内用抗生素溶液冲洗有一定效果。

二、子宫内膜出血

分娩后 3～4d 子宫内膜出现持续性出血。可将 50 IU 催产素溶解在 500 mL 无菌生理盐水中，静脉滴注，15 min 以上；或 15～20 IU 催产素肌内注射，需每天重复 2～3 次。如果有严重出血，应限制母驴运动，使用支持疗法。在产后第 1 次发情（"驹热"）做超声检查，有时会见到局灶性子宫周围或子宫内膜出血。

三、子宫复旧延迟

子宫复旧延迟可能与严重滞留的胎盘、绒毛膜微绒毛或子宫感染、缺乏运动有关。母驴可能食欲不振，并且有轻微的腹部不适感。可能有更严重的败血症、毒血症和/或蹄叶炎的迹象。通常有持续的恶臭、出血性排泄物。阴道检查，阴道向下倾斜，经常积尿和伴发明显的阴道炎。直肠检查，子宫体积增大。超声成像，子宫内存在混浊的液体。

当有全身症状时，应给予广谱抗生素（包括预防厌氧菌感染）和氟尼辛葡甲胺治疗。应使用大容量的子宫灌洗液来清除积聚的渗出液，并在 15 min 内静脉输注含 20～50 IU 催产素的 500 mL 灭菌生理盐水，以刺激子宫收缩，或者 15～20 IU 催产素肌内注射，每天重复 2～3 次。加强运动也是有益的。

四、子宫炎

这是一种不常见但严重的产后并发症。难产、胎盘滞留、分娩过程中或分娩后的子宫感染，可能继发急性子宫炎。母驴出现精神沉郁、厌食、发热、黏膜充血和不喜运动等症状。子宫体积增大，充满恶臭的褐色液体，其中可能含有一块或几块胎盘碎片。

治疗应包括全身使用广谱抗生素（包括预防厌氧菌感染）和氟尼辛葡甲胺等抗菌消炎药物，配合输液、解毒、强心和治疗并发症等。应使用温热的聚维酮碘溶液通过两个胃管冲洗子宫。子宫冲洗应持续到流出的液体变得澄清为止，并且可能需要每天 1 次或 2 次，直到子宫开始复旧，胎盘碎片或残留的微绒毛脱落并被排出体外。15～20 IU 催产素肌内注射，将有助于子宫中的液体排出，加快子宫复旧。同时，子宫内给予抗生素。对发生蹄叶炎的病驴，早期治疗很重要，包括单一的支持疗法或驴蹄铁疗法。

五、会阴损伤

根据损伤的严重程度，会阴损伤分为 3 类。一度撕裂，包括前庭黏膜和阴门背侧联合处的撕裂，这常需要做外阴成形术进行修复。二度撕裂，涉及前庭黏膜、黏膜下层和会阴中心腱，使用外阴成形术加上内部修复，但是如果有严重挫伤和广泛的组织损伤，则可先做治疗行二期愈合，然后再做成形术。三度撕裂，涉及前庭背侧、直肠腹侧、会阴膈、肌肉组织和肛门括约肌。

二期愈合的时间至少需要 4～6 周，炎症减轻，伤口收缩。在此期间，伤口应保持清洁，并根据需要全身给予广谱抗生素（包括预防厌氧菌感染）和非甾体消炎药。大多数病例不适合在同一繁殖季节进行交配，通常最好延迟修复时间，直到驴驹断奶后再做修复手术。手术修复通常分两个阶段进行，间隔时间为 4～6 周。母驴柱栏内站立保定，镇静，硬膜外麻醉。全身使用抗生素和非甾体消炎药。第 1 阶段是重建直肠阴道瘘，第 2 阶段是修复会阴中心腱和阴门。

直肠阴道瘘是直肠与阴道内部的撕裂，会阴中心腱保持完整。这可通过转变成三度撕裂后按照前述的修复方法来修复；或者自后侧向前分离直肠阴道瘘，直至瘘管的前方，然后横向修复直肠缺损，纵向修复阴道缺损。后一种方法具有保持肛门括约肌结构完整和功能正常的优点。后部直肠阴道瘘，可能无须治疗即可自愈。有些瘘管口会变小，可进行手术修复。

第十三章 新生驴驹疾病

新生驴驹，也称为新生幼驹，是指从出生至 1 周龄左右脐带断端干燥脱落的这一阶段的驴驹。驴驹在该阶段发生的疾病，统称为新生驴驹疾病。胎儿阶段的异常、出生后护理不当，以及被环境中的病原体感染等原因，都可以引起新生驴驹疾病。

驴驹出生后，生活环境由母体转为外界，发生了巨大变化。由原来母体子宫提供相对稳定的温度，变为自行维持体温；由原来通过胎盘获得营养物质，变为自行摄食；由原来通过胎盘进行气体交换，转换为自行呼吸；由原来通过胎盘排泄废物，变为自行排泄；由原来母体提供保护，不易受外界有害因素的影响，变为自行适应外界环境，并抵御有害因素，等等，这些变化使得新生驴驹必须在生理机能等方面随着生活环境的变化而发生相应改变，一旦遇到不利因素，就可能会呈现病态，进而发生疾病。

如在呼吸系统方面，新生驴驹的鼻腔较小，腔内黏膜柔嫩，容易受损伤而发生炎症；新生驴驹的肺组织及其机能较弱，容易受外界环境有害因素的影响而发生疾病。在消化系统方面，新生驴驹胃肠容量不大，分泌及消化机能也不完善，唾液腺分泌量较少，当营养不良时，容易引起消化紊乱。新生驹肠壁的通透性较高，故在患某些消化道疾病时，肠内毒素容易通过肠壁进入血液，而引起中毒，致出现嗜睡、心血管机能障碍，甚至昏迷等症状。在体温维持方面，驴驹的皮肤尚不能很好地调节体温，适应外界气候变化的能力很差，一旦护理不当，就会导致体温降低，引起身体机能下降。此外，新生驴驹的脐血管和脐尿管紧紧连在脐环上，当脐带断裂时，脐血管和脐尿管断端便暴露于腹腔之外，这使得脐带在干涸过程中有病原微生物侵入的危险。此外，由于脐尿管收缩不够，常发生脐尿管瘘。

本章节就规模化繁育场中新生驴驹常见的内科病和外科病的症状、发病原因、治疗方法及预防措施等进行总结和阐述，希望在新生驴驹疾病的预防和控制方面起到抛砖引玉的作用，为新生驴驹健康成长提供技术保障，为驴产业健康发展保驾护航。

第一节 新生驴驹内科病

一、新生驴驹窒息

新生驴驹窒息是指驴驹刚刚出生时，呼吸微弱或无呼吸，而仅有心脏跳动的状态，临床上称为假死。如不及时进行抢救，会有死亡的危险。近年来，随着规模化繁育场产房管理制度逐步完善，技术人员水平不断提高，该病的发病率和死亡率都有了明显降低。

【原因】该病多由于分娩时产程过长，胎盘剥离过早，胎囊破裂过晚，倒生时脐带受压迫，努责过强，特别是在子宫痉挛性收缩时，未能及时采取正确的接产措施，致使新生驴驹因缺氧和二氧化碳浓度增高而过早地进行呼吸，结果因吸入羊水而发生窒息。此外，临产时母驴过度疲劳，大出血，贫血及患有高热疾病时，产出的驴驹也多呈窒息状态。

【临床症状】分为轻度窒息和重度窒息两种。轻度窒息是指驴驹出生时呼吸微弱，节律不齐，胸部可听到湿啰音，心跳快而弱，黏膜呈蓝紫色，舌多呈脱出状态，四肢活动能力减弱。重度窒息时，驴驹呈假死状态，结膜苍白，鼻腔流出水样液体，全身弛缓，反射消失，呼吸停止，仅心脏有微弱的跳动。

【治疗】首先要尽快疏通驴驹的呼吸道，保持呼吸畅通。可用纱布或毛巾擦净鼻腔及口腔内的黏液和羊水，并用橡胶管插入鼻孔及气管内，尽量吸出其中的黏液和羊水。

对于轻度窒息的驴驹，可用垫草或者毛巾摩擦胸部皮肤，并通过有节奏地按压腹部使膈肌活动，促使胸廓有规律地扩大和缩小，促进驴驹呼吸。无论是轻度窒息还是严重窒息的驴驹，都可采用人工辅助呼吸的方法进行治疗，效果比较明显。具体方法如下：先使驴驹仰卧，适当垫高背部，由一人用两手分别握两前肢，另一人将双手大拇指置于左右季肋下方，其余4指放在胸壁上。当将两前肢向外开张时，另一人向上提起肋骨，使胸廓扩张，模拟吸气状；而当将两前肢向内并拢时，另一人则用双手轻轻下压胸壁，使胸廓复原。依此反复多次进行，直至驴驹出现自主呼吸为止。一般来说，人工辅助呼吸时间需要 10min 以上才能见效，以 15～20min 居多。

此外，在紧急情况下，也可向心脏内注射 0.1% 肾上腺素，能起到一定效果。

【预防】在产驹季节，产厩内应制订值班制度，保证昼夜有人负责接产工作。母驴产驹时，必须正确地进行助产和新生驴驹护理，以减少此病的发生，一旦发生此病时，应立即进行抢救。

二、新生驴驹孱弱

新生驹孱弱是指驴驹因先天发育不良或未成熟，而表现体质衰弱无力，生活力低下。该病在规模化养驴场多见，病因较多。由于早产而出现的新生驴驹孱弱，也被称为早产弱驹，是指妊娠期未满而提前 1～3 个月所产出的未成熟的弱驹，表现为个体较小，体质虚弱。对于发生该病的新生驴驹，如不及时采取适当治疗和护理，死亡率较高。

【原因】在营养方面，妊娠期间饲养不当造成母驴营养不良，或饲料单一，缺乏维生素或矿物质，影响胎儿发育，而易产出孱弱的驴驹。在妊娠期管理方面，若妊娠末期的母驴受寒冷侵袭，空腹时饮大量冷水，腹部受冲击及因惊吓而精神过度紧张等，可反射性引起子宫收缩，而排出不足月的弱驹。慢性子宫内膜炎所引起的结缔组织变性、瘢痕、硬结，子宫发育不全等，因妨碍胎儿的发育，胎儿在尚未发育成熟时被排出。此外，驴流产副伤寒杆菌，饲料中的霉菌侵入妊娠母驴子宫黏膜后，引起胎盘炎、组织坏死，并可侵入胎儿体内，同时病菌所产生的毒素刺激子宫壁引起收缩，如在妊娠末期，即可排出不足月的弱驹。

【临床症状】驴驹体质衰弱无力，皮肤及肌肉松弛，站立困难或卧地不起。吮乳反射很弱或消失，有的闭目不睁。呼吸浅而弱，脉搏快而弱，体温偏低。有的耳、鼻及四肢末梢部发凉。早产弱驹，一般体格较小，被毛也短，蹄角质柔软；有的伴有窒息现象。

【治疗】若新生驴驹孱弱程度较轻，及时采取有效的治疗和精心的护理，多预后良好。程度较重者，特别是四肢冰冷、体温下降者，往往预后不良。治疗时应采取保温、补给营养及对症治疗等综合措施。

弱驹出生后要及时保温，环境温度应保持在 25～30℃。必要时可用保温的覆盖物盖好驴驹。有吮乳反射的，应将其扶起，并训练其吃初乳。如不能吮乳，应定时喂给驴驹初乳。也可用牛乳或奶粉，经过调制后，进行人工哺乳。牛乳中加适量的白糖或葡萄糖粉，再加1/3的开水，待温度接近驴驹正常体温时，即可喂给。如喂奶粉，可用奶粉15g，葡萄糖5g，加水250mL左右，煮沸、降温后喂给。为了帮助消化，可在乳中加入胃蛋白酶或乳酶生1～2g。人工哺喂时，可用小儿奶嘴瓶喂给，每隔2～3h喂250mL左右。如驴驹无吸吮动作，可用细橡胶管经鼻插入胃内投给。心脏较弱时，可注射强心剂；胃肠活动弱的，投服轻泻剂。

为保证营养供给，增强驴驹体质，可静脉注射10％～25％葡萄糖250～400mL及10％葡萄糖酸钙30～50mL，同时注射维生素A、维生素D、维生素B_1等。为了补氧，可在10％葡萄糖400mL中，混入3％过氧化氢30～40mL，静脉注射；同时静脉输入母驴血200mL，有良好效果。

采用以输血为主的疗法，也有一定效果。静脉输母驴血200mL、10％氯化钙5～10mL，每2～3h1次，至驴驹体温恢复正常为止。

中兽医认为，母驴气血双弱者，胎畜不能健全发育，而为产后软瘫不立之症，可内服白术散。具体处方：当归、白术、川芎、熟地、甘草各5g，土鳖9g，螃蟹1只（去足烧干），共为末，加水内服。

在护理方面，除了保温以外，若驴驹不能站立，应勤翻动，防止褥疮；当有站立可能时，每天要按时扶起，实行辅助运动，加强锻炼。

此外，当怀疑早产驴驹感染副伤寒杆菌时，应及时进行实验室诊断，并参照驴驹副伤寒及时采取适当的治疗措施。

【措施】要加强妊娠母驴的妊娠期管理，饲料中营养搭配要均衡，保证维生素和矿物质的充足供给，避免温度过高或过低以及应激等情况的发生。同时，做好生物安全防控，避免发生病原体感染，保证驴驹在母体内的正常发育。

三、冷冻衰竭症

当前大型规模化养驴场多采用同期发情技术，以保证大部分妊娠母驴能够在气温适宜的春秋季节生产。但中小型养驴场驴驹的出生仍然分散在各个季节。由于无产房或产房条件简陋，在寒冷季节出生的驴驹，一旦护理跟不上，极易出现体温降低现象，出现虚脱或衰竭，甚至是陷于冻僵的状态，称为新生驴驹冷冻衰竭症。

【病因】驴驹出生后，由于环境温度过低，护理不及时，使得其体温过低。

【临床症状】发病初期，驴驹表现为精神萎靡，背腰弓隆，身体蜷缩，全身肌肉震颤，耳聋头低，食欲废绝。进而卧地不起，结膜呈青白色，瞳孔散大，脉搏细而弱，呼吸浅而徐缓，呼出冷气，体温常低至35℃左右。若不及时消除原因和进行抢救，驴驹常因体温过低，冻僵而亡。

【治疗】发现病驹时，首先要对其进行保温处理。即将病驹迅速转入较温暖的产房、厩舍或房间内，并在其身上盖上保温被褥等保温物，同时对其进行全身按摩。为尽快提高病驹体温并补充体液，可静脉注射37℃的5％葡萄糖氯化钠注射液500mL。严重者，可静脉注射10％葡萄糖注射液500mL，同时内服50℃左右的白酒30mL，服用后立刻喂给适量温水，一般能很快好转。如果以上疗法无效或效果不明显，则可能与外周循环障碍、血压下降有关。可用去甲肾上腺素 1mg 溶于 5％葡萄糖液 250mL 中，以每分钟 1～2mL 的速度静脉滴注，以促使外周血管收缩，提高血压。药液滴注至血压回升，病情见好转时，须逐渐减慢输液速度，直至最后停止注药。为了增强血管对升压药去甲肾上腺素的敏感性，可注射氢化可的松，能取得较好效果。

【预防】规模化繁育场要制订产房管理制度，尤其是寒冷季节，一定要做好保温工作。

四、神经调节不良综合征

新生驴驹神经调节不良综合征是由多种致病因素引起的中枢神经系统机能紊乱的一种疾病。患病驴驹主要表现为神经症状及吮乳反射消失。此病多发生在 3 日龄以内的驴驹。

【病因】该病可由多种致病因素引发，包括胎儿窒息、分娩外伤及其他形式的胚胎应激等。

【临床症状】驴驹生后能正常站立吃乳，但不久后突然发病，表现出不同程度的神经症状。病驹吮乳反射消失，丧失与母驴的亲和力。站立时经常低头、张口、虚嚼、吐沫，舌常外露，有的虽有吮乳表现，但无法吞咽，多从口腔外流。视力有不同程度的减退，甚至消失。针刺皮肤反应敏感。走路时不稳，或盲目运动、做圆周运动。严重时卧地不起，肌肉痉挛，四肢呈游泳状运动，角弓反张，以至陷于昏迷状态。心动过速，呼吸浅表急速，体温正常或稍高。

【治疗】首先加强护理。驴驹出现明显神经症状时，要由专人经常看护，特别是病驹卧地后，要防止因挣扎起立而引起衰竭。如果吮乳反射消失，可进行人工哺乳。

进行药物治疗。临床实践证明，以地龙注射液为主，配合磺胺噻唑钠、葡萄糖、乌洛托品，或维生素 B_1、维生素 B_{12} 进行治疗，对本病有较好的疗效。肌内注射地龙注射液 5～20mL，每天 1 次，连用 3～4d 为一疗程。地龙注射液不仅具有镇痉作用，而且利水作用也很强，可起到降低颅内压的作用。如无此药，可使用甘露醇注射液或山梨醇注射液，静脉注射，每千克体重 1～2g。静脉注射 10％葡萄糖注射液 500mL，20％磺胺噻唑钠注射液 40mL，40％乌洛托品 20mL，每天 1 次，连用 3～4d；或肌内注射维生素 B_1、维生素 B_{12} 各 2mL，每天 1 次，连用 3～5d。当病驹兴奋不安，角弓反张时，可肌内注射氯丙嗪注射液 50mg，苯巴比妥注射液每千克体重 25mg，每天酌情用药 1～2 次。因全身痉挛而发生代谢性酸中毒时，应静脉注射 5％碳酸氢钠注射液 50～100mL。当病驹行为显著改变而怀疑脑出血时，应立即肌内注射维生素 K 1mg，每天 2 次，连用 2d。

【预防】做好妊娠后期的管理，避免出现胚胎应激现象。严格做好分娩时的护理工作，避免胎儿窒息和分娩外伤等问题的出现。

五、血斑病

新生驴驹血斑病是指新生驴驹出生后，可视黏膜出现血斑，同时出现皮下出血、关节肿胀、胃肠出血等症状，一种血管渗透性增高所造成的疾病。饲喂青贮饲料和黄贮饲料的规模化驴场可见到该病，但发病率不高。轻症病例往往可自然耐过，多预后良好，但重症病例若得不到及时治疗，常在 2d 内死亡。

【病因】本病的病因尚无确切定论，但推测有以下几种原因：①饲料中含有细菌毒素及一些霉菌毒素，妊娠期母驴食用后，引发该病；②若饲料中含有以浸出方法制油所生产的豆粕，若其中残留有微量脂肪溶剂，能够破坏脂溶性维生素 K，故可使驴驹发生本病，主要表现为脾和胃肠出血；③由继发性中毒引起，若驴驹患肺炎、咽炎、肠炎或有外伤，因细菌毒素或病理细胞分解产物引起的变态反应，造成血管渗透性增高和皮下浆液渗出；④血小板减少造成血液渗出。当前对马属动物血小板减少的原因尚不明确，有学者认为是由一种隐性遗传素质所引起的，主要是遗传给雄性后代，而有人认为是血小板形成紊乱，还有人认为可能与初乳中某些成分有关。

【临床症状】病情轻微的，仅在巩膜、结膜可看到针尖大小或芝麻粒大的新鲜的或陈旧的出血斑，有的出血斑出现在鼻中隔黏膜、口腔黏膜，而均无全身症状。重症的，除出血斑外，四肢关节肿大，特别是系关节肿大，有时可见下肢肿胀，行走困难，不敢卧地。勉强卧地时，则因疼痛而呻吟。采血或注射时，针孔流血不止，可持续数小时；皮肤上有滴状渗出的血液。用手掌打击体躯后可形成手掌大小的皮下血肿。血液检查，血小板数量下降。此外，结膜也出现苍白及黄染，有时尿色变黄。

【治疗】若怀疑是因乳中某些物质所引起的，应考虑停吃母乳，找其他母驴代养或实行人工哺乳。重症的应采用输血疗法，可输血 500～1 000mL。为了制止渗出，可静脉注射 10%氯化钙或葡萄糖酸钙 10～20mL，并注射维生素 C 0.2～0.5g；为了促使血小板增加，可静脉注射 1%刚果红溶液 5～10mL。若该病为继发病，还应针对原发病进行合理治疗。

【预防】平时应注意母驴饲料的选择，防止驴驹中毒。加强驴驹护理，预防感染。对产过这种病驹的母驴，下次产驹后，为防止新生驴驹发生本病，可停吃母乳，改为人工哺乳或代养。

六、新生驴驹脓毒败血症

新生驴驹脓毒败血症是由脓毒败血杆菌引起的以侵害肾、关节、腱鞘为特征的新生驴驹的急性传染病。该病通常发生在出生后 2～3 日龄的驴驹，以侵害病驹肾为主要特征，若得不到及时治疗，病驹可在数日内死亡，最急性病例可在发病后 24h 内死亡。该病在规模化驴场中多发，尤其是产房和母仔圈舍卫生条件较差时，发病率较高。

【病因】该病为细菌性疾病，病原菌通过脐带或消化道感染新生驴驹，但有时也可在母驴子宫内感染。引起该病的病原菌主要包括脓毒败血型链球菌、肠炎沙门菌、大肠杆菌、流产沙门菌和肺炎双球菌等。

【临床症状】本病潜伏期较短，一般经 12～24h 发病。若治疗不及时可迅速死亡。临床上可见到病驹极度衰弱，卧地不起，无吮乳反射。体温升高到 40℃以上，呼吸及脉搏增数，结膜黄染，腹泻并频频排尿。按压背腰部肾区周围，病驹呈现明显痛感。若病程较长，可发生关节、腱鞘肿胀。死后剖检以肾变化较为突出，肾脂肪囊黄色胶样浸润，有的血肿，皮质层出现大量黄白色或灰色小病灶，病灶周围有红晕。

【治疗】先检查是否存在局部感染灶，对其进行彻底的外科处理。然后，为了控制全身感染，应联合应用抗生素进行治疗。抗生素的治疗剂量要足，如青霉素 200 万 IU，链霉素 200 万 U，1d2 次。若治疗效果欠佳，则改用广谱抗生素，如按每天每千克体重 5mg 的剂量静脉注射四环素，配合补液，分 1～2 次静脉注射。为了中和毒素，增强抗感染能力，可皮下注射母驴血液 30～40mL，或静脉注射 5%葡萄糖氯化钠注射液 500～1 000mL。为防止酸中毒，可静脉注射 5%碳酸氢钠注射液 50～150mL。根据病情情况，可给予镇静剂、止痛剂或退热剂。此外，应注意补充维生素，大量给予饮水。伴发关节及腱鞘炎时，需采取对症治疗。

【预防】必须做好接产、护理工作，如在舍饲条件下，应切实做好产房卫生工作，接产时对新生驴驹脐带断端应彻底消毒。

第二节　新生驴驹外科病

一、脐出血

脐出血是新生驴驹在脐带断裂后，脐带断端或脐孔出现出血现象，分为脐静脉出血和脐动脉出血两种。倘若出血过多，则会危及新生驴驹的生命。

【病因】在正常情况下，健康的新生驴驹在脐带断裂后，脐血管即退缩至脐孔处。由于肺开始呼吸，随着右心室的血液通过肺动脉进入肺，静脉中的血压随之降低，脐静脉也随之关闭。脐动脉因收缩力强，故能自行闭锁，并且由于肺开始呼吸，动脉的血压一时性降低，也有助于脐血管闭锁。但在新生驴驹机体衰弱、窒息时，由于呼吸作用不充分或无呼吸作用，造成脐血管的闭锁障碍，从而较易发生脐出血。一般脐出血多为脐静脉出血，脐动脉出血较少见。有时在驴驹出生时，脐动脉搏动尚未停止时，过早地剪断脐带，便可引起脐动脉出血。

【临床症状】脐静脉出血时，血液流出较缓慢，较少出现失血过多的现象。而脐动脉出血则会出现血流较急的现象，通常是成股地涌出。失血过多时，新生驴驹会出现急性贫血的症状，若不及时治疗，则会出现生命危险。

【治疗】当从脐带断端出血时，可立即结扎脐带。如果脐带过短，无法结扎时，可用1～2根消毒好的大头针穿过脐部的皮肤，用线缠绕固定止血。也可按照脐尿管瘘的治疗方法缝合脐孔。当新生驴驹失血过多时，应及时采取补液，输注母驴血等措施进行治疗。

【预防】加强妊娠母驴的妊娠期管理，保证驴驹正常发育，避免弱驹出现，以确保新生驴驹在脐带断裂后，脐血管能正常退缩至脐孔处。此外，驴驹出生后，在脐动脉搏动尚未停止之前，避免剪断脐带。

二、脐炎

脐炎是新生驴驹脐带断端受感染所引起的脐血管及其周围组织的炎症。按其性质可分为化脓性脐血管炎及坏疽性脐炎。脐炎进一步蔓延，可引发腹膜炎，特别是化脓菌沿脐血管侵入体内时，可继发驴驹败血症或脓毒败血症。

【病因】通常情况下，驴驹的脐带断端干燥脱落需要1周左右。在脐带断端脱落之前，它是细菌发育的良好温床。接产时对脐带断端消毒不严格，厩床及垫草不洁，脐带断端被污水及尿液所浸润等，均可使脐带断端感染细菌而发生脐炎。

【临床症状】脐血管炎：驴驹发生脐血管炎时，常常表现为精神不振，食欲减退，时常卧地。有时体温升高，呼吸及脉搏增数。由于脐部疼痛，常常拱背而不愿行走，卧地时小心翼翼。在发生化脓性脐血管炎时，脐带及脐孔周围肿胀，触诊时有热痛，在脐带中央及其根部皮下，可摸到小手指粗的硬固索状物，有时可挤出带有臭味的脓汁。脐带断端脱落后，脐孔常有一未愈合的瘘孔，从中可挤出带有臭味的浓稠脓汁。隔着脐孔周围皮肤揉压时，可摸到皮下有手指粗的硬固锁状物，并有疼痛反应。脐孔周围有时可发生肿胀。

坏疽性脐炎：又称为脐带坏疽。脐带断端湿润，呈污红色，并有恶臭气味。有时断端脱落后，脐部肉芽赘生、溃烂，而形成脐部溃疡。

若脐炎的病原菌沿脐血管侵入肝及其他脏器，则会引起脓毒败血症，此时驴驹的全身症状明显。

【治疗】发生脐血管炎时，在炎症初期，仅脐部及其周围组织发炎肿胀时，可在脐孔周围皮下分点注射0.25%普鲁卡因青霉素溶液，并在局部涂以松馏油、5%碘酊等量合剂，有良好效果。若出现化脓，即脐带中脐血管肿胀及脐孔周围出现脓肿，此时应及时切开排脓，必要时也可切除脐带断端。用3%过氧化氢或0.1%高锰酸钾溶液彻底消毒清创后，然后撒布碘仿磺胺粉。如脐带断端已脱落，脐孔处瘘孔排脓时，可用过氧化氢消毒洗净，再涂以碘仿醚或碘仿磺胺乳剂。若病驹出现体温升高症状，应积极采用抗生素疗法。

发生坏疽性脐炎时，必须切除脐带断端，去除坏死组织，用消毒药清洗后，用碘酊处理创口，必要时可用石炭酸、硝酸银或硫酸铜腐蚀，最后向创口内撒布碘仿磺胺粉。为了防止感染扩散而出现并发症，应肌内注射抗生素。

【预防】接产时要正确处理脐带，特别是要严格消毒。产圈经常保持清洁干燥。驴驹出生后可以用碘伏或者5%~10%的碘酊，每天早晚各1次进行脐带消毒，以防感染，直到脐带干燥为止。

三、脐尿管瘘

脐尿管瘘俗称脐部流尿，是由于新生驴驹脐带断裂后脐尿管封闭不全，导致排尿时出现从脐带断端或脐孔流尿或滴尿的现象。此病多发生在脐带断端脱落之后。

【病因】妊娠期间胎儿膀胱借脐尿管通过脐带与体外尿囊相通，正常情况下，驴驹出生后，脐尿管即行闭锁。如果脐尿管闭锁不全，胎儿的尿液即可通过脐尿管孔外流。驴驹发生此病的原因是脐尿管及脐血管与脐孔周围组织联系紧密，脐带断裂后，脐尿管往往收缩不够，特别是脐带靠近脐孔处断裂时，脐尿管易闭锁不全而发生此病。有时因脐带断端受感染，易破坏脐尿管闭锁处而发病。

【临床症状】驴驹排尿时，尿液从脐孔中流出或滴出。由于被尿液浸渍的脐带断端经常是湿润状态，易受感染，脐孔周围的皮肤也可因受尿液刺激而发炎，组织增生，形成红色肉芽创面，久不愈合。在创面中心可发现脐尿管孔。有时因脐部炎症蔓延，可伴有精神沉郁、食欲不振、体温升高等全身症状。

【治疗】脐尿管瘘多发生在脐带断端脱落之后，所以常无法直接结扎。为了使脐尿管闭锁，可在创面上涂以碘酒、5%~10%甲醛或用硝酸银腐蚀，每天2~3次，数天后可以封闭；但这种方法较为烦琐，不适合规模化驴场。

实践证明，除伴有脐血管炎的病例以外，采用脐部集束结扎法或荷包缝合法，可以有效地封闭脐尿管孔，从而迅速治愈该病。术前驴驹采用侧卧或半卧保定。清洗和消毒局部后，按照集束结扎法，用小弯针带缝线，围绕脐尿管孔周围较深地刺入组织内，扯紧缝线两端，将脐尿孔连同周围组织一并扎紧。如有可能时，先用镊子将脐尿管孔连同周围组织夹起一些，有利于缝合和结扎。也可按照荷包缝合法，围绕脐尿管孔，以一定距离依此平行做两次刺入和穿出，最后扯紧线端扎紧即可，针刺入不可太浅或距脐尿管孔太远，以免不能扎紧脐尿管孔，但也不要刺入腹腔。术后局部涂擦碘酊或龙胆紫，也可涂擦抗生素、磺胺软膏类。必要时可肌内注射青霉素。6~8d脐部可形成上皮，应及时拆线。

若发现较早，脐带断端尚未脱落，病驹从脐带断端滴尿，可用碘酊充分浸泡脐带断端，然后紧靠脐孔结扎脐带即可。

若伴有脐炎，应按脐炎的方法进行治疗。

该病一般情况下预后良好。但有时会并发脐炎，甚至继发败血症的，造成预后不良。

四、脐疝

新生驴驹脐疝是指腹腔内容物由脐部薄弱区凸出而形成的腹外疝，分为先天性和后天性。其内容物可能为小肠、结肠或网膜。

【病因】先天性者较为多见，后天性者较少。多因胎生时期脐轮发育不完全，轮孔异常增大，因而内脏以自己的重量而脱出于皮下。后天性者，因脐轮未闭锁，或脐部的瘢痕组织薄弱，抵抗力不够，在腹内压力骤然增高的情况下形成脐疝。在人工助产时，高位扯断脐带，产后驴驹便秘努责使腹内压增大时，也易引起本病。

【临床症状】在脐部出现局限性、半球形、柔软无痛性肿胀。其大小可由鸡蛋大到拳头大，甚至有的比拳头还大。内容物通常容易整复还纳，整复后易于触知疝轮。当内容物为肠管时，听诊可听到肠蠕动音。一般病驴不见有其他全身症状，当脐疝发生嵌闭时，则呈现显著不安、腹痛等全身症状。

【治疗】目前认为本病最好的治疗方法是做根治手术。在手术前禁食1d，可少量饮水。病驴行仰卧保定，患部剃毛消毒。局部麻醉或针刺麻醉，或在全身麻醉下进行手术。沿疝囊纵轴将囊的皮肤切开，剥离疝囊内层（腹腱膜及腹膜）使其游离，并沿疝轮的周围将皮肤与腹壁分离4~5cm。将疝囊及其内容物还纳于腹腔内，而后按略姆贝尔氏的肠管缝合法缝合数针，将疝轮闭锁。缝针应距疝轮3cm处刺入，而紧靠其边缘拔出。再以同样的方法，但顺序相反在对侧腹壁刺入和拔出缝针。每根结扎线均应在腹膜外并通过腹膜直肌之间。为了避免伤及腹膜，在刺入和拔出缝针时，均需在插入疝轮内的手指控制下进行。在缝合疝轮以后，对皮肤行结节缝合，并系结系绷带。

当疝囊的皮肤层与腹膜层紧密粘连，以致很难将其剥离时，可按奥立大柯夫氏第二法沿疝囊的周围在没有发生粘连的地方做皮肤切口，然后将皮肤剥离到疝轮部，并沿疝轮的周围将皮肤和腹壁分离一定距离。将疝内容物还纳于腹腔后，用丝线在疝囊的根部结扎，并在结扎部下方数厘米处将疝囊切断。手术的最后步骤同前。当为嵌闭性疝时，将疝囊切开后，沿疝轮的纵径以球头外科刀或疝刀，将疝轮扩大，以便还纳。若被嵌闭部分已发生坏死，则将此坏死肠管切除，行断端吻合术，再进行还纳。最后缝合疝轮及皮肤创。

术后要注意护理，避免发生感染。

【预防】先天性脐疝无有效的预防措施。对于后天性脐疝，主要是避免助产时高位扯断脐带，以及避免产后驴驹便秘努责使腹内压增大。

五、阴囊疝

新生驴驹阴囊疝通常是因肠管经腹股沟管脱入腱鞘膜腔内所发生。此病临床上比较多见，是规模化繁育场发生较多的疾病之一。

【病因】新生驴驹阴囊疝多为先天性的，即因腹股沟管内口过大所引起。一般脱出的多为小肠。新生驴驹在胎粪停滞、急剧起卧等腹压异常增大等情况也可继发该病。

【临床症状】症状较轻的病驹，表现为频繁用尾巴甩打股部内侧，类似驱赶对其叮咬的蚊蝇，并表现出无目的性地走动。有时则痴呆站立，不敢跳跃玩耍，起卧谨慎，有时突然停止吸乳。进行局部检查时，可发现一侧或两侧阴囊皮肤光亮、轻微发红，阴囊增大、下垂。触诊阴囊感到柔软，并有轻微的疼痛反应，有时并发出"咕嘎"的音响。绝大多数病驹在侧卧或仰卧保定时，脱出肠管可自行返回腹腔。此时，可清楚地摸到扩大了的腹股沟外口。若发生时间较长，由于纤维素沉积，肠管浆膜和总鞘膜可发生粘连，则转为不可复性疝，此时扩大了的腹股沟外口也摸不清楚。若引起粪性嵌闭时，病驹突然发生疝痛，患侧阴囊更加肿大，皮肤紧张，水肿、发凉。

【治疗】轻症病例在消除病因之后，有的可不经治疗而自行痊愈，但多数病例需要接受手术治疗。

（1）可复性阴囊疝的治疗。以无创缝合法为最佳选择。将病驹行侧卧、后躯半仰卧保定。进行局部常规消毒和浸润麻醉。还纳疝内容物后，用左手食指从腹股沟外环的前角隔皮肤插入其内，并向高挑起（如穿以牵引线则更为方便），以其下三指向后角压迫精索。用一大的全弯缝合针带缝线经皮肤从外向内穿过腹股沟环一侧，再穿至另一侧，由内向外穿过腹股沟环，经皮肤穿出，然后将针由后一孔仅穿至皮下，于前孔穿出打结。通常缝合1～2针即可。若无大的全弯缝合针或操作有困难时，可按前法于一个结节缝合的第1个针刺孔与预计的第2个针刺孔的中间将缝合针经皮肤穿出并经该孔刺入1次，颇便于操作。也可按此进、出针方法做纽孔状缝合。因为无创缝合法不需要切开皮肤及其下的软组织，且缝线又不暴露于外，故可减少感染机会。

（2）嵌闭性阴囊疝的治疗。病驹的保定方法同上，局部进行常规消毒，采用全身麻醉。先在阴囊颈部相当于腹股沟外口的前方，纵切阴囊皮肤和总鞘膜，充分暴露肠管。然后沿精索插入手指，检查肠管嵌闭部，用隐刃刀插入嵌闭部，向前方切开腹股沟管，以解除对肠管的嵌压。最后将肠管还纳于腹腔，并闭合腹股沟管内口及创口。若肠管的嵌闭部分已坏死，则需进行肠管断端吻合术。

（3）粘连性阴囊疝的治疗。在按上述方法保定驴驹和充分麻醉后，在阴囊上方纵切皮肤，检查肠管粘连情况，在未粘连处切开总鞘膜。细心剥离粘连部，严防损伤肠管壁。剥离完毕后，用青霉素生理盐水冲洗，之后将肠管送还至腹腔。以纽扣缝合法闭合腹股沟管，再缝合皮肤。术后护理同腹壁手术或肠管吻合术。

【预防】先天性阴囊疝无有效的预防措施。对于后天性阴囊疝的预防主要是及时发现和治疗胎粪停滞及腹泻等疾病，避免新生驴驹出现急剧起卧等腹压异常增大的情况。

六、胎粪停滞

胎粪是妊娠期间胎儿肠道脱落的上皮细胞、肠道的分泌物、吞咽的羊水及排入肠道的胆汁经消化而剩余的废物积聚在肠道内所形成的。驴驹生后数小时即可排出胎粪。如果超过10余h乃至1d以上不排粪，驴驹便可出现轻微腹痛症状，称为胎粪停滞或新生驴驹便秘。此病主要发生于体弱的新生驴驹。胎粪停滞是规模化驴场新生驴驹的常见疾病。本病一般预后良好，但如果治疗不及时，驴驹常因中毒而危及生命。

【病因】妊娠期间母驴饲养管理不当，缺乏蛋白质饲料，出现驴驹先天性发育不良、早产驹及患某些疾病的新生驴驹，因机体衰弱和肠道弛缓，也可发生此病。产后母驴初乳中含有较多的镁盐、钠盐及钾盐等，具有轻泻作用。如果初乳质量不佳、驴驹吃初乳不足或未吃到初乳，就容易发生胎粪停滞。

【临床症状】新生驴驹在生后超过 10 余 h 乃至 1d 以上未排出胎粪。驴驹出现精神不安、弓腰举尾，频繁努责，后肢踢腹，有时卧地滚转等症状。结膜潮红带黄，口腔干燥，舌色发红，呼吸及心跳增速。肠音病初增强，以后逐渐减弱或消失。如果延至 2～3d，还不能排出胎粪，可引起自体中毒。此时驴驹精神沉郁，不吃乳，全身衰弱无力，常卧地不起，心脏衰弱。

可采用直肠检查法对该病进行确诊，以涂油的食指插入驴驹直肠内，可摸到干硬的粪块，有的骨盆入口之前有较大的粪块阻塞，手指只能触到粪块的后缘。胎粪停滞的部位多在直肠和小结肠后部，发生在大结肠的很少。

【治疗】采用灌肠、内服泻剂等，常可收效。即用温肥皂水进行浅部灌肠，排出浅部的胎粪，然后向直肠深部插入橡胶管，并灌注肥皂水，插入深度可达 30～40cm。必要时 2～3h 后再灌肠 1 次。

投给轻泻剂，如投给开塞露 10～30mL、液状石蜡 100～200mL、豆油 50～100mL 或硫酸钠 50g。在投药后，按摩和热敷腹部，可增强肠道蠕动。

在骨盆入口处有较大粪块阻塞，灌肠无效时，可用铁丝制的钝钩或套将其掏出。将驴驹放倒保定，导尿和灌肠后，用涂油的铁丝钝钩或套，沿直肠上壁或侧壁伸至粪块处。用食指伸入直肠内确定钩或套和粪块的位置后，试行钩住或套住粪块并掏出。一次未成，可重复进行。操作过程中不可粗暴，以免损伤肠黏膜。

若上述方法无效时，可考虑施行剖腹术，取出粪块。在左腹壁或脐后方沿白线侧方选择术部，切口长度均为 10cm。切开腹壁后，将手伸入腹腔内，将直肠及小结肠后部的粪块，逐个或逐段挤压至直肠后部并排出肛门外，然后缝合腹壁。

驴驹有自体中毒现象时，必须及时采取补液、强心、解毒及抗感染等治疗措施。

该病一般预后良好，若发生自体中毒，则多预后不良。

【预防】加强对妊娠后期母驴的饲养管理，补喂富含蛋白质和维生素的全价饲料，加强运动，饮水要充足。驴驹生后必须保证吃足初乳，同时注意观察驴驹表现及排便情况，以便做到早发现早治疗。

七、膀胱破裂

新生驴驹膀胱破裂是指膀胱壁全层破裂，尿液漏于腹腔内的一种疾病。此病分为先天性的膀胱破裂和后天性的膀胱破裂两种。当前规模化繁育场中所见到的病例，多为后天性膀胱破裂，且多发生于 1～4 日龄的驴驹。该病发生后，若能早期诊断和及时采取手术疗法，则预后良好。

【病因】通常是由于某些疾病和因素所引起的膀胱括约肌痉挛性收缩，导致膀胱内尿液过度蓄积，对膀胱壁的压力不断增加，最后导致膀胱破裂。据统计，膀胱破裂多继发于胎粪停滞。初步认为，一方面是由于胎粪停滞所伴发的腹痛反射地引起膀胱括约肌痉挛性收缩；另一方面，驴驹骨盆入口的下横径只有 2cm 左右，秘结在直肠内成串的坚硬粪球，有可能于该处机械地压迫膀胱颈和尿道。这两种因素均可导致膀胱内尿液过度蓄积，而使膀胱壁受到超生理限度膨胀，在病驹起卧滚转等腹压急剧加大的情况下导致膀胱破裂。此外，当发生膀胱麻痹（膀胱壁尿肌麻痹）时，也可使膀胱内尿液大量蓄积，易造成膀胱破裂。给驴驹导尿时，使用母畜用的金属导尿管不谨慎，用力过大或插入过深，都可造成膀胱破裂。据报道，分娩时驴驹膀胱充满尿液，而在通过产道时腹部受挤压，也可引起新生驴驹膀胱破裂。

膀胱破裂口多在膀胱底壁附近，即两个圆韧带的中间区，其他部位较少。

【临床症状】发生后天性膀胱破裂的病驹，出生后都能自行排尿。当处于尿潴留阶段时，驴驹表现精神不安，频频做排尿姿势，但不见尿液排出，欲卧而又不敢卧；当膀胱破裂不久时，病驹比较安静，排尿姿势消失，持续不排尿，有的虽时时做排尿姿势，但排不出尿或仅排几滴尿。全身其他症状不明显。此阶段病驹的临床表现不太明显，特别是继发于胎粪停滞时，往往与胎粪停滞所引起的腹痛相混淆或被其所掩盖，因而临床上的早期诊断通常容易被忽视。当膀胱破裂超过 1d 以至数天以后，腹围显著增大，肷窝变平，腹部下沉。公驹由于鞘膜腔积尿而阴囊胀大。病驹由于逐渐发生尿毒症，因而精神沉郁，严重时陷于昏迷状态。食欲大减或消失，体温正常或稍升高，心跳加快，呼吸急促，呈典型的胸式呼吸。当腹围增大以后，腹部叩诊时呈水平浊音，以手拍打腹壁时，有拍打充盈的橡皮暖水袋样波动感。此时若进行腹腔穿刺，可见大量淡黄色液体涌出。

临床上要及时做出诊断：根据病史、临床症状、腹腔穿刺等进行确诊，如果在确诊上有怀疑时，可选用下述方法进行确诊。

挤尿管导尿法：用橡皮导尿管插入病驹脐带断端的脐尿管内（脐带未脱落时，将干燥的断端剪掉，就容易找到脐尿管），如能导出大量淡黄色液体，即可说明膀胱已经破裂。

尿液染色法：经尿道向膀胱内注入 50 倍稀释的灭菌复红溶液 15mL，或 0.1％红汞溶液 10mL，或红色百浪多息适量，然后穿刺腹腔，若穿出液体为粉红色，即可确诊为膀胱破裂。此方法操作简单，诊断确实。

尿素量测定法：有条件时，可采集腹腔穿刺液送化验室检测，测定腹腔穿刺液的尿素含量。若尿素量为 780mL/100mL 以上时，则可证明为尿液，可确诊为膀胱破裂。

【治疗】一经确诊为膀胱破裂后必须尽快采取手术方法进行治疗。

手术准备：病驹可采取右侧横卧、后躯半仰卧的保定法。术部剃毛后行常规消毒。用 1％普鲁卡因溶液 50mL，进行局部浸润麻醉。不宜采用全身麻醉，否则术后会因病驹不能迅速起立而影响排尿。

切开腹壁：首先要确定切口位置，即从脐后方 4～5cm 距白线 2～3cm 处起，斜后方延伸，并避开左乳头（或阴筒、阴囊）1.5cm（切开腹直肌腱），切口长 7～8cm。然后分层切开腹壁软组织和腹膜，再排出腹腔内大量液体；但需注意排出液体不应过快，以免引起休克。切开腹壁后，即可寻找膀胱及其破口，一般有 2～3cm 至 7～8cm 长。若发现膀胱破口过长并延长到位于盆腔内的部分时，腹壁切口的后端应尽可能地接近耻骨前缘，以利于缝合。

缝合膀胱破口：第 1 层膀胱壁采用全层连续缝合，第 2 层浆膜肌层采用连续包埋缝合。针距为 0.3cm。在缝合过程中，牵拉缝线时，动作要缓慢，并要掌握与针刺方向一致，以免扩大针刺孔。此外，当缝合第 1 层后，膀胱处于一定的充盈状态，此时不应导尿，要利用这种充盈状态仔细检查每个针孔有无漏尿或渗尿现象，如有漏尿，则必须补针，然后方能进行第 2 层缝合。第 2 层缝完后，仍需进行同样处理，以免在闭合腹壁创口后出现漏尿或渗尿。

闭合腹壁创口：膀胱破裂闭合后，可用温的青霉素生理盐水（38～40℃）冲洗腹腔。然后依次闭合腹壁创口，最后结系绷带。

手术中及术后治疗：手术中病驹的全身状况没有恶化时，最好不要补液，以免泌尿过快，在手术结束之前膀胱过度膨胀，撕裂针孔，甚至胀破。如果必须进行补液，则在闭合膀胱破口与腹壁切口前，应预先通过尿道或脐尿管将导尿管插入膀胱内，以防止膀胱过度充盈。术后应侧重于治疗局限性的膀胱炎及腹膜炎、尿毒症，并防止腹壁创口感染化脓。此外，曾有病驹术后2～3d出现膀胱再次破裂的情况，故术后应注意观察，一旦发现此种情况，应及时再次进行手术。如果术后经过良好，可于6～8d拆除皮肤缝线。

【预防】当新生驴驹发生尿潴留或胎粪停滞时，应注意及时用橡胶尿道管导尿。使用金属导尿管时要小心谨慎，以免造成人为的膀胱破裂。

八、肛门及直肠闭锁

新生驴驹肛门及直肠闭锁是肛门被皮肤封闭或者伴有直肠末端形成盲囊的一种驴驹畸形状态，即驴驹先天性无肛门，使得驴驹无法正常排粪。

【病因】由先天性发育问题造成。

【临床症状】

（1）肛门闭锁。肛门被皮肤封闭，没有肛门孔。驴驹因排不出胎便而时常努责，努责时肛门皮肤明显凸出、隔着皮肤可摸到胎粪。

（2）直肠闭锁。驴驹不仅没有肛门孔，而且直肠末端也闭锁，形成一盲囊。此盲囊靠近肛门皮下时，其症状与肛门闭锁相似。如果盲囊距肛门较远，驴驹努责时整个会阴部向外凸出，且不易摸到胎粪。

【治疗】该病只能通过施行外科手术进行人工制造肛门。

驴驹肛门被皮肤封闭时，先进行局部消毒和浸润麻醉，然后在肛门部最凸出处，以"十"字形切开皮肤，剪除皮肤瓣，制成圆形的肛门孔。此时应注意勿损伤肛门括约肌。为了防止创口愈合，术后2～3d内每天用青霉素软膏或磺胺软膏涂抹创口。

直肠闭锁的病例，先按前述的方法制成肛门孔，然后向前剥离组织，寻找直肠末端并将其拉出。如果直肠末端位于深部不易找到时，可使驴驹仰卧，在脐部后方，沿腹下白线侧面切开腹壁。在骨盆腔内找到直肠末端后，设法将其拉出肛门外。此时可用剪刀剪开直肠末端的盲囊，在切口边缘涂软膏，然后排出体内的粪便。冲洗消毒后以结节缝合将直肠末端切口缝在肛门孔周围皮肤切口的边缘上即可。

【预防】本病无有效预防措施。

九、肠道闭锁

新生驴驹肠道闭锁是指驴驹先天性肠道闭锁，或者某段肠管发育不全，以致形成两个盲囊的畸形状态。该病多见于小结肠，有时也见于其他肠段。

【病因】该病为先天性疾病，由发育问题造成。

【临床症状】驴驹出生后迟迟未排胎粪，经12～24h后，出现与胎粪停滞相同的轻度腹痛。2～3d后，出现精神不振，食欲减退，腹部膨胀，常伴有明显的腹痛表现，驴驹弓腰、努责，因腹痛而卧地打滚。

当以手指进行直肠检查时，直肠内无胎粪。以温肥皂水施行深部灌肠时，排出的液体中也无胎粪的残渣，此时应怀疑肠道闭锁。为了确诊，应施行开腹探查及治疗。

【治疗】施行外科手术，开腹探查及治疗。

根据临床症状怀疑新生驴驹发生先天性肠道闭锁时，应立即施行开腹探查。通常于左侧腹壁做适当长度的切口，找到小结肠末端后，依次向前检查肠管。在肠道闭锁的前方，常可摸到受阻的胎粪。有时可发现某段肠管缺失。若发现一部分肠管闭锁时，可切除闭锁处的肠管，然后施行肠管吻合术，打通肠道。当发现某段肠管缺失，而前后形成两个盲囊时，如能将两盲囊拉近，可切开两盲囊，然后施行肠管吻合术。

【预防】本病无有效预防措施。

十、眼睑内翻

新生驴驹眼睑内翻是指驴驹出生后，眼睑边缘及睫毛向内翻转，刺激结膜、角膜的一种先天性异常。多表现为两侧性内翻。

【病因】该病为先天性疾病，由发育问题造成。

【临床症状】驴驹眼睑及睫毛翻向内侧，睫毛不断刺激结膜、角膜，致驴驹经常流泪，畏光，角膜、结膜发炎，眼角经常附着黏液性或脓性渗出物。治疗迟延时，内翻的睫毛与角膜容易粘连。

【治疗】可首先进行保守治疗，为了矫正内翻眼睑和睫毛，可试行徒手外翻眼睑进行治疗。每天用手指外翻眼睑数次，每次 15～20min，程度较轻者，一般经 2～3d 可以得到矫正。

如果保守治疗没有效果，可行眼睑内翻矫正术。

外科手术方法一：用 1％普鲁卡因液对眼睑进行局部浸润麻醉，以鼠齿镊子与眼睑边缘平行夹起皮肤，以决定切除皮片的大小。自眼睑边缘 0.5cm 处起，与眼睑边缘平行，切除一片皮肤。然后以结节缝合法缝合皮肤创口。

外科手术方法二：施行局部麻醉之后，在距眼睑边缘 0.3cm 处，与眼睑边缘平行做一皮肤切线；再从此切线的两端向外，各做一斜切线，使 3 条线构成三角形，并切除三角形内的皮肤片；适当地剥离两斜切线的皮肤，并使它们靠近，然后做几针结节缝合封闭创口。

无论采用术式一还是二，切除皮肤片的大小，要以创口愈合后内翻的眼睑是否能得到矫正为准。

十一、喉头狭窄

新生驴驹喉头狭窄多为先天性喉部发育不良，它可引起新生驴驹呼吸困难，甚至发生窒息。

【病因】病因尚不十分清楚。初步认定为先天性杓状软骨过度发育或喉腔狭小所引起。有的病例可能与喉返神经麻痹有关。

【临床症状】新生驴驹出生后，表现出呼吸困难的症状，尤其表现出显著的吸气困难。病驹精神高度不安，因缺氧出现结膜发绀，鼻翼开张如喇叭状，头颈前伸，胸廓扩张，喉部发出高亢的笛鸣音。若驱之运动，则出现严重的呼吸困难，甚至陷于窒息状态。

【治疗】对该病的治疗，保守疗法效果较差。当驴驹表现出呼吸困难，且有窒息的危险时，应立即施行气管切开术。

杓状软骨截除术是新生驴驹喉头狭窄的有效疗法。手术的实施部位是在喉头后方一、二、三气管中线处，按气管切开术的术式切开皮肤和气管，并由助手用镊子拉开气管创口，用湿的灭菌纱布拭净气管内的分泌物。术者以手指伸入喉腔，触到杓状软骨后，一手用止血钳夹住其内侧角，轻轻牵引，另一手以半弯剪剪掉杓状软骨的大部分，再按同样方法，剪掉对侧的杓状软骨，以使喉腔开阔。最后，清除气管及喉腔内的分泌物和血迹，分别缝合气管及皮肤切口。术后加强护理，特别注意预防术后感染的发生。

十二、食管狭窄

新生驴驹食管狭窄是指驴驹发生先天性食管狭窄，引起吞咽障碍，吸入口中的母乳无法进入胃内，以致日渐消瘦，最终因全身衰竭而死亡。该病在规模化养驴场时有发生，但往往由于未能及时发现和诊断治疗而发生夭折。

【病因】该病为先天性疾病，由妊娠期食管发育畸形导致。

【临床症状】发生该病的驴驹，在出生时往往看不出异常，从站立吸乳开始，经常顶撞母驴乳房，口唇部经常被乳汁浸湿，不吸乳时经常做空嚼状，从口角流出大量的白色黏性泡沫，表现为吞咽困难。随着时间的推移，驴驹逐渐表现精神萎靡，被毛无光泽，肚腹卷缩。1周以后，终因严重营养不良衰竭而亡。剖检时可发现病死驴驹食管非常狭窄，有的只能通过牙签，甚至更细。

【治疗】在确诊时，可向食管内插入细食管探子，不仅能够确诊，而且还能确定狭窄的部位和程度。对于先天性食管狭窄的病例，可试用涂油的细胃导管，缓慢并小心地经鼻腔插入食管，借机械力量进行试探性扩张，慢慢将食管的狭窄部位扩张开来。

【预防】本病无有效预防措施，只能在驴驹出生后尽早发现，尤其应注意驴驹吸乳后能否顺利完成吞咽动作。

十三、鼻翼麻痹

新生驴驹鼻翼麻痹是指由于颊背神经麻痹所引起的鼻孔狭窄，引起呼吸困难的病症。该病多为两侧性发病。

【病因】新生驴驹鼻翼麻痹有的可能是先天性的，也有可能是在分娩及助产过程中颊背神经受损伤所引起的。有时给驴驹系以绳索编成的笼头时也能损伤该神经。

【临床症状】病驹因两侧鼻翼麻痹，以致鼻孔狭窄，呼气时虽无妨碍，但在吸气时鼻翼塌陷，阻塞鼻孔，造成呼吸困难。因上唇麻痹或下垂，吮乳也发生障碍。

【治疗】该病可同时采用外科手术和针灸疗法。

（1）人工鼻翼开张法。为了解除呼吸困难，可在两侧鼻翼上方各做一结节缝合，然后将两结节的线端引至鼻梁上穿过皮肤，并进行结扎，使两鼻孔开张。必要时，也可在鼻梁骨上切除 4cm×2cm 的椭圆形皮瓣一块，并进行结节缝合，使鼻孔开张。

（2）针灸疗法。针刺开关、锁口、上关和下关。也可行水针疗法，即向前述四穴注射 10%～20%葡萄糖注射液 3～5mL，隔 1～2d1 次，促使神经机能恢复。同时，也可使用神经兴奋药物，于面神经经路的皮下或相应的穴位，注射 20%樟脑油 3～5mL，或注射硝酸士的宁溶液，隔日 1 次，3～5 次为一疗程。

【预防】先天性鼻翼麻痹无有效的预防措施。对于后天性鼻翼麻痹的预防主要是在助产过程中要避免损伤颊背神经。

十四、屈腱挛缩

新生驴驹屈腱挛缩多为深屈肌腱先天性发育异常所致。若出生后不及时进行矫正，将影响其生长、发育。对种公驴和母驴来说会失去培育和育成价值。

【病因】驴驹屈腱挛缩多发生于两前肢，多属先天性，即出生后就出现两前肢屈腱挛缩的症状。一般认为是由于胎儿发育不良、胎位不正、伸肌发育不良、骨骼及肌内发育不相称等所引起。

【临床症状】该病临床症状明显，出生站立后即可发现。驴驹屈腱挛缩，可发生于一肢、两肢或四肢，通常前肢比后肢多发。患本病的驴驹出生后即表现出临床症状，轻者站立困难，重者完全不能站立。站立时，球节掌屈，系部直立或向前倾斜，以蹄尖着地而蹄踵不能接触地面，站立时间稍久，患肢颤抖，指关节屈曲而以球节背侧触地。两前肢屈腱挛缩时，站立不稳且经常躺卧，运步时，患肢步幅变小，有时可见球关节不时地掌屈。两后肢屈腱挛缩时，两后肢前踏、步幅短小，呈舞蹈样运步，头颈摇晃，落地负重时球节掌屈而不能下沉，系部前倾，先以蹄尖着地，继之蹄尖壁前滚以蹄冠及球节背侧着地，时间经久则此部导致擦伤、挫创，甚至发生关节透创，四肢屈腱挛缩时，呈舞蹈样运步，体躯摇晃欲倒。触诊时，患肢紧张、硬度增加。指关节伸展受到限制。

【治疗】对于不伴有关节骨端畸形的单纯性的屈腱挛缩，如能及早地装上石膏绷带或以夹板进行矫正，通常能较快地取得满意疗效。先将患肢腕关节以下用脱脂棉、卷轴绷带附以衬垫，关节背侧应适当垫厚些或垫一泡沫塑料块。再被动地使球节背屈，指（趾）部向后倾斜，直到正常或接近正常肢势，以使缩短的屈腱伸长。然后于患肢前后各安放一枚夹板，下端至蹄负缘，上端超出腕（跗）关节，其弯曲度应尽量适合矫正后的肢势。夹板内面应垫以脱脂棉，并用卷轴绷带缠绕包扎。最后，外面用石膏绷带或绷带卷固定即可。绷带至 3～7d 就应拆除，以免引起压迫坏死和影响肢蹄发育。如一次未能完全矫正过来，还须行第 2 次以至更多次的矫正。

对于较为严重的病驹，需进行深屈腱的切断术。取患肢在上的侧卧保定。术部在掌跖部中 1/3，术部剪毛消毒，用 1%盐酸普鲁卡因注射液浸润麻醉，于屈腱的侧方切开皮肤及肌膜，分离结缔组织，找出深屈腱，然后斜切断，创口撒布碘仿磺胺粉，缝合皮肤创口，装无菌绷带，最后装石膏绷带 2～3 周。手术中，切忌损伤血管和神经，避免切断浅屈腱及系韧带。

【预防】本病多为先天性胎儿发育问题，无有效的预防措施。

十五、球节过度背屈

新生驴驹球节过度背屈是指驴驹站立后球节、系部及蹄踵着地，多发于两前肢。该病多为先天性的。在当前规模化养驴场中，该病不多见。

【病因】先天球节过度背屈的原因目前尚未完全清楚，推测可能是由于深屈肌腱先天发育不健全，弛缓无力所造成。

【临床症状】发生球节过度背屈的病驹呈现与屈腱挛缩相反的姿势，站立后，球节、系部及蹄踵着地，运步困难。

【治疗】可采取新生驴驹屈腱挛缩的同样疗法，即装着石膏绷带或夹板进行矫正。

【预防】本病多为先天性胎儿发育问题，无有效的预防措施。

参考文献

陈北亨，王建辰，2001. 兽医产科学 ［M］. 北京：中国农业出版社.

陈大元，2000. 受精生物学 ［M］. 北京：科学出版社.

陈建兴，孙玉江，潘庆杰，等，2015. 驴生长激素基因序列初步分析 ［J］. 湖北农业科学，54（07）：1751-1754.

陈建兴，童家兴，孙玉江，等，2021. 山东小毛驴全基因组选择信号检测 ［J］. 河南农业科学，50（02）：145-150.

陈建兴，叶贵芬，邓林霞，等，2021. 驴奶的主要成分和价值及其在化妆品方面的应用研究进展 ［J］. 畜牧与饲料科学，42（05）：85-89.

陈静波，孙玉江，等，2019. 现代养驴关键技术 ［M］. 北京：中国农业科学技术出版社.

陈溥言，2018. 兽医传染病学 ［M］.6 版. 北京：中国农业出版社.

陈顺增，张玉海，等，2017. 目标养驴关键技术有问必答 ［M］. 北京：中国农业出版社.

程有才，1988. 母驴坐骨前置死胎的助产体会 ［J］. 中国兽医科技（2）：50-51.

丁壮，周昌芳，李建华，2006. 马病防治手册 ［M］. 北京：金盾出版社.

冯玉龙，陈永广，曲洪磊，等，2017. 驴卵泡发育规律的研究 ［J］. 中国畜牧杂志，53（8）：55-57.

郭荣，孙玉江，刘书琴，等，2022. 青海毛驴肠道微生物优势菌群分析 ［J］. 中国畜牧杂志，58（11）：140-151.

郭孝，邓红雨，胡华锋，等，2017. 不同刈割组合方式对皇竹草生长和生产特点的影响 ［J］. 草业学报，26（1）：72-80.

国家畜禽遗传资源委员会，2011. 中国家畜禽遗传资源志·马驴驼志 ［M］. 北京：中国农业出版社.

郝志明，景兆国，沈鸿武，等，2018. 驴人工授精技术的研究进展 ［J］. 中国草食动物科学，38（4）：58-62.

侯文通，2016. 不同年龄肥育驴肉的营养成分分析 ［J］. 草食家畜（4）：1-9.

侯文通，1990. 产品养马学 ［M］. 杨凌：天则出版社.

侯文通，党瑞华，等，2019. 驴学 ［M］. 北京：中国农业出版社.

侯文通，2002. 驴的养殖与肉用 ［M］. 北京：金盾出版社.

侯振中，田文儒，2011. 兽医产科学 ［M］. 北京：科学出版社.

姜慧新，王玉霞，宋继成，等，2019. 山东省规模驴场饲草料生产利用情况调研与分析 ［J］. 中国草食动物科学，39（2）：60-63.

姜丽玲，宋淑美，郑元坤，等，2019. 国内 TMR 制备机械发展现状分析 ［J］. 中国农机化学报，40（9）：91-95.

李海静，吕鑫，姜桂苗，等，2015. 驴细管冻精与鲜精人工授精情期受胎率的比较 ［J］. 草食家畜（2）：29-31.

李铁拴，任文社，1988. 保定地区驴难产 104 例的剖析 ［J］. 河北农业大学学报（4）：98-104.

李雪莲，季建莉，2018. 引种皇竹草生理特性观测及营养成分分析 ［J］. 黑龙江畜牧兽医（8）：142-144.

李云龙，刘春巧，等，2003. 动物发育生物学［M］. 山东：山东科学技术出版社.

李云章，韩国才，2016. 马场兽医手册［M］. 北京：中国农业出版社.

林德贵，2014. 兽医外科手术学［M］. 北京：中国农业出版社.

刘焕奇，2017. 马普通病学［M］. 北京：中国农业大学出版社.

刘亚伟，张延辉，赵芳，等，2017. 不同生育期红三叶草营养成分含量变化研究［J］. 新疆农业科学，54
　　（8）：1531-1539.

陆承平，刘永杰，2021. 兽医微生物学［M］.6 版. 北京：中国农业出版社.

陆东林，李景芳，2016. 驴乳的营养成分含量声称和适用人群［J］. 中国乳业（174）：58-61.

陆东林，李雪红，叶尔太·沙比尔哈孜，等，2006. 疆岳驴乳成分测定［J］. 中国乳品工业，34
　　（11）：26-28.

陆东林，张明，2013. 新疆疆岳驴乳研究进展［J］. 中国乳品工业，41（2）：33-36.

陆汉希，2011. 牛冷冻精液污染途径分析及相应的控制措施［J］. 畜牧与兽医（5）：92-94.

论士春，何诚，张有发，等，1998. 驴、马卵泡发育及黄体形成的超声显像初步研究［J］. 畜牧兽医学报
　　（5）：36-42.

芒来，白东义，刘桂芹，等，2019. 马科学［M］. 呼和浩特：内蒙古人民出版社.

孟玉学，杨为敏，2008. 繁殖母驴的饲养管理［J］. 家畜养殖（23）：9-10.

Cynthia M Kah，Scott Line，2015. 默克兽医手册［M］. 张仲秋，丁伯良，译. 北京：中国农业出版社.

彭健，陈喜斌，2011. 饲料学［M］.2 版. 北京：科学出版社.

秦晓冰，2016. 马疫病学［M］. 北京：中国农业大学出版社.

桑润滋，2006. 动物繁殖生物技术［M］. 北京：中国农业出版社.

孙玉江，陈建兴，张国梁，等，2019. 马属动物自动称重分群系统：CN 209518094 U［P］.

孙玉江，嵇传良，王长法，等，2017. 驴胚胎移植技术规范［S］. 山东省质量技术监督局，DB 37/T
　　2970-2017.

孙玉江，刘书琴，张国梁，等，2022. 驴标识与登记技术规范［S］. 中国畜牧业协会，T/CAAA 101-2022.

孙玉江，2020. 马营养与饲养［M］. 北京：科学出版社.

孙玉江，徐纪尊，等，2006. 中国驴种遗传资源保护利用研究［J］. 中国草食动物（6）：32-34.

孙玉江，张国梁，陈建兴，等，2024. 旋球式马属动物繁育监测仪：CN 109566452 B［P］.

孙玉江，张孝忠，张国梁，等，2019. 转盘式马属动物繁育监测仪：CN 209518092 U［P］.

王锋，2012. 动物繁殖学［M］. 北京：中国农业大学出版社.

王建光，2018. 牧草饲料作物栽培学［M］. 北京：中国农业出版社.

王建华，2010. 兽医内科学［M］. 北京：中国农业出版社.

王永军，2002. 肉驴高效饲养指南［M］. 郑州：中原农民出版社.

吴帅帅，2019. 马驴高效扩繁技术研究及应用［D］. 北京：中国农业大学出版社.

熊本海，杨亮，郑姗姗，2018. 我国畜牧业信息化与智能装备技术应用研究进展［J］. 中国农业信息，30，
　　17-34.

杨利国，2010. 动物繁殖学［M］. 北京：中国农业出版社.

杨增明，孙青原，夏国良，等，2005. 生殖生物学［M］. 北京：科学出版社.

尤娟，罗永康，张岩春，等，2008. 驴肉脂肪和脂肪酸组成的分析与评价［J］. 中国食物与营养
　　（9）：55-56.

于康震，王晓钧，2020. 现代马病治疗学［M］.7 版. 北京：中国农业出版社.

张国锋，肖宛昂，2019. 智慧畜牧业发展现状及趋势［J］. 中国国情国力，33-35.

张乃生，李毓义，2011. 动物普通病学［M］. 北京：中国农业大学出版社.

张瑞涛，李敏，尹桂军，等，2016. 应用卵黄液 4℃保存驴精液效果及受孕率研究［J］. 黑龙江畜牧兽

（10）：78-79.

张伟，刘文强，王长法，2020. 画说驴常见病快速诊断与防治技术［M］. 北京：中国农业科学技术出版社．

张伟，孙玉江，刘书琴，等，2024. 云南驴粪便微生物的特征菌群分析［J］. 中国畜牧杂志，60（6）：160-170.

张伟，王长法，等，2018. 妊娠期母驴饲养管理及常见产科病防控技术研究［J］. 饲料博览（5）：26-29.

张洗玉，毋红波，贺锦瑜，等，2018. 基于 WSN 与 RFID 的智能化家畜体重测定仪的研制［J］. 黑龙江畜牧兽医，73-76.

张晓莹，赵亮，郑情，等，2008. 新疆疆岳驴乳理化和微生物指标分析［J］. 食品科学，29（1）：303-305.

赵兴绪，2016. 兽医产科学［M］. 5 版. 北京：中国农业出版社．

郑继昌，凌丁，2022. 动物外产科技术［M］. 北京：化学工业出版．

《中国马驴品种志》编写组，1987. 中国马驴品种志［M］. 上海：上海科学技术出版社．

周安国，陈代文，2011. 动物营养学［M］. 北京：中国农业出版社．

周小玲，2010. 驴泌乳生理及乳营养成分研究进展［J］. 中国奶牛（6）：44-48.

周小玲，2016. 马营养与饲养管理［M］. 北京：中国农业出版社．

周虚，2015. 动物繁殖学［M］. 北京：科学出版社．

朱文进，吴建华，等，2018. 肉驴高效养殖关键技术问答［M］. 北京：中国农业科学技术出版社．

朱裕鼎，吴聿宸，卢金城，等，1963. 驴生骡难产问题的初步分析和助产方法及其效果［J］. 中国兽医杂志（3）：11-13.

Angelica Crisci, Alessandra Rota, Duccio Panzani, et al., 2014. Clinical, ultrasonographic, and endocrinological studies on donkey pregnancy［J］. Theriogenology, 81（2）.

Aurich J, et al., 2015. Effects of season, age, sex, and housing on salivary cortisol concentrations in horses［J］. Domestic Animal Endocrinology, 52.

Angus O McKinnon, Edward L Squires, Wendy E, et al., 2011. Equine Reproduction（Second Edition）［M］. Wiley-Blackwell.

Contri A, et al., 2010. Efficiency of different extenders on cooled semen collected during long and short day length seasons in Martina Franca donkey［J］. Animal Reproduction Science, 120（1）.

Choi Y H, et al., 2011. Successful cryopreservation of expanded equine blastocysts［J］. Theriogenology, 76（1）.

Bruyas J F, et al., 2000. Comparison of the cryoprotectant properties of glycerol and ethylene glycol for early（day 6）equine embryos［J］. J. Reprod. Fertil. Suppl（56）.

Bonelli F, et al., 2019. Determination of salivary cortisol in donkey stallions［J］. Journal of Equine Veterinary Science, 77.

Blanchard T L, Taylor T S, Love C L, 1999. Estrous cycle characteristics and response to estrus synchronization in mammoth asses（equus asinus americanus）［J］. Theriogenology, 52（5）.

Forehead A, et al., 1995. Plasma glucose and cortisol responses to exogenous insulin in fasted donkeys［J］. Research in Veterinary Science, 62：265-269.

Quaresma M, Payan-Carreira R, 2015. Characterization of the estrous cycle of Asinina de Miranda jennies（Equus asinus）［J］. Theriogenology, 83（4）：616-624.

Quartuccio M, et al., 2011. Seminal characteristics and sexual behaviour in Ragusano donkeys（Equus asinus）during semen collection on the ground［J］. Large Animal Review, 17：151-155.

NRC, 2007. Nutrient requirements of horses：Sixth revised edition［M］. the national academies press.

Miró J, et al., 2013. Effect of donkey seminal plasma on sperm movement and sperm-polymorphonuclear neu-trophils attachment in vitro [J]. Anim Reprod Sci, 140: 164 - 172.

Igor Federico Canisso, Duccio Panzani, et al., Key Aspects of Donkey and Mule Reproduction [J]. Vet Clin Equine (35): 607 - 642.

Hoffmann B, et al., 2014. Profiles of estrone, estrone sulfate and progesterone in donkey (Equus asinus) mares during pregnancy [J]. Tierarztl Prax Ausg G Grosstiere Nutztiere, 42 (1): 32 - 39.

Henry M, Figueiredo A E, Palhares M S, et al., 1987. Clinical and endocrine aspects of the oestrous cycle in donkeys (Equus asinus) [J]. Journal of reproduction and fertility. Supplement, 35: 297 - 303.

Guo H Y, Pang K, Zhang X Y, et al., 2007. Composition, Physiochemical Properties, Nitrogen Fraction Distribution, and Amino Acid Profile of Donkey Milk [J]. Journal of Dairy Science, 90 (4): 1635 - 1643.

Ginther O J, 1992. Reproductive biology of the mare [M]. Cross Plains, WI: Equiservices Publishing.

Diaz F, et al., 2016. Cryopreservation of day 8 equine embryos following blastocyst micromanipulation and vitrification [J]. Theriogenology, 85, 894 - 903.

Dadarwal D, Tandon S N, Purohit G N, et al., 2004. Ultrasonographic evaluation of uterine involution and postpartum follicular dynamics in French Jennies (Equus asinus) [J]. Theriogenology (62): 257 - 264.

Curry M R, 2000. Cryopreservation of semen from domestic livestock [J]. Reviews of Reproduction, 5: 46 - 52.

Samper J C, 2001. Management and fertility of mares bred with frozen semen [J]. Anim Reprod Sci, 68: 219 - 228.

Stout T A E, 2012. Cryopreservation of equine embryos: Current state-of-the-art [J]. Reprod. Domest. Anim. 47: 84 - 89.

Umberto Tosi, Nicola Bernabò, Fabiana Verni, et al., 2013. Postpartum reproductive activities and gesta-tion length in Martina Franca jennies, an endangered Italian donkey breed [J]. Theriogenology (80): 120 - 124.

Waheed M M, et al., 2015. Sexual behavior and hormonal profiles in arab stallions [J]. Journal of Equine Veterinary Science, 35: 499 - 504.

Guo R, Zhang SE, Chen JX, et al, 2022. Comparison of gut microflora of donkeys in high and low altitude areas [J]. Frontiers in Microbiology, 13: 964799.

Xie TF, Zhang SE, Shen W, et al, 2022. Identification of Candidate Genes for Twinning Births in Dezhou Donkeys by Detecting Signatures of Selection in Genomic Data [J]. Genes, 13 (10): 1902.

Liu SQ, Su JT, Yang QW, et al, 2024. Genome-wide analyses based on a novel donkey 40K liquid chip re-veal the gene responsible for coat color diversity in Chinese Dezhou donkey [J]. Animal Genetics, 55 (1): 140 - 146.

Guo R, Zhang W, Shen W, et al, 2023. Analysis of gut microbiota in chinese donkey in different regions u-sing metagenomic sequencing [J]. BMC genomics, 24 (1): 524.

Chen J, Zhang S, Liu S, et al., 2023. Single nucleotide polymorphisms (SNPs) and indels identified from whole-genome re-sequencing of four Chinese donkey breeds [J]. Anim Biotechnol., 34 (5): 1828 - 1839.

Chen Jianxing, Sun Yujiang, Dugarjaviin Manglai, et al., 2010. Maternal Genetic Diversity and Population Structure of Four Chinese Donkey Breeds [J]. Livestock Science, 131: 272 - 280.

Chen Jianxing, Song Zhenhua, Rong Meijie, et al., 2009. The association analysis between Cytb polymor-phism and growth traits in three Chinese donkey breeds [J]. Livestock Science, 126: 306 - 309.

Veronesi M C, et al., 2011. PGF (2α), LH, testosterone, oestrone sulphate, and cortisol plasma concentrations around sexual stimulation in jackass [J]. Theriogenology, 75: 1489 - 1498.

Vandeplassche G M, Wesson J A, Ginther O J, et al., 1981. Follicular and gonadotropin changes during the estrous cycle in donkeys [J]. Theriogenology, 16 (2): 239 - 249.

Tharasanit T, et al., 2005. Effect of cryopreservation on the cellular integrity of equine embryos [J]. Reproduction, 129, 789 - 798.

Talbot P, et al., 1985. Motile cells lacking hyaluronidase can penetrate the hamster oocyte cumulus complex [J]. Dev Biol, 108: 387 - 398.

Taberner E, Medrano A, Peña A, et al., 2008. Oestrus cycle characteristics and prediction of ovulation in Catalonian jennies [J]. Theriogenology, 70 (9): 1489 - 1497.

Stout T A E, 2006. Equine embryo transfer: review of developing potential [J]. Equine Vet. J., 38, 467 - 478.

Seidel Jr, et al., 2010. Pregnancy rates following transfer of biopsied and/or vitrified equine embryos: evaluation of twobiopsy techniques [J]. Anim. Reprod. Sci., 121: 297 - 298.

Scott M, 2000. A glimpse at sperm function in vivo: sperm transport and epithelial interaction in the female reproductive tract [J]. Anim Reprod Sci, 60 - 61: 337 - 348.

Rota A, et al., 2017. Effect of housing system on reproductive behaviour and on some endocrinological and seminal parameters of donkey stallions [J]. Reprod Domest Anim: 13050.

Risco R, et al., 2007. Thermal performance of quartz capillaries for vitrification [J]. Cryobiology, 55: 222 - 229.